U0184239

现代水声技术与应用丛书
杨德森　主编

水声通信中的迭代均衡与译码技术

张友文　著

科学出版社
北京

内 容 简 介

水声通信技术是目前水下信息无线传输的重要手段，而迭代均衡与译码技术是保证稳健水声通信的核心关键技术。本书系统地论述了水声通信中的迭代均衡与译码技术的基本理论、高级算法以及相应的仿真与试验验证结果。全书内容包括水声单入单出时域迭代接收机、基于超奈奎斯特（Nyquist）和无速率编码技术的高效水声单载波迭代接收机、水声单入多出通信迭代空时频处理、基于信道估计的水声单载波多入多出通信时域迭代均衡、基于直接自适应的水声单载波多入多出通信时域迭代均衡以及水声多入多出正交频分复用通信系统迭代接收机等技术。

本书可供从事水声通信及射频无线通信等领域工作的广大技术人员学习与参考，也可作为高等院校和科研院所信息科学与技术等学科的高年级本科生、研究生的教材或参考书。

图书在版编目（CIP）数据

水声通信中的迭代均衡与译码技术 / 张友文著. —北京：科学出版社，2020.11

（现代水声技术与应用丛书/杨德森主编）

ISBN 978-7-03-066368-9

Ⅰ. ①水… Ⅱ. ①张… Ⅲ. ①水声通信－无线电通信－迭代法－均衡－通信技术 ②水声通信－无线电通信－编码技术 Ⅳ. ①TN911.5

中国版本图书馆 CIP 数据核字（2020）第 198216 号

责任编辑：王喜军 高慧元 张 震 / 责任校对：樊雅琼
责任印制：赵 博 / 封面设计：无极书装

科学出版社 出版
北京东黄城根北街 16 号
邮政编码：100717
http://www.sciencep.com

北京虎彩文化传播有限公司印刷
科学出版社发行 各地新华书店经销

*

2020 年 11 月第 一 版 开本：720 × 1000 1/16
2024 年 2 月第四次印刷 印张：21 1/2
字数：433 000

定价：148.00 元

（如有印装质量问题，我社负责调换）

“现代水声技术与应用丛书”
编 委 会

从 书 序

海洋面积约占地球表面积的三分之二，但人类已探索的海洋面积仅占海洋总面积的百分之五左右。由于缺乏水下获取信息的手段，海洋深处对我们来说几乎是黑暗、深邃和未知的。

新时代实施海洋强国战略、提高海洋资源开发能力、保护海洋生态环境、发展海洋科学技术、维护国家海洋权益，都离不开水声科学技术。同时，我国海岸线漫长，沿海大型城市和军事要地众多，这都对水声科学技术及其应用的快速发展提出了更高要求。

海洋强国，必兴水声。声波是迄今水下远程无线传递信息唯一有效的载体。水声技术利用声波实现水下探测、通信、定位等功能，相当于水下装备的眼睛、耳朵、嘴巴，是海洋资源勘探开发、海军舰船探测定位、水下兵器跟踪导引的必备技术，是关心海洋、认知海洋、经略海洋无可替代的手段，在各国海洋经济、军事发展中占有战略地位。

从 1953 年中国人民解放军军事工程学院（即“哈军工”）创建全国首个声呐专业开始，经过数十年的发展，我国已建成了由一大批高校、科研院所和企业构成的水声教学、科研和生产体系。然而，我国的水声基础研究、技术研发、水声装备等与海洋科技发达的国家相比还存在较大差距，需要国家持续投入更多的资源，需要更多的有志青年投入水声事业当中，实现水声技术从跟跑到并跑再到领跑，不断为海洋强国发展注入新动力。

水声之兴，关键在人。水声科学技术是融合了多学科的声机电信息一体化的高科技领域。目前，我国水声专业人才只有万余人，现有人员规模和培养规模远不能满足行业需求，水声专业人才严重短缺。

人才培养，著书为纲。书是人类进步的阶梯。推进水声领域高层次人才培养从而支撑学科的高质量发展是本丛书编撰的目的之一。本丛书由哈尔滨工程大学水声工程学院发起，与国内相关水声技术优势单位合作，汇聚教学科研方面的精英力量，共同撰写。丛书内容全面、叙述精准、深入浅出、图文并茂，基本涵盖了现代水声科学技术与应用的知识框架、技术体系、最新科研成果及未来发展方向，包括矢量声学、水声信号处理、目标识别、侦察、探测、通信、水下对抗、传感器及声系统、计量与测试技术、海洋水声环境、海洋噪声和混响、海洋生物声学、极地声学等。本丛书的出版可谓应运而生、恰逢其时，相信会对推动我国水声事业的发展发挥重要作用，为海洋强国战略的实施做出新的贡献。

在此，向 60 多年来为我国水声事业奋斗、耕耘的教育科研工作者表示深深的敬意！向参与本丛书编撰、出版的组织者和作者表示由衷的感谢！

中国工程院院士　杨德森

2018 年 11 月

自 序

近年来，基于 Turbo 思想的迭代均衡与译码技术在无线通信领域取得了极为成功的应用，与传统的非迭代均衡与译码技术不同，其凭借现代编码技术的超强纠错能力，采用迭代均衡与译码接收机结构可以达到逼近最优接收机的性能，因此极大地推动了现代通信技术的发展。

着眼于水声通信技术的实际应用，本书系统地开展了水声迭代均衡与译码技术的研究。第 1 章综述了水声通信技术在国内外的应用、发展历史与现状。第 2 章研究了水声单入单出（single-input single-output）时域迭代接收机技术，主要包括基于软输入信道估计的迭代时变线性均衡器以及迭代时变判决反馈均衡器的基本理论，在高阶调制下仿真与试验数据处理验证了迭代接收机的性能。第 3 章则针对水声信道的有效带宽较小以及时变信道条件下的可靠通信问题，首先提出了一种基于超 Nyquist 和无速率编码技术的高效水声单载波迭代接收机技术，仿真与试验数据处理验证了接收机的有效性；其次提出了一种基于预编码和超 Nyquist 技术的水声毫米波通信方案，基于水声毫米波仿真信道特性的研究结果提出一种波束分集接收的迭代接收机结构，仿真与水池试验数据处理结果验证了其极好的接收机性能。第 4 章针对宽带多普勒效应条件下的单入多出（single-input multiple-output，SIMO）水声通信系统，在不降低接收机性能的条件下为减少接收通道较多而带来接收机复杂度较高的问题，提出了一种宽带的空时频信号处理方案，仿真与试验数据处理验证了所提接收机方案的有效性。第 5 章，首先利用水声信道的稀疏性，提出基于稀疏信道估计的水声单载波多入多出（multiple-input multiple-output，MIMO）通信时域线性迭代接收机技术，采用湖试数据验证了接收机的性能；其次给出了基于软判决反馈的水声 MIMO 迭代接收机方案，海试数据处理验证了系统的可靠性。第 6 章，首先提出了几种低复杂度稀疏自适应算法，然后将这几种稀疏自适应算法应用于直接自适应的水声单载波 MIMO 通信试验迭代接收机中，大量的仿真与试验数据处理结果验证了算法的性能。第 7 章进行了水声多入多出正交频分复用（MIMO-orthogonal frequency-division multiplexing，MIMO-OFDM）通信系统的相关迭代接收机技术的研究，着重研究了时域自适应信道估计以及 MIMO-OFDM 系统的迭代非线性检测技术，并进行了仿真与试验验证。

为了使广大读者尽快熟悉与掌握最新的水声通信技术，吸引更多水声领域的教师、研究生以及科研单位的科研工作人员参与水声通信迭代接收机的研究及应用的行列中来，推动我国水声通信事业的发展，本书以迭代接收机为主线并力图在以下几个方面形成特点。

（1）自成体系。本书各章都自成体系，每章均从最基本的系统模型知识讲起，同时配以大量的相关参考文献，为读者扫除因缺乏基础知识而难以理解本书主要内容的障碍，有助于读者迅速掌握理论方法的本质。

（2）循序渐进，内容系统全面。本书内容涵盖了水声通信迭代接收机技术中的绝大部分研究方向，内容从简单的单入单出时域迭代接收机技术逐步拓展到复杂的 MIMO 时域和频域迭代接收机领域，每个方向的迭代接收机技术及其应用均包含基础理论、改进算法与应用的全部环节，有助于读者学以致用。

（3）图文并茂，可读性强。本书配有大量的插图及表格，大量的理论算法均配以相应的算法结构框图或算法表，以便于读者迅速掌握相应的迭代接收机技术。

（4）应用背景强。本书紧紧围绕迭代均衡与译码技术稀疏信号处理技术在水声通信中的应用，对水声迭代接收机中涉及的大量理论进行了大量的仿真以及实际的湖试或海试试验数据处理的验证。

本书的研究工作得到了本人指导或协助指导的博士研究生以及硕士研究生的帮助：本人协助指导的博士研究生范巍巍、王永恒对第 1 章绪论部分的水声通信技术应用部分提供了帮助；本人指导的博士研究生黄福朋参与了第 2 章和第 5 章的部分研究工作；本人协助指导的硕士研究生段卫民参与了第 2 章的部分研究工作；本人指导的硕士研究生石邵琦参与了第 4 章的部分研究工作，梁天一参与了第 6 章的部分研究工作，刘志鹏参与了第 7 章的部分研究工作，在此一并向他们表示感谢。

本书的研究工作得到了国家自然科学基金面上项目（项目编号：61471138）、国家自然科学基金青年项目（项目编号：50909029）、水声技术重点实验室基金项目（项目编号：9140C200802140C20）、国际科技合作专项项目（项目编号：2013DFR20050）、海军装备预研项目（项目编号：4010201050201）以及国防基础科研项目（项目编号：B2420132004）的资助。没有这些基金课题与项目的资助，作者不可能在稀疏信号处理技术的研究上获得长期的工作积累以及较为深入的研究！

感谢国家留学基金管理委员会的全额资助，使我在英国约克大学能够心无旁骛地开展一年的学术研究工作，感谢我的导师 Yuriy Zakharov 教授的无私指导，感谢南安普顿大学的李姜辉博士以及约克大学电子系杨耀如博士在本人生活以及学术上的帮助。

水声通信中的迭代均衡与译码技术的发展极其迅速，作者希望将最新的研究成果介绍给读者，但是由于本人水平有限，书中难免会出现疏漏之处，恳请广大读者批评指正，提出宝贵意见，并欢迎与作者沟通交流。

张友文

2020 年 4 月于哈尔滨工程大学

目　录

第1章 绪　　论

1.1 引　　言

水声通信技术在军事和民用水下信息传输领域扮演着越来越重要的角色，虽然水声通信技术的研究已经开展了三四十年，但在高度弥散、动态以及大延时的海洋环境中建立可靠的、逼近信道容量的水声通信链路仍面临着巨大的挑战。

20世纪40年代的香农(Shannon)存在性定理指出，在加性高斯白噪声(additive white Gaussian noise，AWGN）无记忆信道条件下存在逼近信道容量通信的编码方案，Turbo 和低密度奇偶校验（low-density parity-check，LDPC）编码等现代编码技术的出现使得 AWGN 条件下逼近信道容量的通信成为现实；然而在水声信道条件下实现可靠的水下无线信息的传输仍然困难重重，首先，在通信声呐工作环境方面：①严重的信道多途扩展带来严重的符号间干扰（inter-symbol interference，ISI），进而导致严重的频率选择性衰落，相比于陆地无线通信，水声信道多途扩展长，这给相干高速通信的信道均衡技术的计算复杂度以及收敛性能带来极大挑战；②较低的水中声速导致多普勒效应严重，具有极强的时变、空变特性的水声信道使得相干和非相干解调更加困难；③声速的不均匀性导致声影区的存在，进而极大地限制了可通信的区域。其次，在水声通信信号处理技术方面：①目前的水声通信技术的研究过于关注物理层，采用固定的编码率很难实现逼近信道容量的通信，这主要是因为，为高信噪比信道设计的逼近信道容量的信道编码方案在低信噪比时将译码失败，而为低信噪比信道设计的逼近信道容量的编码方案在高信噪比信道下工作时效率将急剧降低。②在实际应用中，一方面，当发射机与接收机之间不存在反馈链路时，为了保证较低的丢包率，发射机端往往较为保守地采用极低的数据率，从而导致了极低的频谱利用率；另一方面，当发射机与接收机之间存在低速反馈链路时，发射机虽然可以采用更高的通信速率，但是由于信道的时变性，如果接收机端不能正确接收该数据包则丢弃该包并反馈给发射机端一个重传的请求，这种借用陆地无线通信的自动重复请求（automatic repeat request，ARQ）机制在远程大延时的水声信道环境下效率极低，无法适应信道的变化进而达到信道容量。所有这些因素均使得水声通信技术特别是可靠的、逼近信道容量的水声通信技术远未成熟。

1.2 水声通信技术应用现状

1.2.1 成熟的商用水下通信产品性能概况

表 1.1 罗列出了当前具有代表性的水下商用通信产品的通信性能[1-13]。从表 1.1 中可以看到：①Sonardyne BlueComm HAL 光学调制解调器（Modem）在 20m 的范围内能够提供 5Mbit/s 的通信速率，因此可以支持实时高清视频传输的要求[5]；②FAU 的声学 Hermes Modem 在 150m 的距离上能够提供 87.7kbit/s 的通信速率，可以支持低质量的实时视频传输服务[4]；③EvoLogics 的 S2CM-HS 声学 Modem 能够提供 62.5kbit/s 的通信速率，因此可以支持 300m 距离以内的低质量实时视频服务[3]；④EvoLogics 的 S2CR 48/78 声学 Modem 能够提供 31.2kbit/s 的通信速率，因此可以支持 1km 距离以内的、低延时滑动图片显式传输模式[4]；⑤EvoLogics 的 S2CR 18/34 声学 Modem 在 3.5km 的距离上能够提供 13.9kbit/s 的通信速率，支持较高延时的滑动图片显式模式的传输服务[4]。总体来说，在近距离良好水质的条件下，水下光学系统能够支持实时的视频传输；而在中等距离上声学 Modem 能够提供低质量的实时视频传输服务；在较远距离（大于 1km）上声学 Modem 也能够提供滑动图片显式模式的数据传输服务；相比于光学和声学通信产品[1-10]，水下电磁通信在通信性能上基本不具备任何竞争优势[11-13]。

表 1.1 成熟的具有代表性的声学、光学和电磁通信产品性能

通信介质	制造商	产品型号	通信距离	通信速率	通信条件
声学通信	LinkQuest	UWM1000[2]	350m	17.8kbit/s	新加坡暖水条件下性能糟糕
	EvoLogics	S2CM-HS[3]	300m	62.5kbit/s	—
	EvoLogics	S2CR 48/78[4]	1km	31.2kbit/s	新加坡暖水条件下性能糟糕
	EvoLogics	S2CR18/34[4]	3.5km	13.9kbit/s	—
	LinkQuest	UWM3000H[2]	6km	320bit/s	—
	FAU	Hermes Modem[5]	150m	87.7kbit/s	—
光学通信	Sonardyne	BlueComm HAL[6]	20m	5Mbit/s	深海黑水（deep dark water）
	SPAWAR	Optical Modem[7]	2m	10Gbit/s	—
	Keio	Optical Modem[8]	3m	2Mbit/s	—
	MIT	Led Modem[9]	6.5m 或 8m	10Mbit/s 或 1Mbit/s	—
	Penguin	Automated Systems[10]	11m 或 15m	10Mbit/s 或 1.5Mbit/s	—

续表

通信介质	制造商	产品型号	通信距离	通信速率	通信条件
电磁通信	WFS Seatooth	S500[11]	10cm	10Mbit/s	—
	WFS Seatooth	S300[11]	4m 或 10m	156kbit/s 或 25kbit/s	—
	Koc University	NWCL[12]	10m	156kbit/s	—
	WFS Technologies	具体型号不详[13]	0.2m	10～100kbit/s	理论分析得出
	WFS Technologies	具体型号不详[13]	50m	1～10kbit/s	理论分析得出

1.2.2 国外发展现状

20 世纪 80 年代开始将基于能量检测的频率调制的通信技术应用于水声通信[14]，如多元频移键控（multiple frequency-shift keying，MFSK）、跳频频移键控（frequency-hopping frequency-shift-keying，FH-FSK）等调制方式，在基于相干调制被应用于水声通信技术之前，非相干调制技术在水声通信中占据主要地位，主要原因是基于能量检测的非相干通信能较强地适应水声时变信道。美国海军的水下通信网“Seaweb”的实验结果显示跳频频移键控（frequency-shift-keying，FSK）的方案比差分相移键控（phase shift keying，PSK）的方案要稳健得多[15]。非相干通信的频带利用率较低，导致通信速率较低，不能满足有些数据通信的场合，20 世纪 90 年代，人们将目标瞄准了相干通信调制方式，这一重要的标志是判决反馈均衡器以及数字锁相环技术的采用[16]，已有较多的文献对相干调制技术进行了研究和实验，对时域和频域均衡器结构、系数迭代算法、代价函数等进行了讨论[17-19]，当前的水声相干调制技术研究主要集中在多通道时域均衡、结合信道译码的 Turbo 均衡以及如何根据水声信道稀疏性的特点减小均衡器系数迭代计算量等方面[20]。水声通信技术的发展极大地推动了在无人水下航行器（autonomous underwater vehicle，AUV）数据指控及传输等方面的应用，国内外科研工作者针对本国的 AUV 水声数据通信需求设计了多款性能优良的水声通信系统。

AUV 在海洋资源勘探、海底地形地貌测量、石油管道勘察等领域有着巨大的作用，国外发达国家都积极开展 AUV 的研制与装备，并开发出许多可应用于不同水下作业环境下的 AUV 水声通信系统，目前已有多款水声 Modem 在国际市场上销售。

美国 Teledyne Benthos 公司和 OceanServer Technology 公司将 ATM903 作为水下紧凑型 AUV“IVER2”的水声 Modem[21]，如图 1.1 和图 1.2 所示。其工作频带为 22～27kHz，数据传输速率为 600bit/s，采用 MFSK 调制方式。Teledyne Benthos 公司的 Modem 采用的调制方式主要有三种：①FH-FSK，采用 FH-FSK 的 Modem 通信速率

一般在 80bit/s，能同时处理 4 个跳频信号，产品有 ATM850 和 SM-75；②M-ary FSK，通信速率为 140～2400bit/s，产品型号覆盖较大，采用 1/4MFSK 或 Hadmard 编码，结合 1/2 卷积码纠错，产品有 ATM885、ATM886 和 ATM887；③M-ary PSK（M-ary phase-shift keying，MPSK），通信速率为 2.5～10kbit/s，采用传统的判决反馈均衡器（decision feedback equalizier，DFE），均衡器能抗 2～3ms 的多途扩展，适用于垂直信道。

图 1.1　Teledyne Benthos ATM903

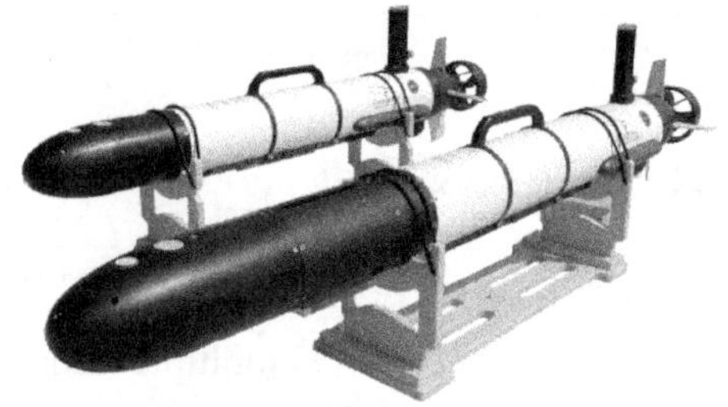

图 1.2　OceanServer“IVER2”

美国海军研究生院（Naval Postgraduate School）利用 Teledyne Benthos 公司的 ATM885 水声 Modem 作为其 AUV“ARIES”的水声通信机，如图 1.3 和图 1.4 所示，其采用 AT-12EF 换能器，工作频带为 9～14kHz，通信速率为 1200bit/s[22]。

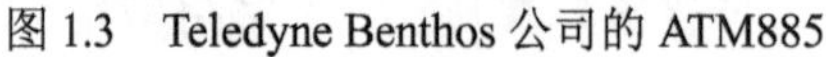

图 1.3　Teledyne Benthos 公司的 ATM885

图 1.4　AUV“ARIES”

德国 Evologic 公司的扫扩载波信号（sweep-spread carrier，S2C）技术被用于 AUV 水声通信系统[23]，如图 1.5 所示，它是一种相干调制方式，该技术的特点在于信号的载波是一个扫频信号，在一个符号周期内，载波频率随着时间变化，而传统的相干调制的载波是一个恒定的频率，以扫频信号为载波对多途扩展造成的相位估计误差有较强的抗干扰能力，在接收端通过正交匹配滤波，提取同相/正交

（I/Q）两路信号幅值，计算相位，从而获取信息。由于匹配滤波带来的增益，这种调制方式能在较低的信噪比下获得传统相干调制较高的通信速率。

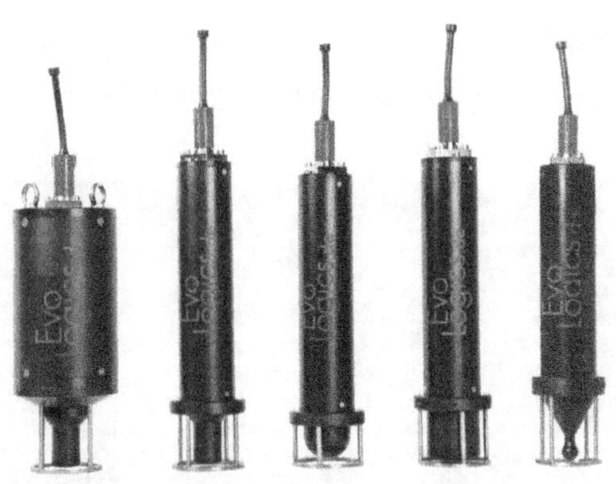

图 1.5　Evologic 公司水声 Modem 系列

Linkquest 公司 UWM 系列的水声 Modem 也被广泛应用于 AUV 水声通信系统，主要用于 AUV 高速数据链路、AUV 命令指控等场合，产品满足世界上 95%的水声通信速率需求，产品型号有 UWM1000、UWM2000、UWM3000 和 UWM4000，随着型号数字的变大，适用的工作深度变大，最大工作深度可以达到 4000m；另外该公司还特别为 AUV 水声通信推出了两款水声 Modem：UWM4010 和 UWM3010。UWM4010 采用高速链路层协议和同步方案来传输图像数据，UWM3010 在 UWM3000 的基础上将发射功率增加到 30W，并缩小了产品尺寸来适应小体积 AUV 上的安装。其客户众多，有 Shell、Fugro GEOS、C&C Technology、Global Marine System 等。图 1.6 为 C&C Technology 公司的 HUGIN 3000 AUV[24]，图 1.7 为 UWM 系列水声 Modem 实物。

图 1.6　HUGIN 3000 AUV

图 1.7　UWM 系列水声 Modem

美国伍兹霍尔海洋研究所（Woods Hole Oceanographic Institution，WHOI）研制的微型 Modem——Micro-Modem[25]如图 1.8 所示，可编程设定 Modem 的通信

速率、带宽和载波频率，如表 1.2 所示。在控制母船和 AUV 水声通信机上采用指向性换能器，通信带宽可调范围为 7～14kHz 以提供通信数据链路；该通信机在某次实验中，在深度为 10903m 的马里亚纳海沟对不同的通信速率、带宽和载频进行了 AUV 数据传输实验，实验结果发现，在深度为 6000m 时传输速率可以达到 5000bit/s，在 11000m 深度传输速率可以稳定在 200bit/s[26]。

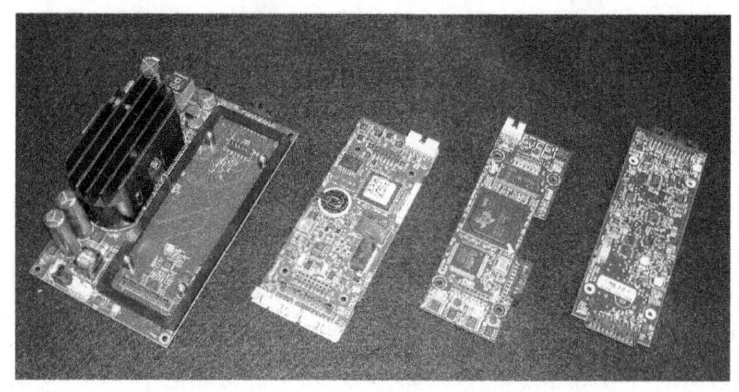

图 1.8　Micro-Modem 的硬件组成单元

表 1.2　Micro-Modem 典型通信配置

通信模式	通信速率/(bit/s)	帧数/包	每帧大小/B	包长/s	完整信号长度/s
PSK Rate 6	490	6	32	2.95	3.25
PSK Rate 5	5388	8	256	3.04	3.34
PSK Rate 4	1301	2	256	3.15	3.45
PSK Rate 3	1223	2	256	3.35	3.65
PSK Rate 2	520	3	64	2.95	3.25
PSK Rate 1	498	3	64	3.08	3.38
PSK Rate 0	80	1	32	3.90	5（有干扰抵消）

日本科学家在 2000 年研制了一种全双工的 AUV 通信系统，并将其安装在 AUV“URASHIMA”上为 AUV 与母船提供双向数据传输[27]，如图 1.9 所示。该通信系统通过采用两个频带以支持全双工通信，其中下行链路采用 MFSK 调制方式，通信速率为 2400bit/s，主要用于传输指控命令，上行链路采用 4/8-DPSK/16QAM（quadrature amplitude modulation）调制方式，通信速率分别为 16/24/32kbit/s，用于传输图像和导航数据，在上行链路中，采用了自适应滤波技术和载波相位跟踪技术以克服水声时变信道的影响，该通信系统在实际海上试验中表现出良好的性能。

日本科学家也为其载人潜水器“深海 6500”研制了水声通信系统，该系统采用基于 4DPSK 的调制方式，用于水下 6500m 处的潜水器向母船传送图像数据，其通信速率可以达到16kbit/s，通信机所用频带为20kHz[28]，如图1.10所示。

图1.9 日本的AUV“URASHIMA”

图1.10 日本的“深海6500”载人潜水器

西班牙科学家针对短距、长寿命、低功耗的水声通信系统需求，研制了水声Modem ITACA[29]，该Modem采用PSK调制方式，工作频率为85kHz，能提供1kbit/s的通信速率，接收模式下功耗仅为24mW，待机功耗更是达到了11μW，是目前报道的功耗最低的Modem；该Modem采用基于无线电频率识别（radio frequency identification，RFID）的一种新颖的异步唤醒机制来实现低功耗的数据传输，通过一个空闲评估信道（channel collision avoidance，CCA）以支持基于载波监听多地接入（carrier-sense multiple access，CSMA）的介质访问控制（medium access control，MAC）层协议，被应用于该国浅海水下渔场监控网络的AUV水声通信系统中。

英国Tritech公司研制了AM-300水声通信系统（图1.11），该Modem采用扩频（spread sprectrum）调制和四元相移键控（quadrature phase shift keying，QPSK）两种调制方式，扩频调制方式提供25～100bit/s的通信速率，在−6dB信噪比、相对运动速度±5m/s的条件下提供可靠数据传输，QPSK调制方式可以提供8000bit/s或16000bit/s的高容量数据输出，可用于传输图片、视频等信息，通过相控阵技术可在水平2000m距离上实现16kbit/s的数据传输，同时提供精度在10cm左右的测距信息[30]。

ORCA公司为丹麦、法国和葡萄牙等国联合研制的AUV“MARIUS”提供了一种多模式调制方式的水声通信系统，用于浅水环境下的AUV与水面母船的数据通信。如图1.12所示，该系统采用三种调制方式：①PSK调制，通信速率为300～2400bit/s；②Chirp调制，以线性调频信号作为载波调制，通信速率为20bit/s；③跳频调制，通信速率为100bit/s和200bit/s。其中，后两种调制方式主要用于多途扩展较为严重的水平信道。该Modem采用Motoral公司的低功耗处理器DSP56002，前端放大电路具有自动增益控制功能。通信频带分为两种，即10～14kHz和50～58kHz，发射声源级为180dB[31]。

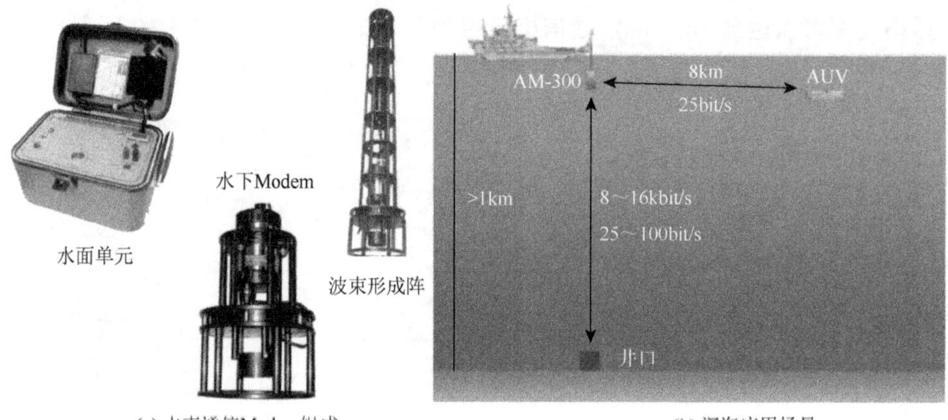

(a) 水声通信Modem组成　　(b) 深海应用场景

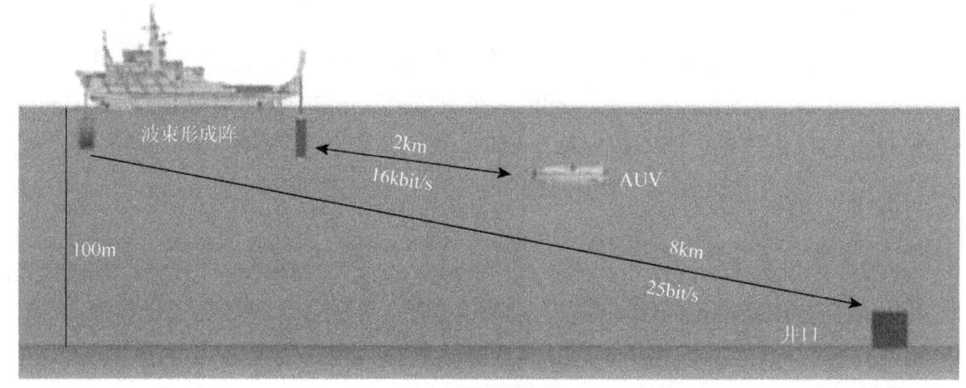

(c) 浅海应用场景

图 1.11　AM-300 水声通信系统组成及应用场景

图 1.12　“MARIUS”AUV

Freitag 等研究了应用于 AUV 的水声通信，由于 AUV 运动的特性使得水声信道具有高度的时变性，该系统采用 QPSK 调制方式，远距离通信时载波为 3kHz，近距离通信时则为 25kHz，通信速率分别为 2.5kbit/s 和 10kbit/s，在 2～4km 的范围内实现了较为可靠的双向通信[32]。

1.2.3 国内发展现状

我国由于海洋开发起步较晚，国内市场较小等原因，并没有像国外那样有较为成熟的商业 Modem 产品，但国内各个高校和科研院所如中国科学院声学研究所、哈尔滨工程大学、西北工业大学、厦门大学、东南大学、北京长城无线电厂等在水声通信技术的各个领域展开了研究，也为国内的 AUV 研制了多种性能优良的水声 Modem[14]。

中国科学院声学研究所为我国自行研制的第一艘无人、无缆水下潜水器“探索者号”（图 1.13）研制了水声通信系统 IAAS-1[33]，该通信系统采用 MFSK 和 MPSK 调制方式，MPSK 调制方式在 AUV 需要向母船上传大量数据时被采用。母船上的通信机采用了空间分集（spatial diversity，SD）、DFE、快速自优化 LMS 相位估计（fast optimization least mean square phase estimation，FOLMSPE）联合技术，在 DFE 上实现了快速自优化 LMS（fast optimization least mean square，FOLMS）算法。在母船上采用短垂直阵来进行信号接收。下行链路采用了 MFSK 调制方式和卷积码信道编码，用于母船向 AUV 发送指控命令。海上试验实现了在 100～4000m 距离上的数据传输，采用 QPSK 调制方式时通信速率可以达到 5kbit/s 和 10kbit/s，误码率范围为 10^{-5}～10^{-4}。

朱维庆等将 Turbo 均衡应用于“蛟龙号”载人潜水器（图 1.14）的水声通信中[34]。将相干水声通信信号处理方法与 Turbo 码串联，利用阵接收，并进行 8 通道判决反馈均衡处理。通过在数据包前后插入线性调频信号来估计相对多普勒频率偏移，在自适应反馈均衡器中加入自适应相位补偿器来补偿时变信道多相位的影响。采用基于软输入软输出（soft-in soft-out，SISO）维特比的新型比特-符号转换器，能获得比常规符号映射提高 2dB 的处理增益，通信频带为 7.5～12.5kHz，调制方式为 QPSK 和 8PSK。湖上试验结果表明：相干水声通信可以获得较好的性能，在 8.5km 的作用距离上可以传输一幅 256×256×8 的光图或声图[34]。

中国科学院声学研究所为“蛟龙号”载人潜水器研制的水声通信系统是一种综合性通信系统[35]，有 4 种通信方式，适用于不同的通信需求：①相干水声通信，通信速率为 5～15bit/s，属于高速水声通信，主要用于传输图像，其接收端采用阵的形式；②非相干水声通信，用于传输母船遥控指令以及简单的文字等，通信速率为 300bit/s；③直接序列扩频水声通信，可在较低信噪比条件下工作，通信速率为 16bit/s；④水声语音通信，是模拟通信技术，采用单边带调制技术来传输语音信号。

图 1.13 “探索者号”AUV

图 1.14 “蛟龙号”载人潜水器

哈尔滨工程大学为其“智水”系列 AUV 研制了水声通信系统，采用了直接序列码分多址接入（direct sequence-code division multiple access，DS-CDMA）的调制方式、插值滤波及信道纠错编译码等技术，以 PC104 为硬件平台，采用 Vxworks 操作系统，实现了半双工数字通信，湖上试验在未全功率发射状态下实现了 6.7km 的通信速率，误码率在 10^{-5} 量级。海上试验通信机表现良好，实现了母船和水下 AUV 之间的信息互传，保证了母船对 AUV 的指令下达和 AUV 实时状态的监控[36]。

殷敬伟等针对移动水声通信的特点，对水声信道的特性进行了分析，指出在水声信道的多途条件下，不同路径到达的声线具有不同的多普勒频偏，这进一步加大了多途扩展的 ISI 的复杂性，根据这一问题提出了基于单阵元的被动式相位共轭均衡技术，可实时自动补偿多普勒频偏，并聚焦多途信号，通过采用线性调频信号作为 Pattern 信号，在 6～9kHz 的频带上，实现了距离 8km 的通信速率为 200bit/s 的数据传输[37]。

艾宇慧等对基于 MFSK 调制方式的用于母船和水下潜水器的水声通信方式进行了实验研究，通过通信帧中携带的已知符号来估计信道的频响输出，在接收机中采用动态门限而非固定门限来估计符号结果，该方法较传统的判决有较小的误码率[38]。申晓红等从平衡性、相关性及跳频间隔等方面分析了量化 logistic 混沌序列的性能，并将该混沌序列用于水声快跳频通信中的跳频图案，设计出抗干扰、抗截获能力都很强的水声保密通信系统[39]。

1.3 水声通信技术国内外发展现状

1.3.1 单载波水声通信技术国内外发展现状

1. 中低速水声单载波通信技术发展概况

1）国外发展现状

20 世纪 90 年代之前，人们一直认为纯相干的水声通信是不可能的，1993 年

Stojanovic 研究了联合载波恢复及自适应均衡技术的相干通信接收机，在接收机中联合使用判决反馈均衡器和二阶数字锁相环技术，大量试验结果表明全相干的水声通信是可行的且有效的[40]。

1994 年，Tarbit 等在苏格兰东海岸进行了实时高速水下通信试验，系统采用了差分相移键控调制技术，信号载频为 50kHz，带宽为 20kHz，符号率为 10k 符号/s，采用均衡器后误比特率由无均衡器时的 3%下降到了 3‰[41]。

1998 年，Freitag 等将相干水声通信用于自主水下潜水器上，系统采用 QPSK 调制方式，载频分别为 3kHz 和 25kHz，通信速率分别为 2.5kbit/s 和 10kbit/s，可实现 2～4km 距离上的可靠的双向通信，同时 Freitag 等论述了基于信道复杂度的最小均方（least mean squares，LMS）及递归最小二乘（recursive least square，RLS）信道估计算法的选择问题[42]。

1998 年，Capenllano 等对多通道接收机的参数选择问题进行了研究（如水听器的数目和布放、均衡器的长度、权值的更新算法等），试验在地中海进行，接收机由 7 或 9 个基元构成，采用 BPSK 调制方式，载频为 1.7kHz，符号率为 212.5 符号/s 或 200 符号/s；通信距离为 50km，发射的 10k 个符号无误码[43]。

2000 年，Blackmon 等对三种自适应均衡算法进行了研究，试验结果表明，RLS 算法的收敛速度快于其他两种算法，而模稳定快速逆滤波算法略快于自适应变步长 LMS 算法[44]。Gomes 等研究了自适应变步长 LMS 算法和归一化恒模盲均衡算法的性能，同时采用了均衡器与一阶锁相环相关联的结构，调制方式为 DPSK，试验从水下 40m 处向水面接收器发送数据，试验结果表明两种算法的性能较接近[45]。

2000 年，Leinhos 根据信道的稀疏特性，采用块递归 LMS 误差自适应机制且嵌入了锁相环，在 Narragansett 海湾进行的试验表明，稀疏算法相比于常规算法有近 3dB 的性能提高[46]。

针对快变的宽带多普勒效应，Sharif 等提出了自适应的闭环（closed loop）宽带多普勒估计与补偿算法，利用最大似然代价函数对多普勒因子进行连续的估计，使用线性插值对宽带多普勒进行补偿，可实现逐符号的多普勒估计与补偿，该算法可有效地克服开环技术所面临的问题[47]。

2008 年，Singer 等对多通道迭代均衡进行了试验研究，载频为 100kHz，符号率为 41.67k 符号/s，自适应多通道 Turbo 均衡技术可以极大地提高系统的性能[48]；2011 年，Singer 等对基于信道估计的 LMS 意义下的 Turbo 均衡与直接自适应 Turbo 均衡进行了对比，理论仿真与试验研究表明，直接自适应 Turbo 均衡技术在性能上优于基于信道估计的 Turbo 均衡技术；随后提出的迭代宽带多普勒估计与补偿算法能进一步提高系统的稳健性[49]。

2011 年，Tao 等在 MIMO 通信系统中应用一种改进的线 LMS 误差意义下的 Turbo 均衡技术，在时域采用位交织编码调制（bit-interleaving coded modulation，

BICM）技术，在接收机端采用了软判决和混合软干扰抵消技术，并利用基于可靠性排序的方法来减小误差累积[50-52]。

Youcef 等提出了一种混合时频域判决反馈均衡器，采用一种基于块的自适应算法来跟踪时变信道，可减小循环前缀及均衡器的复杂度；大西洋海试试验研究表明，混合时频域判决反馈均衡器可以有效地减小 ISI[53]。

Wan 等提出了一种基于统计学方法的马尔可夫链蒙特卡罗（Markov chain Monte Carlo，MCMC）进行联合时变水声信道条件下的数据检测与信道估计，试验结果表明，该算法在计算复杂度以及通信性能均优于 Singer 等的自适应 Turbo 均衡方案[54]。

2）国内发展现状

我国学者在水声单载波通信方面开展了大量的研究工作并且也取得了可喜的进展。

（1）中国科学院声学研究所。2012 年，朱维庆等将 Turbo 均衡技术应用于“蛟龙号”载人潜水器的水声通信中，采用自适应多普勒补偿的多通道自优化判决反馈自适应均衡器，与 Turbo 码级联工作，同时采用定长编码的小波图像压缩方法，在 5.8km 的作用距离上可进行光图或声图传输[55]；随后他们又提出了基于时反预处理技术的自适应 Turbo 均衡技术以及基于稀疏双扩信道估计的低复杂度 Turbo 均衡技术[56, 57]。Yang 等提出了一种适合于低信噪比下工作的软反馈均衡器[58]；隋天宇等提出了一种基于信道估计与级数展开的均衡器阶数确定算法，该方法克服了传统经验确定法的适应性差、搜索法的收敛速度慢的缺点[59]；赵淑坤等将时间反转技术用于降低多用户通信过程中的码间干扰和同道干扰[60]。

（2）杭州应用声学研究所。芮功兵利用基阵声呐的多通道结构来实现多通道分集与联合均衡，从而减小多途效应引起的水声通信中的码间干扰[61]；姜煜等为实现高速水下通信，提出了一种基于 VBLAST（贝尔实验室垂直分层空时）编码的水声 MIMO 通信技术。仿真及湖试结果证明了所提水声 MIMO 高速通信技术的良好性能[62]。张国松等通过单频信号进行多普勒频移的估计[63]。

（3）西北工业大学。景连友等基于被动时间反转（简称时反）技术和双向判决反馈均衡器提出了一种多通道自适应均衡结构，采用双向判决反馈均衡器来代替常规的判决反馈均衡器，仿真结果表明其性能较已有的均衡器算法有明显的改善[64]。他们还提出一种新的基于软信道估计的联合迭代均衡译码水声通信方法，并应用于稀疏自适应信道估计器的抽头系数更新过程，试验结果表明，在通信距离 1.8km、2kHz 有效带宽内，新方法在第 2 次迭代后即可实现 2kbit/s 的无误码传输[65, 66]。张歆等提出了适合于远程高速水声通信的 MC-MPSK 编码调制方式，海上试验结果表明，该编码调制方式可实现低信噪比、多径水声信道的高数据率传输[67]。

（4）厦门大学。伍云飞等提出将滤波器步长和长度双参数进行调节的平行滤波器组用于时变水声信道均衡，双参数调整机制能有效增强算法对时变水声信道的容忍度[68]；朱鹤群等对基于一种特字（unique word，UW）字块结构的时频域混合判决反馈均衡和块迭代频域判决反馈均衡两种判决反馈均衡的方法进行了比较和分析[69]；张兰等提出重复累积码作为浅海水声信道的纠错码方案，仿真和实验结果表明，重复累积码在浅海水声通信系统中具有较强的纠错能力[70]。郭瑜晖等对水声单载波均衡技术进行了研究，仿真和水池实验结果表明，时频混合域判决反馈和频域块迭代判决反馈均衡效果远优于线性均衡[71]。

（5）东南大学。陈东升等采用进化算法和LMS自适应算法对多途信道中的多径时延和幅度参数进行混合寻优，仿真及海试实验结果表明，采用混合优化算法可减小多径参数模型非线性寻优的复杂度，与进化算法相比具有更优越的时变信道跟踪性能[72]。

（6）浙江大学。宫改云等验证了被动时间反转和自适应均衡相联合的信号处理方法在相位相干水下通信中的可靠性与高效性[73]；Zeng和Yu等提出一种基于稀疏时延-多普勒双扩信道的Turbo均衡技术，仿真研究表明提出的稀疏双扩信道模型能够更好地表征水声信道的特性，基于双扩信道的Turbo均衡技术能够提供更好的接收机性能[74, 75]。

（7）海军工程大学。宁小玲等提出了一种基于正方形判决的修正超指数迭代判决反馈盲均衡算法[76]；罗亚松等提出了适用于复值信号的前馈神经网络盲均衡算法，新算法的收敛能力、收敛速度以及稳健性方面都较传统神经网络常规算法更有优势[77]；傅寅锋等对基于时反技术的水声通信技术进行了研究[78]。

（8）哈尔滨工程大学。李霞等对空间分集均衡技术进行了研究，将决策反馈均衡与空间分集技术相结合，仿真分析证明该方法可降低系统的误码率，提高系统的可靠性[79]；乔钢等将矢量传感器应用于相位调制的高速水声通信中，松花湖湖试试验研究表明，该方法可有效地降低误码率，提高通信系统的作用距离[80]；李玉祥等为了提高频谱效率将高阶调制的LDPC码应用到水声通信中，仿真研究表明，高阶调制的LDPC码能明显改善通信性能[81]；张宝华等通过仿真和水池实验研究了16QAM高阶调制下的基于MMSE准则的自适应Turbo均衡算法[82]；Duan等通过水池实验研究了SISO双向判决反馈均衡器在BPSK、QPSK以及8PKS调制下的性能[83]；张友文等提出了一种基于稀疏信道估计的迭代MIMO接收机，2013年松花湖湖试试验数据处理结果表明提出的接收机可以获得极好的通信性能[84]。

2. 高速率水声通信技术发展概况

1）国外发展现状

美国伊利诺伊大学的Singer等在近距离高速水声通信方面取得了较大的研究

进展[85-90]，目前其研究的技术已经通过天使基金募集到了上千万元的资金专注于研制高速水下声学通信以及医学超声通信产品[90]。

Singer 教授专注于单载波时域均衡体制下的水声高速通信技术的研究，目前公开资料上的通信技术性能评估试验结果如下。

（1）室内水池 1.22m（宽）×1.83m（深）×49m（长）（图 1.15），通信频带为 200~400kHz，单载波 64QAM 符号映射，平台速度最快为 1m/s，通信距离为 12m，通信速率为 1.2Mbit/s[86]。

图 1.15　试验水池[86]

（2）室内水池 1.22m（宽）×1.83m（深）×49m（长）（图 1.16），通信频带为 600Hz~1.6MHz，单载波 QPSK 符号映射方式，通信距离为 1～5m，平台运动速度范围为[−4m/s，4m/s]，通信速率为 2Mbit/s[87]。

（3）湖试，通信带宽为 250kHz，单载波 16QAM 符号映射方式，通信距离为 107m（图 1.17），通信速率为 1Mbit/s[87]。

图 1.16　水池试验配置[87]

图 1.17　湖试俯视图[87]

（4）面向可植入式医疗器械的超声通信技术，以动物的组织如牛肝脏和猪肉代替人体组织（图 1.18 和图 1.19），通信带宽为 5MHz，单载波调制，分别采用了 QPSK、16QAM 及 64QAM 符号映射方式，相应的通信速率为 10Mbit/s、20Mbit/s 及 30Mbit/s[88-90]。

图 1.18 医学超声通信换能器[88-90]

(a) 牛肝脏

(b) 猪肉

图 1.19 医学超声通信试验[88-90]

2）国内发展现状

哈尔滨工程大学的张友文开展了近距离高速水声通信方面的理论与信道水池实验验证研究。2014 年受邀参加了山东大学举办的“水声通信及网络”工作会议及国家自然科学基金委员会举办的“重点项目启动会”，大会上他提出了单入单出近距离水声毫米波水声通信迭代接收机方案，在信道水池成功实现 21m 近距离 1.2Mbit/s 的高速通信能力（采用 64QAM 符号映射，按照现有的换能器制作工艺水平，其理论作用距离可达 1km），如图 1.20 和图 1.21 所示，信道水池实验初步验证了我们提出的水声毫米波通信方案的可行性[84]。

(a) 发射换能器

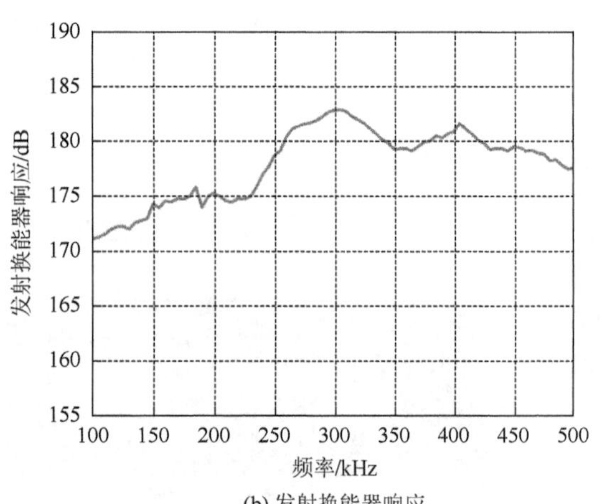

(b) 发射换能器响应

图 1.20　毫米波发射换能器

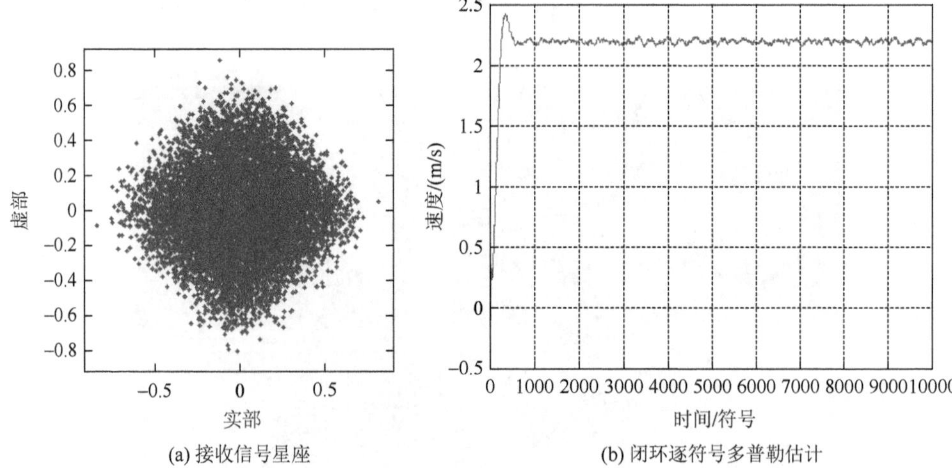

(a) 接收信号星座　　(b) 闭环逐符号多普勒估计

图 1.21　水声毫米波迭代接收机水池试验结果

1.3.2 多载波技术国内外发展现状

1. 国外发展现状

水声信道的空时频变化特性以及距离有关的有限带宽极大地阻碍了高速、稳健的水声通信技术的发展[91, 92]。虽然，OFDM 调制技术由于其频谱利用率高、抗多途干扰能力强以及均衡处理简单等优点被广泛应用在近程高速水声通信中[93]，但是，OFDM 调制技术对多普勒频移的敏感性以及较高的峰均比问题，限制了OFDM 调制技术的应用。

近十几年来，水声 OFDM 通信技术取得了一系列令人振奋的理论与试验研究成果。国外的研究单位主要有美国麻省理工学院（Massachusetts Institute of Technology，MIT）、美国伍兹霍尔海洋研究所（WHOI）、美国华盛顿大学应用物理研究室（Applied Physics Laboratory，APL）、美国加利福尼亚大学圣迭戈分校 Scripps 海洋研究所、康涅狄格州立大学和英国海洋研究所等。

MIT 的 Stojanovic 针对时变多途信道以及时变多普勒干扰条件下的 SIMO 零正交频分复用（zeros padding-OFDM，ZP-OFDM）水声通信面临的问题，在自适应算法的框架下，提出了一种低复杂度的自适应 SIMO 接收机技术，该接收机的信号处理在快速傅里叶变换（fast Fourier transform，FFT）解调之后进行，自适应的信道估计、自适应的子带间非均匀多普勒估计与补偿以及多接收通道的自适应最小均方误差（minimum mean-square-error，MMSE）综合均在统一的自适应框架下进行[94]。浅海的试验数据处理结果表明：在通信距离为 2.5km 及 QPSK 调制时，自适应的多普勒估计与补偿技术可以补偿最大 7Hz 的多普勒频移，当通信带宽为24kHz 和子载波为 1024 时，可实现 30kbit/s 的极好通信性能。

2006 年，Scripps 海洋研究所的 Song 等和葡萄牙的 Gomes 等研究了基于时间反转镜技术的水声通信技术[95, 96]。时间反转镜技术可以有效地实现接收信号的空间以及时间聚焦特性，因此在应用到水声通信领域时可以极大地缩短水声多途信道的长度，进而减小水声多途信道带来的严重的 ISI，同时可以降低接收机的复杂度。Games 等在葡萄牙西海岸进行了基于时间反转镜技术的 SIMO 水声 OFDM 通信试验，接收端采用一个 16 元垂直阵，试验数据处理结果表明了基于时间反转镜技术的水声 OFDM 接收机相比于常规的基于最大比例综合技术的接收机具有较大的性能优势。

受压缩感知信号处理技术的启发，文献[97]、[98]提出了一种基于匹配追踪技术的双扩水声信道估计技术，即时延-多普勒扩展稀疏水声信道估计技术；文献[99]～[101]详细地推导了基于匹配追踪技术的双扩水声信道估计的相关理论模型，同时长期的信道观察试验也验证了水声双扩信道模型的合理性。大量海试试验数据的处理结果表明了稀疏双扩信道估计技术的有效性。这些研究成果为后续的稀疏信道估计技术在水声中的应用打下了坚实的基础。

康涅狄格州立大学的 Zhou 等在水声 MIMO-OFDM 通信领域取得了长足的进步，进一步推动了 OFDM 技术在水声通信领域的应用。在迭代框架下，Zhou 领导的团队为了克服子载波间非均匀多普勒带来的影响提出了 OFDM 体制下的非均匀多普勒估计与补偿算法[102, 103]。针对水声 OFDM 通信技术应用的相关问题，该团队给出了一系列检测、同步和多普勒尺度估计的新方法[104, 105]。基于 Li 和 Preisig 在稀疏水声信道方面的研究成果，2010 年，Berger 等系统地介绍了基于压缩理论的稀疏时变信道估计技术在水声 OFDM 系统中的应用[106, 107]，该文献针对不同多途经历不同多普勒的情况提出了一种新的估计技术，最后通过仿真以及海试试验数据的处理评估了各类信道估计方法的优劣，结果表明：在复杂的多途信道条件下，在通信距离为 1km、通信速率为 7.4kbit/s 时，稀疏信道估计技术相比于传统的最小二乘（least square，LS）信道估计技术有较大的优势。

2004 年，Roy 等研究了 MIMO-OFDM 技术在水声通信中的应用，提出了利用空时网格编码（space-time trellis code，STTC）技术结合判决反馈信道均衡，以及分层空时编码（layered space-time coding，LSTC）技术结合判决反馈信道均衡实现了 3×6 的 MIMO 水声通信[108]。为提高相干接收机的性能以及抗噪声能力，2007 年，Roy 等对上述接收进行了相应的改进，利用锁相环进行相位的跟踪与补偿，同时整合了高级的现代编码技术，新的接收机经过了海试数据的验证，试验数据处理结果表明，当通信距离为 2km 时，基于 QPSK 调制和 Turbo 信道编码，4×6 配置的 MIMO 系统可以实现可靠通信[109]。

2011 年，Pelekanakis 等开展了基于空时频编码技术的水声 MIMO-OFDM 通信技术的研究。研究比较了基于 BICM 技术和基于网格编码技术的 OFDM 技术的性能差异。对 2008 年的海试数据处理结果表明，在 3×3 的配置条件下，基于空时频编码技术的水声 MIMO-OFDM 通信系统的性能良好[110]。

2. 国内发展现状

近年来，国内在 OFDM 水声通信领域也开展了大量的研究并取得了长足的进步。国内从事 OFDM 水声通信技术的研究单位有：哈尔滨工程大学、厦门大学、西北工业大学、浙江大学、中国科学院声学研究所、中国船舶重工集团有限公司（中船重工）第七一五研究所和华南理工大学等[111-114]。

哈尔滨工程大学水声工程学院在 OFDM 水声通信领域取得了一系列的研究成果，2015 年，尹艳玲等提出 OFDM 系统中一种针对稀疏信道的基于基追踪去噪（basis pursuit denoising，BPDN）的信道估计算法[115]。2017 年，郭铁梁等在

OFDM 水声系统中将 LS 和正交匹配追踪（orthogonal matching pursuit，OMP）相结合，先使用 LS 信道估计算法对少量导频进行估算，得出 OMP 算法相对于误差的容忍度，再利用 OMP 算法恢复数据子载波相对应的信道信息[116]。尹艳玲等提出具有时间压缩特性和频域相位共轭特性的虚拟时间反转镜（virtual time reversal mirror，VTRM）信道均衡算法，能有效地对抗多途干扰[117]。

厦门大学通过对 OFDM 水声通信系统的同步体系、信道估计与均衡、信道编码方案以及分集技术等关键技术的研究，已构建了完整的水声 OFDM 图像传输系统方案[118]。多次在厦门五缘海域和白城海域的实验表明，设计水声 OFDM 系统可以有效地抵抗水声信道的多途干扰，特别是构建的基带 OFDM 系统在试验中显示了其稳健性。水平传输距离为 820m 时，传输速率为 1.5kbit/s，不同海况下数据误码率均小于 10^{-4}。

西北工业大学的黄建国等设计的 OFDM 水声通信系统，在 5km 通信距离、误码率小于 10^{-4} 条件下，获得约 9kbit/s 的数据率[119]，在移动和强噪声环境下，湖上通信距离为 1km，接收机安置于一移动的水下平台上，采用差分 OFDM 技术，实现 1kbit/s 的通信数据率，以及 3%的纠错前误码率[120]。

浙江大学主要研究了被动时间反转与自适应均衡相联合的水声通信，通过 RLS 的判决反馈自适应均衡处理方法来消除接收信号经过被动时反处理后残留的码间干扰，复杂的实验室波导试验结果表明，这种联合处理实现了无误码传输，自适应均衡器的抽头较少，计算复杂度低，可以可靠、高效地实现相干水下通信[73]。

中国科学院声学研究所设计的 OFDM 高速水声通信系统于 2005 年 12 月在中国南海进行了海洋水下试验，试验中，接收船以 4kn 航速背离发射船方向航行，采用了 16QAM 调制方式，在 6.6km 距离内达到了 20kbit/s 的传输速率[121]。

中船重工第七一五研究所研究了基于高速扩频通信技术的水声 Modem，该水声 Modem 的通信带宽为 4kHz，数据传输速率高达 1.269kbit/s，与 DSSS（direct-sequence spread spectrum）功率效率一致，带宽效率提高接近 3 倍，试验结果表明在复杂恶劣水声多径和低信噪比条件下通信性能良好[122]。

华南理工大学的陈芳炯等对信道均衡[123]、多用户 MIMO-OFDM 资源分配、峰均比抑制等算法进行了研究，提出了基于复合星座的自适应子载波与比特分配方案和基于遗传算法的多用户 OFDM 系统资源分配方法[124]。

1.3.3　超 Nyquist 技术及无速率编码技术国内外研究现状分析

1. 无速率编码技术

无速率编码是一种既有良好的编码增益，又能自适应信道状态的信道编码技术。

1）国外研究现状

无速率编码由 Luby 等于 1998 年首次提出，但当时并未给出实用无速率编码设计方案[125]；2002 年，Luby 提出了第一种实用无速率的数字喷泉码——LT（Luby transform）码[126]，随后，为了进一步降低 LT 码编译码复杂度和译码开销，Shokrollahi 又提出了性能更佳的 Raptor 码，实现了近乎理想的编译码性能[127]；Raptor 码采用串行级联的方式结合了 LT 码和 LDPC 码，Raptor 码通过预编码降低了对 LT 码的性能要求以及编码包的平均度数，其译码开销与输入数据包的数量无关；Raptor 码已取代传统的 Reed-Solomon 码，成为国际 3GPP 的多媒体广播与组播服务的前向纠删码标准。

Richardson 等借鉴了 LDPC 码的设计思想，在 LT 码的基础上重新设计了 Richardson 和 Urbanke 的编码（简记为 RU 码）[128, 129]；RU 码沿用了 LT 码的编码结构，其生成矩阵不再是随机的结构，而成为一个分块矩阵；RU 码有比 LT 码更高的译码成功概率以及更小的译码开销，但是因为矩阵求逆运算使得译码复杂度增加。

Sanghavi 分析了在码长固定的情况下，可被恢复的数据包数目上限[130]，通过调整度数分布，设计出的无速率编码可在除删信道下逼近实时可恢复数据包数目的上限，研究成果对无速率编码的实时应用有着重要意义。

基于多媒体视频传输应用中不等差错保护的需求，Rahnavard 等引入了偏好系数的概念，使得优先级较高的数据包以更大的概率被编码器选中，从而实现基于无速率编码的不等差错保护[131]。Hellge 等根据数据包不同的优先级对其进行分层，对每一层进行预编码的过程中，根据优先级的不同调整码率，最后将预编码得到的所有中间数据包进行无速率编码[132]。

最初的 LT 码和 Raptor 码等无速率编码均是针对二进制删除信道（binary erasure channel，BEC，即基于分组级或包级的应用）设计的，Erez 等提出了一种针对 AWGN 信道的无速率编码方案，该方法更贴近实际的物理层，其研究表明通过简单重复编码方案即可实现逼近信道容量的通信[133]，同时，结合超 Nyquist 技术给出 ISI 信道条件下的无速率编码方案，并将其应用于水声通信信道[134]。

2）国内研究现状

国内的无速率编码技术尚处在起步阶段，目前主要集中在无速率编码的性能改进以及在隐私保护和数据恢复、无线通信、卫星通信、认知无线电、深空通信、卫星广播以及计算机网络的应用，目前，从公开文献上看，无速率编码技术尚未在水声通信方面取得应用。

2. 超 Nyquist 技术

超 Nyquist 技术是将 Nyquist 系统的符号速率加快至超过 Nyquist 速率的数字

调制方式，它侧重提高符号速率，但其代价是引入了相应的ISI。

1）国外研究现状

Mazo 在 1975 年提出了超 Nyquist（faster-than-Nyquist，FTN）的问题[135]，Mazo 发现，适当减小符号间隔并不会引起符号欧氏距离的下降，直到符号间隔减小至 80.2%的符号间隔（即 Mazo 极限）以下时，欧氏距离才会出现显著的下降。对于符号速率超过Nyquist速率而又低于Mazo极限的FTN，不能采用逆映射解调，而只能基于极大似然序列解调[136]，且在 AWGN 背景下其差错性能与理想系统相同，而符号速率却可以提高 25%。

Liveris 等将 FTN 研究从 sinc 函数扩展到了升余弦函数，同时，该文献研究了 FTN 发生序列判决错误的差错图案，并提出了编码 FTN 和相应的 Viterbi 均衡方案[137]。

Rusek 等在 FTN 结构下将调制方式从二进制扩展到了高阶调制，理论计算表明，高阶调制的 FTN 同样可以具有更高的传输效率[138]。文献[139]则给出了一种高阶调制下的计算方法。文献[140]将时域 FTN 的思想应用到了频域，即减小传统 OFDM 中的子载波间隔；该文献还指出，相比于单独时域 FTN 或频域 FTN 而言，更佳的选择是二维 FTN，并研究了二维 Mazo 极限问题。文献[141]研究了在 MIMO 系统中应用 FTN 的问题，表明了 MIMO-FTN 同样继承了 FTN 在频谱利用率方面的优势，并证明了在 MIMO-FTN 系统中的 Mazo 极限与在 AWGN 信道中一致。

Piemontese 等将时域的超 Nyquist 技术拓展到时频域，提出一种时频打包（time-frequency packing）技术，可极大地提高频谱利用率[142]。Colavolpe 等将其应用到无线卫星通信以及商业的长距离光纤通信中取得了极大的成功（即在极窄的频带下，距离 1000km，传输速率可达到 1Tbit/s）[143]。

Erez、Wornell 和 He 提出一种基于超 Nyquist 技术的水声通信接收机技术，理论与仿真研究表明，他们提出的结合无速率编码技术的水声通信方案能够逼近信道容量通信，但实际的海试结果与信道容量仍有一定的距离[134, 144]。

2）国内研究现状

郭明喜等给出了一种基于线性最小均方误差均衡和加窗 Chase 均衡两级均衡结构，在 AWGN 信道下验证了 Mazo 理论[145]。

张友文于 2013 年 11 月在吉林省松花湖进行了高速单载波通信试验[84]，试验中对单载波超 Nyquist 技术进行了静态（接收阵锚系，发射声源随试验船漂动）和动态（接收阵锚系，发射声源固定在试验船上以最高 6kn 航速走航）试验研究，试验采用 2/3 码率的 LDPC 编码，QPSK 调制，数据块长 5000 个符号，基于 500 个训练序列，采用宽带闭环的多普勒估计与补偿及自适应 Turbo 均衡技术，在 2kHz 的通信带宽下，最终实现无误码通信的净数据率为 2.4bit/(s·Hz)。

1.4　水声通信面临的主要困难

1. 随通信距离增加而减小的有限的可用通信带宽

ISI 以及信道噪声的影响使得常规接收机无法实现最优检测，进而导致误差传递而影响通信系统性能，最终无法实现可靠的、逼近信道容量的通信。因此，基于前人的研究，针对信道预编码的编码性能、效率以及均衡器误差传递等问题构建实际可用的逼近信道容量的通信发射机与接收机结构是本书研究的根本。

2. 严重的空间、时间与频率选择性信道

海洋的动态性以及通信声呐载体的运动导致部分水声信道表现出窄带的双扩特性，简单的多途扩展信道模型已经无法表征真实的信道特性，因此，在多途扩展信道条件下可实现的最优迭代接收机技术由于信道的失配而无法达到最优或是完全失效；研究拟针对时变窄带双扩信道面临的问题，开展基于超 Nyquist 技术的无速率迭代接收技术的研究；典型的双扩水声信道如图 1.22 所示。

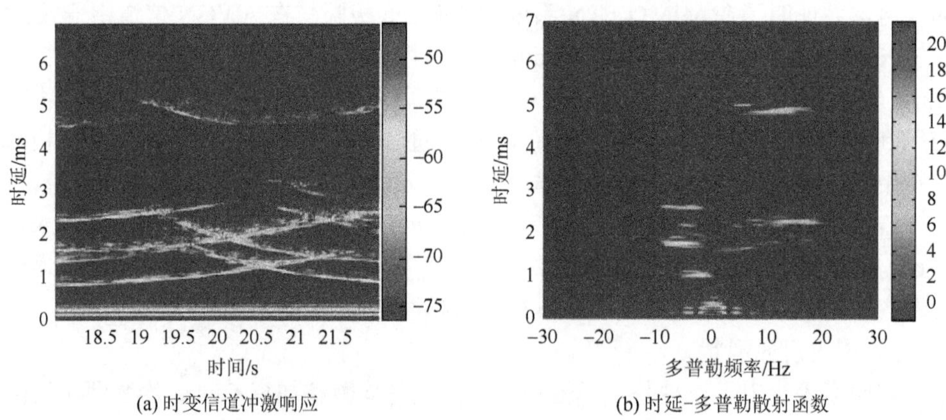

图 1.22　典型的双扩水声信道[146]（彩图见封底二维码）

参 考 文 献

[1] Campagnaro F, Favaro F, Casari P, et al. On the feasibility of fully wireless remote control for underwater vehicles. 2014 48th Asilomar Conference on Signals, Systems and Computers, Pacific Grove, 2014: 33-38.

[2] LinkQuest underwater acoustic modems. http://www.link-quest.com/html/models1.htm[2018-01-01].

[3] Evologics underwater S2CM-HS acoustic modem. https://evologics.de/acoustic-modem/hs[2020-10-18].

[4] Evologics underwater S2CR acoustic modem series. https://evologics.de/acoustic-modems[2020-10-18].

[5] Beaujean P P，Spruance J，Carlson E A，et al. HERMES-A high-speed acoustic modem for real-time transmission of uncompressed image and status transmission in port environment and very shallow water. Proceedings of MTS/IEEE Oceans，Quebec City，2008：1-9.

[6] Sonardyne blueComm optical modem. https://www.sonardyne.com/product/bluecomm-underwater-optical-communication-system[2020-10-18].

[7] Hanson F，Radic S. High bandwidth underwater optical communication. Applied Optics，2008，47（2）：277-283.

[8] Ito Y，Haruyama S，Nakagawa M. Short-range underwater wireless communication using visible light LEDs. WSEAS Transactions. Communication，2010，9：525-552.

[9] Bales J W，Chryssostomidis C. High-bandwidth，low power，short range optical communication underwater. International Symposium Unmanned，Untethered Submersible Technology，1995，9：406-415.

[10] Baiden G，Bissiri Y. High bandwidth optical networking for underwater untethered telerobotic operation. Proceedings of MTS/IEEE Oceans，Vancouver，2007：1-9.

[11] Wireless for subsea seatooth. http://www.wfs-tech.com/index.php/products/seatooth/[2018-01-01].

[12] Gulbahar B，Akan O B. A communication theoretical modeling and analysis of underwater magneto-inductive wireless channels. IEEE Transactions Wireless Communication，2012，11（9）：3326-3334.

[13] Palmeiro A，Martin M，Crowther I，et al. Underwater radio frequency communications. Proceedings of IEEE/OES Oceans，Santander，2011：1-8.

[14] 范巍巍. AUV 水声跳频通信关键技术研究. 哈尔滨：哈尔滨工程大学博士学位论文，2015.

[15] Porter B M. Linking environmental acoustics with the signaling schemes. Oceans 2000，2000：595-600.

[16] Stojanovic M，Catipovic J，Proakis J. Adaptive multichannel combining and equalization for underwater acoustic communications. Journal of the Acoustical Society of America，1993，94（3）：1621-1631.

[17] Tüchler M，Singer A C，Koetter R. Minimum mean squared error equalization using a priori information. IEEE Transactions on Signal Processing，2002，50（3）：673-683.

[18] Tüchler M，Koetter R，Singer A C. Turbo equalization：Principles and new results. IEEE Transactions on Communications，2002，50（5）：754-767.

[19] Oberg T，Nilsson B，Olofsoon N，et al. Underwater communication link with iterative equalization. IEEE Oceans 2006，Boston，2006：1-6.

[20] Choi J W，Thomas J R，Kyeongyeon K，et al. Adaptive linear turbo equalization over doubly selective channels. IEEE Journal of oceanic Engineering，2011，36（4）：473-478.

[21] Borden J，de Arruda J. Long range acoustic underwater communication with a compact AUV. Hampton Road，2012：1-5.

[22] Marques Eduardo R B，Pinto J，Kragelund S. AUV control and communication using underwater acoustic networks. Oceans 2007-Europe，Aberdeen，2007：1-6.

[23] Evologics. https://evologics.de[2020-10-20].

[24] LinkQuest Inc. http://www.link-quest.com/index.htm[2020-10-18].

[25] Freitag L，Grund M，Singh S. The WHOI micro-modem：An acoustic communications and navigation system for multiple platforms. Proceedings of MTS/IEEE，2005，2：1086-1092.

[26] Singh S，Webster E S，Freitag L，et al. Acoustic communication performance of the WHOI micro-modem in sea trials of the nereus vehicle to 11, 000 m depth. MTS/IEEE Biloxi-Marine Technology for Our Future：Global and Local Challenges，Oceans 2009，Biloxi，2009：1-6.

[27] Murashima T，Aoki T，Tsukioka S，et al. Optical communication system for URASHIMA. The Twelfth International Offshore and Polar Engineering Conference，Kitakyushu，2002：330-335.

[28] Hiroshi O，Yoshitaka W，Takuya S. Basic study of underwater acoustic communication using 32-quadrature amplitude modulation. Japanese Journal of Applied Physics，2005，44（1）：4689-4693.

[29] Sánchez A，Blanc S，Yuste P，et al. An ultra-low power and flexible acoustic modem design to develop energy-efficient underwater sensor networks. Sensors 2012，2012，12（6）：6837-6856.

[30] AM-300 声学 Modem 技术参数. http://www.marinesolutions.co.za/tritech/docs/am300-modem.pdf[2020-10-18].

[31] Oliveira P，Pascoal A，Silva V，et al. Mission control of the Marius AUV：System design，implementation，and sea trials. International Journal of Systems Science，1998，29（10）：1065-1080.

[32] Freitag L，Stojanovic J. A Bidirectional coherent acoustic communication system for underwater vehicles. Presented at the Ocean'98，Nice，1998：482-486.

[33] Zhu W，Wang C H，Pan F. Underwater acoustic communication system of AUV. IEEE Oceanic Engineering Society. Oceans'98，Nice，1998：477-481.

[34] 朱维庆，朱敏，王伟军. 水声高速图像传输信号处理方法. 声学学报，2007，32（5）：385-397.

[35] 朱敏. 蛟龙号载人潜水器声学系统. 声学技术，2013，32（6）：1-4.

[36] 卞红雨，孙慧娟，乔钢，等. 水下机器人中的水声通信系统. 声学技术，2009，28（6）：77-79.

[37] 殷敬伟，惠俊英，郭龙祥. 点对点移动水声通信技术研究. 物理学报，2008，57（3）：1753-1758.

[38] 艾宇慧，王庆天. 母船和潜器水声通信技术研究. 哈尔滨工程大学学报，1996，17（4）：8-13.

[39] 申晓红，王海燕，赵宝珍，等. 基于混沌序列的水声跳频通信系统研究. 西北工业大学学报，2006，24（4）：180-184.

[40] Stojanovic M. Adaptive multi-channel combining and equalization for underwater acoustic communication. Journal of the Acoustical Society of America，1993，94（3）：1621-1631.

[41] Tarbit P S D，Howe G S，Adams A E，et al. Development of real-time adaptive equalizer for a high rate under water acoustic data communications link. Proceedings Oceans'94，Brest，1994：307-312.

[42] Freitag L，Grund M，Catipovic J，et al. Acoustic communication with small UUVs using a hull-mounted conformal array. OCEANS 2001，MTS/IEEE Conference and Exhibition，Honolulu，2001：2270-2275.

[43] Capenllano V，Jourdain G. Comparison of adaptive algorithms for multi-channel adaptive equalizer application to underwater acoustic communication. IEEE Oceans'98，Nice，1998：1178-1182.

[44] Blackmon F A，Canto W. Performance comparison of several contemporary equalizer structures applied to selected field test data. Oceans'2000 MTS/IEEE Conference and Exhibition，Providence，2000：806-816.

[45] Gomes J，Barroso V. Acoustic channel equalization results for the ASIMOV high-speed coherent data link. Oceans'2000 MTS/IEEE Conference and Exhibition，Providence，2000：1437-1442.

[46] Leinhos H A. Block-adaptive decision feedback equalization with integral error correction for underwater acoustic communications. Oceans'2000 MTS/IEEE Conference and Exhibition，Providence，2000：817-822.

[47] Sharif B S，Neasham J. Computationally efficient Doppler compensation system for underwater acoustic communications. IEEE Journal of Oceanic Engineering，2000，25（1）：52-61.

[48] Singer A，Choi J，Drost R，et al. Iterative multi-channel equalization and decoding for high frequency underwater acoustic communications. Proceedings of 2008 5th IEEE Sensor Array Multichannel Signal Processing Workshop，Darmstadt，2008：127-130.

[49] Singer A C，Riedl T. Broadband Doppler compensation：Principles and new results. 2011 Conference Record of the Forty Fifth Asilomar Conference on Signals，Systems and Computers（ASILOMAR），Pacific Grove，2011：

944-946.

[50] Tao J，Zheng Y R，Xiao C，et al. Channel equalization for single carrier MIMO underwater acoustic communications. EURASIP Journal on Advances in Signal Processing，2010：1-17.

[51] Tao J，Zheng Y R，Xiao C，et al. Robust MIMO underwater acoustic communications using turbo block decision-feedback equalization. IEEE Journal of oceanic Engineering，2010，35（4）：948-960.

[52] Tao J, Wu J, Zheng Y R, et al. Enhanced MIMO LMMSE turbo equalization: Algorithm, simulations, and undersea experimental results. IEEE Transactions on Signal Processing，2011，59（8）：3813-3823.

[53] Youcef A，Laot C，Amis K. Multiple-input hybrid frequency-time domain adaptive decision feedback equalization for underwater acoustic digital communications. Proceedings of the 11th European Conference on Underwater Acoustics，Edinburgh，2012：1-8.

[54] Wan H, Chen R R, Choi J W, et al. Markov chain Monte Carlo detection for frequency-selective channels using list channel estimates. IEEE Journal on Selected Topics in Signal Processing，2011，5（8）：1537-1547.

[55] 朱维庆，朱敏，武岩波，等. 载人潜水器“蛟龙”号的水声通信信号处理. 声学学报，2012，37（6）：565-573.

[56] Xu H，Zhu M，Wu Y. The union of time reversal and turbo equalization on underwater acoustic communication. 2013 Oecans，San Diego，2013：1-5.

[57] Wu Y，Zhu M. Low complexity multichannel adaptive turbo equalizer for large delay spread sparse underwater acoustic channel. The 4th Pacific Rim Underwater Acoustics Conference，Hangzhou，2013：1-6.

[58] Yang X，Houcke S，Laot C，et al. Soft decision feedback equalizer for channels with low SNR in underwater acoustic communications. 2013 MTS/IEEE Proceedings Oceans，Bergen，2013：1-5.

[59] 隋天宇，张宝华，李宇，等. 一种自适应均衡器最优阶数确定算法. 仪器仪表学报，2012，5：1187-1194.

[60] 赵淑坤，马力，郭圣明. 改进的被动时间反转阵处理水下通信. 声学技术，2010，3：248-252.

[61] 芮功兵. 利用声纳基阵实现多通道分集与均衡. 声学技术，2013，1：11-14.

[62] 姜煜，白兴宇. 基于 VBLAST 的水声 MIMO 高速通信技术研究. 声学技术，2011，4：345-349.

[63] 张国松，刘海燕，周士弘. 水声通信 Doppler 扩展估计的实验研究. 声学技术，2008，6：896-899.

[64] 景连友，何成兵，黄建国. 基于被动时反的多通道双向判决反馈水声通信均衡器. 应用科学学报，2012，37（10）：1-6.

[65] 孟庆微，黄建国，何成兵，等. 基于软信道估计的 JIET 水声通信方法. 系统工程与电子技术，2013，35（7）：1533-1538.

[66] 孟庆微，黄建国，何成兵. 适合于稀疏水声信道的低复杂度联合迭代均衡译码. 应用科学学报，2011，30（7）：267-273.

[67] 张歆，张小蓟. 水声信道中的迭代分组判决反馈均衡器. 电子与信息学报，2013，3：683-688.

[68] 伍飞云，李芳兰，周跃海，等. 用于水声信道均衡的双参可调最小均方算法（英文）. 南京大学学报（自然科学版），2013，1：86-94.

[69] 朱鹤群，胡晓毅，马文翰，等. 基于 UW 字的单载波判决反馈均衡器水声通信研究. 电子技术应用，2013，2：111-114.

[70] 张兰，许肖梅，冯玮，等. 浅海水声信道中重复累积码性能研究. 兵工学报，2012，2：179-185.

[71] 郭瑜晖，孙海信，程恩，等. 水声系统单载波频域均衡方法比较. 厦门大学学报（自然科学版），2012，5：849-853.

[72] 陈东升，李霞，方世良，等. 基于多径参数模型和混合优化的时变水声信道跟踪. 东南大学学报（自然科学版），2010，3：459-463.

[73] 宫改云，姚文斌，潘翔. 被动时反与自适应均衡相联合的水声通信研究. 声学技术，2010，2：129-134.

[74] Zeng W，Xu W. Fast estimation of sparse doubly spread acoustic channels. Journal of the Acoustical society of America，2012，131（1）：303-320.

[75] Yu Z，Zhao H，Xu W，et al. Turbo equalization based on sparse doubly spread acoustic channels estimation. Underwater Acoustics and Ocean Dynamics，2016：57-61.

[76] 宁小玲，李启元，段立. 适用于 QAM 信号的方形判决超指数迭代盲均衡算法. 声学技术，2013，1：59-63.

[77] 罗亚松，林景元，胡玉铣，等. 高阶 QAM 信号的前馈神经网络相位修正水声信道盲均衡算法. 武汉理工大学学报（交通科学与工程版），2012，6：1221-1224.

[78] 傅寅锋，唐劲松. 基于被动相共轭——判决反馈均衡的水声通信研究.中国声学学会 2007 年青年学术会议论文集（下），武汉，2007：177-178.

[79] 李霞，桑恩方. 空间分集均衡水声通信技术的研究与仿真. 哈尔滨工程大学学报，2003，5：508-512.

[80] 乔钢，桑恩方. 基于矢量传感器的高速水声通信技术研究. 哈尔滨工程大学学报，2003，6：596-599.

[81] 李玉祥，梁国龙，张光普，等. 高阶调制 LDPC 码在水声信道中的仿真分析. 哈尔滨工业大学学报，2010，9：1472-1475.

[82] 张宝华，刘丹. 自适应 Turbo 均衡技术在高速水声通信中的应用研究. 2012 年中国西部声学学术交流会论文集（Ⅱ），乌鲁木齐，2012.

[83] Duan W M，Sun D J. Soft input soft output bidirectional DFE for underwater acoustic communication. Proceedings of ICCT 2012，2012：250-256.

[84] Zhang Y W，Zakharov Y，Li J. Soft-decision-driven sparse channel estimation and turbo equalization for MIMO underwater acoustic communications. IEEE Access，2018，6：4955-4973.

[85] Riedl T，Singer A. MUST-READ：Multichannel sample-by-sample turbo resampling equalization and decoding. 2013 MTS/IEEE Oceans，Bergen，2013：1-5.

[86] Riedl T，Singer A. Towards a video-capable wireless underwater modem：Doppler tolerant broadband acoustic communication. 2014 Underwater Communications and Networking（UComms），Sestri Levante，2014：1-5.

[87] Riedl T，Singer A. Experimental results with HF underwater acoustic modem for high bandwidth applications. 2015 49th Asilomar Conference on Signals，Systems and Computers，Pacific Grove，2015：248-252.

[88] Singer A，Oelze M，Podkowa A. Mbps experimental acoustic through-tissue communications：MEAT-COMMS. 2016 IEEE 17th International Workshop on Signal Processing Advances in Wireless Communications（SPAWC），Edinburgh，2016：1-4.

[89] Singer A，Oelze M，Podkowa A. Experimental ultrasonic communications through tissues at Mbps data rates. 2016 IEEE International Ultrasonics Symposium（IUS），Tours，2016：1-4.

[90] OceanComm. http://researchpark.illinois.edu/news/chicagoinno-acknowledges-Enterpriseworks-startup-oceancomm [2018-01-01].

[91] Yang W B，Yang T C. High-frequency channel characterization for M-ary frequency-shift-keying underwater acoustic communications. Journal of the Acoustical Society of America，2006，120（5）：2615-2641.

[92] Preisig J. Acoustic propagation considerations for underwater acoustic communications network development. ACM Sigmobile Mobile Computing Communications Review，2007，11（4）：2-10.

[93] Qiao G，Liu S Z，Zhou F，et al. Experimental study of long-range shallow water acoustic communication based on OFDM-Modem，advanced materials research. EIMEE2012，2012：1308-1313.

[94] Stojanovic M. Low complexity OFDM detector for underwater acoustic channels. Oceans 2006，Boston，2006：1-6.

[95] Song H C，Hodgkiss W S，Kuperman W A，et al. Spatial diversity in passive time reversal communications. Journal

of the Acoustical Society of America，2006，120（4）：2067-2076.

[96] Gomes J，Silva A，Jesus S. Joint passive time reversal and multichannel equalization for underwater communications. Oecans 2006，Boston，2006：1-6.

[97] Wu C J，Lin D W. Sparse channel estimation for OFDM transmission based on representative subspace fitting. Proceedings of Vehicular Technology Conference，Stockholm，2005：495-499.

[98] Carbonelli C，Vedantam S，Mitra U. Sparse channel estimationwith zero tap detection. IEEE Transactions Wireless Communications，2007，6（5）：1743-1763.

[99] Cotter S F，Rao B D. Sparse channel estimation via matchingpursuit with application to equalization. IEEE Transactions Communications，2002，50（3）：374-377.

[100] Karabulut G Z，Yongacoglu A. Sparse channel estimation usingorthogonal matching pursuit algorithm. Proceedings of Vehicular Technology Conference，Los Angeles，2004：3880-3884.

[101] Li W，Preisig J C. Estimation of rapidly time-varying sparse channels. IEEE Journal of oceanic Engineering，2007，32（4）：927-939.

[102] Li B，Zhou S L，Stojanovic M，et al. Non-uniform Doppler compensation for zero-padded OFDM over fast-varying underwater acoustic channels. Oceans 2007-Europe，Aberdeen，2007：1-6.

[103] Li B，Zhou S L，Stojanovic M，et al. Multicarrier communication over underwater acoustic channels with nonuniform Doppler shifts. IEEE Journal of Oceanic Engineering，2008，33（2）：198-209.

[104] Mason S，Berger C，Zhou S L，et al. An OFDM design for underwater acoustic channels with Doppler spread. 2009 IEEE 13th Digital Signal Processing Workshop and 5th IEEE Signal Processing Education Workshop，Marco Island，2009：138-143.

[105] Mason S，Berger C R，Zhou S L，et al. Detection，synchronization，and Doppler scale estimation with multicarrier waveforms in underwater acoustic communication. IEEE Jounal of Selected Areas Communications，2008，26（9）：1638-1649.

[106] Berger C，Zhou S L，Preisig J，et al. Sparse channel estimation for multicarrier underwater acoustic communication：From subspace methods to compressed sensing.IEEE Transactions Signal Processing，2010，58（3）：1708-1721.

[107] Huang J，Berger C R，Zhou S L. Comparison of basis pursuit algorithms for sparse channel estimation in underwater acoustic OFDM. Oceans'10 IEEE，Sydney，2010：1-6.

[108] Roy S，Duman T，Ghazikhanian L，et al. Enhanced underwater acoustic communication performance using space-time coding and processing. MTS/IEEE Techno-Ocean，Kobe，2004：26-33.

[109] Roy S，Duman T，Ghazikhanian L，et al. High-rate communication for underwater acoustic channels using multiple transmitters and space-time coding receiver structures and experimental results. Journal of Oceanic Engineering，2007，32（3）：663-670.

[110] Pelekanakis K，Baggeroer A B. Exploiting space-time-frequency diversity with MIMO-OFDM for underwater acoustic communications. IEEE Journal of Oceanic Engineering，2011，36（4）：502-513.

[111] 王永恒. 基于 OFDM-MFSK 的水声通信技术研究. 哈尔滨：哈尔滨工程大学博士学位论文，2017.

[112] 张友文，黄福朋，李姜辉. 近程高速水声毫米波通信仿真与试验验证. 应用声学，2019，4：516-524.

[113] 李霞. 水声通信中的自适应均衡与空间分集技术研究. 哈尔滨：哈尔滨工程大学博士学位论文，2004.

[114] 董继刚. AUV 水声通信系统研究. 哈尔滨：哈尔滨工程大学博士学位论文，2015.

[115] 尹艳玲，乔钢，刘凇佐，等. 基于基追踪去噪的水声正交频分复用稀疏信道估计. 物理学报，2015，64（6）：227-234.

[116] 郭铁梁，张智勇，赵旦峰，等. OFDM 水声通信系统的 LS-OMP 信道估计. 声学技术，2017，36（1）：10-16.

[117] 尹艳玲，乔钢，刘凇佐. 基于虚拟时间反转镜的水声 OFDM 信道均衡. 通信学报，2015，36（1）：94-103.

[118] Sun H，Xu R，Xu F. A new accurate symbol synchronization scheme for underwater acosutic communication systems. 2007 IEEE International Workshop on anti-Counterfeiting Security，Xiamen，2007：336-339.

[119] 孙静，黄建国，何成兵. OFDM 中程水声通信系统仿真及试验. 计算机仿真，2006，23（2）：18-21.

[120] Yan Z，Huang J，He C. Implementation of an OFDM underwater acoustic communication system on an underwater vehicle with multiprocessor structure. Frontiers of Electrical and Electronic Engineering in China，2007，2（2）：151-155.

[121] 蔡惠智，刘云涛，蔡慧，等. 第八讲：水声通信及其研究进展. 物理，2006，12：1038-1042.

[122] 熊省军. 水声高速扩频通信 MODEM 研制及实验研究. 声学与电子工程，2012，（2）：6-10.

[123] 王永学，陈芳炯，韦岗. 一种简单的多用户 OFDM 系统自适应资源分配算法. 科学技术与工程，2005，5(20)：1498-1502.

[124] 王永学，陈芳炯，韦岗. 基于遗传算法的多用户 OFDM 系统资源分配. 华南理工大学学报，2005，33（11）：61-65.

[125] MacKay D J C. Fountain codes. IEE Proceedings Communications，2005，52（6）：1062-1068.

[126] Luby M. LT codes. Proceedings of the 43rd Annual IEEE Symposium on Foundations of Computer Science，Vancouver，2002：271-280.

[127] Shokrollahi A. Raptor codes. IEEE Transactions on Information Theory，2006，52（6）：2551-2567.

[128] Richardson T J，Urbanke R L. Efficient encoding of low-density parity-check codes. IEEE Transactions on Information Theory，2001，47（2）：638-656.

[129] Oliver G H M，David J C M. Effcient fountain codes for medium blocklengths. IEEE Transactions on Communications，2006：1-9.

[130] Sanghavi S. Intermediate performance of rateless codes. 2007 IEEE Information Theory Workshop，Tahoe City，2007：478-482.

[131] Rahnavard N，Vellambi B N，Fekri F. Rateless codes with unedual error protection property. IEEE Transactions on Information Theory，2007，53（4）：1521-1532.

[132] Hellge C，Schierl T，Wiegand T. Multidimensional layered forward error rateless codes. IEEE International Conference on Communications，ICC'08，Beijing，2008：480-484.

[133] Erez U，Trott M D，Wornell G W. Rateless coding for Gaussian channels. IEEE Transactions Information Theory，2012，58（2）：530-547.

[134] Erez U，Wornell G W. A super-Nyquist architecture for reliable underwater acoustic communication. Proceedings Allerton Conference Communication，control，and Computing，Monticello，2011：469-476.

[135] Mazo J E. Faster-than-Nyquist signaling. The Bell System Technical Journal，1975，54：1451-1462.

[136] Forney G D. Maximum likelihood sequence estimation of digital sequences in the presence of intersymbol interference. IEEE Transactions on Information Theory，1972，18（3）：363-378.

[137] Liveris A D，Georghiades C N. Exploiting faster-than-Nyquist signaling. IEEE Transactions on Communications，2003，51：1502-1511.

[138] Rusek F，Anderson J B. On information rates for faster than Nyquist signaling. IEEE Global Telecommunications Conference，San Francisco，2006：1-5.

[139] Rusek F，Anderson J B. Non binary and precoded faster than Nyquist signaling. IEEE Transactions on Communications，2008，56（5）：808-817.

[140] Rusek F，Anderson J B. The two dimensional Mazo limit. IEEE International Symposium on Information Theory，

Adelaide，2005：970-974.

[141] Rusek F. A first encounter with faster-than-Nyquist signaling on the MIMO channel. IEEE Wireless Communications and Networking Conference，Hong Kong，2007：1093-1097.

[142] Piemontese A，Modenini A，Colavolpe G，et al. Improving the spectral efficiency of nonlinear satellite systems through time-frequency packing and advanced processing. IEEE Transactions on Communications，2013，61：3404-3412.

[143] Colavolpe G，Foggi T. High spectral efficiency for long-haul optical links：Time-frequency packing vs high-order constellations. Proceedings 38th European Conference on Optical Communication，London，2013：1-3.

[144] He Q. A Super-Nyquist Architecture for Rateless Underwater Acoustic Communication. Massachusetts：Massachusetts Institute of Technology，2012.

[145] 郭明喜，沈越泓，聂勇，等. 一种基于两级均衡的超 Nyquist 码元速率信号传输实现方案. 电路与系统学报，2013，2：119-122.

[146] Li W C. Estimation and Tracking of Rapidly Time-Varying Broadband Acoustic Communication Channels. Massachusetts：MIT and WHOI，2006.

第 2 章　水声单入单出时域迭代接收机技术

2.1　引　　言

近年来，虽然陆地无线通信取得了令人瞩目的成就，但是，水声通信技术由于水声环境的复杂性而发展缓慢[1-4]；随着现代编译码技术的发展，逼近香农极限的接收机技术的实现成为可能，由 Turbo 信道编译码技术引出的 Turbo 均衡技术可以用来实现多途信道条件下的最优接收机[5-8]；基于 Turbo 思想的迭代均衡与译码技术在无线通信领域取得了巨大的成功；然而，在水声通信领域，水声信道多途扩展非常严重，因此，基于最大后验概率（maximum a posteriori probability，MAP）的最佳迭代接收机技术由于复杂度的原因而无法应用于水声通信领域[9-11]；最近，大量性能次优的线性和判决反馈迭代接收机技术在水声通信领域取得了成功的应用[12-27]。

本章的内容安排如下：2.2 节介绍 Turbo 均衡的基本原理；2.3 节给出单入单出迭代接收的基本模型；2.4 节介绍 SISO 线性均衡器；2.5 节介绍软反馈判决反馈均衡器；2.6 节介绍软输入迭代自适应水声信道估计技术；2.7 节对迭代信道估计与均衡技术进行仿真研究；2.8 节对迭代信道估计以及迭代均衡与译码技术进行试验数据处理分析。

本章常用符号说明：矩阵和向量分别用加粗的大写和小写字母来表示。$\boldsymbol{x}\in\mathbb{C}^{N\times1}$ 表示复值 $(N\times1)$ 向量。运算符 $\boldsymbol{x}^*$、$\boldsymbol{x}^{\mathrm{T}}$、$\boldsymbol{x}^{\dagger}$、$|\boldsymbol{x}|$、$\|\boldsymbol{x}\|_{\mathrm{F}}$ 分别表示向量 $\boldsymbol{x}$ 的复共轭、转置、共轭转置、求行列式及弗罗贝尼乌斯范数。l_{p} 向量范数定义为 $\|\boldsymbol{x}\|_p=\left(\sum_i |x_i|^p\right)^{1/p}$，其中 x_i 是 $\boldsymbol{x}$ 中的第 i 个元素。$R\{\}$ 表示复数的实部，$E\{\}$ 表示求数学期望。$\mathrm{tr}\{\cdot\}$ 表示求矩阵的迹。$\mathrm{diag}\{\boldsymbol{x}\}$ 表示用向量 $\boldsymbol{x}$ 构造对角矩阵。

2.2　Turbo 均衡的基本原理

2.2.1　Turbo 码与 Turbo 思想

早在 1948 年香农便提出，在一定带宽和信道噪声特性下，如果信息的传播速率在信道的极限速率以下，可以实现信息的无错误传输，而这个极限速率即为香农极限。不仅如此，他还指出，在传输速率小于香农极限的情况下，存在相关的码可以通过增加冗余信息，使得在噪声信道上的数据传输差错概率无穷小[1,28]。可惜的是，香农并未指出具体的编码方法。为实现这一目标，无数数学家和通信理论家为之奋斗了近半个世纪，但仍然无法找到一种编码方案达到香农极限。然而 1993 年 Turbo 码的出现改变了这一局面，同时也在改变人们对物理层通信的认识[29]。这是第一种在 AWGN 信道下接近香农极限的编码，它的基本思想是将两个系统反馈卷积码通过交织器并行级联。其译码方式是通过两个 SISO 的分量译码器的软信息交换实现，而这种交换过程是迭代的。这种观念被称为 Turbo 思想，其实是由图 2.1 所示的 Turbo 引擎的循环反馈机制类比而来的[30]。

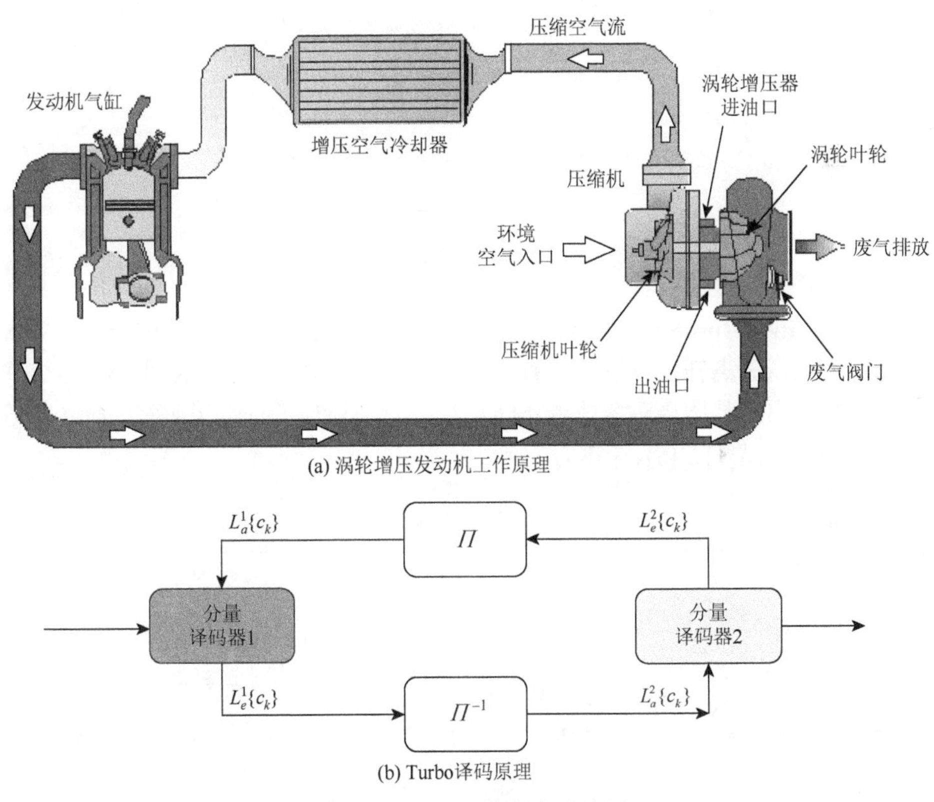

图 2.1　Turbo 译码思想类比图

Π 表示交织器

2.2.2　Turbo 均衡与 Turbo 译码

事实上香农已经证明了随机选择性编码，并且采用最大似然译码能够接近香农极限，但是易于实现译码的算法需要提供结构特征，以致香农的设想长期不为人们重视。Turbo 码和对应的迭代译码算法恰恰满足了以上两条要求：类随机性编码和足够的结构信息[1, 5, 6]。本章讨论的为 Turbo 均衡算法，但 Turbo 均衡算法恰恰是 Turbo 码和其对应的 Turbo 译码算法的延伸。图 2.2 给出了 Turbo 编码器基本结构。这一结构通过交织器实现了类随机性的编码机制，而且并行级联的结构特征为有效的译码算法提出奠定了基础。

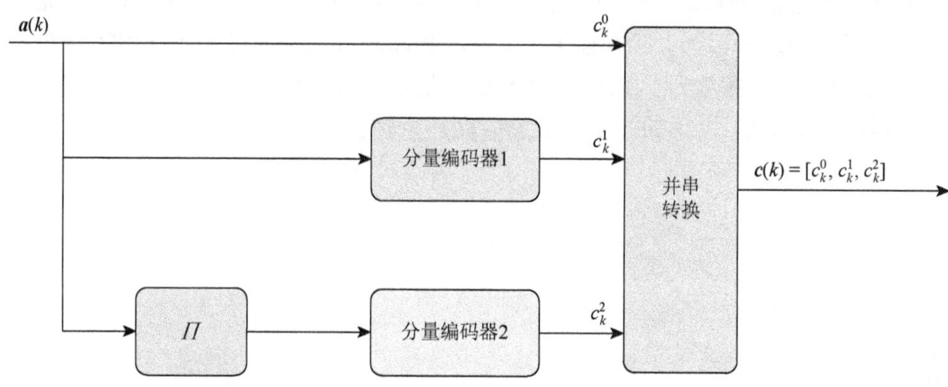

图 2.2　Turbo 编码器基本结构

图 2.3 给出了 Turbo 迭代译码算法的基本结构。在此结构中，两个 SISO 的译码器通过交织器分离开，外信息在两个译码器之间迭代地交换。其中，SISO 译码器可以为软输出维特比译码器或者 MAP 译码器。对应的详细译码算法理论推导可以参考相关文献[1]、[5]、[6]。

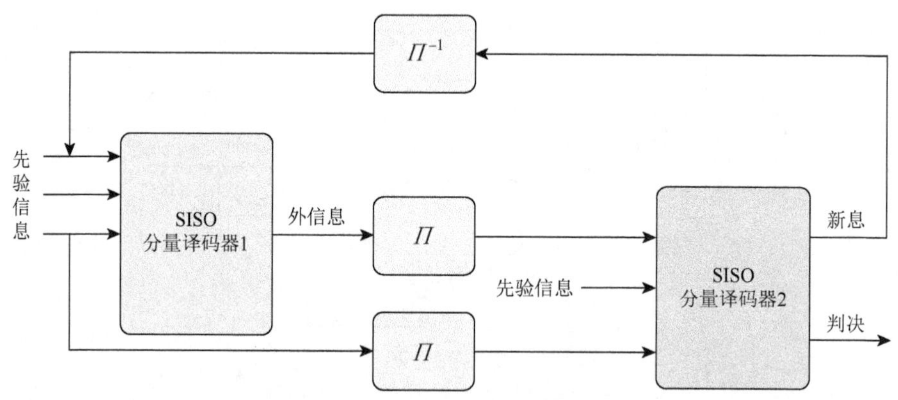

图 2.3　Turbo 迭代译码算法的基本结构

将 Turbo 迭代译码的思想应用于均衡问题便出现了所谓的 Turbo 均衡体制。其核心思想如图 2.4 和图 2.5 所示：将差错控制编码器和多途信道（ISI 信道）看作一个串行级联的 Turbo 编码器，而均衡问题即将经过多途信道后的原始符号还原，则转变为了对编码器信息码元的译码问题。简单来说，该“编码器”的输入为进入信道的符号，而 Turbo 均衡器的作用则是将其正确地从信道接收端的信号中“译码”出来。

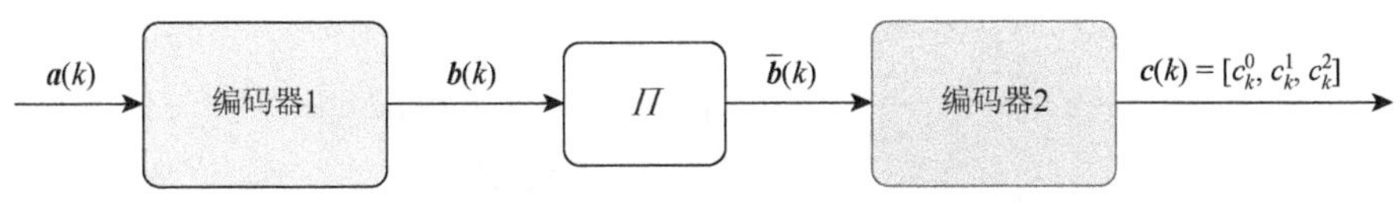

图 2.4　串行级联 Turbo 编码器结构

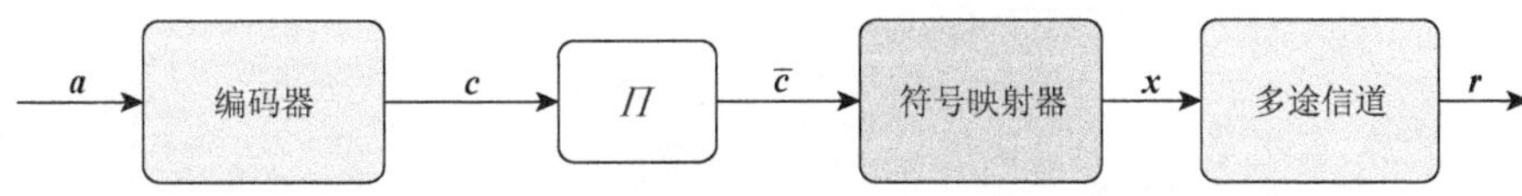

图 2.5　多途信道中的 BICM 结构

2.2.3　基于 MAP 检测算法的 Turbo 均衡算法

Turbo 均衡算法首先被 Douillard 等提出，其中采用的软输入软输出均衡器基于软输出维特比译码算法[5]。Bauch 等随后将其扩展为基于 MAP 的 Turbo 均衡[31]。基于这两种算法的 Turbo 均衡算法统称为基于网格检测算法的 Turbo 均衡算法。本小节仅对基于 MAP 检测算法的 Turbo 均衡算法做简要回顾。

Turbo 均衡系统框图如图 2.6 所示。为分析方便，考虑 BPSK 调制下该算法的推导。MAP 检测算法要解决的是一个比特级的最优检测问题，在 BPSK 调制方式下，也就是使 $P(x_n \neq \hat{x}_n)$ 的最小[9, 10]，即

$$\hat{x}_n = \underset{x \in \beta}{\arg\max}\, P(x_n = x \mid y_1, y_2, \cdots, y_N) \tag{2.1}$$

式中，$P(x_n = x \mid y_1, y_2, \cdots, y_N)$ 为后验概率；β 为调制星座集合，即 $\beta = \{\alpha_1, \alpha_2, \cdots, \alpha_{2^J}\}$。具体的计算方法为在接收到 k 个符号 $y_k(y_1, y_2, \cdots, y_N)$ 后，后验对数似然比减去先验对数似然比[9, 10]：

$$L_e(x_n) = \ln \frac{P(x_n = +1 \mid y_1, y_2, \cdots, y_k)}{P(x_n = -1 \mid y_1, y_2, \cdots, y_k)} - \ln \frac{P(x_n = +1)}{P(x_n = -1)} \tag{2.2}$$

计算的结果 $L_e(x_n)$ 被称为新息对数似然比，该外部信息就是在迭代过程中均衡器输出的用于迭代的信息，经过解交织器成为信道译码器输入的先验信息。先验对数似然比（a priori LLR），即 $L_a(x_n) = \ln \dfrac{P(x_n = +1)}{P(x_n = -1)}$，表征了由译码器提供的先验信息，这部分先验信息代表了 x_n 出现的概率。对于均衡的初始第一步，并

不能得到先验信息，所以通常的处理方法是认为$L_a(x_n)=0,\forall n$。

此处需要强调的是$L_e(x_n)$独立于$L_a(x_n)=0$，这连同另外一种观念即将反馈看作先验信息是任何采用 Turbo 原理的通信系统所具备的基本特征。

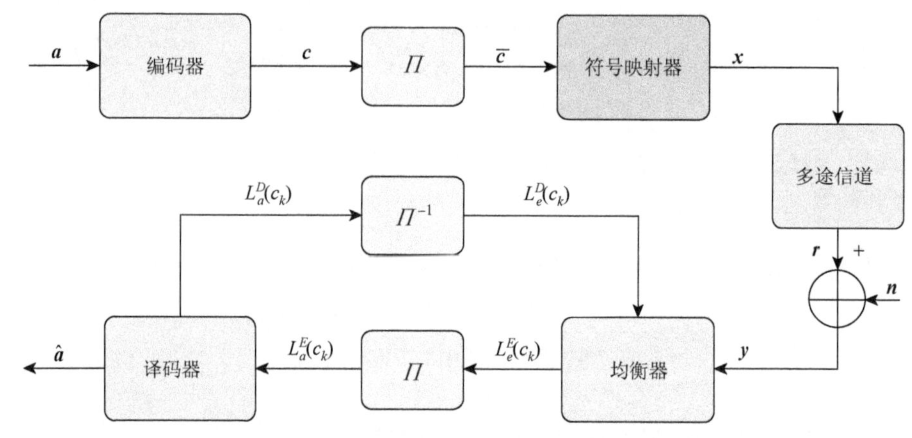

图 2.6　Turbo 均衡系统框图

若译码器采用的是 MAP 检测算法，则译码器在输入k个比特先验信息$L_a^D(c_n)$　$(n=1,2,\cdots,k)$后计算出差值[9, 10]：

$$L_e^D(c_n)=\ln\frac{P(c_n=+1\,|\,L_a(c_1),L_a(c_2),\cdots,L_a(c_k))}{P(c_n=-1\,|\,L_a(c_1),L_a(c_2),\cdots,L_a(c_k))}-\ln\frac{P(c_n=+1)}{P(c_n=-1)} \tag{2.3}$$

均衡器的输出$L_e^E(x_n)$被当作译码器的先验信息$L_a^D(c_n)$，可以很方便地通过 BCJR 算法计算$L_e^E(x_n)$和$L_a^D(c_n)$，这里不做详细介绍[1, 5, 6]。

事实上，各种各样的 Turbo 均衡算法均源于基于 MAP 检测算法的 Turbo 均衡算法，因其为最优检测方案，其他算法均是在降低复杂度的同时尽可能地逼近其性能。更为重要的是它给出了 Turbo 迭代处理的基本框架和原理，在本章以下各节的算法推导中将对这些原理加以运用。

2.3　迭代接收机的发射与接收信号模型

图 2.7 给出了本章单入单出发射机的基本结构。图 2.7 中常规发射机结构中的信号产生流程如下：首先信息比特向量$\boldsymbol{a}$经过一个编码率为R_c的信道编码器产生编码比特向量$\boldsymbol{b}$，编码比特向量经过一个随机交织器Π产生交织后的比特向量$\boldsymbol{c}$，比特向量$\boldsymbol{c}$中的编码比特每J个比特进行分组$\boldsymbol{c}_n=[c_{n,1},c_{n,2},\cdots,\ c_{n,J}]_{n=1}^{N_s}$（其中$N_s$为发射符号向量的长度），然后把$N_s$个编码比特分组$\{\boldsymbol{c}_n\}_{n=1}^{N_s}$映射到星座符号集合

α 中对应的星座点 $\{\alpha_1,\cdots,\alpha_i,\cdots,\alpha_K\}$ 上，其中 $K=2^J$，且 α_i 对应的比特向量为 $\boldsymbol{s}_i=[s_{i,1},s_{i,2},\cdots,s_{i,J}]$，进而产生发射符号向量 $\boldsymbol{x}=[x_1,x_2,\cdots,x_{N_s}]^{\mathrm{T}}$，发射符号向量复用训练符号并通过脉冲成型器产生发射基带信号 $b(t)$，发射基带信号通过调制器将信号调制到指定的发射频带上，进而产生通带信号 $s(t)$，通带信号最后插入帧同步信号以便于接收机端利用该信号进行帧同步。

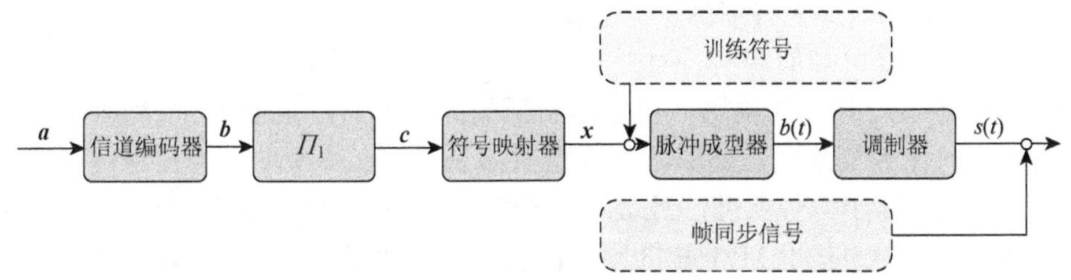

图 2.7　发射机基本结构框图

根据图 2.7 的发射信号产生流程，长度为 N_d 的发射信息向量 $\boldsymbol{c}$ 经过符号映射器产生长度为 N_s 的发射符号向量，然后复用长度为 N_t 的训练符号后生成长度为 $N=N_s+N_t$ 的发射符号向量 $\boldsymbol{x}$。将离散发送信息序列 $\boldsymbol{x}$ 通过滚降因子为 ε 的脉冲成型器 $g(t)$ 生成基带调制信号 $b(t)$，即

$$b(t)=\sum_{n=1}^{N}x_n g(t-nT) \tag{2.4}$$

式中，$T=1/R_s$ 为发射符号间隔。将基带信号 $b(t)$ 调制到载波频率 f_c 上生成通带信号 $s(t)$，即

$$s(t)=b(t)\mathrm{e}^{\mathrm{j}2\pi f_c t} \tag{2.5}$$

假设单个接收水听器接收信号、发射信号经过时变水声信道后，在接收端接收到的信号可表示为

$$y_p(t)=\int_{-\infty}^{+\infty}b(t-\tau)h^*(t,\tau)\mathrm{e}^{\mathrm{j}\omega_c(t-\tau)}\mathrm{d}\tau+\eta(t) \tag{2.6}$$

式中，$*$表示复共轭；τ 为接收端与发射端的传播时延；$h(t,\tau)$ 为发射换能器与接收水听器间的信道冲激响应；假设 $\eta(t)$ 是均值为 0、方差为 σ_η^2 的 AWGN，并假设其与发送信号是独立的。收发平台的相对运动或海面的运动会导致接收信号经历宽带多普勒效应。假设最大的信道多途扩展为 L 个符号间隔，那么接收水听器接收到的第 l 个多途分量信号可表示为

$$y_p(t,\tau_l)=\beta_l(t)b((1+\kappa_l)t-\tau_l)\ \mathrm{e}^{\mathrm{j}\omega_c((1+\kappa_l)t-\tau_l)}+\eta(t) \tag{2.7}$$

式中，$\beta_l(t)$ 为随时间变化的接收水听器接收到的第 l 个多途分量信号的传播损失；$\kappa_l=v_r/c$ 为第 l 个多途到达信号的多普勒因子，v_r 为收发平台的相对速度，c 为

声速；τ_l 为第 l 途到达信号的相对时延。因此，经过多途信道后，接收到的信号的基带形式可表示为

$$y_b(t)=\sum_{l=0}^{L-1}\beta_l(t)b((1+\kappa_l)t-\tau_l)\mathrm{e}^{\mathrm{j}\omega_c(\kappa_l t-\tau_l)}+\eta(t) \tag{2.8}$$

基带信号 $y_b(t)$ 可根据接收机处理要求抽样成符号间隔或是分数间隔，在本章后续信号处理中，如无特别说明，接收机端的基带信号 $\{y_n\}_1^N$ 均为符号间隔。

在给定接收机端的观察符号序列 $\boldsymbol{y}=[y_1,y_2,\cdots,y_N]^{\mathrm{T}}$，通过 MAP 均衡即可实现发射符号 x_n 最优的检测，但是由前面的分析可知，基于 MAP 均衡的最优检测技术的计算复杂度是随信道长度指数增长的，而典型的水声信道的长度一般在几十至上百个符号长度，因此，在水声信道条件下要实现最优的 MAP 检测基本不太现实；而基于 MMSE 准则的次优线性均衡器和判决反馈均衡器很好地兼顾了复杂度和性能的需求，因此，这两类均衡器在水声通信领域获得了广泛的应用。

根据均衡器的稀疏更新的方式，Turbo 均衡器可以大致分为三大类[9-11, 32]：时不变（time-invariant，TI）结构、迭代变（iteration-variant，IV）结构以及时变（time-variant，TV）结构。对于 TI 结构来说，在对整个接收数据进行均衡时，迭代均衡器的滤波器系数仅仅更新一次；对于 IV 结构来说，均衡器的滤波器系数在每次 Turbo 迭代时均需更新一次；对于 TV 结构来说，均衡器系数是逐符号更新的，均衡系数的更新需要利用符号级的先验信息和信道状态信息。后续内容将对本书接收机端用到的 SISO 线性均衡器、SISO 判决反馈均衡器、SISO 双向判决反馈均衡器以及自迭代软均衡器进行详细的介绍；另外，为了节省篇幅，本章主要集中介绍性能最优的 TV 结构的迭代接收机。

2.4 SISO 线性均衡器

2.4.1 时变的线性均衡器

令 L_a 和 L_c 分别为线性均衡器的非因果和因果部分长度，在 n 时刻，为了对接收信号进行滤波/均衡而获得发射符号 x_n 的估计值 $\hat{x}_n$，考虑到信道多途干扰影响的特点，一般采用实现效率较高的基于时间窗的信道均衡模式，而不是利用整个接收符号序列 $\boldsymbol{y}$，假设时间窗内接收信号向量的长度为 $L_E=L_a+L_c+1$，即 $\boldsymbol{y}_n=[y_{n-L_c},y_{n-L_c+1},\cdots,y_{n+L_a}]^{\mathrm{T}}$，那么，对于时变系统来说，在 n 时刻，利用线性 MMSE 准则可得到 SISO 线性均衡器的滤波器系数 $\boldsymbol{f}_n$，即[9-11, 32]

$$\boldsymbol{f}_n=[f_{n,-L_c},f_{n,-L_c+1},\cdots,f_{n,L_a}]^{\dagger}=\{\boldsymbol{H}_n\boldsymbol{\Sigma}_n\boldsymbol{H}_n^{\dagger}+(1-z_n)\boldsymbol{s}\boldsymbol{s}^{\dagger}+\sigma_\eta^2\boldsymbol{I}\}^{-1}\boldsymbol{s} \tag{2.9}$$

式中，$\boldsymbol{H}_n$ 为 $L_E\times(L_E+L-1)$ 的时变信道卷积矩阵[9-11, 32]，即

$$\boldsymbol{H}_n=\begin{bmatrix} h_{n,L-1} & h_{n,L-2} & \cdots & h_{n,0} & 0 & \cdots & 0 & 0 \\ 0 & h_{n,L-1} & h_{n,L-2} & \cdots & h_{n,0} & 0 & \cdots & 0 \\ \vdots & \vdots & \vdots & & \vdots & \vdots & & \vdots \\ 0 & 0 & \cdots & 0 & h_{n,L-1} & h_{n,L-2} & \cdots & h_{n,0} \end{bmatrix} \tag{2.10}$$

$\boldsymbol{\Sigma}_n$ 为对角矩阵，它与发射符号 $\{x_i\}_{i=n-L_c}^{n+L_a}$ 的先验均值 $\{E(x_i)\}_{i=n-L_c}^{n+L_a}$ 有关，令 $z_i=1-[E(x_i)]^2$，则 $\boldsymbol{\Sigma}_n=\mathrm{diag}\{z_{n-L_c},z_{n-L_c+1},\cdots,z_{n-L_a}\}$，而发射符号 x_i 的先验均值 $E(x_i)$ 可从 SISO 译码器输出的对数似然比计算得到，$\boldsymbol{s}=\boldsymbol{H}_n[\boldsymbol{0}_{1\times L_c},1,\boldsymbol{0}_{1\times L_a}]^{\mathrm{T}}$。

在 n 时刻，给定接收数据向量 $\boldsymbol{y}_n$，时变线性均衡器的输出，即发射符号 x_n 的估计为[9-11, 32]

$$\hat{x}_n=\boldsymbol{f}_n^{\dagger}(\boldsymbol{r}_n-\boldsymbol{H}_n\bar{\boldsymbol{x}}_n+E(x_n)\boldsymbol{s}) \tag{2.11}$$

式中，$\bar{\boldsymbol{x}}_n$ 为发送符号序列的先验均值，即 $\bar{\boldsymbol{x}}_n=[E(x_{n-L_c}),E(x_{n-L_c+1}),\cdots,E(x_{n-L_a})]^{\mathrm{T}}$；$E(x_n)\boldsymbol{s}$ 用于抑制 $E(x_n)$ 在 $\boldsymbol{H}_n\bar{\boldsymbol{x}}_n$ 这一项中的影响。

给定发射符号序列 $\boldsymbol{x}_n=[x_{n-L_c},\cdots,x_{n-L_a}]^{\mathrm{T}}$ 及其相应的噪声向量 $\boldsymbol{\eta}_n=[\eta_{n-L_c},\cdots,\eta_{n-L_a}]^{\mathrm{T}}$，式（2.11）中的线性均衡器的输出可以重新写为[9-11, 32]

$$\begin{aligned}\hat{x}_n&=(\boldsymbol{f}_n^{\dagger}\boldsymbol{H}_n)\cdot(\boldsymbol{x}_n-E\{\hat{\boldsymbol{x}}_n\})+\boldsymbol{f}_n^{\dagger}\boldsymbol{\eta}_n\\&=p_{n,0}\cdot x_n+\sum_{k=-L_c,k\neq 0}^{L_a}p_{n,k}(x_{n+k}-E(x_{n+k}))+\sum_{k=-L_c}^{L_a}f_{n,k}^{*}\cdot\eta_{n+k}\\&=p_{n,0}\cdot x_n+v_n\end{aligned} \tag{2.12}$$

式中，$E\{\hat{\boldsymbol{x}}_n\}=[E(x_{n-L_c}),\cdots,E(x_{n-1}),0,E(x_{n+1}),\cdots,E(x_{n+L_a})]^{\mathrm{T}}$；$p_{n,0}=\boldsymbol{f}_n^{\dagger}\boldsymbol{s}$；$v_n$ 表示噪声及由相邻符号引起的残余 ISI 之和，即 $v_n=\sum_{k=-L_c,k\neq 0}^{L_a}p_{n,k}(x_{n+k}-E(x_{n+k}))+\sum_{k=-L_c}^{L_a}f_{n,k}^{*}\eta_{n+k}$，假设 v_n 是高斯白噪声，进而 v_n 的方差为[9-11, 32]

$$\begin{aligned}\sigma_{n,i}^2&=\boldsymbol{f}_n^{\dagger}\mathrm{Cov}\{\boldsymbol{r}_n,\boldsymbol{r}_n\mid x_n=\alpha_i\}\boldsymbol{f}_n\\&=\boldsymbol{f}_n^{\dagger}(\boldsymbol{H}_n\boldsymbol{\Sigma}_n\boldsymbol{H}_n^{\dagger}-z_n\boldsymbol{s}\boldsymbol{s}^{\dagger}+\sigma_\eta^2\boldsymbol{I})\boldsymbol{f}_n\\&=\boldsymbol{f}_n^{\dagger}\boldsymbol{s}-z_i\boldsymbol{f}_n^{\dagger}\boldsymbol{s}\boldsymbol{s}^{\dagger}\boldsymbol{f}_n\end{aligned} \tag{2.13}$$

那么编码比特 $c_{n,j}$ 的新息 LLR 计算如下[9-11, 32]：

$$L_e(c_{n,j}) = \ln \frac{\sum\limits_{\forall s: s_{i,j}=1} p(\hat{x}_n \mid \boldsymbol{c}_n = \boldsymbol{s}_i) \prod\limits_{\forall j': j' \neq j} P(c_{n,j'} = s_{i,j'})}{\sum\limits_{\forall s: s_{i,j}=0} p(\hat{x}_n \mid \boldsymbol{c}_n = \boldsymbol{s}_i) \prod\limits_{\forall j': j' \neq j} P(c_{n,j'} = s_{i,j'})}$$

$$= \ln \frac{\sum\limits_{\forall s: s_{i,j}=1} \exp\left(-\rho_{n,i} + \sum\limits_{\forall j': j' \neq j} \tilde{s}_{i,j} L(c_{n,j'})/2\right)}{\sum\limits_{\forall s: s_{i,j}=0} \exp\left(-\rho_{n,i} + \sum\limits_{\forall j': j' \neq j} \tilde{s}_{i,j} L(c_{n,j'})/2\right)} \tag{2.14}$$

式中

$$\rho_{n,i} = \frac{|\hat{x}_n - \mu_{n,i}|^2}{\sigma_{n,i}^2} = \frac{|\boldsymbol{f}_n^\dagger \cdot (\boldsymbol{r}_n - \boldsymbol{H}\overline{\boldsymbol{x}}_n + E(x_n)\boldsymbol{s}) - \alpha_i \boldsymbol{f}_n^\dagger \boldsymbol{s}|}{\boldsymbol{f}_n^\dagger \boldsymbol{s} - z_i \boldsymbol{f}_n^\dagger \boldsymbol{s}\boldsymbol{s}^\dagger \boldsymbol{f}_n} \tag{2.15}$$

$$\mu_{n,i} = \alpha_i \boldsymbol{f}_n^\dagger \boldsymbol{s} \tag{2.16}$$

$$\tilde{s}_{i,j} = \begin{cases} +1, & c_{n,j} = 1 \\ -1, & c_{n,j} = 0 \end{cases} \tag{2.17}$$

2.4.2 时不变的线性均衡器

在时变系统下，时变线性均衡器的均衡器系数需要逐符号信息更新，因此，均衡器的复杂度较高；但是，当信道是时不变或是慢变时，线性均衡器的系数就不需要实时地更新，这样可以极大地降低均衡系统的复杂度。

对于时不变线性均衡系统来说，假设发射符号 x_n 的方差均为 1，即 $z_n = 1$；因此时不变均衡器的计算复杂度是均衡器长度的线性函数。时不变线性均衡器的滤波器系数如下[9-11, 32]：

$$\boldsymbol{f} = [f_{-L_c}, f_{-L_c+1}, \cdots, f_{L_a}]^\dagger = \{\boldsymbol{H}\boldsymbol{H}^\dagger + \sigma_\eta^2 \boldsymbol{I}\}^{-1} \boldsymbol{s} \tag{2.18}$$

虽然时不变线性均衡器的均衡系数是时不变的，但是利用式（2.11）对发射符号 x_n 进行估计时所用的发射符号的先验均值 $\overline{\boldsymbol{x}}_n$ 仍需利用来自译码器的先验信息进行计算。

2.4.3 迭代变的线性均衡器

尽管时不变的线性均衡器能够降低均衡器的计算复杂度，但是它的最大可达输出信噪比与理想的匹配滤波器界（即没有 ISI 时可获得的输出信噪比）仍有较大的差距。若均衡器的系数仅仅在每次 Turbo 迭代时进行更新，在这种情况下，迭代变的均衡器的计算复杂度仍然是均衡器长度的线性函数。

定义迭代变化量 $z^{(k)}$ 为第 k 次 Turbo 迭代时发射符号 x_n 的时间平均方差，且在线性均衡器中用 $z^{(k)}$ 来取代 x_n 的方差。这种迭代变的线性均衡器虽然对于每一个独立的接收数据窗来说其均衡器是次优的，但是，对于整个接收数据帧来说，其整体的均衡效果在最小平均均方误差（mean squared error，MSE）的意义下仍是最优的。

在第 k 次 Turbo 迭代时迭代变的线性均衡器的均衡器系数更新如下[9-11, 32]：

$$\boldsymbol{f}^{(k)}=[f_{-L_c}^{(k)}, f_{-L_c+1}^{(k)},\cdots,f_{L_a}^{(k)}]^{\dagger}=(\boldsymbol{H\Sigma}^{(k)}\boldsymbol{H}^{\dagger}+(1-z^{(k)})\boldsymbol{ss}^{\dagger}+\sigma_\eta^2\boldsymbol{I})^{-1}\boldsymbol{s} \quad (2.19)$$

式中，$\boldsymbol{\Sigma}^{(k)}=z^{(k)}\boldsymbol{I}$；$z^{(k)}=\overline{z}_n=1-\dfrac{1}{N}\sum\limits_{n=0}^{N-1}|\overline{x}_n|^2$。此时均衡器输出的方差为

$$\sigma_{n,i}^2=(\boldsymbol{f}^{(k)})^{\dagger}(\boldsymbol{H\Sigma}_n\boldsymbol{H}^{\dagger}-z_n\boldsymbol{ss}+\sigma_\eta\boldsymbol{I})\boldsymbol{f}^{(k)} \quad (2.20)$$

迭代变的线性均衡器在最小平均 MSE 的意义上是最佳的，其详细证明可参阅文献[32]。

2.5　软反馈判决反馈均衡器

2.5.1　基于 MMSE 准则的判决反馈均衡算法

经典的判决反馈均衡器由线性的前馈滤波器、线性的反馈滤波器以及判决器构成。前馈滤波器用于抑制多途信道的非因果部分导致的 ISI，反馈滤波器用于抵消多途信道因果部分导致的 ISI，前馈与反馈滤波器的各自输出相加后得到判决反馈均衡器的数据，均衡器输出经过判决设备做量化判决即可得到发射符号的估计。

与线性均衡器类似，基于 MMSE 准则的 DFE 均衡器的前馈滤波器 $\boldsymbol{g}_n$（长度为 L_f+1）与反馈滤波器 $\boldsymbol{d}_n$（长度为 $L_d=L_h-1$）在 n 时刻的滤波器系数公式如下[9-11, 32]：

$$\boldsymbol{g}_n=[g_{n,0},g_{n,1},\cdots,g_{n,L_f}]^{\dagger}=(\boldsymbol{H\Sigma}_n\boldsymbol{H}^{\dagger}+(1-z_n)\boldsymbol{ss}^{\dagger}+\sigma_\eta^2\boldsymbol{I})^{-1}\boldsymbol{s} \quad (2.21)$$

$$\boldsymbol{d}_n=[d_{n,-L_d},d_{n,-L_d+1},\cdots,d_{n,-1}]^{\mathrm{T}}=\boldsymbol{MH}^{\dagger}\boldsymbol{g}_n \quad (2.22)$$

式中，$\boldsymbol{\Sigma}_n = \mathrm{diag}\{\mathbf{0}_{1\times L_d}, z_n, z_{n+1}, \cdots, z_{n+L_f}\}$，$z_i = 1-[E(x_i)]^2$；向量 $\boldsymbol{s}$ 和矩阵 $\boldsymbol{M}$ 的定义分别为 $\boldsymbol{s} = \boldsymbol{H}[\mathbf{0}_{1\times L_d}, 1, \mathbf{0}_{1\times L_f}]^{\mathrm{T}}$ 和 $\boldsymbol{M} = [\boldsymbol{I}_{L_d\times L_d}, \mathbf{0}_{L_d\times(L_f+1)}]$。

基于线性 MMSE 准则，判决反馈均衡器的输出为[9-11, 32]

$$y_n = \boldsymbol{g}_n^{\dagger}\cdot(\boldsymbol{r}_n - \boldsymbol{H}\overline{\boldsymbol{x}}_n + E(x_n)\boldsymbol{s}) \tag{2.23}$$

式中，接收向量定义为 $\boldsymbol{r}_n = [r_n, r_{n+1}, \cdots, r_{n+L_f}]^{\mathrm{T}}$；因果符号的判决值和非因果符号的均值组合向量为 $\overline{\boldsymbol{x}}_n = [\hat{x}_{n-L_d}, \cdots, \hat{x}_{n-1}, E(x_n), \cdots, E(x_{n+L_c})]^{\mathrm{T}}$，$\hat{x}_i$ 为发射符号 x_i 的有效判决，$\hat{x}_i$ 可以是硬判决也可以是软判决。

令 $\boldsymbol{x}_n = [x_n, x_{n+1}, \cdots, x_{n+L_f}]^{\mathrm{T}}$ 为非因果发射符号向量，且因果发射符号向量为 $\boldsymbol{x}_n^c = [x_{n-L_d}, x_{n-L_d+1}, \cdots, x_{n-1}]^{\mathrm{T}}$，其估计值为 $\hat{\boldsymbol{x}}_n^c = [\hat{x}_{n-L_d}, \hat{x}_{n-L_d+1}, \cdots, \hat{x}_{n-1}]^{\mathrm{T}}$，噪声向量为 $\boldsymbol{\eta}_n = [\eta_n, \eta_{n+1}, \cdots, \eta_{n+L_f}]^{\mathrm{T}}$，判决反馈均衡器的输出可以被重新定义为[9-11, 32]

$$\begin{aligned} y_n &= (\boldsymbol{g}_n^{\dagger}\overline{\boldsymbol{H}})\cdot(\boldsymbol{x}_n - E\{\hat{\boldsymbol{x}}_n\}) + \boldsymbol{d}_n^{\dagger}(\boldsymbol{x}_n^c - \hat{\boldsymbol{x}}_n^c) + \boldsymbol{g}_n^{\dagger}\boldsymbol{\eta}_n \\ &= p_{n,0}x_n + \sum_{k=1}^{L_d} d_{n,-k}^{*}(x_{n-k} - \hat{x}_{n-k}) \\ &\quad + \sum_{k=1}^{L_f} p_{n,k}(x_{n+k} - E(x_{n+k})) + \sum_{k=0}^{L_f} g_{n,k}^{*}\eta_{n+k} \\ &= p_{n,0}\cdot x_n + i_n + v_n \end{aligned} \tag{2.24}$$

式中，$E\{\hat{\boldsymbol{x}}_n\} = [0, E(x_{n+1}), E(x_{n+2}), \cdots, E(x_{n+L_f})]^{\mathrm{T}}$；$\overline{\boldsymbol{H}}$ 是由矩阵 $\boldsymbol{H}$ 从第 L_d+1 列到最后一列形成的 $(L_f+1)\times(L_f+1)$ 的子矩阵；$p_{n,0} = \boldsymbol{g}_n^{\dagger}\boldsymbol{s}$；由硬判决的失配造成的误差传递记为 i_n，即 $i_n = \sum_{k=1}^{L_d} d_{n,-k}^{*}(x_{n-k} - \hat{x}_{n-k})$；$v_n$ 是噪声和由相邻符号所引起的 ISI 之和，$v_n = \sum_{k=1}^{L_f} p_{n,k}(x_{n+k} - E(x_{n+k})) + \sum_{k=0}^{L_f} g_{n,k}^{*}\eta_{n+k}$，与线性均衡器类似，$v_n$ 假设为 AWGN，则 v_n 的方差为[9-11, 32]

$$\begin{aligned} \sigma_{n,i}^2 &= \boldsymbol{g}_n^{\dagger}\mathrm{Cov}\{\boldsymbol{r}_n, \boldsymbol{r}_n \mid x_n = \alpha_i\}\boldsymbol{g}_n \\ &= \boldsymbol{g}_n^{\dagger}(\boldsymbol{H}_n\boldsymbol{\Sigma}_n\boldsymbol{H}_n^{\dagger} - z_n\boldsymbol{s}\boldsymbol{s}^{\dagger} + \sigma_{\eta}^2\boldsymbol{I})\boldsymbol{g}_n = \boldsymbol{g}_n^{\dagger}\boldsymbol{s}(1 - z_i\boldsymbol{s}\boldsymbol{g}_n) \end{aligned} \tag{2.25}$$

假设反馈信息全部正确，即 $i_n = 0$，则发射比特 $c_{n,j}$（即发射符号 x_n 的第 j 个比特）的新息对数似然比为[9-11, 32]

$$L_e(c_{n,j}) = \ln \frac{\sum\limits_{\forall s:s_{i,j}=1} p(\hat{x}_n \mid \boldsymbol{c}_n = \boldsymbol{s}_i) \prod\limits_{\forall j':j'\neq j} P(c_{n,j'} = s_{i,j'})}{\sum\limits_{\forall s:s_{i,j}=0} p(\hat{x}_n \mid \boldsymbol{c}_n = \boldsymbol{s}_i) \prod\limits_{\forall j':j'\neq j} P(c_{n,j'} = s_{i,j'})}$$

$$= \ln \frac{\sum\limits_{\forall s:s_{i,j}=1} \exp\left(-\rho_{n,i} + \sum\limits_{\forall j':j'\neq j} \tilde{s}_{i,j} L(c_{n,j'})/2\right)}{\sum\limits_{\forall s:s_{i,j}=0} \exp\left(-\rho_{n,i} + \sum\limits_{\forall j':j'\neq j} \tilde{s}_{i,j} L(c_{n,j'})/2\right)} \tag{2.26}$$

式中，新息对数似然比的计算方式在迭代框架下会产生严重的误差传递现象，因此在迭代框架下，这种方式得到的判决反馈均衡器的性能往往不如线性均衡器的性能。

2.5.2　时变软反馈判决反馈均衡器

1. 时变的判决反馈均衡器

虽然 i_n 被假设为 0，但是对于 ISI 严重的信道来说，$i_n \neq 0$ 的概率非常大，为了减轻 DFE 的误差传递，人们在经典 DFE 的基础上做了许多改进，其中一个改进方法就是在 Turbo 均衡系统中估计 i_n，并利用和外信息计算公式相关的统计参数。因为 i_n 是以观测序列 $\boldsymbol{y}_n^c = [y_{n-L_d}, y_{n-L_d+1}, \cdots, y_{n-1}]^{\mathrm{T}}$ 为基础进行估计的，其条件均值和方差为[9-11, 32]

$$\begin{aligned} E(i_n) &= E(i_n \mid \boldsymbol{y}_n^c) = E\{\boldsymbol{d}_n^\dagger (\boldsymbol{x}_n^c - \hat{\boldsymbol{x}}_n^c) \mid \boldsymbol{y}_n^c\} \\ &= \boldsymbol{d}_n^\dagger (\tanh(L(\boldsymbol{x}_n^c)/2) - \hat{\boldsymbol{x}}_n^c) \end{aligned} \tag{2.27}$$

$$\begin{aligned} \mathrm{Var}(i_n) &= \mathrm{Var}(i_n \mid \boldsymbol{y}_n^c) = E\{\boldsymbol{d}_n^{\mathrm{T}} (\boldsymbol{x}_n^c - \hat{\boldsymbol{x}}_n^c) \mid \boldsymbol{y}_n^c\} \\ &= \boldsymbol{d}_n^{\mathrm{T}} \bar{\boldsymbol{\Sigma}}_n^c \boldsymbol{d}_n \end{aligned} \tag{2.28}$$

式中，$L(\boldsymbol{x}_n^c) = [L(x_{n-L_d}), \cdots, L(x_{n-1})]^{\mathrm{T}}$；$\bar{\boldsymbol{\Sigma}}_n^c = \mathrm{diag}(\dot{z}_{n-L_d}, \cdots, \dot{z}_{n-1})$，$\dot{z}_n = 1 - \tanh(L(x_n)/2)^2$。

设因果误差序列为 $\boldsymbol{e}_{\{n,j\}}^c = \boldsymbol{x}_{\{n,j\}}^c - \hat{\boldsymbol{x}}_n^c$，$j = 1, 2, \cdots, 2^{L_d}$，对于给定的因果误差序列 $\boldsymbol{e}_{\{n,j\}}^c$ 来说，外信息为[9-11, 32]

$$L_e(c_{n,j} \mid \boldsymbol{e}_{\{n,j\}}^c) = \ln \frac{\Pr(y_n \mid c_{n,j} = 1, \boldsymbol{e}_{\{n,j\}}^c)}{\Pr(y_n \mid c_{n,j} = 0, \boldsymbol{e}_{\{n,j\}}^c)} \tag{2.29}$$

误差序列的概率为[9-11, 32]

$$\begin{aligned}\Pr(y_n \mid c_{n,j}=1) &= \sum_{j=1}^{2L_d} \Pr(y_n \mid c_{n,j}=1, \boldsymbol{e}_{\{n,j\}}^c)\Pr(\boldsymbol{e}_{\{n,j\}}^c) \\ &= \sum_{j=1}^{2L_d} \frac{\exp(L_e(x_n \mid \boldsymbol{e}_{\{n,j\}}^c))\Pr(\boldsymbol{e}_{\{n,j\}}^c)}{1+\exp(L_e(x_n \mid \boldsymbol{e}_{\{n,j\}}^c))}\end{aligned} \tag{2.30}$$

$$\begin{aligned}\Pr(y_n \mid c_{n,j}=0) &= \sum_{j=1}^{2L_d} \Pr(y_n \mid c_{n,j}=0, \boldsymbol{e}_{\{n,j\}}^c)\Pr(\boldsymbol{e}_{\{n,j\}}^c) \\ &= \sum_{j=1}^{2L_d} \frac{\Pr(\boldsymbol{e}_{\{n,j\}}^c)}{1+\exp(L_e(x_n \mid \boldsymbol{e}_{\{n,j\}}^c))}\end{aligned} \tag{2.31}$$

若考虑 i_n 的分布，则 $c_{n,j}$ 的外信息为[9-11, 32]

$$\begin{aligned}L_e(c_{n,j}) &= \ln\left(\sum_{j=1}^{2L_d} \frac{\exp(L_e(c_{n,j} \mid \boldsymbol{e}_{\{n,j\}}^c))\Pr(\boldsymbol{e}_{\{n,j\}}^c)}{1+\exp(L_e(c_{n,j} \mid \boldsymbol{e}_{\{n,j\}}^c))}\right) \\ &\quad - \ln\left(\sum_{j=1}^{2L_d} \frac{\Pr(\boldsymbol{e}_{\{n,j\}}^c)}{1+\exp(L_e(c_{n,j} \mid \boldsymbol{e}_{\{n,j\}}^c))}\right)\end{aligned} \tag{2.32}$$

原则上，式(2.32)代表的外信息可以通过式(2.30)进行计算，$\Pr(\boldsymbol{e}_{\{n,j\}}^c)$ 和 $\Pr(\boldsymbol{e}_{\{n,j\}}^c)$ 可以通过 $\prod_{k=1}^{L_d} \Pr(\boldsymbol{e}_{\{n-k,j\}} \mid y_{n-k})$ 来近似，这个概率可以通过 $\boldsymbol{x}_n^c$ 的后验对数似然比来计算。

可是，式（2.32）的计算复杂度随反馈滤波器的长度呈指数型增长，因此，可以针对两种互斥的情况 $i_n=0$ 和 $i_n \neq 0$，并应用贝叶斯准则可得[9-11, 32]

$$\begin{aligned}\Pr(y_n \mid c_{n,j}=1) &= \frac{\exp(L_e(c_{n,j} \mid i_n=0))\Pr(i_n=0)}{1+\exp(L_e(c_{n,j} \mid i_n=0))} \\ &\quad + \frac{\exp(L_e(c_{n,j} \mid i_n \neq 0))\Pr(i_n \neq 0)}{1+\exp(L_e(c_{n,j} \mid i_n \neq 0))}\end{aligned} \tag{2.33}$$

$$\begin{aligned}\Pr(y_n \mid c_{n,j}=0) &= \frac{\Pr(i_n=0)}{1+\exp(L_e(c_{n,j} \mid i_n=0))} \\ &\quad + \frac{\Pr(i_n \neq 0)}{1+\exp(L_e(c_{n,j} \mid i_n \neq 0))}\end{aligned} \tag{2.34}$$

则 x_n 的外信息为[32]

$$
\begin{aligned}
L_e(c_k^j \mid i_k=0) &= \ln\frac{\sum\limits_{\forall s:s_i^j=1} p(\hat{x}_k \mid \boldsymbol{c}_k=\boldsymbol{s}_i)\prod\limits_{\forall j':j'\neq j} P(c_k^{j'}=s_i^{j'})}{\sum\limits_{\forall s:s_i^j=0} p(\hat{x}_k \mid \boldsymbol{c}_k=\boldsymbol{s}_i)\prod\limits_{\forall j':j'\neq j} P(c_k^{j'}=s_i^{j'})} \\
&= \ln\frac{\sum\limits_{\forall s:s_i^j=1}\exp\left(-\varphi_k^i+\sum\limits_{\forall j':j'\neq j}\tilde{c}_i^j L(c_n^{j'})/2\right)}{\sum\limits_{\forall s:s_i^j=0}\exp\left(-\varphi_k^i+\sum\limits_{\forall j':j'\neq j}\tilde{c}_i^j L(c_n^{j'})/2\right)}
\end{aligned}
\tag{2.35}
$$

$$
\begin{aligned}
L_e(c_k^j \mid i_k\neq 0) &= \ln\left\{\sum_{j=1,\boldsymbol{e}_{\{k,j\}}^c\neq 0}^{2L_b}\frac{\exp(L_e(c_k^j \mid \boldsymbol{e}_{\{k,j\}}^c))\Pr(\boldsymbol{e}_{\{k,j\}}^c)}{\{1+\exp(L_e(c_k^j \mid \boldsymbol{e}_{\{k,j\}}^c))\}\Pr(i_k\neq 0)}\right\} \\
&\quad -\ln\left\{\sum_{j=1,\boldsymbol{e}_{\{k,j\}}^c\neq 0}^{2L_b}\frac{\Pr(\boldsymbol{e}_{\{k,j\}}^c)}{\{1+\exp(L_e(c_k^j \mid \boldsymbol{e}_{\{k,j\}}^c))\}\Pr(i_k\neq 0)}\right\} \\
&= \ln\left\{E_{i_k}\left(1+\frac{1}{2}\ln\frac{\sum\limits_{\forall \boldsymbol{s}_i:s_i^j=1} p((y_k-i_k)\mid \boldsymbol{c}_k=\boldsymbol{s}_i)\prod\limits_{\forall j'\neq j}P(c_k^{j'})}{\sum\limits_{\forall \boldsymbol{s}_i:s_i^j=0} p((y_k-i_k)\mid \boldsymbol{c}_k=\boldsymbol{s}_i)\prod\limits_{\forall j'\neq j}P(c_k^{j'})}\,\middle|\, i_k\neq 0\right)\right\} \\
&\quad -\ln\left\{E_{i_k}\left(1-\frac{1}{2}\ln\frac{\sum\limits_{\forall \boldsymbol{s}_i:s_i^j=1} p((y_k-i_k)\mid \boldsymbol{c}_k=\boldsymbol{s}_i)\prod\limits_{\forall j'\neq j}P(c_k^{j'})}{\sum\limits_{\forall \boldsymbol{s}_i:s_i^j=0} p((y_k-i_k)\mid \boldsymbol{c}_k=\boldsymbol{s}_i)\prod\limits_{\forall j'\neq j}P(c_k^{j'})}\,\middle|\, i_k\neq 0\right)\right\} \\
&= \begin{cases} 2\varphi_k/(1-\varphi_k), & \varphi_k<0 \\ 2\varphi_k/(1+\varphi_k), & \text{其他} \end{cases} = \frac{2\varphi_n}{1+|\varphi_n|}
\end{aligned}
\tag{2.36}
$$

式中

$$
\begin{aligned}
\varphi_k &= \frac{1}{2}\ln\frac{\sum\limits_{\forall \boldsymbol{s}_i:s_{i,j}=1} p((y_n-i_n)\mid \boldsymbol{c}_n=\boldsymbol{s}_i)\prod\limits_{\forall j'\neq j}P(c_{n,j'})}{\sum\limits_{\forall \boldsymbol{s}_i:s_{i,j}=0} p((y_n-i_n)\mid \boldsymbol{c}_n=\boldsymbol{s}_i)\prod\limits_{\forall j'\neq j}P(c_{n,j'})} \\
&= \frac{1}{2}\ln\frac{\sum\limits_{\forall \boldsymbol{s}_i:s_i^j=1}\exp\left(-\eta_k^j+\sum\limits_{\forall j':j'\neq j}\tilde{c}_i^j L(c_k^{j'})/2\right)}{\sum\limits_{\forall \boldsymbol{s}_i:s_i^j=0}\exp\left(-\eta_k^j+\sum\limits_{\forall j':j'\neq j}\tilde{c}_i^j L(c_k^{j'})/2\right)}
\end{aligned}
\tag{2.37}
$$

在这里，$-\eta_k^j$ 考虑了反馈误差的影响，其计算方式如下[32]：

$$
-\eta_k^j = \frac{|y_n-i_n-\boldsymbol{g}_n^{\dagger}\boldsymbol{s}\alpha_j|}{\sigma_{n,j}^2}
\tag{2.38}
$$

条件均值 $E(i_n \mid i_n \neq 0)$ 可以通过因果符号的后验对数似然比来表示，因此条件均值的计算方式为 $E(i_k \mid i_k \neq 0) = E(i_k) / \Pr(i_k \neq 0)$，$E(i_n)$ 由式（2.27）计算，另外，$\Pr(i_n \neq 0) = 1 - \Pr(i_n = 0)$，$\Pr(i_n = 0) = \prod_{k=1}^{L_d} \exp(|L(x_{n-k})|) / (1 + \exp(|L(x_{n-k})|))$，综上，$c_{n,j}$ 的新息对数似然比为[32]

$$
\begin{aligned}
L_e(c_k^j) = \ln&\left\{\frac{\exp(L_e(c_k^j \mid i_k = 0))\Pr(i_k = 0)}{1 + \exp(L_e(c_k^j \mid i_k = 0))} - \ln\left\{\frac{\Pr(i_k = 0)}{1 + \exp(L_e(c_k^j \mid i_k = 0))}\right.\right. \\
&\left. + \frac{\Pr(i_k \neq 0)}{1 + \exp(L_e(c_k^j \mid i_k \neq 0))}\right\} + \frac{\exp(L_e(c_k^j \mid i_k = 0))\Pr(i_k = 0)}{1 + \exp(L_e(c_k^j \mid i_k = 0))} \\
&\left. + \frac{\exp(L_e(c_k^j \mid i_k \neq 0))\Pr(i_k \neq 0)}{1 + \exp(L_e(c_k^j \mid i_k \neq 0))} + \frac{\exp(L_e(c_k^j \mid i_k \neq 0))\Pr(i_k \neq 0)}{1 + \exp(L_e(c_k^j \mid i_k \neq 0))}\right\} \\
&- \ln\left\{\frac{\Pr(i_n = 0)}{1 + \exp(L_e(c_{n,j} \mid i_n = 0))} + \frac{\Pr(i_n \neq 0)}{1 + \exp(L_e(c_{n,j} \mid i_n \neq 0))}\right\}
\end{aligned} \tag{2.39}
$$

式（2.39）的结果作为均衡器的外信息传递给译码器，传递给反馈滤波器的硬判决结果则通过 $L_e(c_{n,j}) + L_a(c_{n,j})$ 的正负来判断，$L_a(c_{n,j})$ 为来自译码器的外信息。

2. 时不变的判决反馈均衡器

时不变的判决反馈均衡器系数为[9-11, 32]

$$
\boldsymbol{c} = [c_0, c_1, \cdots, c_{L_f}]^{\mathrm{T}} = (\boldsymbol{H\Sigma H}^{\dagger} + \sigma_\eta^2 \boldsymbol{I})^{-1} \boldsymbol{s} \tag{2.40}
$$

$$
\boldsymbol{d} = [d_{-L_d}, d_{-L_d+1}, \cdots, d_{-1}]^{\mathrm{T}} = \boldsymbol{MH}^{\dagger} \boldsymbol{c} \tag{2.41}
$$

式中，$\boldsymbol{\Sigma} = \mathrm{diag}(\boldsymbol{0}_{1\times L_d}, \boldsymbol{1}_{1\times(L_f+1)})$。

在时不变的判决反馈均衡器中，i_n 的均值和方差，以及 v_n 的噪声方差为[9-11, 32]

$$
E(i_n) = \boldsymbol{d}^{\dagger}(\tanh(L(\boldsymbol{x}_n^c)/2) - \hat{\boldsymbol{x}}_n^c) \tag{2.42}
$$

$$
\mathrm{Var}(i_n) = \boldsymbol{d}^{\dagger} \dot{\boldsymbol{\Sigma}}_n^c \boldsymbol{d} \tag{2.43}
$$

$$
\mathrm{Var}(v_n) = \boldsymbol{c}^{\dagger}(\boldsymbol{H\Sigma}_n \boldsymbol{H}^{\dagger} - z_n \boldsymbol{ss}^{\dagger} + \sigma_\eta^2 \boldsymbol{I})\boldsymbol{c} \tag{2.44}
$$

与线性均衡器类似，外信息可由式（2.39）得到。

3. 迭代变的判决反馈均衡器

第 k 次 Turbo 均衡时，迭代变化的判决反馈均衡器系数为[9-11, 32]

$$\begin{aligned}\boldsymbol{c}^{(k)} &= [c_0^{(k)}, c_1^{(k)}, \cdots, c_{L_c}^{(k)}]^{\mathrm{T}} \\ &= (\boldsymbol{H}\boldsymbol{\Sigma}^{(k)}\boldsymbol{H}^{\dagger} + (1 - z^{(k)})\boldsymbol{s}\boldsymbol{s}^{\dagger} + \sigma_\eta^2 \boldsymbol{I})^{-1}\boldsymbol{s}\end{aligned} \tag{2.45}$$

$$\begin{aligned}\boldsymbol{d}^{(k)} &= [d_{-L_d}^{(k)}, d_{-L_d+1}^{(k)}, \cdots, d_{-1}^{(k)}]^{\mathrm{T}} \\ &= \boldsymbol{M}\boldsymbol{H}^{\dagger}\boldsymbol{c}^{(k)}\end{aligned} \tag{2.46}$$

式中，$\boldsymbol{\Sigma}^{(k)} = z^{(k)} \cdot \mathrm{diag}(\mathbf{0}_{1\times L_d}, \mathbf{1}_{(1\times L_c+1)})$。在迭代变的判决反馈均衡器中，$i_n$ 的均值和方差，以及 v_n 的方差为[9-11, 32]

$$E(i_n) = (\boldsymbol{d}^{(k)})^{\dagger}(\tanh(L(\boldsymbol{x}_n^c)/2) - \hat{\boldsymbol{x}}_n^c) \tag{2.47}$$

$$\mathrm{Var}(i_n) = (\boldsymbol{d}^{(k)})^{\dagger}\dot{\boldsymbol{\Sigma}}_n^c \boldsymbol{d}^{(k)} \tag{2.48}$$

$$\mathrm{Var}(v_n) = (\boldsymbol{c}^{(k)})^{\dagger}(\boldsymbol{H}\boldsymbol{\Sigma}_n\boldsymbol{H}^{\dagger} - z_n\boldsymbol{s}\boldsymbol{s}^{\dagger} + \sigma_\eta^2\boldsymbol{I})\boldsymbol{c}^{(k)} \tag{2.49}$$

在 $i_n \neq 0$ 的情况下，假设 v_n 为高斯白噪声，可由式（2.39）得到外信息。

2.6　软输入迭代自适应水声信道估计技术

与常规框架下的均衡技术类似，在迭代框架下的均衡技术大致可以分为两大类：一类为基于信道估计的迭代均衡技术；另一类为基于直接自适应的迭代均衡技术[33-36]。因此迭代接收机的性能很大程度上取决于信道估计的精度或自适应算法的失调误差。本章重点研究基于信道估计的迭代均衡技术，在实际应用中，信道是未知的，需要对其进行估计。为保证本节的完整性以及后续推导的完整性，本节首先介绍常规的 RLS 信道估计器、软输入卡尔曼信道估计器以及软输入的加权 RLS 信道估计器，然后提出一种软输入 l_0-范数的 RLS-DCD 稀疏信道估计算法。需要指出的是：①文献[36]中的软输入信道估计只是针对迭代线性均衡器的；②该文献仿真分析中给出的交织器是对符号进行交织而不是对编码比特进行交织；③该文献仅仅对 BPSK 和 QPSK 调制方式进行仿真验证。本节是基于 BICM 方案，而且对高阶调制下的迭代 LE 和 DFE 方案的性能也进行了仿真与试验验证研究。

2.6.1　常规 RLS 信道估计器

采用 RLS 算法估计并更新信道向量 $\boldsymbol{h}(n)$。在 RLS 算法中，从初始状态开始，通过不断地利用新输入的数据来对已有的估计进行递归更新，最终将估计的代价函数 $\xi(n)$ 控制到最小。代价函数可表示为[37]

$$\xi(n) = \sum_{i=1}^{n} \beta(n,i) \,|\, e(i) \,|^2 \tag{2.50}$$

式中，$\beta(n,i)$表示加权因子，且满足$0<\beta(n,i)\leqslant 1$，$i=1,2,\cdots,n$。引入加权因子是为了“遗忘”久远的数据，这样能够保证自适应信道估计器工作在非平稳环境时依然能够实现很好的跟踪特性。通常采用的加权因子为指数形式，即

$$\beta(n,i)=\lambda^{n-i},\quad i=1,2,\cdots,n \tag{2.51}$$

式中，λ称为遗忘因子，且$0<\lambda\leqslant 1$，通常接近1。$1/(1-\lambda)$表示RLS算法的记忆能力，一般与信道的相干时间有关；当$\lambda=1$时，对应无线记忆，此时为普通LS算法。

在代价函数$\xi(n)$中引入先验信息，使得每次信道估计都利用之前的信息，从而增加信道估计的精度。所以，代价函数演变为[37]

$$\xi(n)=\sum_{i=1}^{n}\lambda^{n-i}\,|e(i)|^2+\delta\lambda^n\,\|\boldsymbol{h}(n)\|^2 \tag{2.52}$$

式中，δ为一个正实数。

利用

$$e(i)=d(i)-\hat{d}(i)=d(i)-\boldsymbol{h}^{\dagger}(n)\boldsymbol{u}_n \tag{2.53}$$

将代价函数展开后可得到输入向量$\boldsymbol{u}_n$的相关矩阵，即[37]

$$\boldsymbol{\Phi}(n)=\sum_{i=1}^{n}\lambda^{n-i}\boldsymbol{u}(i)\boldsymbol{u}^{\dagger}(i)+\delta\lambda^n\boldsymbol{I} \tag{2.54}$$

式中，$\boldsymbol{I}$表示$M\times M$的单位阵。因为

$$\begin{aligned}\boldsymbol{\Phi}(n)&=\sum_{i=1}^{n}\lambda^{n-i}\boldsymbol{u}(i)\boldsymbol{u}^{\dagger}(i)+\delta\lambda^n\boldsymbol{I}\\&=\lambda\left(\sum_{i=1}^{n-1}\lambda^{n-i-1}\boldsymbol{u}(i)\ \boldsymbol{u}^{\dagger}(i)+\delta\lambda^{n-1}\boldsymbol{I}\right)+\boldsymbol{u}(n)\boldsymbol{u}^{\dagger}(n)\end{aligned} \tag{2.55}$$

所以可得到[37]

$$\boldsymbol{\Phi}(n)=\lambda\boldsymbol{\Phi}(n-1)+\boldsymbol{u}(n)\boldsymbol{u}^{\dagger}(n) \tag{2.56}$$

利用矩阵求逆引理，可得[37]

$$\boldsymbol{\Phi}^{-1}(n)=\lambda^{-1}\boldsymbol{\Phi}^{-1}(n-1)-\frac{\lambda^{-2}\boldsymbol{\Phi}^{-1}(n-1)\boldsymbol{u}(n)\boldsymbol{u}^{\dagger}(n)\boldsymbol{\Phi}^{-1}(n-1)}{1+\lambda^{-1}\boldsymbol{u}^{\dagger}(n)\boldsymbol{\Phi}^{-1}(n-1)\boldsymbol{u}(n)} \tag{2.57}$$

为了方便表示，令

$$\boldsymbol{P}(n)=\boldsymbol{\Phi}^{-1}(n) \tag{2.58}$$

$$\boldsymbol{k}(n)=\frac{\lambda^{-1}\boldsymbol{P}(n-1)\boldsymbol{u}(n)}{1+\lambda^{-1}\boldsymbol{u}^{\dagger}(n)\boldsymbol{P}(n-1)\boldsymbol{u}(n)} \tag{2.59}$$

所以式（2.58）又可改写成[37]

$$\boldsymbol{P}(n)=\lambda^{-1}\boldsymbol{P}(n-1)-\lambda^{-1}\boldsymbol{k}(n)\boldsymbol{u}^{\dagger}(n)\boldsymbol{P}(n-1) \tag{2.60}$$

式中，$M\times M$ 的矩阵 $\boldsymbol{P}(n)$ 称为逆相关矩阵；$M\times 1$ 的向量 $\boldsymbol{k}(n)$ 称为卡尔曼增益向量。

整理 $\boldsymbol{k}(n)$ 的式（2.59）可以得到[37]

$$\begin{aligned}\boldsymbol{P}(n) &= \lambda^{-1}\boldsymbol{P}(n-1)\boldsymbol{u}(n) - \lambda^{-1}\boldsymbol{k}(n)\boldsymbol{u}^{\dagger}(n)\boldsymbol{P}(n-1)\boldsymbol{u}(n)\\ &= (\lambda^{-1}\boldsymbol{P}(n-1) - \lambda^{-1}\boldsymbol{k}(n)\boldsymbol{u}^{\dagger}(n)\boldsymbol{P}(n-1))\boldsymbol{u}(n)\\ &= \boldsymbol{P}(n-1)\boldsymbol{u}(n)\end{aligned} \tag{2.61}$$

进而可以定义增益向量为[37]

$$\boldsymbol{k}(n) = \boldsymbol{\Phi}^{-1}(n)\boldsymbol{u}(n) \tag{2.62}$$

定义滤波器的抽头输入 $\boldsymbol{u}(n)$ 与期望响应的 $M\times 1$ 时间平均互相关向量 $\boldsymbol{z}(n)$ 为[37]

$$\boldsymbol{z}(n) = \sum_{i=1}^{n}\lambda^{n-i}\boldsymbol{u}_i d^{\dagger}(i) \tag{2.63}$$

假设抽头向量的估计满足最优解，则满足

$$\boldsymbol{\Phi}(n)\boldsymbol{w}(n) = \boldsymbol{z}(n) \tag{2.64}$$

同时，其递推公式为[37]

$$\boldsymbol{z}(n) = \lambda\left(\sum_{i=1}^{n-1}\lambda^{n-i-1}\boldsymbol{u}_i d^*(i)\right) + \boldsymbol{u}_n d^*(n) = \lambda\boldsymbol{z}(n-1) + \boldsymbol{u}_n d^*(n) \tag{2.65}$$

由式（2.64）可知[37]

$$\boldsymbol{w}(n) = \boldsymbol{\Phi}^{-1}(n)\boldsymbol{z}(n) = \lambda\boldsymbol{P}(n)\boldsymbol{z}(n-1) + \boldsymbol{P}(n)\boldsymbol{u}(n)d^*(n) \tag{2.66}$$

将 $\boldsymbol{P}(n)$ 代替可得[37]

$$\begin{aligned}\boldsymbol{w}(n) &= \boldsymbol{P}(n-1)\boldsymbol{z}(n-1) - \boldsymbol{k}(n)\boldsymbol{u}^{\dagger}(n)\boldsymbol{P}(n-1)\boldsymbol{z}(n-1)\\ &\quad + \boldsymbol{P}(n)\boldsymbol{u}(n)d^*(n)\\ &= \boldsymbol{w}(n-1) + \boldsymbol{k}(n)\zeta(n)\end{aligned} \tag{2.67}$$

式中

$$\zeta(n) = d(n) - \boldsymbol{h}^{\dagger}(n-1)\boldsymbol{u}(n) \tag{2.68}$$

为了区别前述后验误差 $e(n) = d(n) - \hat{d}(n)$，定义 $\zeta(n)$ 为先验误差。

2.6.2　软输入的卡尔曼信道估计器

传统的信道估计方法是利用数据帧中周期性插入的导频数据或训练序列进行信道估计；而在迭代系统中，前一次迭代过程的软输出信息可以用于信道估计。一般情况下，如果将译码器的输出量化为硬判决值，系统会出现严重的误差传递现象，这种现象与判决反馈均衡器中出现的误差传递现象类似；如果不采用系统的硬判决输出进行信道估计，而是采用均衡器和译码器输出的软判决来进行自适应信道估计，就会消除或是减轻误差传递现象进而改善系统的性能[36]。

由信号星座图可知，每个从 SISO 译码器中得到的数据比特的对数似然比可以转换为概率质量函数，用一个长度为 Q 的实向量代表 $\boldsymbol{P}_n=[p_0(n),p_1(n),\cdots,p_{Q-1}(n)]^{\mathrm{T}}$，其中 $p_q(n)=P(x(n)=\alpha_q)$，$\alpha_q\in\alpha$，且 $\alpha=\{\alpha_0,\alpha_2,\cdots,\alpha_{Q-1}\}$。给定 $\boldsymbol{P}_n$，那么在每个抽样时刻 n，每个接收符号的均值和方差可表示为 $\overline{x}(n)=E_P\{x(n)\}$，$\sigma_x^2(n)=E_P\{|x(n)|^2\}-|\overline{x}(n)|^2$，$E_P\{\}$ 表示数学期望。为了利用 SISO 译码器的软输出信息，将发射符号 $x(n)$ 看作一个随机变量，而不是像通常的信道估计将它视为确定信号。给出 $\boldsymbol{P}_n$，发射符号可以被分解为两个部分[36]：

$$x(n)=\overline{x}(n)+\ddot{x}(n) \tag{2.69}$$

式中，$\ddot{x}(n)$ 被假设为以均值 $\overline{x}(n)$ 变化的随机变量；$\overline{x}(n)$ 则是确定的。给定 $\boldsymbol{P}_n$，那么 $\ddot{x}(n)$ 则是零均值方差为 $\sigma_x^2(n)$ 的随机变量。假设在充分交织的情况下，那么 $x(n)$ 是一个与其他符号不相关的随机过程，则可以得出 $E_P\{\ddot{x}(n+k)x^*(n)\}=\sigma_x^2(n)\delta(k)$。综合考虑以上对 $x(n)$ 的分解，软输入信道估计问题可以用以下公式表示[36]：

$$\boldsymbol{x}(n)=\overline{\boldsymbol{x}}(n)+\ddot{\boldsymbol{x}}(n) \tag{2.70}$$

$$\boldsymbol{h}(n+1)=\boldsymbol{F}\boldsymbol{h}(n)+\boldsymbol{v}(n) \tag{2.71}$$

$$y(n)=\boldsymbol{h}^{\dagger}(n)\boldsymbol{x}(n)+\omega_0(n) \tag{2.72}$$

式中

$$\boldsymbol{h}(n)=[h_0(n),h_1(n),\cdots,h_{L-1}(n)]^{\dagger}$$

$$\boldsymbol{x}(n)=[x(n),x(n-1),\cdots,x(n-L+1)]^{\mathrm{T}}$$

$$\overline{\boldsymbol{x}}(n)=[\overline{x}(n),\overline{x}(n-1),\cdots,\overline{x}(n-L+1)]^{\mathrm{T}}$$

$$\ddot{\boldsymbol{x}}(n)=[\ddot{x}(n),\ddot{x}(n-1),\cdots,\ddot{x}(n-L+1)]^{\mathrm{T}}$$

假设 $\boldsymbol{v}(n)$ 为零均值的加性复高斯白噪声，且 $E\{\boldsymbol{v}(n+k)\boldsymbol{v}^{\dagger}(n)\}=\boldsymbol{Q}_v\delta(k)$，$\boldsymbol{F}$ 表示信道向量 $\boldsymbol{h}(n)$ 的 $L\times L$ 的状态转移矩阵。因为发射向量 $\boldsymbol{x}(n)$ 对于 SISO 迭代接收机端是未知的，因此，将式（2.70）～式（2.72）重新写为如下公式更有意义[36, 37]：

$$\boldsymbol{h}(n+1)=\boldsymbol{F}\boldsymbol{h}(n)+\boldsymbol{v}(n) \tag{2.73}$$

$$y(n)=\boldsymbol{h}^{\dagger}(n)\overline{\boldsymbol{x}}(n)+g(n) \tag{2.74}$$

式中

$$g(n)=\boldsymbol{h}^{\dagger}(n)\ddot{\boldsymbol{x}}(n)+\omega_0(n) \tag{2.75}$$

在式（2.74）中，接收符号是通过发射符号均值向量 $\overline{\boldsymbol{x}}(n)$ 进行表示的，而不是采用式（2.72）中发射符号的硬判决向量 $\boldsymbol{x}(n)$；不确定分量 $\ddot{\boldsymbol{x}}(n)$ 被包含在了重新定义的噪声分量 $g(n)$ 里面。此外，由于 $\ddot{\boldsymbol{x}}(n)$ 和 $\omega_0(n)$ 是零均值的且都不与 $\boldsymbol{v}(n)$ 相关，加之在给定 $\boldsymbol{P}_n$ 的情况下 $\overline{b}(n)$ 是确定的，因此信号分量的 $\boldsymbol{h}^{\dagger}(n)\overline{\boldsymbol{x}}(n)$ 和噪声分量 $g(n)$ 是不相关的。给定软统计量 $\{\boldsymbol{P}_n\}$，$g(n)$ 的自相关为[36, 37]

$$
\begin{aligned}
& E_P(g(n+k)g^*(n)) \\
&= E_P(\{\boldsymbol{h}^\dagger(n+k)\ddot{\boldsymbol{x}}(n+k)+\omega_0(n+k)\}\times\{\boldsymbol{h}^\dagger(n)\ddot{\boldsymbol{x}}(n)+\omega_0(n)\}^*) \\
&= \mathrm{tr}\{\boldsymbol{R}_h(n+k,n)\boldsymbol{K}_{\ddot{x}}(n+k,n)+N_0\delta(k)\}
\end{aligned} \tag{2.76}
$$

式中，$\mathrm{tr}\{\cdot\}$代表求矩阵的迹；$\boldsymbol{R}_h(n+k,n)=E\{\boldsymbol{h}(n+k)\boldsymbol{h}^\dagger(n)\}$；$\boldsymbol{K}_{\ddot{x}}(n+k,n)=E_P\{\ddot{\boldsymbol{x}}(n+k,n)\ddot{\boldsymbol{x}}^\dagger(n)\}$。

$$
[\boldsymbol{K}_{\ddot{x}}(n+k,n)]_{i,j}=\begin{cases}\sigma_x^2(n-k-i+1), & i-j=k \\ 0, & \text{其他}\end{cases} \tag{2.77}
$$

其中，$1\leqslant i,j\leqslant L$。因为在通常情况下$g(n)$不是白噪声也不是高斯的，所以卡尔曼滤波器不是最佳的 MMSE 估计器。然而，在上述情况下$g(n)$是白噪声，卡尔曼滤波器是已知最好的线性无偏估计器。我们可以证明在广义平稳不相关散射（wide-sense stationary uncorrelated scattering，WSSUS）多途衰减信道模型中$g(n)$的确是白噪声。在这种情况下，传输矩阵$\boldsymbol{F}$是一个对角线矩阵，就像$\boldsymbol{R}_h(n+k,n)$。在这两种条件和式（2.77）下，可以明显得到，当$k\neq 0$时，$\mathrm{tr}\{\boldsymbol{R}_h(n+k,n)\boldsymbol{K}_{\ddot{x}}(n+k,n)\}=\mathrm{tr}\{\boldsymbol{F}^k R_h(n,n)\ \boldsymbol{K}_{\ddot{x}}(n+k,n)\}=0$。当$\boldsymbol{h}(n)$是广义平稳的时候，可以用$\boldsymbol{R}_h(0)\triangleq\boldsymbol{R}_h(0,0)=\boldsymbol{R}_h(n,n)$来代替$\boldsymbol{R}_h(n,n)$。相应地，式（2.76）可以简化为[36, 37]

$$
E_P(g(n+k)g^*(n))=\mathrm{tr}\{\boldsymbol{Q}_g(n)\}\delta(n) \tag{2.78}
$$

式中

$$
\boldsymbol{Q}_g(n)\triangleq\boldsymbol{R}_h(0)\boldsymbol{K}_{\ddot{x}}(n,n)+\frac{1}{L}N_0\boldsymbol{I} \tag{2.79}
$$

上述的矩阵有如下关系[36, 37]：

$$
\boldsymbol{K}_{\ddot{x}}(n,n)=\mathrm{diag}([\sigma_x^2(n),\sigma_x^2(n-1),\cdots,\sigma_x^2(n-L+1)]) \tag{2.80}
$$

$$
\boldsymbol{R}_h(0)=\boldsymbol{F}\boldsymbol{R}_h(0)\boldsymbol{F}^\dagger+\boldsymbol{Q}_v \tag{2.81}
$$

因此，$\boldsymbol{K}_{\ddot{x}}(n,n)$是从软统计信息$\ddot{\boldsymbol{x}}(n)$中获得的，$\boldsymbol{R}_h(0)$可以从状态空间模型中直接计算得到。尤其是 WSSUS 信道模型，因为$\boldsymbol{F}$和$\boldsymbol{Q}_v$都是对角线矩阵，所以可以得到$q(n)\triangleq E_P(g(n)g^*(n))$，假设噪声不相关，则$q(n)$为

$$
\begin{aligned}
q(n) &= \mathrm{tr}\{\mathrm{diag}([\sigma_x^2(n),\sigma_x^2(n-1),\cdots,\sigma_x^2(n-L+1)])\boldsymbol{R}_h(0)\}+N_0 \\
&= \sum_{k=0}^{L-1}[\boldsymbol{R}_h(0)_{k,k}\sigma_x^2(n-k)]+N_0
\end{aligned} \tag{2.82}
$$

考虑到噪声统计信息，得到下面在 MMSE 意义上的递归最佳信道估计[36, 37]：

$$
\hat{\boldsymbol{h}}(n\,|\,n-1)=\boldsymbol{F}\hat{\boldsymbol{h}}(n\,|\,n-1) \tag{2.83}
$$

$$e(n|n-1)=r(n)-\hat{\boldsymbol{h}}^{\dagger}(n|n-1)\overline{\boldsymbol{x}}(n) \tag{2.84}$$

$$q(n)=\sum_{k=0}^{L-1}(\boldsymbol{R}_h(0)_{k,k}\sigma_x^2(n-k))+N_0 \tag{2.85}$$

$$\boldsymbol{k}(n)=\frac{\boldsymbol{P}(n|n-1)\overline{\boldsymbol{x}}(n)}{q(n)+\overline{\boldsymbol{x}}^{\dagger}(n)\boldsymbol{P}(n|n-1)\overline{\boldsymbol{x}}(n)} \tag{2.86}$$

$$\hat{\boldsymbol{h}}(n|n)=\hat{\boldsymbol{h}}(n|n-1)+\boldsymbol{k}(n)e^*(n|n-1) \tag{2.87}$$

$$\boldsymbol{P}(n+1|n)=\boldsymbol{F}(\boldsymbol{I}-\boldsymbol{k}(n)\overline{\boldsymbol{x}}^{\dagger}(n))\boldsymbol{P}(n|n-1)\boldsymbol{F}^{\dagger}+\boldsymbol{Q}_v(n) \tag{2.88}$$

式中，$\hat{\boldsymbol{h}}(n|k)$ 是 $\boldsymbol{h}(n)$ 的线性最小均方误差估计，给定 $r(0),r(1),\cdots,r(k)$ 和 $\boldsymbol{P}(n|n-1)\triangleq E_P\{\varepsilon(n|n-1)\varepsilon^{\dagger}(n|n-1)\}$，$\varepsilon(n|n-1)\triangleq\boldsymbol{h}(n)-\hat{\boldsymbol{h}}(n|n-1)$；$\boldsymbol{k}(n)$ 是卡尔曼增益向量，我们称它为软输入的卡尔曼信道估计器。当采用训练序列时，如 $\sigma_x^2=0$，$n=1,2,\cdots,K$，式（2.85）等号的右边变为 N_0，这样使得软输入卡尔曼信道估计器就如传统的硬判决卡尔曼估计器一样。另外，如果 $\sigma_x^2\neq 0$，式（2.85）等号的右边是比 N_0 大的数，这使得式（2.86）的卡尔曼增益减少。创新的地方是需要的可靠信息比其他线性信道估计器要少，但是需要根据式（2.85）额外计算卡尔曼的软输入估计值。软输入卡尔曼信道估计器和传统的硬判决卡尔曼信道估计器有相同的数值计算复杂度。

注意，$\boldsymbol{R}_h(0)$ 可以根据前一次的 $\hat{\boldsymbol{h}}(n-1|n-1)$ 估计值和软统计信息进行递归计算[36]：

$$\begin{aligned}\boldsymbol{R}_h(0)&=E_P\{(\hat{\boldsymbol{h}}(n|n-1)+\varepsilon(n|n-1))\times(\hat{\boldsymbol{h}}(n|n-1)+\varepsilon(n|n-1))^{\dagger}\}\\&=E_P\{\hat{\boldsymbol{h}}(n|n-1)\hat{\boldsymbol{h}}^{\dagger}(n|n-1)\}+\boldsymbol{P}(n|n-1)\end{aligned} \tag{2.89}$$

式中，第二步存在正交性条件 $E_P\{\varepsilon(n|n-1)\hat{\boldsymbol{h}}^{\dagger}(n|n-1)\}=0$。用 $\hat{\boldsymbol{h}}(n|n-1)\hat{\boldsymbol{h}}^{\dagger}(n|n-1)$ 代替当前的估计值 $E_P\{\hat{\boldsymbol{h}}(n|n-1)\hat{\boldsymbol{h}}^{\dagger}(n|n-1)\}$，可以获得近似公式[36, 37]：

$$\boldsymbol{R}_h(0)\approx\hat{\boldsymbol{h}}(n|n-1)\hat{\boldsymbol{h}}^{\dagger}(n|n-1)+\boldsymbol{P}(n|n-1) \tag{2.90}$$

2.6.3 软输入的加权 RLS 信道估计器

如果无法保证 WSSUS 模型，RLS 算法也能用于信道估计。在这里，我们提出一种更有效使用软统计数据的软输入加权 RLS 算法。改进的理想参数的 LS 函数是更有效的新的自适应算法。通过选择合适的状态空间模型将卡尔曼滤波器和算法联系起来。在本节，传统的 RLS 问题再次被阐述，反映在数据中使用加权因子时的影响，给出递归最小化的误差[36, 37]：

$$J(\hat{\boldsymbol{h}}(n))=\sum_{k=0}^{n}\lambda^{n-k}\frac{|y(k)-\hat{\boldsymbol{h}}^{\dagger}(k)\overline{\boldsymbol{x}}(k)|^{2}}{q(k)} \tag{2.91}$$

式中，$q(k)$是噪声方差；λ是遗忘因子。RLS 算法用衰减记忆参数λ追踪信道统计数据的变化。同样地，λ和$q(k)$决定了最新数据的相对权重。在许多 RLS 应用中，噪声是固定的，然而在这种情况下，噪声方差在每个情况下会改变。在信道估计和 RLS 算法的误差协方差矩阵$\boldsymbol{P}(n)$与软输入卡尔曼信道估计相对接近的假设下，在式（2.90）的帮助下$q(n)$可以被估计为[36, 37]

$$\begin{aligned}\hat{q}(n)=&\operatorname{tr}\{\operatorname{diag}([\sigma_x^2(n),\sigma_x^2(n-1),\cdots,\sigma_x^2(n-L+1)])\\&\times\hat{\boldsymbol{h}}(n-1)\hat{\boldsymbol{h}}^{\dagger}(n-1)\}+N_0\end{aligned} \tag{2.92}$$

在式（2.73）的帮助下，软输入 WRLS 算法总结如下：

$$e(n)=y(n)-\hat{\boldsymbol{h}}^{\dagger}(n-1)\overline{\boldsymbol{x}}(n) \tag{2.93}$$

$$\begin{aligned}\hat{q}(n)=&\operatorname{tr}\{\operatorname{diag}([\sigma_x^2(n),\sigma_x^2(n-1),\cdots,\sigma_x^2(n-L+1)])\\&\times\hat{\boldsymbol{h}}(n-1)\hat{\boldsymbol{h}}^{\dagger}(n-1)\}+N_0\end{aligned} \tag{2.94}$$

$$\boldsymbol{k}(n)=\frac{\boldsymbol{P}(n-1)\overline{\boldsymbol{x}}(n)}{\lambda\hat{q}(n)+\overline{\boldsymbol{x}}^{\dagger}(n)\boldsymbol{P}(n-1)\overline{\boldsymbol{x}}(n)} \tag{2.95}$$

$$\hat{\boldsymbol{h}}(n)=\hat{\boldsymbol{h}}(n-1)+\boldsymbol{k}(n)e^{*}(n) \tag{2.96}$$

$$\boldsymbol{P}(n)=\frac{1}{\lambda}(\boldsymbol{I}-\boldsymbol{k}(n)\overline{\boldsymbol{x}}^{\dagger}(n))\boldsymbol{P}(n-1) \tag{2.97}$$

将 RLS 算法的变量和卡尔曼滤波算法的变量进行一对一比较，软输入 WRLS 算法是软输入卡尔曼滤波算法的一种特殊情况，若$\boldsymbol{F}=\lambda^{-1/2}\boldsymbol{I}$，$\boldsymbol{Q}_v=0$，$E\{g(n)g(n+k)\}=\hat{q}(n)\delta(k)$。

2.6.4　软输入 l_0-范数的加权 RLS 稀疏信道估计器

在很多场合，水声信道表现出明显的稀疏特性（如浅海远程信道、深海信道等），即信道抽头能量主要集中在少数几个信道抽头上，其余大部分信道抽头上能量很小，可以近似为 0[38-40]；针对这种稀疏特性，基于凸优化理论的许多算法被应用于水声信道的稀疏结构重建上。Eksioglu 等将凸优化理论与 RLS 算法结合，提出了一种基于凸正则化的 RLS 算法[39, 40]。本节将这种新提出来的基于混合范的递归最小二乘（mixed norm RLS）算法应用于稀疏水声信道的估计，与 Eksioglu 等提出的算法不同的是本节将该算法拓展到复数信道估计，结合 2.7.2 节和 2.7.3 节的软输入理论，将其进一步拓展到软输入自适应稀疏信道估计中[36, 37]。

在很多稀疏信道估计问题中，通常采用的代价函数是l_2-范数与l_1-范数结合或者是l_2-范数与l_0-范数结合的方式，这种结构的范数被称为混合范。常规的非稀疏信道估计技术通常采用的仅仅是 l_2-范数代价函数，它具有较为明显的物理含义，如重量或距离等。真正能够反映信道稀疏特性的恰恰是l_0-范数，而l_0-范数并非凸函数，到目前为止的数学理论只能较好地解决凸函数的最优化问题。因此为了近似地去求解l_0-范数的问题，目前通常采取的策略是将l_0-范数松弛化，即放宽条件，把解l_0-范数的最优化的问题转化为近似地求解l_1-范数的最优化问题[38-40]。

假设采用的信道模型是离散信道模型，$\boldsymbol{h}$为信道冲激响应向量，$\boldsymbol{x}_n$为输入训练序列，y_n为n时刻的信道输出信号，即[39, 40]

$$y_n = \boldsymbol{h}^{\dagger}\boldsymbol{x}_n + \eta_n \tag{2.98}$$

式中，η_n为噪声序列。

对于常规的RLS算法来说，其代价函数定义为[37, 39, 40]

$$\varepsilon_n = \sum_{m=0}^{n} \lambda^{n-m}(e_n)^2 \tag{2.99}$$

式中，λ为遗忘因子；e_n为信道估计的瞬时误差，即[37, 39, 40]

$$e_n = y_n - \hat{\boldsymbol{h}}_n^{\dagger}\boldsymbol{x}_n = (\boldsymbol{h}^{\dagger} - \hat{\boldsymbol{h}}_n^{\dagger})\boldsymbol{x}_n + \eta_n \tag{2.100}$$

其中，$\hat{\boldsymbol{h}}_n$为n时刻的信道冲激响应估计，即[37, 39, 40]

$$\hat{\boldsymbol{h}}_n = [\hat{h}_{0,n}, \hat{h}_{1,n}, \cdots, \hat{h}_{L-1,n}]^{\mathrm{T}} \in \mathbb{C}^{L\times 1} \tag{2.101}$$

其中，L为信道冲激响应的最大长度。

对于稀疏信道自适应估计问题来说，是在式（2.100）的l_2-范数代价函数的基础上加上一个稀疏惩戒代价函数项[39, 40]，即

$$J_n = \frac{1}{2}\varepsilon_n + \gamma_n f(\hat{\boldsymbol{h}}_n) \tag{2.102}$$

式中，$f(\hat{\boldsymbol{h}}_n)$为稀疏惩戒代价函数，它可以选择$l_1$-范数或者松弛的$l_0$-范数；$\gamma_n$为正则化参数，通过它可以控制 LS 填充误差和稀疏惩戒之间的影响。因此，稀疏信道估计问题是找到一个$\hat{\boldsymbol{h}}_n$使得混合范代价函数J_n最小。接下来的最优化问题转化为对该代价函数的求导问题，对于不能求导的范数，用其次梯度代替。

信道冲激响应$\boldsymbol{h}$的l_0-范数（即$\|\boldsymbol{h}\|_0$）是一个非凸函数，不易求解，这里采用l_1-范数（即$\|\boldsymbol{h}\|_1$）作为其松弛形式[38-40]，即

$$\|\boldsymbol{h}\|_0 \approx f^{\beta}(\boldsymbol{h}) = \sum_{l=0}^{L-1}(1 - \mathrm{e}^{-\beta|h_l|}) \tag{2.103}$$

松弛后的l_0-范数近似为一凸函数，其中β为一常数，$f(\boldsymbol{h})$即为式（2.102）中增加的稀疏惩戒函数。对于任意的凸函数，如果在任意的一点v不存在导数，

则可以用其次梯度代替。定义函数 $f(x)$ 在点 v 的次梯度为 $\partial f(v)$，而对于代价函数 J_n 则定义其次梯度向量为 $\nabla^s f(v)$。将以 $\boldsymbol{h}_n$ 为变量的 J_n 的次梯度向量表示为[39, 40]

$$\nabla^s J_n = \frac{1}{2}\nabla \varepsilon_n + \gamma_n \nabla^s f(\boldsymbol{h}_n) \tag{2.104}$$

式中，ε_n 为处处可微的函数。为了寻找使得代价函数 J_n 取值最小的最优值 $\boldsymbol{h}_n$，即可令 $\nabla^s J_n$ 为零进行求解，整理后可得[39, 40]

$$\boldsymbol{\Phi}_n \hat{\boldsymbol{h}}_n = \boldsymbol{r}_n - \gamma_n \nabla^s f(\hat{\boldsymbol{h}}_n) \tag{2.105}$$

式中，$\boldsymbol{\Phi}_n \in \mathbb{C}^{N\times N}$ 为信道输入序列的自相关矩阵估计，即[39, 40]

$$\boldsymbol{\Phi}_n = \sum_{m=0}^{n} \lambda^{n-m} \boldsymbol{x}_m \boldsymbol{x}_m^\dagger = \sum_{m=0}^{n} \lambda^{n-m} \boldsymbol{\Phi}_{n-1} + \boldsymbol{x}_n \boldsymbol{x}_n^\dagger \tag{2.106}$$

式 (2.105) 中的 $\boldsymbol{r}_n$ 则为信道输入序列 $\boldsymbol{x}_n$ 与信道输出 y_n 之间的互相关估计向量[39, 40]，即

$$\boldsymbol{r}_n = \sum_{m=0}^{n} \lambda^{n-m} y_m \boldsymbol{x}_m = \lambda \boldsymbol{r}_{n-1} + y_n \boldsymbol{x}_n \tag{2.107}$$

令 $\boldsymbol{\theta}_n = \boldsymbol{\Phi}_n \hat{\boldsymbol{h}}_n$，式（2.107）则可以表示为[39, 40]

$$\boldsymbol{\theta}_n = \boldsymbol{r}_n - \gamma_n \nabla^s f(\hat{\boldsymbol{h}}_n) \tag{2.108}$$

可以联立式（2.107）和式（2.108）对 $\boldsymbol{\theta}_n$ 进行迭代更新，假设在每一个迭代时间间隔内参数 γ_{n-1} 和 $\nabla^s f(\hat{\boldsymbol{h}}_n)$ 变化不太大，那么式（2.108）可以进一步简化为[39, 40]

$$\boldsymbol{\theta}_n \approx \lambda \boldsymbol{\theta}_{n-1} + y_n \boldsymbol{x}_n - \gamma_{n-1}(1-\lambda)\nabla^s f(\hat{\boldsymbol{h}}_{n-1}) \tag{2.109}$$

令自相关矩阵 $\boldsymbol{\Phi}_n$ 的逆为 $\boldsymbol{P}_n = \boldsymbol{\Phi}_n^{-1}$，由式（2.106）则可以得到[39, 40]

$$\boldsymbol{P}_n = (\boldsymbol{P}_{n-1} - \boldsymbol{k}_n \boldsymbol{x}_n^\dagger \boldsymbol{P}_{n-1}) / \lambda \tag{2.110}$$

进而式（2.105）可以改写为[39, 40]

$$\hat{\boldsymbol{h}}_n = \boldsymbol{P}_n \boldsymbol{\theta}_n \tag{2.111}$$

卡尔曼增益向量为[39, 40]

$$\boldsymbol{k}_n = (\boldsymbol{P}_{n-1}\boldsymbol{x}_n) / (\lambda + \boldsymbol{x}_n^\dagger \boldsymbol{P}_{n-1} \boldsymbol{x}_n) \tag{2.112}$$

将式 (2.110) 和式 (2.112) 代入式 (2.111)，即可以得到关于 $\hat{\boldsymbol{h}}_n$ 的迭代方程，即[39, 40]

$$\hat{\boldsymbol{h}}_n = \hat{\boldsymbol{h}}_{n-1} + \boldsymbol{k}_n \hat{\xi}_n - \gamma_{n-1}(1-\lambda)\boldsymbol{P}_n \nabla^s f(\hat{\boldsymbol{h}}_{n-1}) \tag{2.113}$$

式中，$\hat{\xi}_n = y_n - \hat{\boldsymbol{h}}_{n-1}^\dagger \boldsymbol{x}_n$ 称为先验估计误差。而常规的 RLS 算法的递归方程为[39, 40]

$$\tilde{\boldsymbol{h}}_n = \tilde{\boldsymbol{h}}_{n-1} + \boldsymbol{k}_n \tilde{\xi}_n = \tilde{\boldsymbol{h}}_{n-1} + \boldsymbol{k}_n (y_n - \tilde{\boldsymbol{h}}_{n-1}^\dagger \boldsymbol{x}_n) \tag{2.114}$$

式中，$\tilde{\xi}_n = y_n - \tilde{\boldsymbol{h}}_{n-1}^\dagger \boldsymbol{x}_n$。对比式（2.113）和式（2.114）可以发现，基于凸优化的 RLS 算法与标准的 RLS 算法的迭代更新方程差别在于式（2.113）最右边的一项，它包含了信道的稀疏信息。

Eksioglu 等在其论文中提出并证明了一条定理用以指导正则化参数 γ_n 的选取，定义 $\hat{\varepsilon}_n = \hat{\boldsymbol{h}}_n - \boldsymbol{h}$，$\tilde{\varepsilon}_n = \tilde{\boldsymbol{h}}_n - \boldsymbol{h}$，$\tilde{D}_n = \| \tilde{\varepsilon}_n \|_2^2$，而 $\hat{D}_n$ 的定义为[39, 40]

$$\hat{D}_n = \hat{\varepsilon}_n^{\mathrm{T}} \hat{\varepsilon}_n = \| \hat{\varepsilon}_n \|_2^2 = \tilde{D}_n - 2\gamma_n \nabla^s f^{\dagger}(\hat{\boldsymbol{h}}_n) \boldsymbol{P}_n \tilde{\varepsilon}_n + \gamma_n^2 \| \boldsymbol{P}_n \nabla^s f^{\dagger}(\hat{\boldsymbol{h}}_n) \|_2^2 \tag{2.115}$$

根据上面的定义，如果 $\gamma_n \in [0, \max(\hat{\gamma}_n, 0)]$，那么 $\hat{D}_n \leqslant \tilde{D}_n$ 成立，其中[39, 40]

$$\hat{\gamma}_n = 2 \frac{\nabla^s f^{\dagger}(\hat{\boldsymbol{h}}_n) \boldsymbol{P}_n \tilde{\varepsilon}_n}{\| \boldsymbol{P}_n \nabla^s f(\hat{\boldsymbol{h}}_n) \|_2^2} \tag{2.116}$$

该定理表明，如果正则化参数 γ_n 按照式（2.115）选取，基于凸优化技术的稀疏 RLS 算法的估计均方误差必定会小于或者等于常规的 RLS 算法的均方误差。

式（2.115）的计算依赖于 $\tilde{\varepsilon}_n$，但是现实中 $\boldsymbol{h}$ 是无从得知的，为此需要对 $\hat{\gamma}_n$ 进行近似处理，即[39, 40]

$$\hat{\gamma}_n \geqslant \gamma_n' = 2 \frac{\mathrm{tr}\{\boldsymbol{P}_n\}(f(\hat{\boldsymbol{h}}_n) - \rho) + \nabla^s f^{\dagger}(\hat{\boldsymbol{h}}_n) \boldsymbol{P}_n \boldsymbol{\varepsilon}_n'}{L \| \boldsymbol{P}_n \nabla^s f(\hat{\boldsymbol{h}}_n) \|_2^2} \tag{2.117}$$

式中，ρ 为上边界常数；$\boldsymbol{\varepsilon}_n' = \tilde{\boldsymbol{h}}_n - \hat{\boldsymbol{h}}_n$，而 $\hat{\boldsymbol{h}}_n$ 为非正则化的标准方程 $\tilde{\boldsymbol{h}}_n = \boldsymbol{P}_n \boldsymbol{\theta}_n$ 的解。那么瞬时的正则化常数可以通过 $\gamma_n \in [0, \max(\gamma_n', 0)]$ 的原则选取。

2.7 迭代信道估计与均衡性能仿真分析

2.7.1 仿真参数说明

本章仿真与文献[36]中的仿真不同的是：①本章采用的是 BICM 方式，即对编码比特进行交织和解交织，而文献[36]中则是采用对符号进行交织和解交织，这种方式不适用于时变信道和高阶调制下的通信系统；②文献[36]主要针对 BPSK 和 QPSK 进行了仿真分析，本章主要集中在高阶的 16QAM 和 32QAM 调制方式，因为高阶调制方式的性能对信道估计的精度以及均衡器的能力更加敏感；③文献[36]采用的是线性均衡器，本章采用了时变的线性和判决反馈两种迭代均衡器。

为验证迭代均衡器的性能，仿真中的多途信道冲激响应采用复值 3 抽头多途信道 $\boldsymbol{h} = [-0.691 - 0.501\mathrm{j}, \quad 0.361 + 0.506\mathrm{j}, \quad -0.528 - 0.408\mathrm{j}]^{\mathrm{T}}$ [36]，其幅频特性曲线如图 2.8 所示；信道编码采用的是递推系统卷积码，编码率为 1/2，八进制生成多项式为[131, 171]；训练符号长度为 200 个符号，数据块的长度为 1024 个符号；训练阶段的遗忘因子为 0.99，跟踪阶段的遗忘因子为 0.995；蒙特卡罗仿真次数为 1000 次。

为了简化后续仿真结果的描述，本节对信道估计算法做如下的首字母缩略：Perfect 表示均衡中采用了已知信道；HRLS 表示采用了硬判决 RLS 算法进行信道估计；SWRLS 表示采用了软输入加权 RLS 算法进行信道估计。

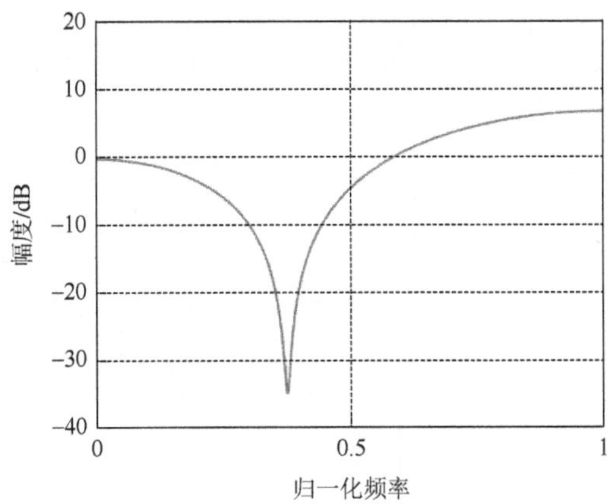

图 2.8　信道的幅频特性

2.7.2　迭代线性和判决反馈均衡器性能分析

1. 迭代时变线性均衡器性能

在 16QAM 调制下，图 2.9 给出了基于迭代信道估计算法的迭代时变线性均衡器的性能。由图可知：①无论基于硬判决反馈的信道估计 HRLS 算法还是基于软反馈输入的信道估计 SWRLS 算法，迭代时变线性均衡器的性能均能随着迭代次数的增加而得到相应的改善；②经过 4 次迭代后，基于 SWRLS 算法的迭代时变

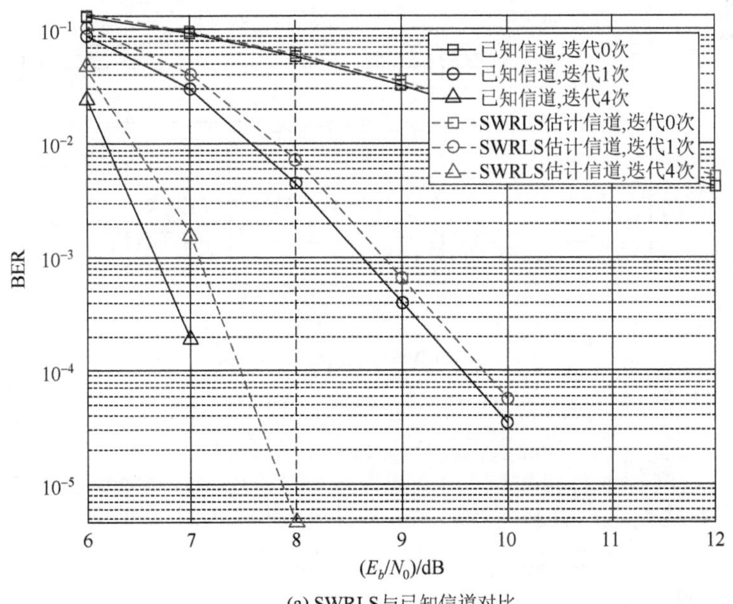

(a) SWRLS与已知信道对比

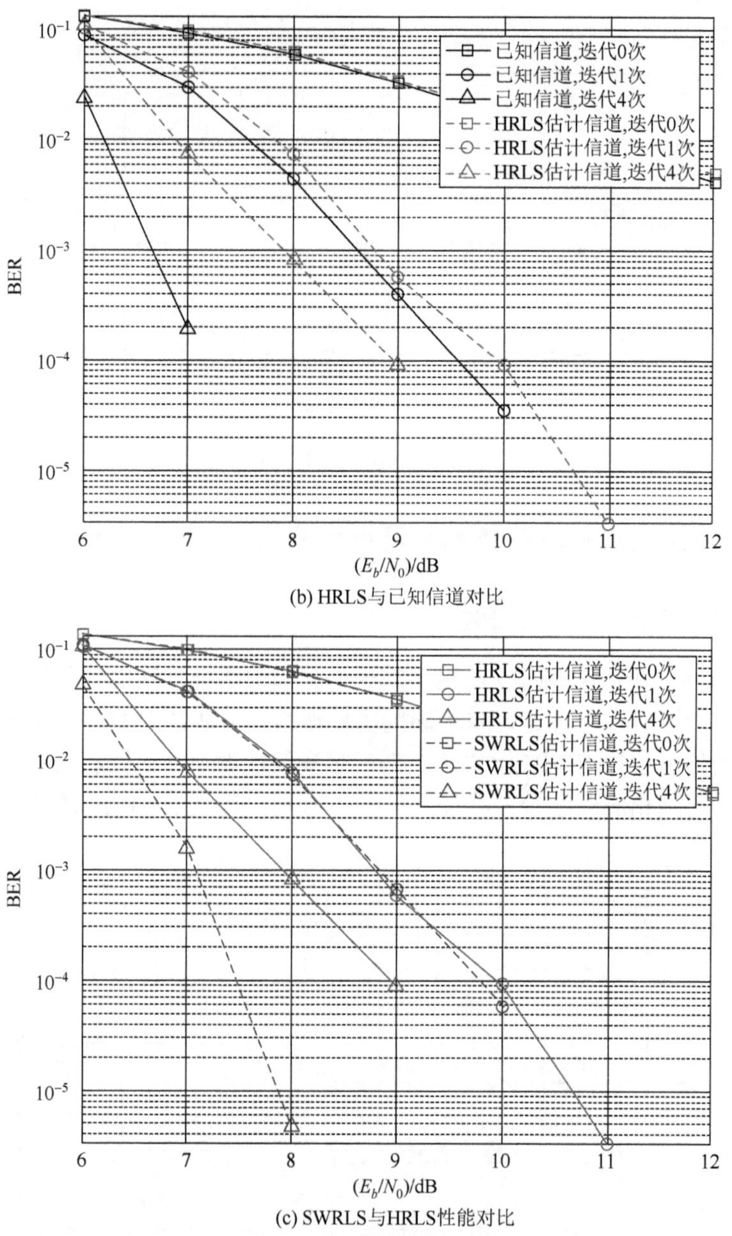

(b) HRLS与已知信道对比

(c) SWRLS与HRLS性能对比

图 2.9　16QAM 调制下的迭代信道估计与均衡器性能（一）

BER 表示误比特率；E_b/N_0 表示比特噪声比

线性均衡器的性能，在 BER 为 10^{-3} 时，其性能与已知信道条件下的性能差距约为 0.4dB。而此时基于 HRLS 算法的迭代时变线性均衡器的性能与已知信道条件下的时变 LE 的性能差距约为 0.7dB。

在 32QAM 调制下，图 2.10 给出了基于迭代信道估计算法的迭代时变线性均衡器的性能。由图可知：①无论基于硬判决反馈的信道估计 HRLS 算法还是基于软反馈输入的信道估计 SWRLS 算法，迭代时变线性均衡器的性能均能随着迭代次数的增加而得到相应的改善；②经过 4 次迭代后，基于 SWRLS 和 HRLS 算法的迭代时变线性均衡器的性能基本类似。

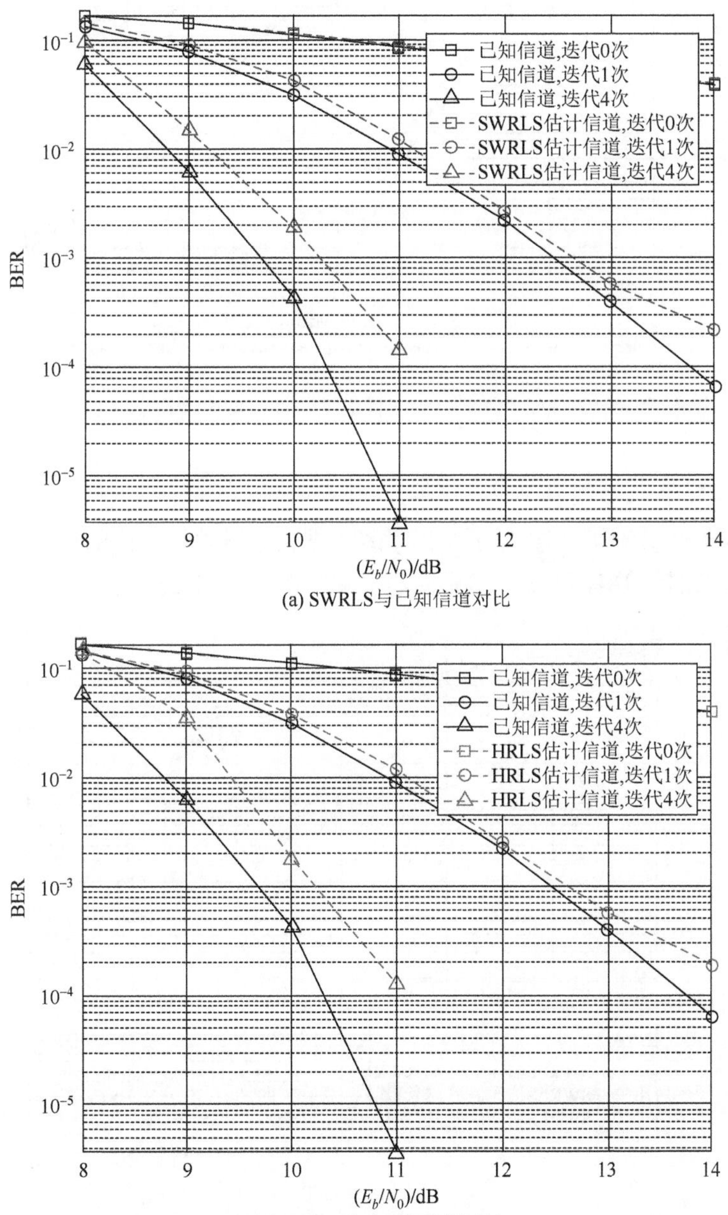

(a) SWRLS与已知信道对比

(b) HRLS与已知信道对比

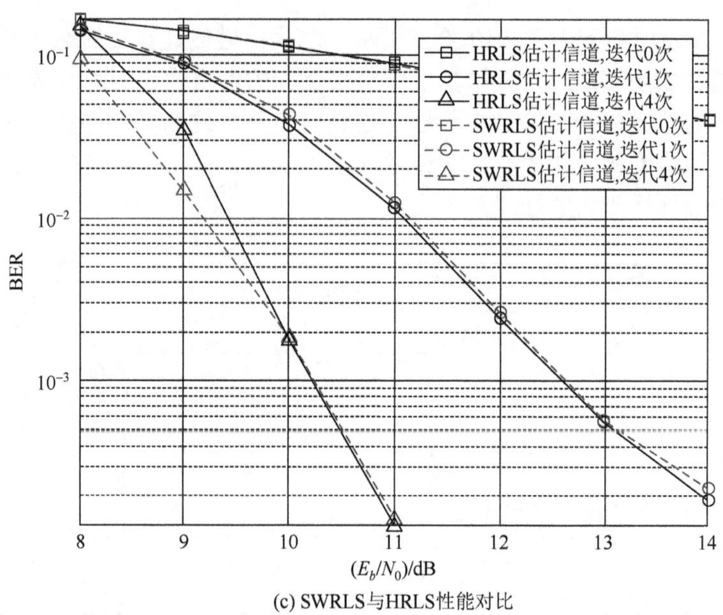

(c) SWRLS与HRLS性能对比

图 2.10　32QAM 调制下的迭代信道估计与均衡器性能（一）

2. 迭代时变判决反馈均衡器性能

在 16QAM 调制下，图 2.11 给出了基于迭代信道估计算法的迭代时变判决反馈均衡器的性能。由图可知：①无论基于硬判决反馈的信道估计 HRLS 算法还是

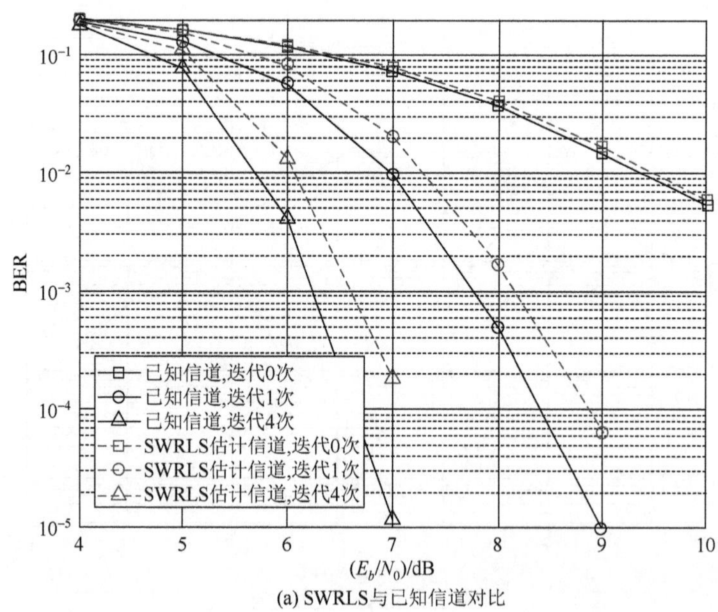

(a) SWRLS与已知信道对比

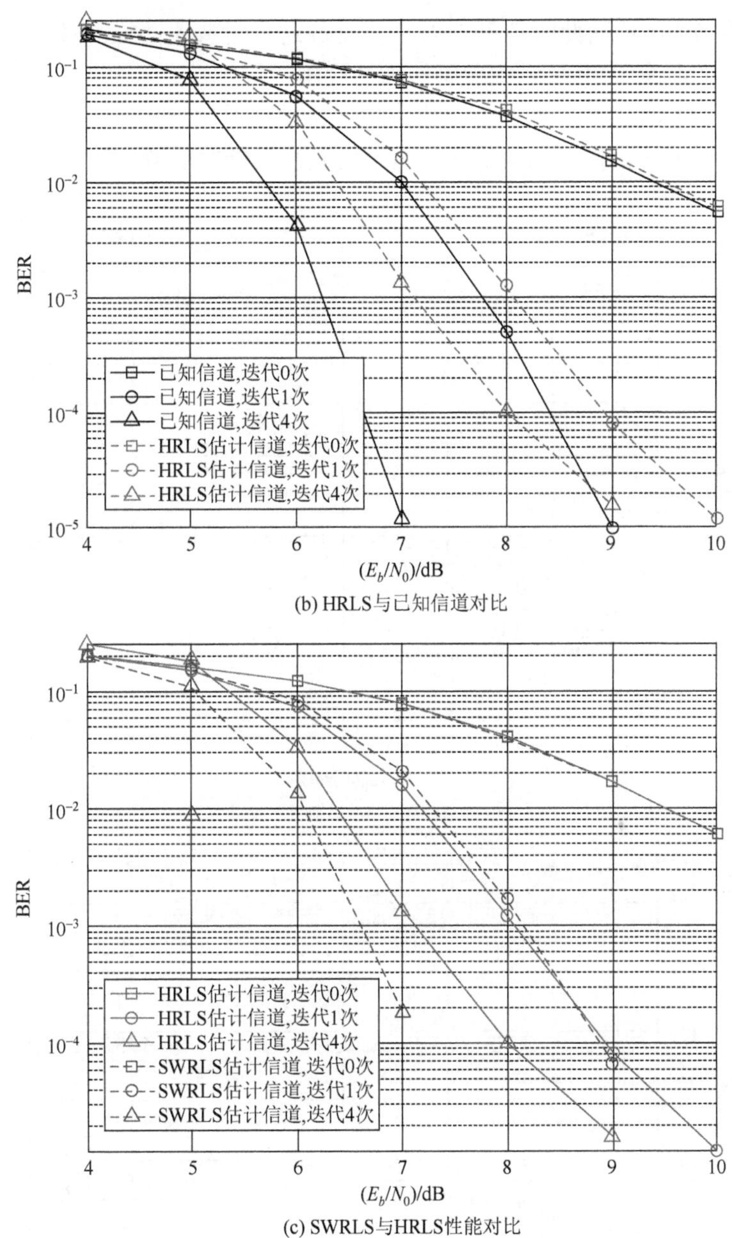

(b) HRLS与已知信道对比

(c) SWRLS与HRLS性能对比

图 2.11　16QAM 调制下的迭代信道估计与均衡器性能（二）

基于软反馈输入的信道估计 SWRLS 算法，迭代时变判决反馈均衡器的性能均能随着迭代次数的增加而得到相应的改善；②经过 4 次迭代后，基于 SWRLS 算法的迭代时变线性均衡器的性能，在 BER 为 10^{-3} 时，其性能与已知信道条件下的性能差距约为 0.4dB；而此时基于 HRLS 算法的迭代时变线性均衡器的性能与已知信道条件下的时变 DFE 的性能差距约为 0.8dB。

在 32QAM 调制下，图 2.12 给出了基于迭代信道估计算法的迭代时变判决反馈均衡器的性能。由图可知：①无论基于硬判决反馈的信道估计 HRLS 算法还是

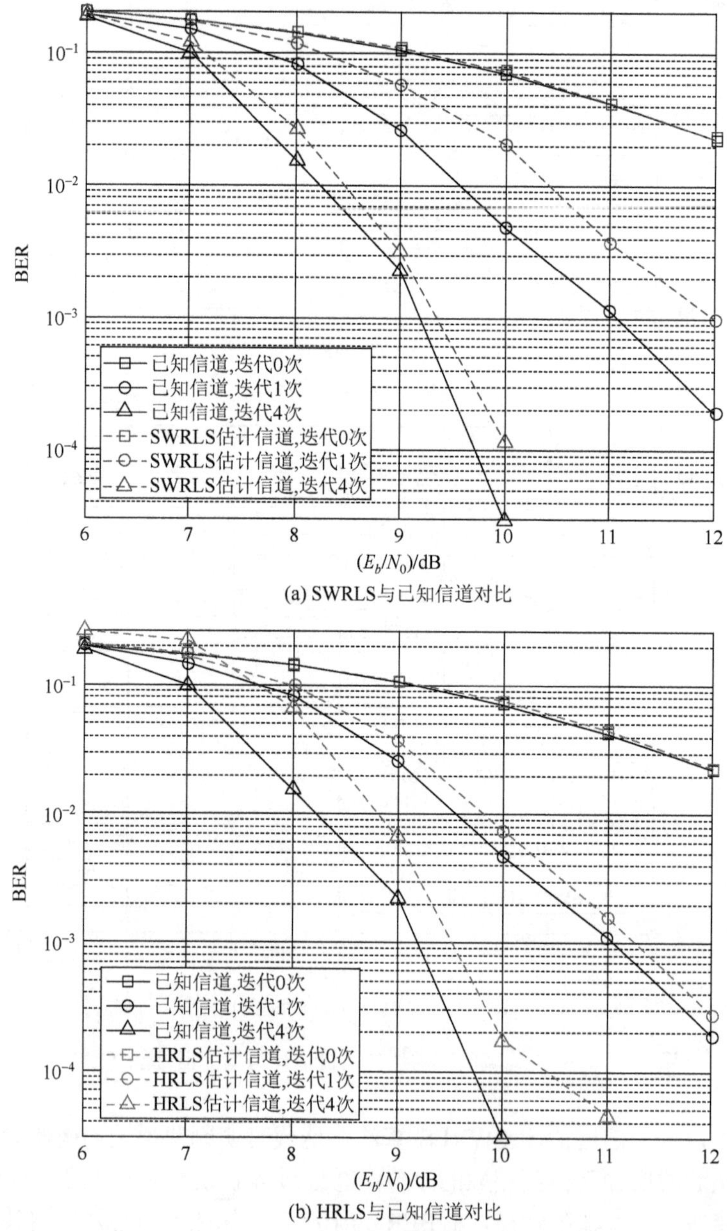

(a) SWRLS与已知信道对比

(b) HRLS与已知信道对比

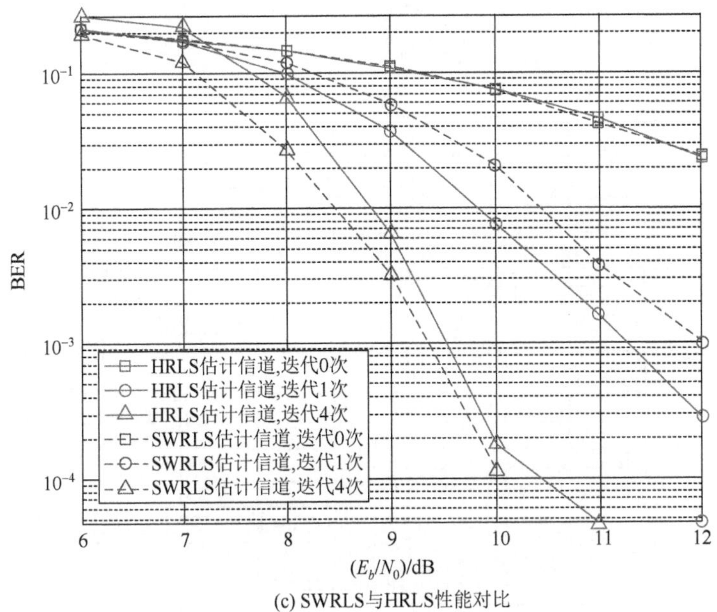

(c) SWRLS与HRLS性能对比

图 2.12　32QAM 调制下的迭代信道估计与均衡器性能（二）

基于软反馈输入的信道估计 SWRLS 算法，迭代时变线性均衡器的性能均能随着迭代次数的增加而得到相应的改善；②经过 4 次迭代后，基于 SWRLS 和 HRLS 算法的迭代时变判决反馈均衡器的性能基本类似。

3. 迭代时变线性均衡器和判决反馈均衡器性能比较

图 2.13 给出了在 16QAM 调制下的迭代时变线性均衡器和判决反馈均衡器的性能曲线。由图可知：①在已知信道条件下，在 BER 为 10^{-3} 时 TV-DFE 的性能优于 TV-LE 的性能约 0.5dB；②在 SWRLS 信道估计的条件下，在 BER 为 10^{-3} 时 TV-DFE 的性能优于 TV-LE 的性能约 0.5dB；③在 HRLS 信道估计的条件下，在 BER 为 10^{-3} 时 TV-DFE 的性能优于 TV-LE 的性能约 1dB。

图 2.14 给出了在 32QAM 调制下的迭代时变线性均衡器和判决反馈均衡器的性能曲线。由图可知：①在已知信道条件下，在 BER 为 10^{-3} 时 TV-DFE 的性能优于 TV-LE 的性能约 0.5dB；②在 SWRLS 信道估计的条件下，在 BER 为 10^{-3} 时 TV-DFE 的性能优于 TV-LE 的性能约 1dB；③在 HRLS 信道估计的条件下，在 BER 为 10^{-3} 时 TV-DFE 的性能优于 TV-LE 的性能约 0.8dB。

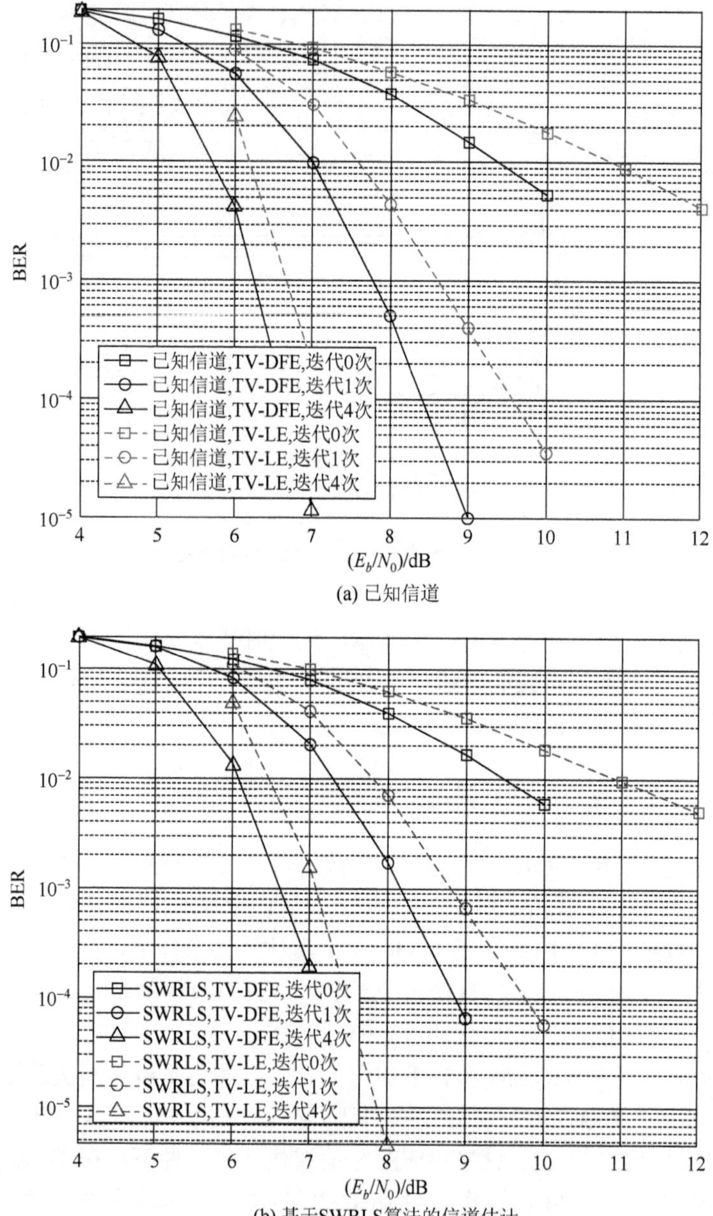

(a) 已知信道

(b) 基于SWRLS算法的信道估计

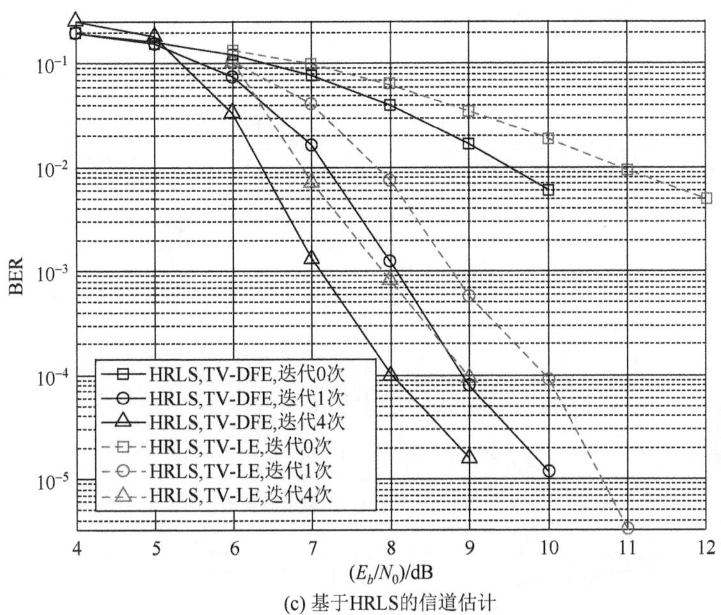

(c) 基于HRLS的信道估计

图 2.13　16QAM 调制下的线性和判决反馈均衡器的性能比较

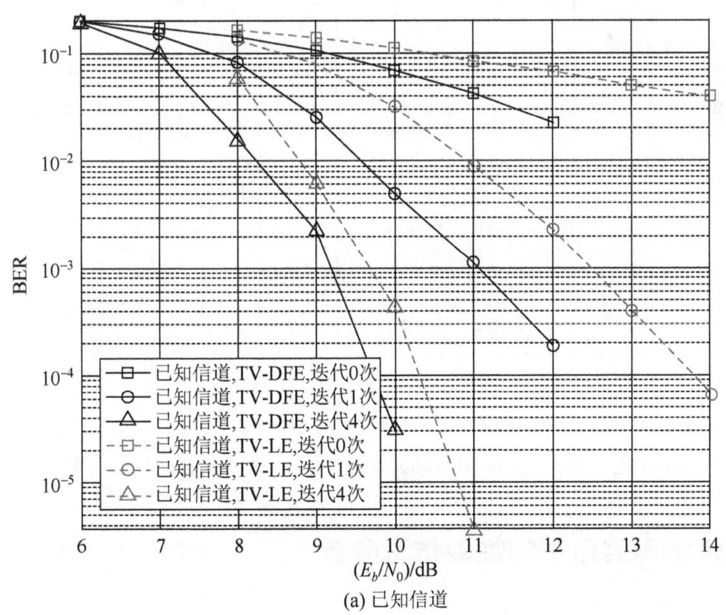

(a) 已知信道

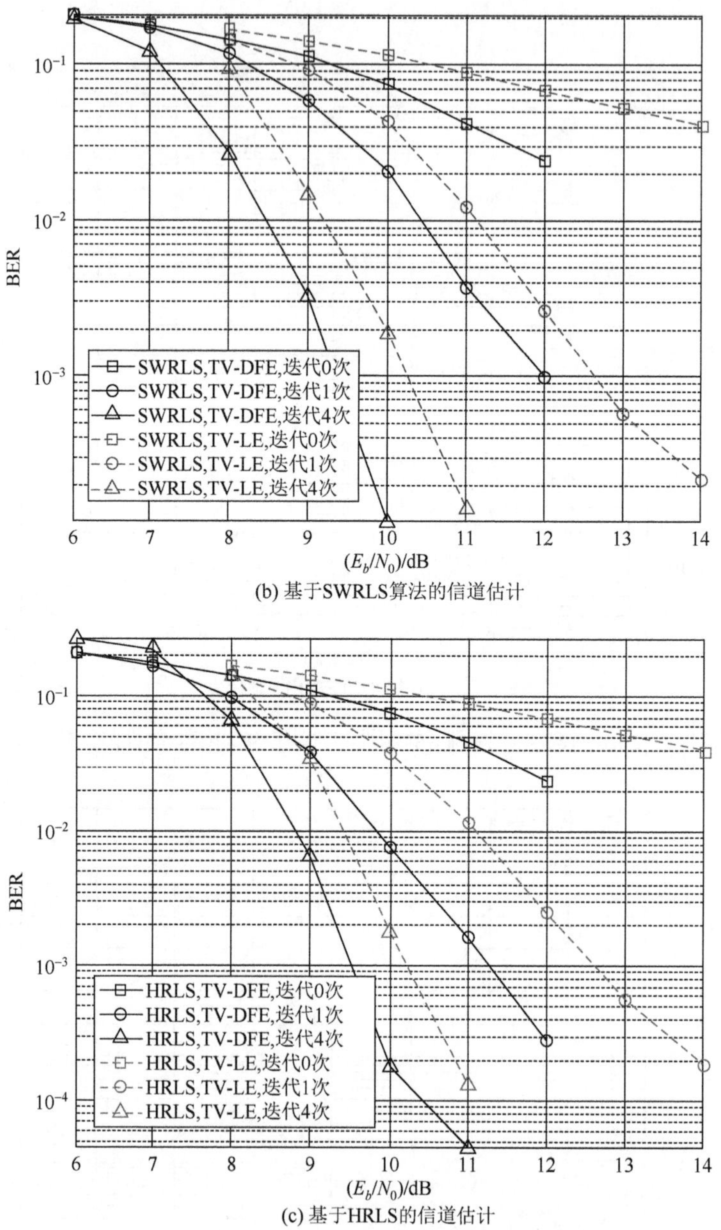

(b) 基于SWRLS算法的信道估计

(c) 基于HRLS的信道估计

图 2.14　32QAM 调制下的线性和判决反馈均衡器的性能比较

2.7.3　稀疏水声信道下的性能仿真分析

本节考察迭代接收机在稀疏信道条件下的性能，稀疏信道的冲激响应长度为 40 个抽头，非零的稀疏抽头数为 6 个，仿真中稀疏抽头的位置和幅度均随机产生；

其中训练序列的长度为 200 个符号，训练符号的调制方式与数据的调制方式一样。仿真中考察了稀疏信道条件下的基于 SWRLS 和 l_0-RLS 信道估计算法的稀疏信道估计的迭代 LE 和 DFE 的性能。

图 2.15 给出了在稀疏信道和 16QAM/32QAM 调制条件下的迭代 LE 的接收机

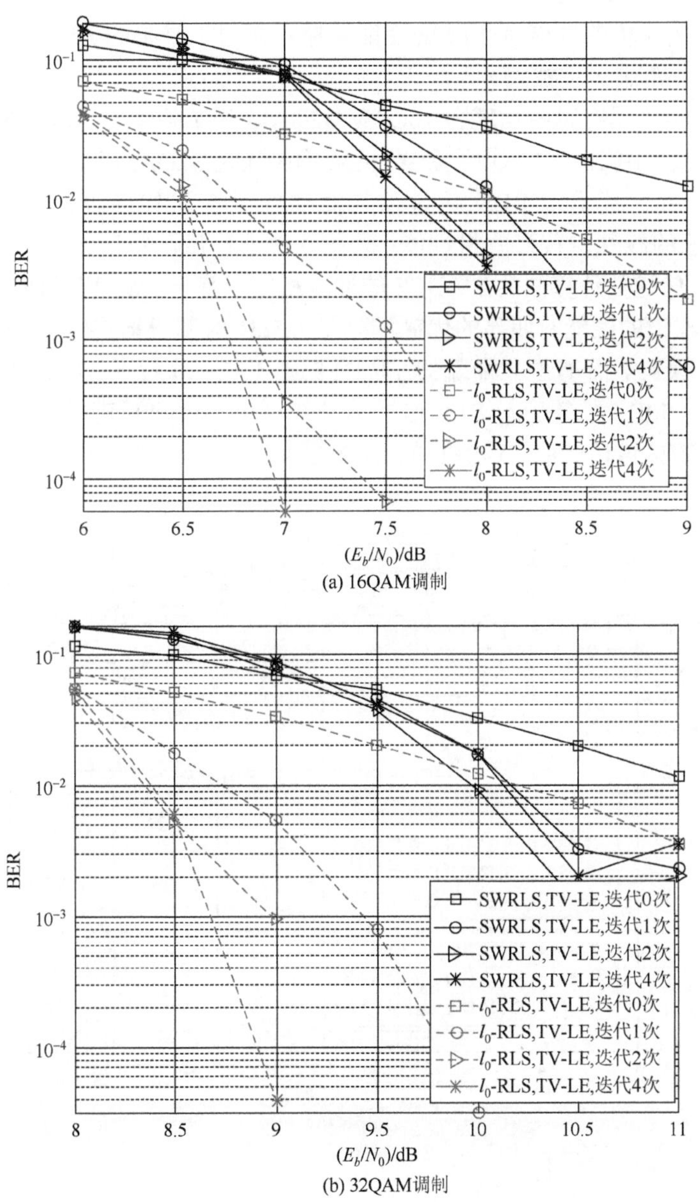

(a) 16QAM调制

(b) 32QAM调制

图 2.15　基于稀疏信道估计的迭代时变 LE 接收机性能

性能曲线。由图可知：①无论 16QAM 调制还是 32QAM 调制，在稀疏信道条件下，基于 l_0-RLS 信道估计算法的线性迭代接收机的性能均优于 SWRLS 算法的线性迭代接收机性能；②在 4 次迭代后，对于 16QAM 调制来说，基于 l_0-RLS 信道估计算法的线性迭代接收机在 E_b/N_0 为 7dB 时可以达到 0 误码，而基于 SWRLS 的线性均衡器在 8dB 时才能达到 0 误码。性能相比于基于 SWRLS 信道估计算法的线性迭代接收机的性能有 1dB 的性能增益；③对于高阶的 32QAM 调制来说，二者的性能差距进一步拉大。

图 2.16 给出了在稀疏信道和 16QAM/32QAM 调制条件下的迭代时变 DFE 接收机性能曲线。由图可知：①无论 16QAM 调制还是 32QAM 调制，在 E_b/N_0 大于某一门限值后，基于 l_0-RLS 信道估计算法的线性迭代接收机的性能均优于 SWRLS 算法的线性迭代接收机性能；②在 4 次迭代后，对于 16QAM 调制来说，基于 l_0-RLS 信道估计算法的 TV-DFE 的性能相比于基于 SWRLS 信道估计算法的 TV-DFE 接收机的性能有明显的优势，即在 6.5dB 时基于稀疏信道估计的接收机可以实现 0 误码，而基于非稀疏的 TV-DFE 则不能；③对于 32QAM 调制来说，在 E_b/N_0 为 8.5dB 时，基于 l_0-RLS 信道估计算法的 TV-DFE 可以实现 BER 为 0，而基于非稀疏信道估计的 TV-DFE 的 BER 在 10^{-1} 左右。

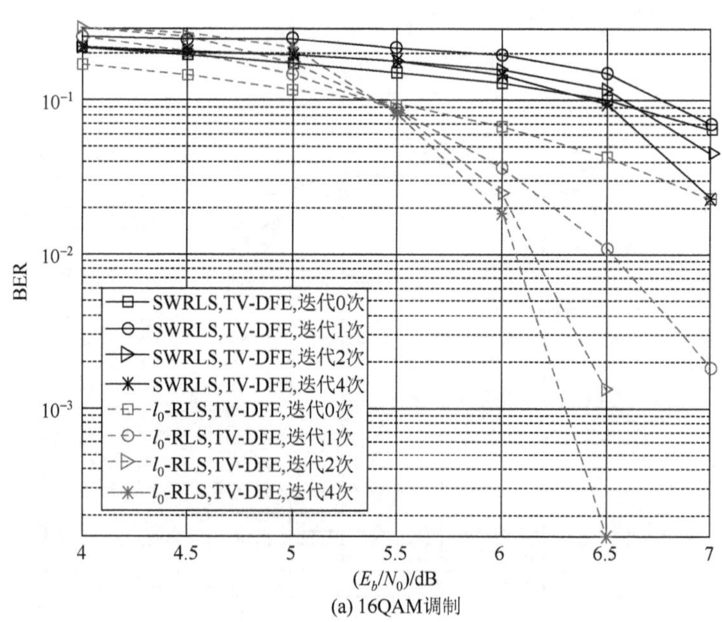

(a) 16QAM调制

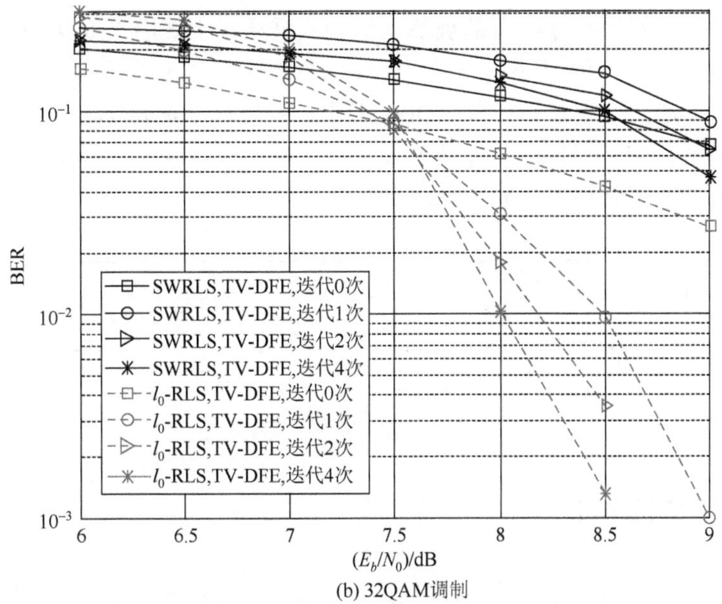

(b) 32QAM调制

图 2.16　基于稀疏信道估计的迭代时变 DFE 接收机性能

2.8　试验数据处理分析

为了验证本章中的迭代接收机的性能，本节采用南海和厦门海域的部分试验数据进行接收机算法的验证。

2.8.1　试验环境及设备介绍

作者在南海下川岛以东海域开展了水声通信试验，试验通信距离为 30km，信号接收采用一条 48 基元的接收水听器阵组成，发射换能器通过缆绳悬挂于试验船的一侧，试验船未锚系，试验时海况恶劣，信号发射过程试验船摇摆非常剧烈，试验海域的水深在 60～100m，发射换能器悬挂于水面下 40m，接收水听器阵锚系于海底，第一个接收水听器离海底约为 15m。

2.8.2　发射信号数据结构

如图 2.17 所示，发射信号主要由前导 LFM 信号、前导训练序列、数据、后导训练序列以及后导 LFM 信号组成。信号频带为 2～4kHz，载频为 3kHz。前导 LFM 信号和后导 LFM 信号主要用于帧同步和平均多普勒估计，前导训练序列和后导训练序列主要用于接收机的训练（这种数据结构主要用于双向均衡的接收机结构）；发射信号的调制方式主要有 BPSK、QPSK、8PSK 以及 16QAM；信道编码方式采用了递归系统卷积码和 LDPC 编码，编码率分别为 1/2 和 2/3 两种；符号率主要采用了 1k 符号/s 和 2k 符号/s 两种，脉冲成型滤波器采用了开方升余弦滤波器，滚降因子分别为 0.5 和 0.2。

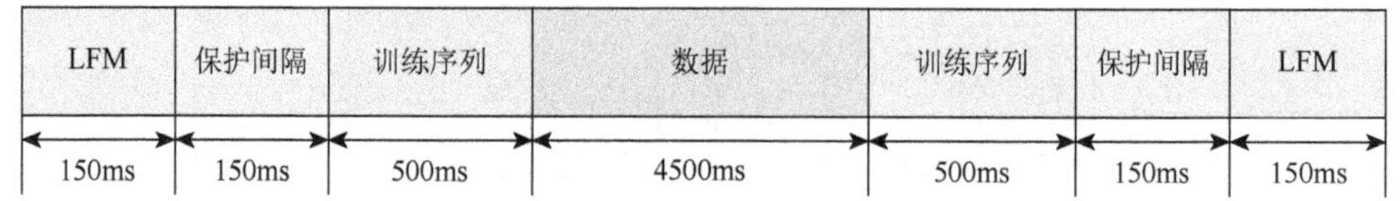

图 2.17　发射信号帧结构

2.8.3　信道特性分析

图 2.18 给出了某一帧信号的接收波形，图中分别给出了第 1 个和第 48 个接收水听器接收到的信号波形。由图可知，接收水听器在水体中的不同深度导致接收波形有较大的差别。

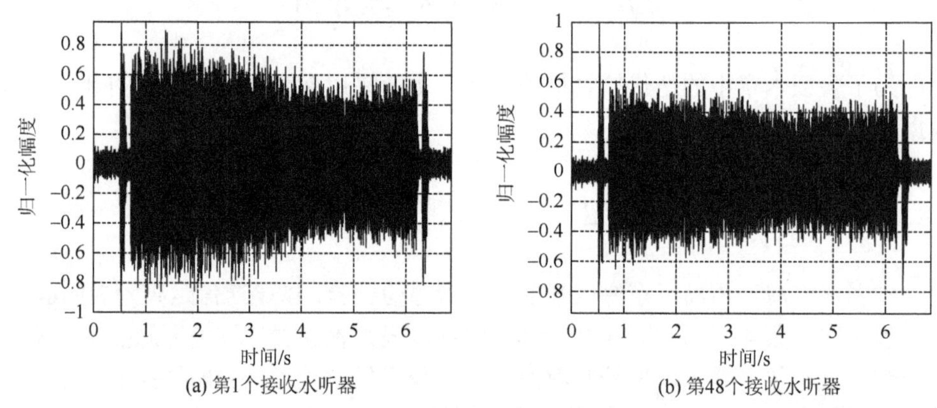

图 2.18　接收到的信号波形

图 2.19 给出了某一帧信号的时变信道特性。图中左侧给出的是第 1 个接收水听器的时变特性，图中右侧为第 48 个接收水听器得到的信道的时变特性情况。由图可知，在约 7s 的信号周期内，水声信道变化明显；另外，不同接收深度的信道多途结构差别也非常大。从图中还可以看出，信道最大多途扩展大致在 35 个符号扩展（对于符号率为 1k 符号/s 而言）。

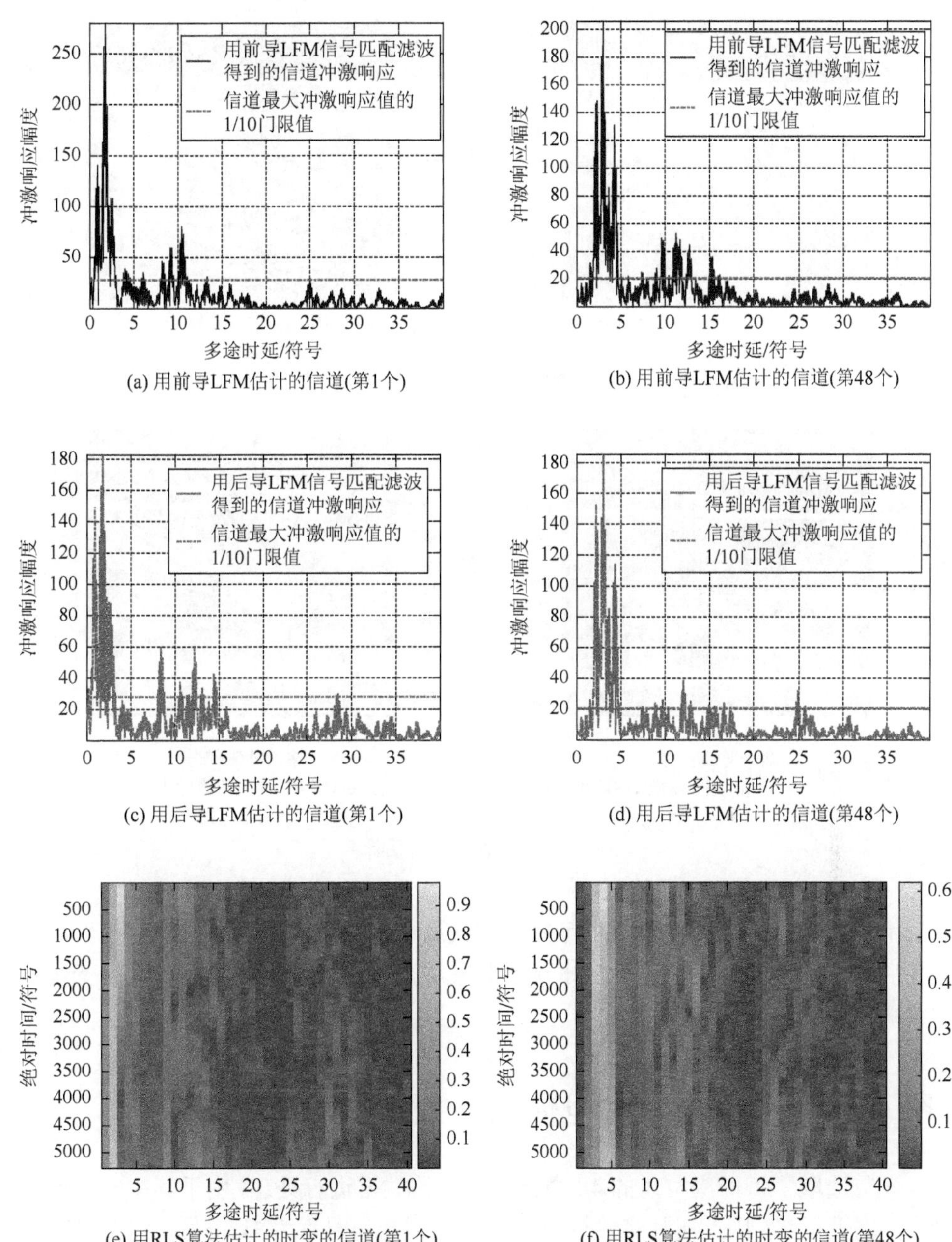

图 2.19 海试某一帧信号的信道特性

图 2.20 给出了采用 l_0-RLS 和常规 RLS 算法估计的时变信道。由图 2.20 可知，信道最大多途扩展大致在 35 个符号扩展（对于符号率为 1k 符号/s 而言）。

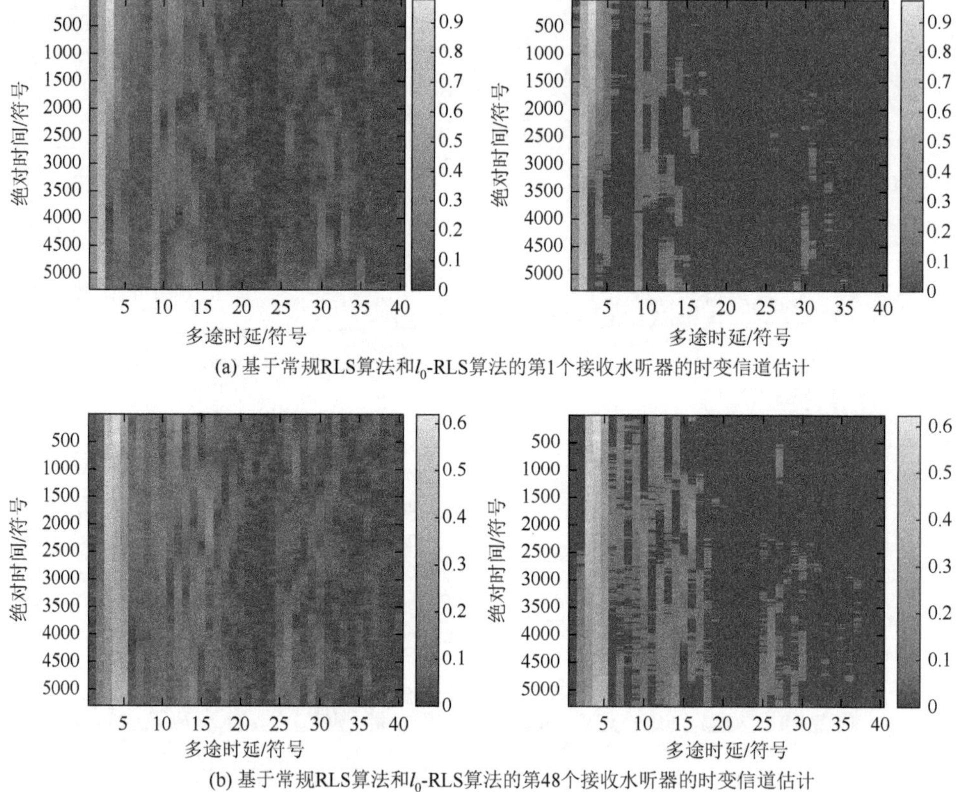

(a) 基于常规RLS算法和l_0-RLS算法的第1个接收水听器的时变信道估计

(b) 基于常规RLS算法和l_0-RLS算法的第48个接收水听器的时变信道估计

图 2.20 自适应信道估计

由海试水声信道的特性分析可知，本次海试的信道表现出极强的时变性，因此在后续的均衡器性能评估中，本章主要采用基于迭代信道估计的迭代时变线性和判决反馈均衡器结构。

2.8.4 迭代线性均衡器性能分析

本节选取了每一次发射的 48 个接收通道的数据进行处理，由于其中一个通道接收数据不正常，因此实际有效数据为 47 帧。对于符号率为 1k 符号/s 和 2k 符号/s 的 BPSK 调制信号来说，迭代时变线性均衡器性能在 1 次迭代均衡后获得 0 误码的性能。因此本小节仅仅处理符号率为 1k 符号/s 和 2k 符号/s 的 QPSK 和 8PSK 调制信号，对于编码率为 1/2 的卷积码编码的系统来说，符号率为 1k 符号/s 和 2k 符号/s 的 QPSK 调制信号的有效数据率为 1kbit/s 和 2kbit/s，符号率为 1k 符号/s 和 2k 符号/s 的 8PSK 调制信号的有效数据率为 1.5kbit/s 和 3kbit/s。

图 2.21 给出了第 1 个和第 48 个接收水听器接收到的 QPSK 调制信号的星座图。由图可知，信道对发射的信号失真非常严重；图 2.21（a）为第 1 个接收水听器接收信号在第一次均衡后均衡器输出的对数似然比，图 2.21（b）为第 48 个接收水听器接收信号在第一次译码之后的对数似然比。从图中还可以看出，第一次均衡后均衡器输出的对数似然比值相对较小且主要集中在 0 值的附近，经过一次译码后的对数似然比值明显增大且远离 0 值，这表明经过一次信道译码后编码比特的可靠性提高了。

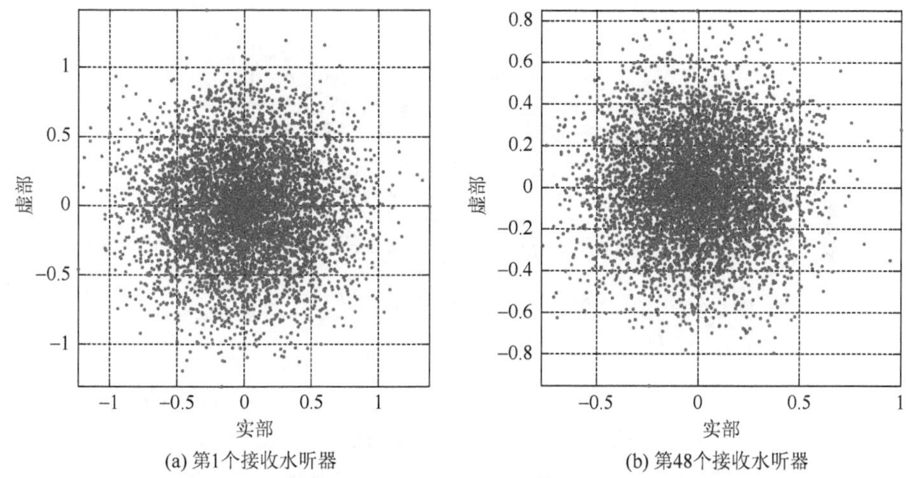

(a) 第1个接收水听器　(b) 第48个接收水听器

图 2.21　接收信号星座图

图 2.22 给出了第 1 个接收水听器接收信号在第一次均衡和译码之后的对数似然比。图 2.22（a）为接收信号在第一次均衡后均衡器输出的对数似然比，图 2.22（b）为接收信号在第一次译码之后的对数似然比。

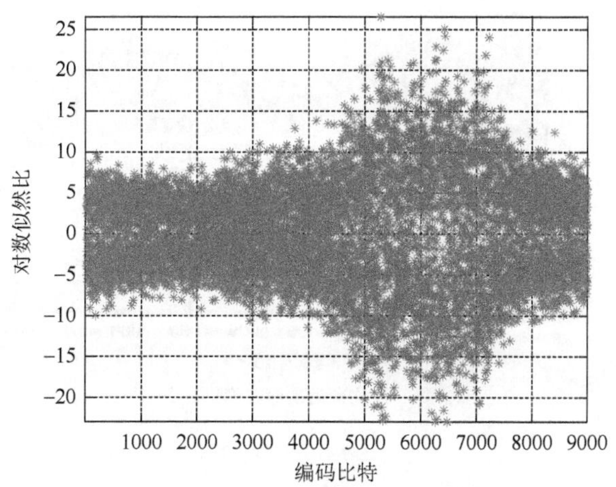

(a) 第一次均衡后均衡器输出对数似然比

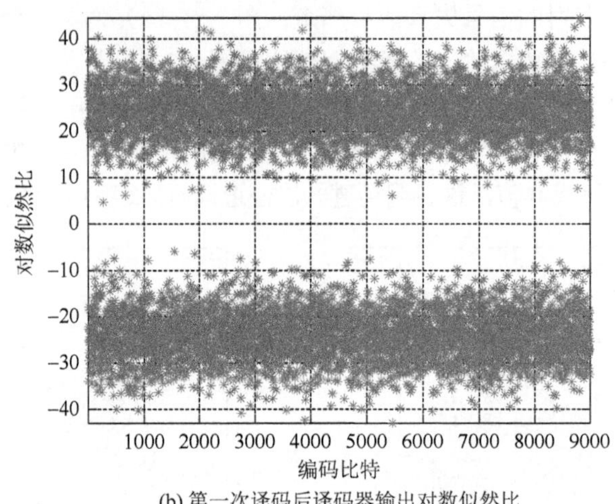

(b) 第一次译码后译码器输出对数似然比

图 2.22　第 1 个接收水听器接收信号迭代线性均衡器性能

图 2.23 给出了第 48 个接收水听器接收信号在第一次均衡和译码之后的对数似然比。图 2.23（a）为接收信号在第一次均衡后均衡器输出的对数似然比，图 2.23（b）为接收信号在第一次译码之后的对数似然比，其性能基本与第 1 个接收水听器的性能类似。

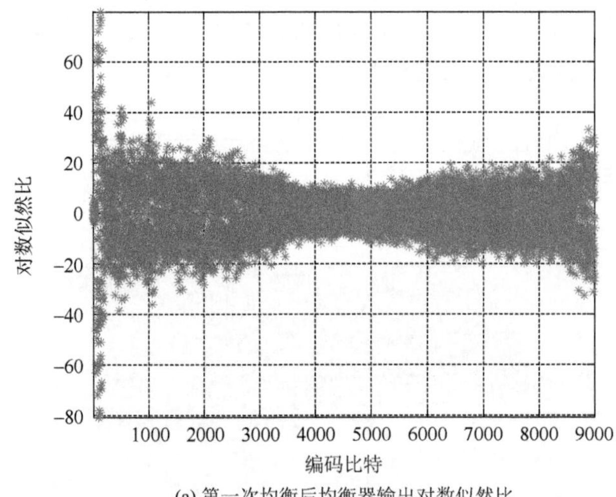

(a) 第一次均衡后均衡器输出对数似然比

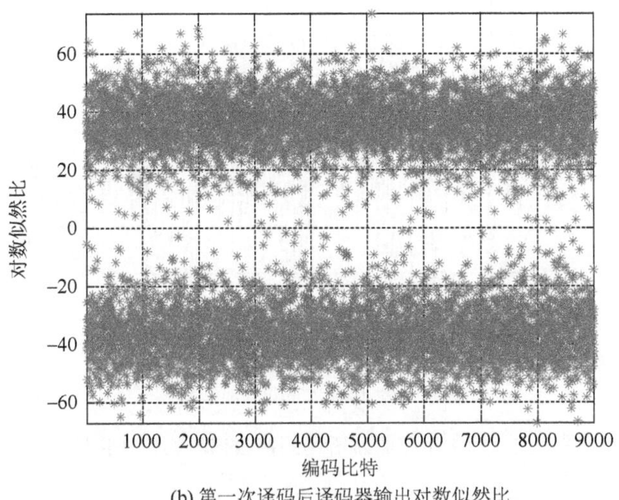

(b) 第一次译码后译码器输出对数似然比

图 2.23　第 48 个接收水听器接收信号迭代线性均衡器性能

图 2.24 和图 2.25 分别给出了第 1 个和第 48 个接收水听器接收信号的相位变化情况，相位估计采用的是二阶锁相环。由图可知，相位变化非常快，这主要是由试验船在高海况条件下剧烈摇摆造成的。

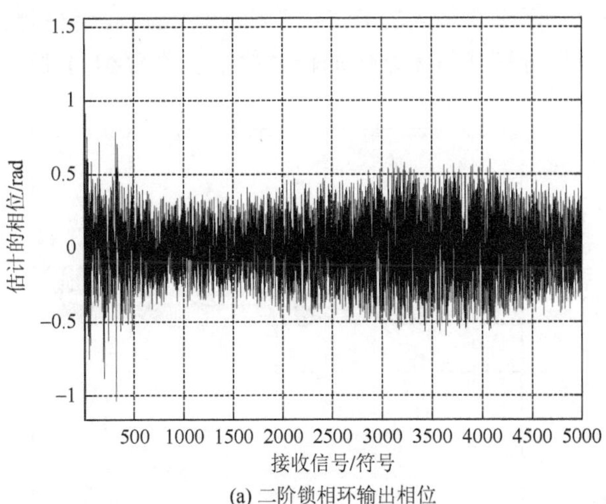

(a) 二阶锁相环输出相位

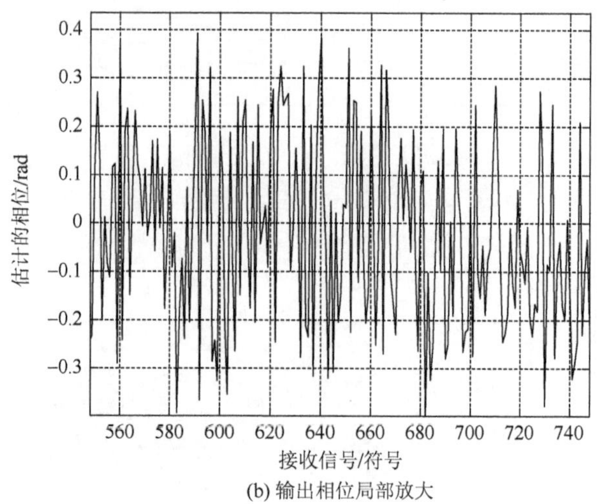

(b) 输出相位局部放大

图 2.24　第 1 个接收水听器的接收信号相位变化情况

表 2.1 给出了 QPSK 调制下的迭代次数对 BER 性能的影响情况，处理数据包总共为 47 个。表 2.1 中给出的是在某次迭代时达到 BER 为 0 的数据包的总数。由表 2.1 可以看出：①随着迭代次数的增加，无论基于硬输入迭代信道估计的线性均衡器还是基于软输入信道估计的线性均衡器，达到 BER 为 0 的总数据包数也随之增加；②对于 R_S 为 1k 符号/s 的数据来说，基于软输入的 SWRLS 和 SKalman 信道估计的迭代线性均衡器在 3 次迭代后可以获得无误码的传输；③对于 R_S 为 2k 符号/s 的数据来说，基于软输入的 SWRLS 和 SKalman 信道估计的迭代线性均衡器在 3 次迭代后可以分别获得无误码的传输数据包数为 41 个和 44 个。

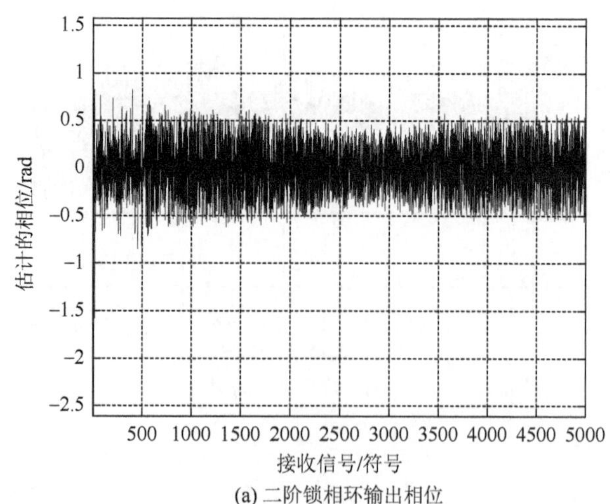

(a) 二阶锁相环输出相位

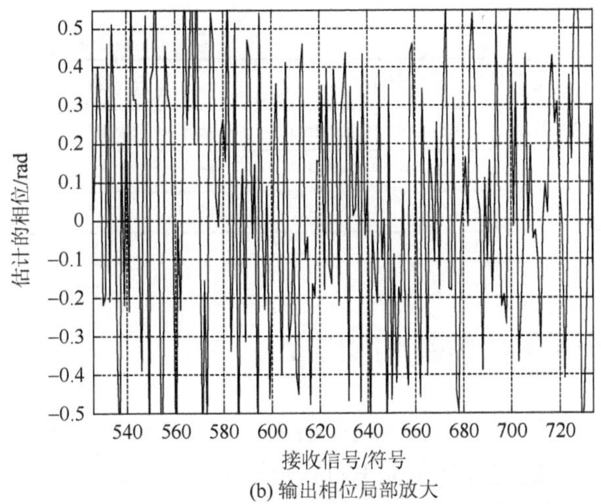

(b) 输出相位局部放大

图 2.25　第 48 个接收水听器的接收信号相位变化情况

表 2.1　QPSK 调制下迭代次数对 BER 性能的影响

迭代次数	R_s = 1k 符号/s（BER = 0）				R_s = 2k 符号/s（BER = 0）			
	HRLS	SWRLS	HKalman	SKalman	HRLS	SWRLS	HKalman	SKalman
0	13	13	15	15	8	10	12	12
1	34	40	37	39	27	32	30	35
2	37	43	39	45	30	38	33	40
3	39	47	42	47	32	41	35	44

注：HKalman 表示基于硬判决的 Kalman 信道估计；SKalman 表示基于软判决的 Kalman 信道估计

表 2.2 给出了 8PSK 调制下的迭代次数对 BER 性能的影响情况，处理数据包总共为 47 个。表 2.2 中给出的是在某次迭代时达到 BER 为 0 的数据包的总数。由表 2.2 可以看出：①随着迭代次数的增加，无论基于硬输入迭代信道估计的线性均衡器还是基于软输入信道估计的线性均衡器，达到 BER 为 0 的总数据包数也随之增加；②对于 R_s 为 1k 符号/s 的数据来说，基于软输入的 SWRLS 和 SKalman 信道估计的迭代线性均衡器在 3 次迭代后可以分别获得无误码的传输数据包数为 23 个和 26 个；③对于 R_s 为 2k 符号/s 的数据来说，基于软输入的 SWRLS 和 SKalman 信道估计的迭代线性均衡器在 3 次迭代后可以分别获得无误码的传输数据包数为 21 个和 22 个。

表 2.2　8PSK 调制下迭代次数对 BER 性能的影响

迭代次数	R_s = 1k 符号/s（BER = 0）				R_s = 2k 符号/s（BER = 0）			
	HRLS	SWRLS	HKalman	SKalman	HRLS	SWRLS	HKalman	SKalman
0	5	5	7	7	4	4	6	6
1	17	20	19	20	13	16	15	18

续表

迭代次数	R_s = 1k 符号/s（BER = 0）				R_s = 2k 符号/s（BER = 0）			
	HRLS	SWRLS	HKalman	SKalman	HRLS	SWRLS	HKalman	SKalman
2	19	21	20	24	15	19	17	20
3	21	23	22	26	17	21	18	22

2.8.5　迭代判决反馈均衡器性能分析

本节采用时变的迭代判决反馈均衡器处理了 2.8.4 节的 47 个数据包，表 2.3 给出了 QPSK 调制下的迭代次数对 BER 性能的影响情况。表 2.3 中给出的是在某次迭代时达到 BER 为 0 的数据包的总数。由表 2.3 可以看出：①随着迭代次数的增加，无论基于硬输入迭代信道估计的判决反馈均衡器还是基于软输入信道估计的线性均衡器，达到 BER 为 0 的总数据包数也随之增加；②对于 R_s 为 1k 符号/s 和 2k 符号/s 的数据来说，基于软输入的 SWRLS 和 SKalman 信道估计的迭代判决反馈均衡器在 3 次迭代后均可以获得无误码的传输。

表 2.3　QPSK 调制下迭代次数对 BER 性能的影响

迭代次数	R_s = 1k 符号/s（BER = 0）				R_s = 2k 符号/s（BER = 0）			
	HRLS	SWRLS	HKalman	SKalman	HRLS	SWRLS	HKalman	SKalman
0	15	15	17	17	10	10	13	13
1	39	46	42	44	31	36	35	40
2	42	47	45	47	35	43	38	46
3	45	47	46	47	36	47	40	47

表 2.4 给出了 8PSK 调制下的迭代次数对 BER 性能的影响情况，处理数据包总共为 47 个。表 2.4 中给出的是在某次迭代时达到 BER 为 0 的数据包的总数。由表 2.4 可以看出：①随着迭代次数的增加，无论基于硬输入迭代信道估计的线性均衡器还是基于软输入信道估计的判决反馈均衡器，达到 BER 为 0 的总数据包数也随之增加；②对于 R_s 为 1k 符号/s 的数据来说，基于软输入的 SWRLS 和 SKalman 信道估计的迭代判决反馈均衡器在 3 次迭代后可以分别获得无误码的传输数据包数为 28 个和 32 个；③对于 R_s 为 2k 符号/s 的数据来说，基于软输入的 SWRLS 和 SKalman 信道估计的迭代判决反馈均衡器在 3 次迭代后可以分别获得无误码的传输数据包数为 26 个和 27 个。

表 2.4　8PSK 调制下迭代次数对 BER 性能的影响

迭代次数	$R_s = 1\text{k}$ 符号/s（BER = 0）				$R_s = 2\text{k}$ 符号/s（BER = 0）			
	HRLS	SWRLS	HKalman	SKalman	HRLS	SWRLS	HKalman	SKalman
0	6	6	8	8	5	5	7	7
1	20	24	23	24	16	19	18	22
2	23	26	24	29	19	23	21	24
3	25	28	27	32	21	26	22	27

参 考 文 献

[1] 段卫民. 水声通信迭代接收机算法研究.哈尔滨：哈尔滨工程大学硕士学位论文，2013.

[2] 蔡惠智，刘云涛，蔡慧，等. 第八讲水声通信及其研究进展. 物理，2006，35（12）：1038-1043.

[3] Chitre M，Shahabudeen S，Freitag L，et al. Recent advances in underwater acoustic communication & network. Marine Technology Society Journal，2008，42（1）：103-116.

[4] Stojanovic M，Catipovic J A，Proakis J G. Phase-coherent digital communications for underwater acoustic channels. IEEE Journal of Oceanic Engineering，1994，19（1）：100-111.

[5] Berrou C. Near optimum error correction coding and decoding：Turbo codes. IEEE Transactions Communication，1996，44（10）：1261-1271.

[6] Douillard C，Jezequel M，Berrou C，et al. Iterative correction of intersymbol interference：Turbo equalization. European Transactions Telecommunication，1995，6（5）：507-511.

[7] Lin S，Costello D J. Error Control Coding.2nd ed. New Jersey：Prentice Hall，2004.

[8] Wang X，Poor H V. Iterative（turbo）soft interference cancellation and decoding for coded CDMA. IEEE Transactions Communication，1999，47（7）：1046-1061.

[9] Tüchler M，Singer A C，Koetter R. Minimum mean squared error equalization using a priori information. IEEE Transactions Signal Processing，2002，50（3）：673-683.

[10] Tüchler M，Singer A C，Koetter R. Turbo equalization：Principles and new results. IEEE Transactions Communication，2002，50（5）：754-767.

[11] Liu L，Ping L. An extending window MMSE turbo equalization algorithm. IEEE Signal Processing Letter，2004，11（11）：891-894.

[12] Choi J，Drost R，Singer A，et al. Iterative multi-channel equalization and decoding for high frequency underwater acoustic communications. Proceedings 2008 IEEE Sensor Array Multichannel Signal Process Workshop，Darmstadt，2008：127-130.

[13] Choi J W，Riedl T J，Kim K，et al. Practical application of turbo equalization to underwater acoustic communications. Proceeding 2010 7th International Symposium on Wireless Communication Systems（ISWCS），York，2010：601-605.

[14] Choi J W，Riedl T J，Kim K，et al. Adaptive linear turbo equalization over doubly selective channels. IEEE Journal of Oceanic Engineering，2011，36（4）：473-478.

[15] Sierlen J F，Song H C，Hodgkiss W S，et al. An iterative equalization and decoding approach for underwater acoustic communication. IEEE Journal of Oceanic Engineering，2008，33（2）：182-197.

[16] Sierlen J F，Song H C，Hodgkiss W S，et al. Iterative equaliztion and decoding of communication. IEEE Journal of Oceanic Engineering，2008，33（2）：182-197.

[17] Tao J，Zheng Y R，Xiao C，et al. Channel equalization for single carrier MIMO underwater acoustic communications. EURASIP Journal on Advances in Signal Processing，2010：1-17.

[18] Zhang J，Zheng Y R. Bandwidth-efficient frequency-domaine qualization for single carrier multiple-input multiple-output underwater acoustic communications. Journal of the Acoustical Society of America，2010，128（5）：2910-2919.

[19] Tao J，Zheng Y R，Xiao C，et al. Robust MIMO underwater acoustic communications using turbo block decision-feedback equalization. IEEE Journal of Oceanic Engineering，2010，35（4）：948-960.

[20] Tao J，Wu J，Zheng Y R，et al. Enhanced MIMO LMMSE turbo equalization：Algorithm，simulations，and undersea experimental results. IEEE Transactions on Signal Processing，2011，59（8）：3813-3823.

[21] Laot C，LeBidan R. Adaptive MMSE turbo equalization with high-order modulations and spatial diversity applied to underwater acoustic communications. European Wireless，2011：488-493.

[22] Shah C P，Tsimenidis C C，Sharif B S，et al. Low complexity iterative receiver design for shallow water acoustic channels. EURASIP Journal on Advances in Signal Processing，2010：1-13.

[23] Chintan P S，Tsimenidis C C，Sharif B S，et al. Low-complexity iterative receiver structure for time-varying frequency-selective shallow underwater acoustic channels using BICM-ID：Design and experimental Results. IEEE Journal of Oceanic Engineering，2011，36（3）：406-421.

[24] Walree P A，Leus G. Robust underwater telemetry with adaptive turbo multiband equalization. IEEE Journal of Oceanic Engineering，2009，34（4）：645-655.

[25] Oberg T，Nilsson B，Olofsson N，et al. Underwater communication link with iterative equalization. Oceans 2006，Boston，2006.

[26] Nordenvaad M L，Oberg T. Iterative reception for acoustic underwater MIMO communications. Oceans 2006，Boston，2006.

[27] Otnes R，Eggen T H. Underwater acoustic communications：Long-term test of turbo equalization in shallow water. IEEE Journal of Oceanic Engineering，2008，33（3）：321-334.

[28] Shannon C E. A mathematical theory of communication. The Bell System Technical Journal，1948，27：379-423，623-656.

[29] Berrou C，Glavieux A，Thitimajshima P. Near Shannon limit error-correcting coding and decoding：Turbo codes. Proceedings of ICC '93-IEEE International Conference on Communications，Geneva，1993：1064-1070.

[30] Hagenauer J. The turbo principle：Tutorial introduction and state of the art. Proceeding International Symposium Turbo Codes Related Topics，Brest，1997：1-11.

[31] Bauch G，Franz V. A comparison of soft-in/soft-out algorithms for "turbo-detection". Proceeding International conference Telecommunication，1998：1-5.

[32] Jeong S. Low Complexity Turbo Equalizations and Lower Bounds on Information Rate for Intersymbol Interference Channels. Minnesota：University of Minnesota，2011.

[33] Balakrishnan J，Jr Johnson C R. Bidirectional decision feedback equalizer：Infinite length results. Proceeding Asilomar Conference Signals，Systems，Computers，Pacific Grove，2001：1450-1454.

[34] Jeong S，Moon J. Turbo equalization based on bi-directional DFE. 2010 IEEE International Conference on Communications，Cape Town，2010：1-6.

[35] Jeong S，Moon J. Soft-in soft-out DFE and bidirectional DFE. IEEE Transactions Communications，2011，

59（10）：2729-2741.

[36] Song S，Singer A C，Sung K M. Soft input channel estimation for turbo equalization. IEEE Transactions on Signal Processing，2004，52（10）：2885-2894.

[37] Haykin S. 自适应滤波器原理. 郑宝玉，等，译. 北京：电子工业出版社，2010.

[38] Gu Y，Jin J，Mei S. l_0-norm constraint LMS algorithm for sparse system identification. IEEE Signal Processing Letter，2009，16（9）：774-777.

[39] Eksioglu E M，Tanc A K. RLS algorithm with convex regularization. IEEE Signal Processing Letters，2011，18（8）：470-473.

[40] Zakharov Y V，Nascimento V H. DCD-RLS adaptive filters with penalties for sparse identification. IEEE Transactions Signal Processing，2013，61（12）：3198-3213.

第 3 章　基于超 Nyquist 和无速率编码技术的高效水声单载波迭代接收机技术

3.1　引　　言

水声通信技术在军事和民用水下信息传输领域扮演着越来越重要的角色，虽然水声通信技术的研究已经开展了三四十年，但在高度弥散、动态以及大延时的海洋环境中建立可靠的、逼近信道容量的水声通信链路仍面临着巨大的挑战[1-11]。本章主要基于迭代接收机框架，开展基于超 Nyquist 和无速率编码技术以及水声毫米技术的高速、高效迭代接收机技术的研究。

本章的内容安排如下：3.2 节提出一种基于超 Nyquist 和无速率编码技术的单载波水声通信技术并进行仿真和试验验证；3.3 节提出一种基于 Rate 1 预编码技术的近程水声毫米波通信技术并进行仿真和试验验证。

本章常用符号说明：矩阵和向量分别用加粗的大写和小写字母来表示。$\boldsymbol{x} \in \mathbb{C}^{N\times 1}$ 表示复值 $(N\times 1)$ 向量，运算符 $\boldsymbol{x}^*$ 、 $\boldsymbol{x}^{\mathrm{T}}$ 、 $\boldsymbol{x}^{\dagger}$ 、$|\boldsymbol{x}|$、$\|\boldsymbol{x}\|_{\mathrm{F}}$ 分别表示向量 $\boldsymbol{x}$ 的复共轭、转置、共轭转置、求行列式及弗罗贝尼乌斯范数。

3.2　基于超 Nyquist 和无速率编码技术的单载波通信系统

近年来，在无线通信及网络方面涌现出许多新的技术。①速率兼容编码技术，在时变衰落信道上，经常使用的差错控制策略是根据不同的信道条件采用不同的编码速率，实现这种策略的有效方式是使用速率兼容的编码，也就是使用一系列不同速率的码，此系列中所有码能够采用相同的一对编码器/译码器进行编译码；在构造速率兼容的编码时，删余是最常用的一种方法，即首先设计一个低速率码，然后在传输时通过删除某些特定比特位来获得更高的编码速率[7]。②超 Nyquist 调制技术，1974 年 Mazo 提出在低阶调制星座的条件下以超 Nyquist（faster-than-Nyquist，FTN）速率发射信号，超 Nyquist 调制技术可以在低阶调制条件下极大地提高系统的吞吐量，其最大的缺点是引入了较大的 ISI，因此在当时的应用需求以及信号处理条件下并未得到应用，然而近年来在卫星、广播领域的研究表明，该调制方式相比于常规的高阶调制方式具有较大的优势[8]；③低复杂度迭代均衡与译码技术，研究表明迭代信道估计、均衡及译码技术可以在极为困难的信道条件下逼近最优的 MAP 均衡技术[9-11]。

为提高系统的频带利用率以及系统时变环境的适应能力，本节提出一种联合超 Nyquist 技术、速率兼容打孔编码技术以及迭代均衡与译码技术实现时变信道条件下逼近信道容量的水声单载波通信方案及其实现技术。

3.2.1　发射机结构

基于超 Nyquist 和无速率编码技术的单载波通信技术的发射机与接收机结构框图如图 3.1 所示。首先，对二进制信息比特流 $\boldsymbol{b}$ 进行信道编码，根据不同的信道编码率通过打孔产生不同长度的编码比特流；其次，对编码比特序列进行交织，随后，对交织后的编码比特 $\boldsymbol{c}$ 进行符号映射生成不同频带利用率的符号流 $\boldsymbol{s}_i$；然后，根据指定的符号发射速率进行超 Nyquist 脉冲成型滤波；最后，进行载波调制。

令基带 PSK 调制或 QAM 调制的信号为

$$b(t)=\sum_{n=1}^{N}s_n g(t-n\beta T_s) \tag{3.1}$$

式中，s_n 为发送的符号［BPSK 调制 s_n 为 +1 或−1；QPSK 调制 s_n 为 $\frac{1}{\sqrt{2}}(1+\mathrm{j})$，$\frac{1}{\sqrt{2}}(1-\mathrm{j})$，$\frac{1}{\sqrt{2}}(-1+\mathrm{j})$，$\frac{1}{\sqrt{2}}(-1-\mathrm{j})$］；$g(t)$ 为脉冲成型滤波器，这里采用开方升余弦滚降滤波器；T_s 为 Nyquist 符号间隔；β 为发射符号间隔压缩比（$0<\beta\leqslant 1$），当 β 小于 1 时为超 Nyquist 发射。

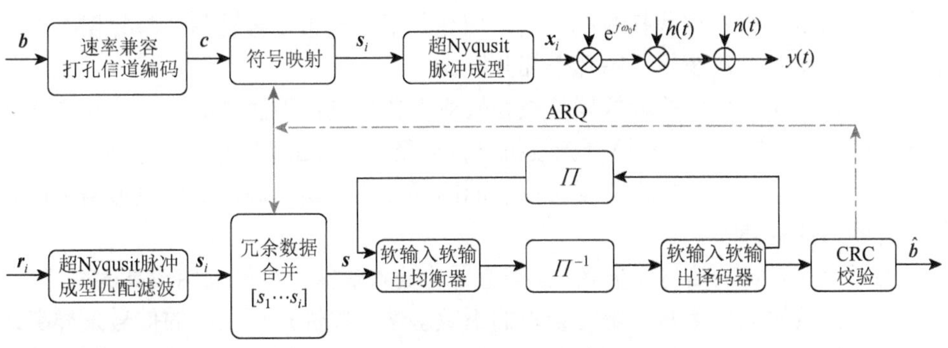

图 3.1　发射机与接收机结构框图

经调制后的基带信号经过水声信道后即可得接收信号：

$$y(t)=(b(t)\mathrm{e}^{\mathrm{j}\omega_c t})\otimes h(t)+n(t) \tag{3.2}$$

在窄带信号调制中，多普勒效应往往表现为频率的偏移，而实际的水声通信信号通常表现为宽带或超宽带信号的特点，因此多普勒效应不仅会引起接收信号频率的偏移，同时会引起信号波形的压缩或扩张，最终经历宽带多普勒效应的接收信号可表示为

$$y(t)=b((1+\kappa)t)\mathrm{e}^{\mathrm{j}\omega_c(1+\kappa)t}+\eta(t) \tag{3.3}$$

式中，κ 为多普勒因子，定义为 $\kappa=v_r/c$，v_r 为通信接收机和发射机的相对径向速度，c 为水中声速；$\eta(t)$ 为接收机噪声，假设其为均值为 0、方差为 σ_n^2 的加性复循环对称高斯白噪声。

3.2.2 迭代接收机结构

针对图 3.1 的超 Nyquist 和无速率编码技术的发射机结构，本节给出了其相应的迭代接收机结构，如图 3.2 所示。迭代接收机工作原理如下：首先，对第 i 个接收数据块进行解调；其次，进行超 Nyquist 脉冲成型匹配滤波；然后，根据 CRC 和 ARQ 情况进行冗余数据块的合并（即与前 $i-1$ 个数据块进行合并），合并后的基带符号数据将送入迭代接收机进行迭代处理。迭代接收机译码输出数据比特需进行 CRC 校验验证，根据 CRC 校验结果接收机可进行以下操作：①如通过 CRC 校验，输出译码结果 $\hat{\boldsymbol{b}}$；②如未通过 CRC 校验，当发射与接收端存在可靠的低速率反馈链路时，向发射端发送 ARQ 请求，请求发射端发送一帧更低信道编码率的数据块；③如未通过 CRC 校验，当发射与接收端不存在可靠的低速率反馈链路时或在保密通信条件下，发射端可一次发射所有的冗余数据块，接收机可根据译码情况进行多块综合，该机制在时变、大延时的水声通信信道下具有很强的信道适应性。图 3.2 中的迭代接收机由自适应迭代闭环宽带多普勒估计与补偿、迭代信道估计与均衡以及迭代译码几个部分组成。

首先，针对开环多普勒补偿算法在快变多普勒条件下面临的困难，我们基于 Sharif 的闭环多普勒估计与补偿接收机结构以及超 Nyquist 信号发射技术（图 3.2）提出了一种基于迭代接收机软反馈信息的闭环补偿方案，进而实现更加精确可靠的多普勒估计补偿[12-14]。

为了保证一定的信号无失真比，插值器的输入端信号尽量采用较高的采样率，同时鉴于分数间隔均衡器对定时误差的不敏感性，线性插值之后的信号采样率即前馈均衡器输入信号一般采用分数阶；令自适应判决反馈均衡器第 n 时刻接收机的符号输出为

$$s_n=\boldsymbol{f}_n^{\dagger}\boldsymbol{x}_n-\boldsymbol{g}_n^{\dagger}\hat{\boldsymbol{s}}_n \tag{3.4}$$

式中，$\boldsymbol{f}_n$ 和 $\boldsymbol{g}_n$ 分别为前馈滤波器和反馈滤波器抽头系数向量；$\boldsymbol{x}_n$ 为经多普勒补

偿及相位补偿后的基带信号向量；$\hat{\boldsymbol{s}}_n$ 为训练序列向量（训练阶段）或自适 Turbo 迭代部分的符号软反馈向量（数据接收阶段）；$(\cdot)^{\dagger}$ 表示哈密顿转置。

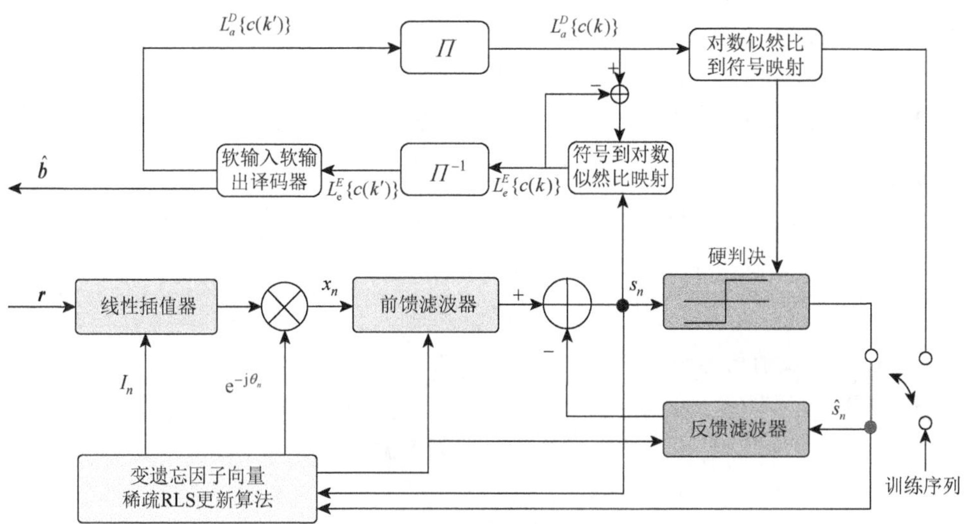

图 3.2　迭代接收机结构

本节采用 RLS 算法来更新均衡器抽头系数，即

$$\boldsymbol{w}_{n+1} = \boldsymbol{w}_n + \boldsymbol{\Psi}_n^{-1}\boldsymbol{x}_n / (\lambda + \boldsymbol{x}_n^{\dagger}\boldsymbol{\Psi}_n^{-1}\boldsymbol{x}_n)e_n \tag{3.5}$$

式中，λ 为遗忘因子，一般取 $0.9 < \lambda < 1$；$\boldsymbol{\Psi}^{-1}$ 更新公式为

$$\boldsymbol{\Psi}_{n+1}^{-1} = \lambda^{-1}(\boldsymbol{\Psi}_n^{-1} - \boldsymbol{\Psi}_n^{-1}\boldsymbol{x}_n / (\lambda + \boldsymbol{x}_n^{\dagger}\boldsymbol{\Psi}_n^{-1}\boldsymbol{x}_n)(\boldsymbol{x}_n\boldsymbol{\Psi}_n^{-1})) \tag{3.6}$$

$\boldsymbol{w}_n = [\boldsymbol{h}_n^{\mathrm{T}} \quad \boldsymbol{g}_n^{\mathrm{T}}]^{\mathrm{T}}$ 为判决反馈均衡器抽头系数向量；e_n 为判决误差，即

$$e_n = \hat{s}_n - s_n \tag{3.7}$$

多普勒效应导致信号的压缩或扩张进而导致信号频率分量的变化，频率分量的时变性导致接收符号相位的时变性，因此通过判断反馈均衡器的判决输出的相位误差的变化即指示多普勒的变化；多普勒估计器的输入为符号的相位误差，多普勒估计插值因子为

$$I_{n+1} = I_n + K_p\theta_n \tag{3.8}$$

式中，K_p 为跟踪步长；最大似然相位估计为

$$\theta_n = \arg[s_n\ \hat{s}_n^{\ *}] \tag{3.9}$$

其次，宽带多普勒补偿后的接收符号可表示为

$$\boldsymbol{x}_n = \sum_{k=-M_f}^{M_p} h_{n,k}s_{n-k} + \boldsymbol{w}_n \tag{3.10}$$

式中，$\boldsymbol{x}_n$ 和 $\boldsymbol{w}_n$ 为接收符号和噪声向量；$h_{n,k}$ 为信道增益系数；M_f+M_p+1 为信道最大多途扩展长度，M_f 为信道的非因果部分长度，M_p 为信道的因果部分长度，在自适应滤波时，当考虑到滤波器的窗长度为 F_f+F_p+1 时，那么 $\boldsymbol{n}$ 时刻的接收向量可表示为[11]

$$\boldsymbol{y}_n=\boldsymbol{H}_n\boldsymbol{s}_n+\boldsymbol{n}_n \tag{3.11}$$

式中，$\boldsymbol{y}_n=[r_{n+F_f},\cdots,r_{n+F_p}]^{\mathrm{T}}$；$\boldsymbol{n}_n=[w_{n+F_f},\cdots,w_{n+F_p}]^{\mathrm{T}}$；$\boldsymbol{s}_n=[x_{n+M_f+F_f},\cdots,x_{n-M_p-F_p}]^{\mathrm{T}}$；信道卷积矩阵为

$$\boldsymbol{H}_n=\begin{bmatrix} h_{n+F_f,-M_f} & \cdots & h_{n+F_p,M_p} & 0 & 0 \\ 0 & \ddots & & \ddots & 0 \\ 0 & 0 & h_{n-F_p,-M_f} & \cdots & h_{n-F_p,M_p} \end{bmatrix} \tag{3.12}$$

那么，自适应发射符号进行估计为

$$\hat{s}_{n,k}=\boldsymbol{f}_{n,k}^{\dagger}\boldsymbol{y}_n+\boldsymbol{g}_{n,k}^{\dagger}\begin{bmatrix}\overline{s}_{n,1:k-1}\\ \overline{s}_{n,k+1:K}\end{bmatrix} \tag{3.13}$$

将 $\boldsymbol{y}_n$ 代入式（3.13）即有

$$\hat{s}_{n,k}=\boldsymbol{f}_{n,k}^{\dagger}(\boldsymbol{H}_n\boldsymbol{s}_n+\boldsymbol{n}_n)+\boldsymbol{g}_{n,k}^{\dagger}\begin{bmatrix}\overline{s}_{n,1:k-1}\\ \overline{s}_{n,k+1:K}\end{bmatrix}=(\boldsymbol{f}_{n,k}^{\dagger}\boldsymbol{h}_{n,k})s_{n,k}+\xi_{n,k} \tag{3.14}$$

式中

$$\xi_{n,k}=\left(\boldsymbol{f}_{n,k}^{\dagger}\boldsymbol{H}_n\begin{bmatrix}s_{n,1:k-1}\\ 0\\ s_{n,k+1:K}\end{bmatrix}+\boldsymbol{f}_{n,k}^{\dagger}\boldsymbol{n}_n+\boldsymbol{g}_{n,k}^{\dagger}\begin{bmatrix}\overline{s}_{n,1:k-1}\\ \overline{s}_{n,k+1:K}\end{bmatrix}\right) \tag{3.15}$$

$$\begin{aligned}\hat{s}_{n,k}&=\boldsymbol{f}_{n,k}^{\dagger}(\boldsymbol{H}_n\boldsymbol{s}_n+\boldsymbol{n}_n)+\boldsymbol{g}_{n,k}^{\dagger}\begin{bmatrix}\overline{s}_{n,1:k-1}\\ \overline{s}_{n,k+1:K}\end{bmatrix}\\ &=(\boldsymbol{f}_{n,k}^{\dagger}\boldsymbol{h}_{n,k})s_{n,k}+\xi_{n,k}\\ &=\mu_{n,k}s_n+\xi_{n,k}\end{aligned} \tag{3.16}$$

其中，$\mu_{n,k}=\boldsymbol{f}_{n,k}^{\dagger}\boldsymbol{h}_{n,k}$。图 3.2 中的符号到对数似然比的软映射可通过式（3.17）计算，即[11]

$$L_{\text{ext}}(\overline{c}_{n,k}^{q})=\ln\frac{\sum\limits_{\theta\in\Omega_q^{+1}}\exp\left(-\dfrac{|\hat{s}_{n,k}-\hat{\mu}_{t,k}\theta|^2}{(\hat{\sigma}_{t,k})^2}+\dfrac{1}{2}\sum\limits_{i=1,i\neq q}^{Q}\overline{c}_{n,k}^{i}L_{\text{priori}}(\overline{c}_{n,k}^{i})\right)}{\sum\limits_{\theta\in\Omega_q^{-1}}\exp\left(-\dfrac{|\hat{s}_{n,k}-\hat{\mu}_{t,k}\theta|^2}{(\hat{\sigma}_{t,k})^2}+\dfrac{1}{2}\sum\limits_{i=1,i\neq q}^{Q}\overline{c}_{n,k}^{i}L_{\text{priori}}(\overline{c}_{n,k}^{i})\right)} \tag{3.17}$$

式中，Ω 为 PSK 或 QAM 星座集上的星座点的集合；Q 为发射符号星座 Ω 的大小。

3.2.3　仿真与试验数据分析

1. AWGN 信道条件下的系统频带利用率

仿真实验与湖试试验数据帧结构如图 3.3 所示，包括同步和训练符号及数据块，为提高系统的频带利用率，同步和训练符号同时也用作帧同步，仿真时的训练序列长度为 500 个 QPSK 符号，数据块长为 4500 个 QPSK 符号；系统工作频带为 2～4kHz，仿真的数据发射速率分别为 1k 符号/s、2k 符号/s、3k 符号/s 以及 4k 符号/s，其中，3k 符号/s 和 4k 符号/s 为超 Nyquist 发射，采用速率兼容的信道编码率分别为 1/4、1/3、2/5、1/2、2/3 以及 9/10，基码码率为 1/4 的卷积码，生成多项式为[117，127，155，171]$_8$，下角 8 表示八进制。译码采用 MAP 译码；图 3.4 给出了 QPSK、8PSK 调制方式在 AWGN 信道条件下可达的信道容量。

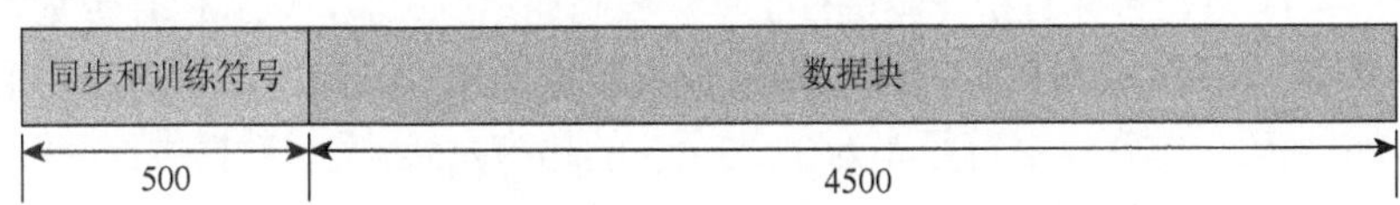

图 3.3　仿真实验与湖试试验数据帧结构

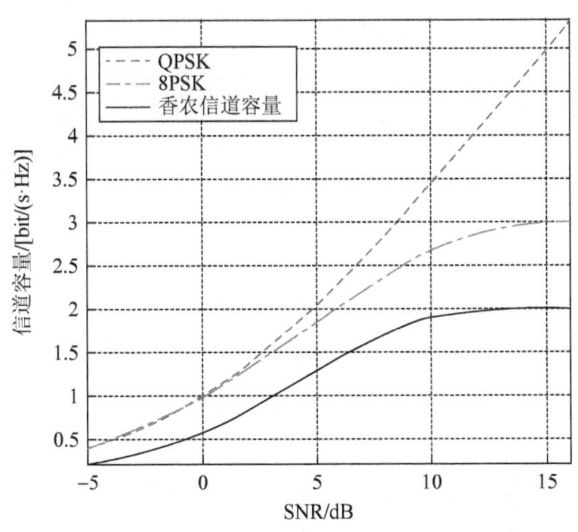

图 3.4　AWGN 信道条件下不同调制方式的信道容量

实际仿真中的频带利用率计算公式如下：

$$\rho = \frac{R_s \cdot \log_2(Q) \cdot R_c}{B} \tag{3.18}$$

式中，B 为系统有效带宽；Q 为采用的调制星座大小。

表 3.1 给出本节提出方案的可达频谱利用率与 AWGN 信道条件下的 QPSK 调制理论可达限。由表 3.1 可知，在较低信噪比区（0～4dB），本节方案接近 QPSK 调制理论限，随着信噪比的增加（大于 4dB 时），本节提出的方案超出了 QPSK 调制的理论限。

表 3.1　本节方案的频谱利用率对比分析　[单位：bit/(s·Hz)]

方案	信噪比								
	0dB	2dB	4dB	6dB	8dB	10dB	12dB	14dB	16dB
理论限	0.5813	0.8272	1.1234	1.4390	1.7169	1.9012	1.9802	1.9983	2.00
本节方案可达值	0.6	0.81	1.2	1.62	2.43	2.43	2.43	2.43	2.43

2. *湖试数据分析*

2013 年 11 月在吉林省松花湖进行了单载波高速走航试验，试验信号带宽为 2.3～4.3kHz，载波频率为 3.3kHz，调制方式为 BPSK、QPSK、8PSK 和 16QAM，采用 2/3 码率 LDPC 编码，本章仅对符号率为 3k 符号/s 的超 Nyquist 发射数据进行分析，接收 48 基元垂直阵锚系在湖底，发射船舷侧固定发射声源，声源入水深度为 1m，本节对接收阵的第 20 个基元的接收信号进行处理，深度为 41m（此处多途严重），试验地点测得的声速剖面如图 3.5 所示，发射船相对于接收基元的走航轨迹如图 3.6 所示。

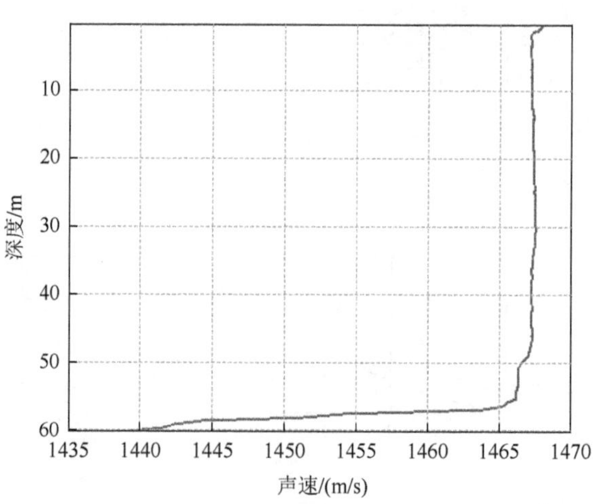

图 3.5　声速剖面

取最高航速 6kn 时第 10 帧数据进行分析的结果如图 3.7 所示。由图可知，本章提出的接收机方案可有效地实时逐符号地跟踪多普勒的变化，迭代 2 次后可实现无误码传输，而常规的方案（开环 + PLL + 常规 DFE）的误码率为 18.7%。

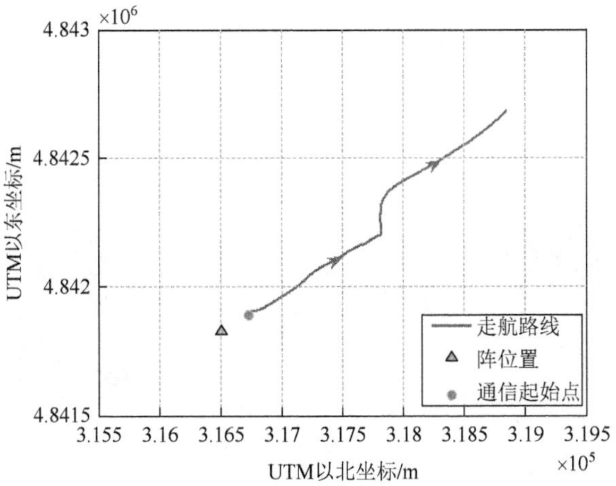

图 3.6　试验船的走航轨迹

UTM 表示通用模量卡托格网系统

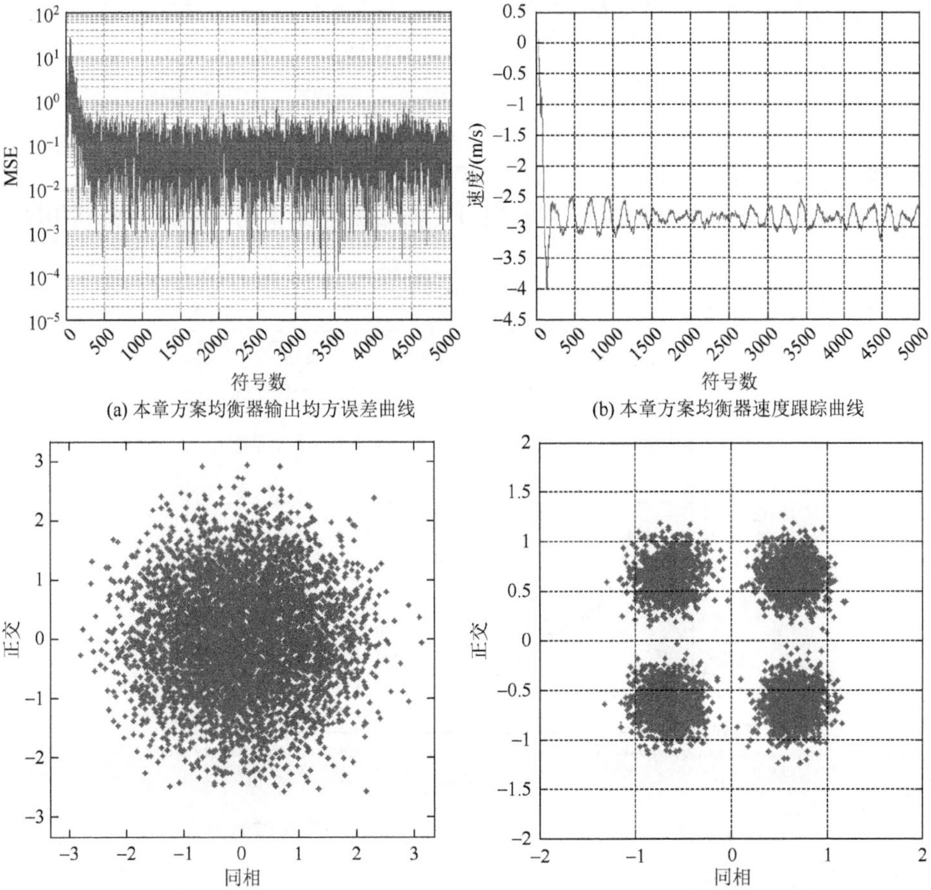

(a) 本章方案均衡器输出均方误差曲线

(b) 本章方案均衡器速度跟踪曲线

(c) 接收信号星座图

(d) 本章方案均衡器输出星座图

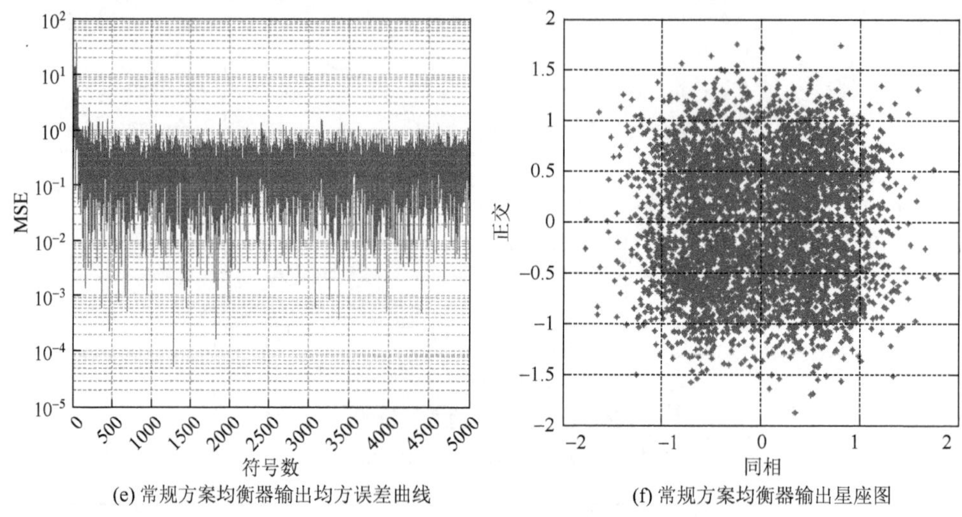

(e) 常规方案均衡器输出均方误差曲线　　(f) 常规方案均衡器输出星座图

图 3.7　接收机性能比较

用本章提出的接收机结构对其中约 6min 的整个走航数据中的 12 个超 Nyquist 数据帧进行了处理，本章算法跟踪出的相对径向速度与 GPS 投影所得的速度基本吻合（图 3.8），本章提出的算法可实现 12 帧数据的无误码传输，频带利用率为 1.8bit/(s·Hz)。

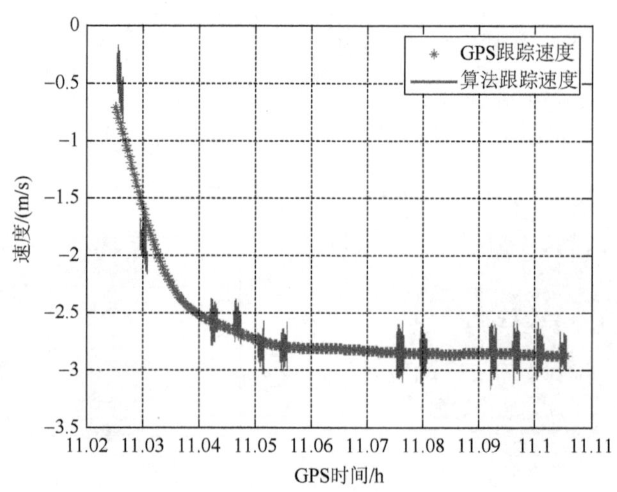

图 3.8　走航试验过程中提出的接收机速度跟踪能力

3.3　近程水声毫米波通信技术

近年来基于无线毫米波频段（30～300GHz，对应的波长为 1～10mm）的无线通信技术吸引了大量科研人员的研究兴趣[15]，由于毫米波频段有大量有效频段进而使得其成为未来 5G 无线通信的有效候选频段之一[16]。在水声领域实际上也存在着这种类型的毫米波频段；水声的毫米波频段对应的频率范围为 0.150～1.5MHz，有时候这个频带范围被人们称为高频或是超声频段[17-21]。在过去的几十年里，该频段在军事或商业上有着大量的应用，典型的应用包括用于海底地形测量的高分辨的二维或三维成像声呐以及高精度多普勒计程仪[22-30]。

在近程高速通信领域一般采用两种信息载体：①可视的蓝绿激光；②声波。对于基于光波的水下通信来说，其通信性能受到海水浑浊度以及发射接收平台稳定性的影响；文献[31]和[32]测量了水下光学信道的空间和时间弥散度与光波束指向角以及水体浑浊度之间的关系，测量结果覆盖到 1GHz；文献[33]给出了在非常清的深海(消光系数为 $0.05m^{-1}$)环境下的光波通信结果，试验表明在 100m 范围内可以实现 1～10Mbit/s 的无误码传输的通信性能；但是在典型的近岸海域，其消光系数非常大（$2.8m^{-1}$），在该条件下的可靠通信距离一般只有 1.8m 左右。文献[34]提出了一种光-声复用的混合通信方式用于母船与水下 AUV 之间的通信，从母船到水下 AUV 的通信采用宽辐射角的低带宽水声通信链路，而 AUV 至母船的上联链路采用的是高指向性的光学链路。文献[35]提出了一个用于水下滑翔机的声学和激光通信系统，初步的水池实验证明了该系统的可行性。最近出现了高速的水声通信的研究，文献[36]中提出了一种短距离垂直链路视频传输的水声通信系统，湖试试验验证了系统的可行性，该系统采用 OFDM 调制体制，视频的压缩采用 MPEG-4 格式，试验验证了在 200m 的通信距离上该系统能够实现 90kbit/s 的通信速率。文献[19]提出了一种具有实时视频传输能力的水声 Modem，该 Modem 采用了基于自适应重采样技术的迭代接收机技术，水池实验表明该 Modem 在 12m 的通信距离上可以达到 1.2Mbit/s 的通信速率。另外，近期几个基于超声医学频段的通信试验证明了可以透过人体组织进行实时视频的数据传输。因此，在近岸工程应用领域（如海洋石油和天然气领域），由于对安装平台的要求较少，基于声学的水下通信技术相比于光学通信系统具有明显的优势。

3.3.1　高频高速水声通信现状

大量试验表明水声信道是一个典型的严重双扩信道，其双扩特性严重地制约了水声通信的性能。为了提高近程水声通信系统的通信能力，本章基于水声毫米波频段，提出了一种基于迭代信道估计的水声毫米波迭代接收机技术，为了进一步提高系统的频谱利用率，基于高阶调制并采用了超 Nyquist 发射技术，仿真及水声信道水池实验验证本章提出系统的有效性及可靠性[37, 38]。

3.3.2 Rate 1 预编码发射机模型

图 3.9 采用了两级编码结构，即采用了一个常规的信道编码器作为外码，随后级联一个编码率为 1（Rate 1）的内码编码器作为预编码器，该结构中虽然采用了两个编码器，但是由于内码的预编码器的编码速率为 1，因此并没有降低编码效率，采用 Rate 1 的预编码器可以增加码字间的欧氏距离，因此可以降低误差平底。图 3.9 中的 Rate 1 预编码发射机信号产生流程如下：首先，信息比特向量 $\boldsymbol{a}_1$ 经过一个编码率为 R_c 的信道编码器产生编码比特向量 $\boldsymbol{c}_1$，编码比特向量经过第一个随机交织器 Π_1 产生交织后的比特向量 $\boldsymbol{a}_2$，该过程为外码编码过程，外码器输出比特向量 $\boldsymbol{a}_2$ 经过一个编码率为 1 的预编码器产生编码比特向量 $\boldsymbol{c}_2$，随后 $\boldsymbol{c}_2$ 经过第二个随机交织器 Π_2 后产生交织后的比特向量 $\boldsymbol{d}$，$\boldsymbol{d}$ 通过分组映射到星座符号集合 α 中的对应的星座点 $\{\alpha_1,\alpha_2,\cdots,\alpha_{2^J}\}$，进而产生发射符号向量 $\boldsymbol{x}=[x_1,x_2,\cdots,x_n,\cdots,x_N]^{\mathrm{T}}$，其中 x_n 可以通过编码比特向量中的编码比特分组 $[c_{n,1},\cdots,c_{n,J}]$ 通过符号映射规则得到；发射符号向量复用训练符号并通过脉冲成型器产生发射基带信号 $b(t)$，发射基带信号通过调制器将信号调制到指定的发射频带上，进而产生通带信号 $s(t)$，通带信号最后插入帧同步信号以便于接收机端利用该信号进行帧同步。另外，在脉冲成型时，发射机采用的符号率 R_s 也采取了两种：一种是满足 Nyquist 定理，即 $R_s=B/2$，其中 B 为实际可用带宽；另一种是超 Nyquist 模式，即 $R_s=B$，这种模式下由于频谱混叠会导致严重的 ISI，但其优点是具有很高的频谱利用率[37, 38]。

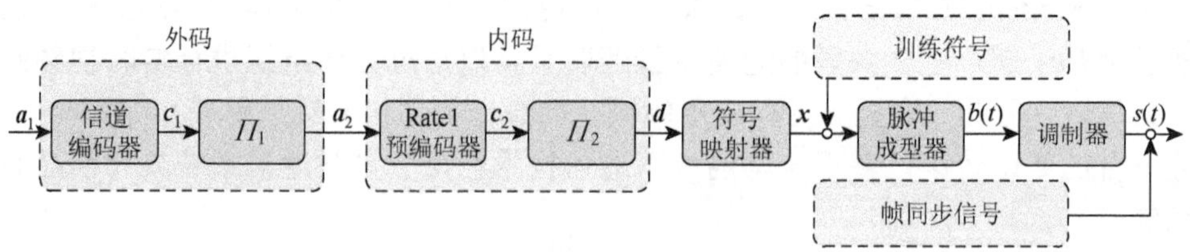

图 3.9 Rate 1 预编码发射机结构

图 3.9 中的复基带发射信号的等价形式可以表示为

$$b(t)=\sum_{n=1}^{N}x_n g(t-nT_s) \tag{3.19}$$

式中，x_n 为来自于发射星座集 α 中的 PSK 或 QAM 符号；$g(t)$ 为滚降因子为 β 的开方升余弦脉冲成型滤波器；T_s 为符号间隔，即 $T_s=1/R_s$。最终可以得到调制后的带通发射信号为

$$s(t)=b(t)\mathrm{e}^{\mathrm{j}2\pi f_c t} \tag{3.20}$$

3.3.3　Rate 1 预编码迭代接收机模型

经过时变信道后的接收信号可以表示为[38]

$$r(t)=\sum_{l=0}^{L}\beta_l(t)\,b((1+\kappa)t-\tau_l)\mathrm{e}^{\mathrm{j}2\pi f_c(\kappa t-\tau_l)}+\eta(t) \tag{3.21}$$

式中，L 为最大的多途扩展的长度；τ_l 为第 l 个多途经历的传播时延；$\beta_l(t)$ 为第 l 个多途抽头的时变幅度；$\kappa=v_r/c$ 为相对径向的运动速度 v_r 导致的多普勒因子，这里 c 为水中声速，本节为了简化接收机的处理复杂度，我们假设 L 个多途信号经历了相同的多普勒效应；$\eta(t)$ 为均值为零且方差为 σ_η^2 的循环对称复高斯白噪声，且与发射信号不相关。

如图 3.10 所示，假设 $r(t)$ 为经过帧同步之后的信号，接收信号解调后以 $T_s/4$（T_s 为符号间隔）的间隔进行抽样得到抽样后的离散样本 $r_i\triangleq r(iT_s/4)$，i 表示 $T_s/4$ 间隔的时间索引，插值器的输入样本间隔为 $T_s/4$，它的输出样本表示为 $r_m\triangleq r(mT_s/2)$，抽样间隔为 $T_s/2$，均衡器的输入样本 r_m 可表示为

$$r_m=(I_n r_i+(I_n-1)r_{i+1})\mathrm{e}^{-\mathrm{j}\hat{\phi}_n} \tag{3.22}$$

式中，下标 n 为符号间隔的离散时间索引；$\hat{\phi}_n$ 为通过锁相环跟踪到的残余相位；I_n 为单抽头的线性插值器，其可以通过式（3.8）和式（3.9）进行更新。

插值器的作用是根据自适应估计到的插值因子对接收信号进行宽带多普勒效应的补偿，多普勒补偿后的样本 r_m 送入分数阶的前馈滤波器进行前馈滤波，后续自适应的 Turbo 均衡方式与 3.2 节的均衡方式类似，本节将不再赘述；需要指出的是，本节的迭代译码部分由两个部分组成：第一个部分是 Rate 1 的预编码器的 SISO 译码；第二个部分是递归系统卷积码的 SISO 译码。这两个译码器之间通过软信息的交互可以提高系统的码字距离，进而可以解决常规信道译码器中遇到的误差平底问题。

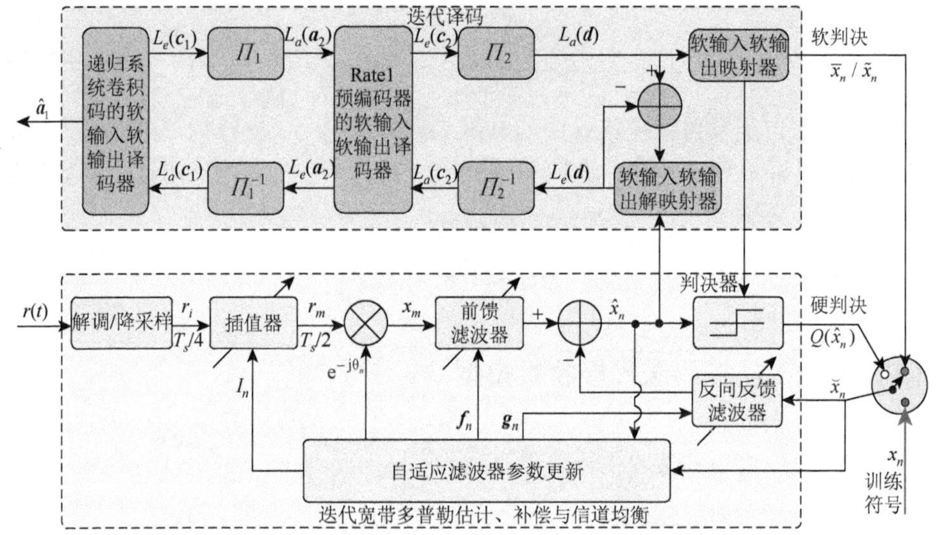

图 3.10 基于 Rate 1 预编码的迭代接收机框图

3.3.4 仿真性能分析

1. 仿真说明

水声毫米波通信技术一般可以采用两种发射与接收模式：第一种方式为相控窄波束发射与接收技术；第二种方式采用宽的发射与接收开角。这两种方式有着各自不同的优缺点：第一种方式可以采用相控技术来提高发射的声源级（有利于提高通信距离），同时通过载波束的发射和接收可以避免边界散射带来的多途散射，进而降低多途扩展（有利于提高通信性能），不过当相控的波束角太窄时，发射和接收波束对齐不太容易，因此对通信声呐平台的稳定性要求很高；第二种方式由于发射和接收端均采用大开角，因此对平台的稳定性要求不高，但是大开角的发射与接收会导致多途效应抑制能力较差，因此要获得较好的通信性能需要更强、更加复杂的接收机技术。因此在实际的应用中需要根据实际需求及应用场合而采用不同的方式。

2. 水声毫米波信道特性

为了考察不同发射和接收深度配置条件下的水声毫米波信道的特点，仿真中设定发射换能器和接收水听器之间的水平距离为 1km，接收水听器的深度为水面下 150m，发射换能器分别放置到水面下 10m、50m、100m、150m、200m

及 240m 的深度；信号载频为 300kHz；发射换能器的开角为–40°～40°，仿真的声速剖面采用实测的南海 1 月份、3 月份、6 月份和 9 月份的声速剖面，如图 3.11 所示。

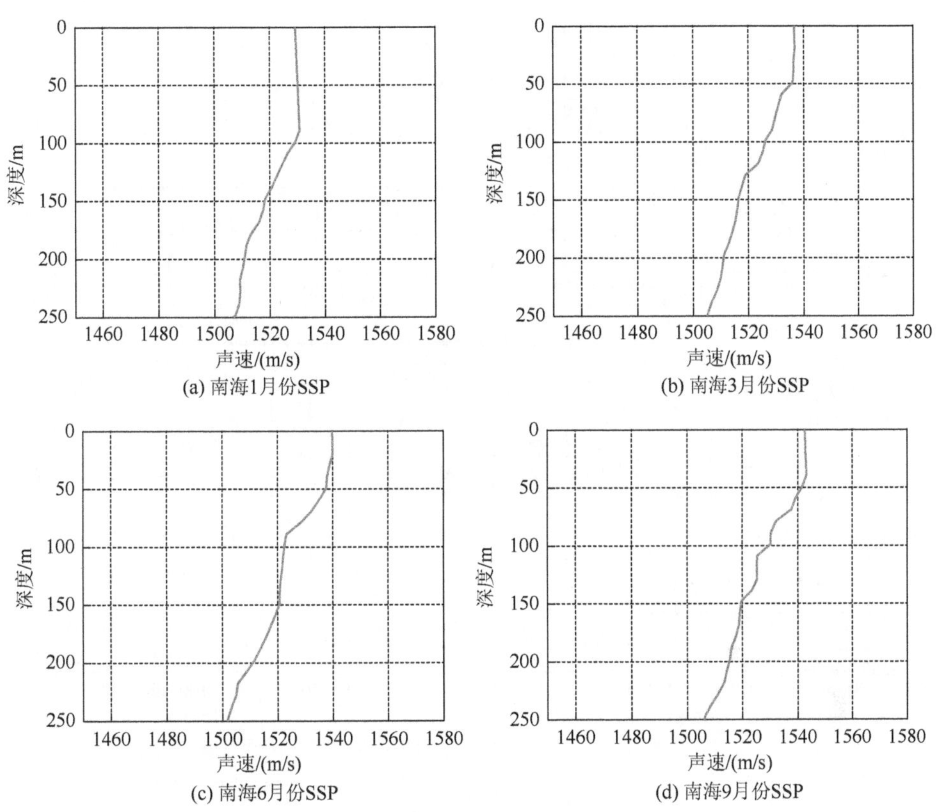

(a) 南海1月份SSP　(b) 南海3月份SSP　(c) 南海6月份SSP　(d) 南海9月份SSP

图 3.11　南海 4 个月份的 SSP

SSP 表示声速剖面

图 3.12 给出了南海 1 月份声速剖面条件下的信道特性。从图 3.12 中不同声源深度条件下的本征声线图可以看出：从本征声线到达的角度来看，本征声线到达角基本上呈现稀疏或簇稀疏特性；从信道冲激响应来看，水声毫米波信道在多途时延域上基本呈现稀疏或簇稀疏特性，该特性其实能够很好地与本征声线到达角度的稀疏或簇稀疏特性吻合上。另外，多途时延拓展的长度非常严重，基本上在 160～190ms，假设系统符号率为 200k 符号/s，那么信道多途扩展在上万个符号的量级，在此条件下对接收机的信道估计以及信道均衡技术来说挑战极大。

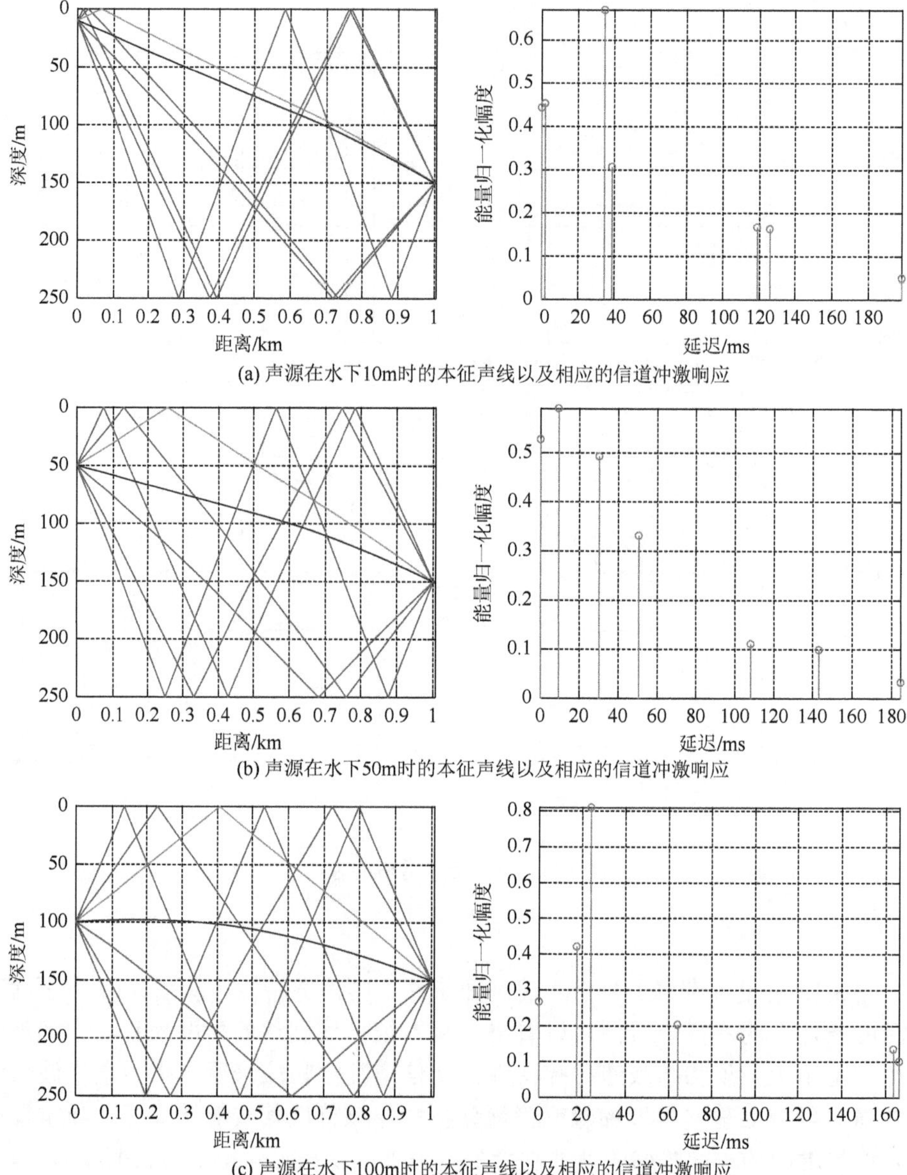

(a) 声源在水下10m时的本征声线以及相应的信道冲激响应

(b) 声源在水下50m时的本征声线以及相应的信道冲激响应

(c) 声源在水下100m时的本征声线以及相应的信道冲激响应

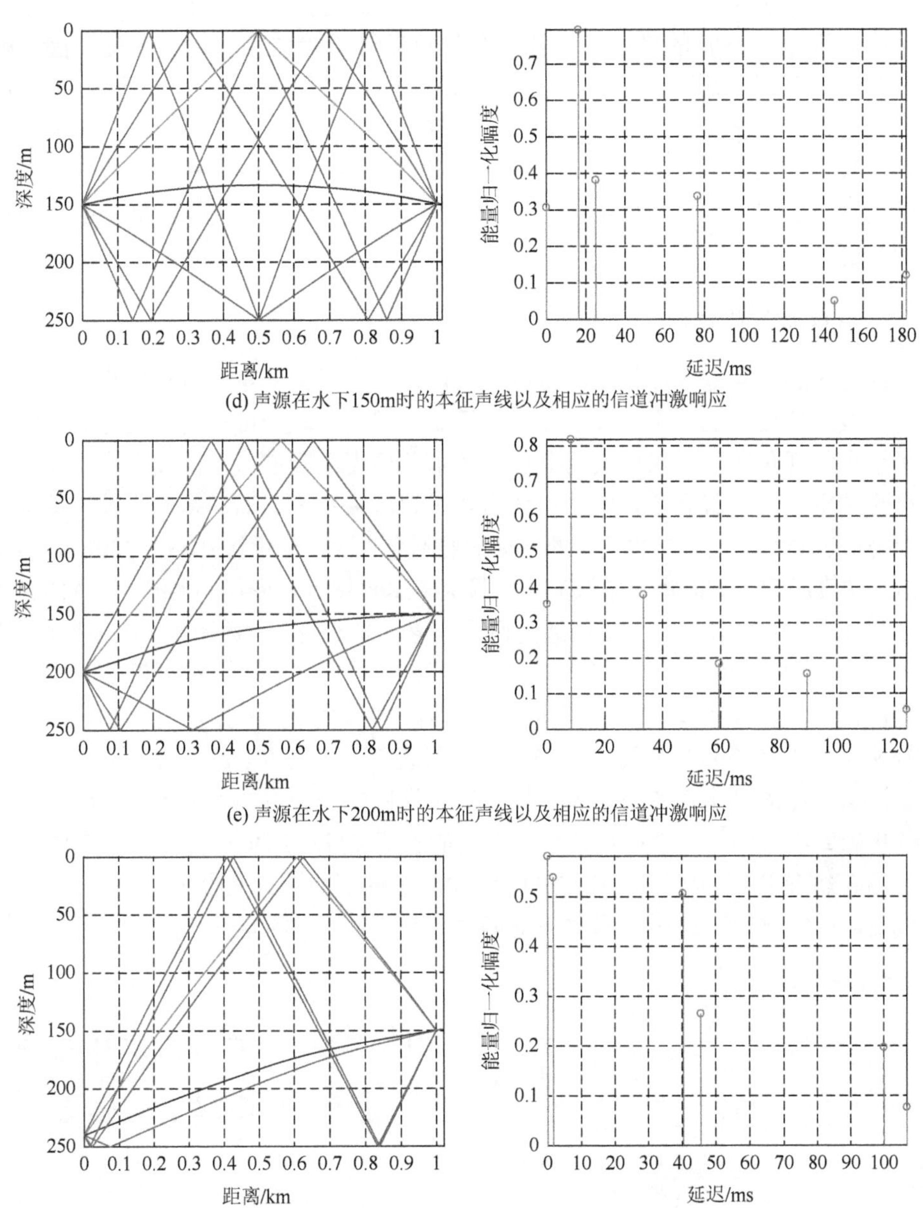

(d) 声源在水下150m时的本征声线以及相应的信道冲激响应

(e) 声源在水下200m时的本征声线以及相应的信道冲激响应

(f) 声源在水下240m时的本征声线以及相应的信道冲激响应

图 3.12　水声毫米波信道特性

在 4 个不同月份的声速剖面条件下，经过大量的水声毫米波信道的仿真分析，得出的水声毫米波信道的特性基本上与图 3.12 中的结论类似，因此这里不再赘述。

通过上面的对水声毫米波信道特性的分析可知，如果发射换能器和接收水听器均采用大开角，过长的多途扩展长度会导致无法承受的接收机复杂度，因此在实际的水声毫米波通信中应该采用小的发射开角（即束控或相控技术），或是接收端采用波束域分集接收技术（即采用波束形成技术），这样对于每一个波束来说其接收到的信号的多途扩展不会太大（例如，图 3.12 中的每一簇的多途扩展最大为 10ms 左右），因此通过接收波束分集可以以较低的接收机复杂度实现更好的性能。

3. 接收机性能分析

由前面的水声毫米波信道的特性分析可知，采用大开角发射和接收方式的水声毫米波通信接收机方案的复杂度难以承受，因此，较为可行的方案是发射和接收采用小的开角或接收采用波束分集。在本节仿真中我们假设接收机工作在某一个接收波束上，也就是说，接收前段需要进行波束形成进而获得几个波束簇的接收信号，这样每个波束接收信号的多途扩展不会太大。假设符号率为 300k 符号/s，为减少仿真时间，同时假定单波束内的最大多途扩展为 0.5ms，因此，信道的最大多途扩展为 150 个符号，假设信道为稀疏信道，非零抽头个数为 15 个。信道编码器采用 1/2 卷积码编码，生成多项式为[1 0 0 1 1；1 1 1 0 1]，预编码器的生成多项式为[1,1;1,0]，信道编码的交织器和预编码器的交织器均采用随机生成的交织器；符号映射方式有 64QAM 及 128QAM；采用滚降因子为 0.2 的开方升余弦脉冲成型滤波器；考虑到水声毫米波通信技术的接收机的复杂度，本节的自适应滤波器参数更新算法采用第 7 章提出的低复杂度的 l_0-范数 RLS-DCD 稀疏自适应算法。

图 3.13 给出了 64QAM 和 128QAM 调制条件下的迭代接收机的性能。在 4 次迭代后，64QAM 在 10.5dB 条件下能够达到 0 误码，128QAM 在 13dB 条件下能够达到 0 误码。

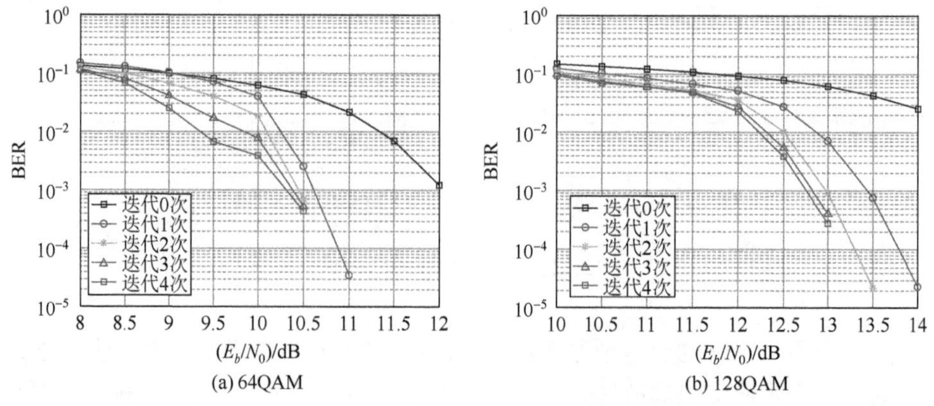

(a) 64QAM　　(b) 128QAM

图 3.13　迭代接收机性能

3.3.5　试验数据处理及分析

发射信号为单载波调制信号，信号中心频率为 300kHz，信号带宽为 300kHz（即 150～450kHz）；发射换能器在围绕中心频率的 100kHz 带宽范围内的发送响应较为平坦，其余频段发送响应差异较大，基本上在十几分贝，因此发射端给发射信号引入了失真，这给接收机的信号检测带来了较大的难度；接收采用的是标准接收水听器，接收响应在试验频段范围内较为平坦。为了提高频带利用率，实验中的发射信号的符号率为 300k 符号/s，即采用了超 Nyquist 发射，因此引入了严重的 ISI；信道编码器采用 1/2 卷积码编码，符号映射方式有 BPSK、QPSK、8PSK、16QAM、32QAM、64QAM 及 128QAM；采用滚降因子为 0.2 的开方升余弦脉冲成型滤波器。图 3.14 为试验时采用的发射换能器和标准接收水听器。

(a) 发射换能器

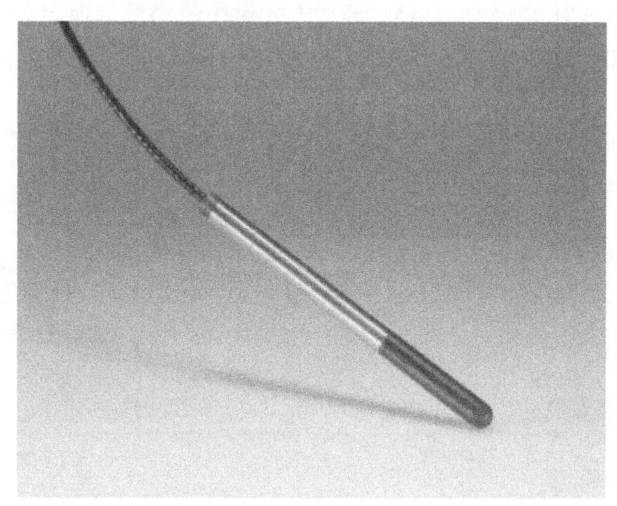

(b) 标准接收水听器

图 3.14　发射换能器与标准接收水听器

如图 3.15 所示，在水声信道水池进行了水声毫米波单载波通信试验，发射换能器和接收水听器相距 25m，池深 4m，发射换能器离水面 2m；发射换能器通过法兰固定在行车上，行车可以以一定的速度进行直线运动，实际行车运动速度最大为 0.1m/s，为模拟更大的相对运动速度，可以对发射信号进行重采样后进行发射。

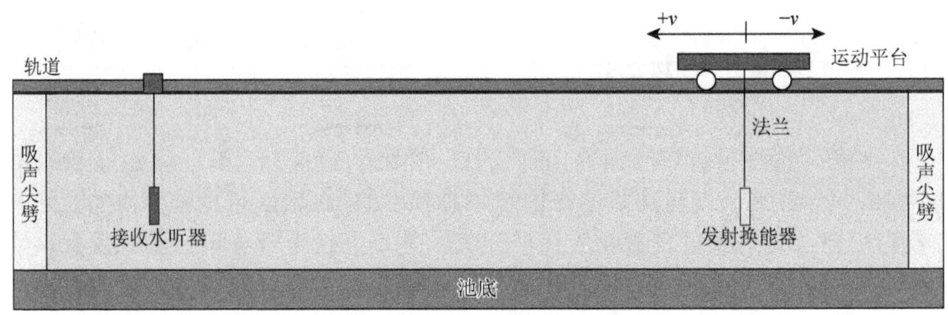

图 3.15　水池实验设备布放图

发射数据帧结构如图 3.16 所示。本节选取平台运动速度为 0.1m/s 的试验数据进行处理，在小于 4 次迭代的情况下，由于 BPSK、QPSK、8PSK、16QAM、32QAM 以及 64QAM 的试验数据均可达到无误码传输，因此，此处仅仅列出 64QAM 调制的试验数据处理结果。考虑到 1/2 的信道编码率，BPSK、QPSK、8PSK、16QAM、32QAM 以及 64QAM 调制方式对应的净通信速率分别为 150kbit/s、300kbit/s、450kbit/s、600kbit/s、750kbit/s 和 900kbit/s；其相应的频谱利用率分别为 1bit/(s·Hz)、2bit/(s·Hz)、3bit/(s·Hz)、4bit/(s·Hz)、5bit/(s·Hz)和 6bit/(s·Hz)。水池通信距离较近，接收信号的信噪比近似为 23dB；根据试验发射换能器可达的最大声源级 195dB 可以推算，本方案的最大通信距离可达 1km 左右。

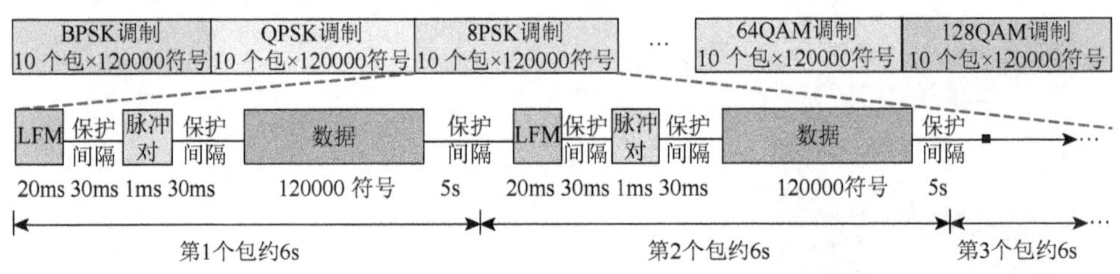

图 3.16　信道水池实验的发射数据帧结构

图 3.17 给出了 64QAM 水池实验的数据处理结果。图 3.17（a）给出了接收到的信号的星座图；图 3.17（b）给出了第 2 次迭代均衡后均衡器输出的对数似然比（图中仅仅给出了前面 48000 个比特的对数似然比），图 3.17（c）给出了第 2 次迭代译码之后输出的对数似然比；图 3.17（d）给出了第 4 次迭代均衡后均衡器输出的对数似然比，图 3.17（e）给出了第 4 次迭代译码之后输出的对数似然比。由图可以看出，随着迭代次数的增加译码器的输出对数似然比的绝对值越来越大，这表明随着迭代次数的增加比特的检测置信度越来越高。

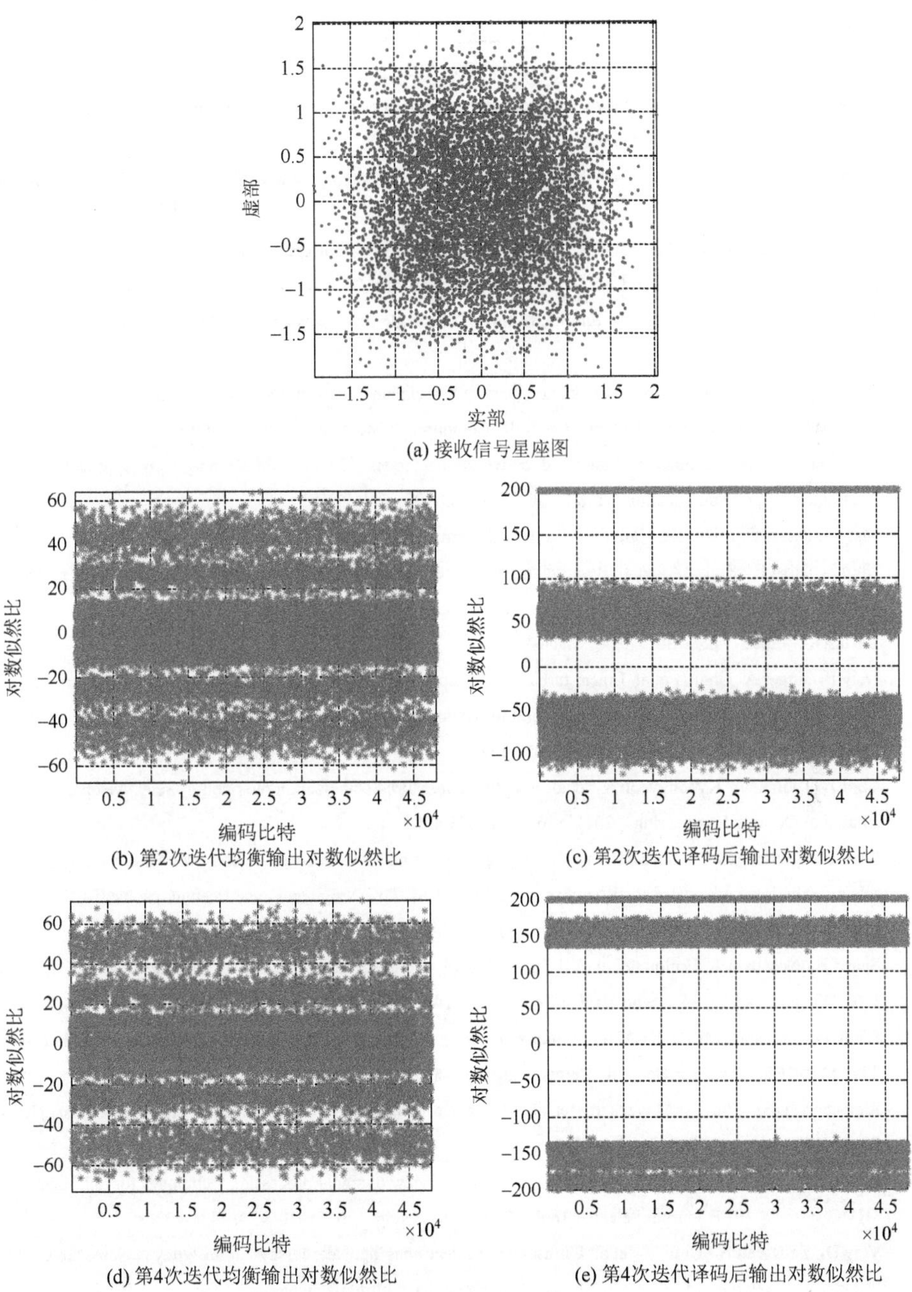

图 3.17　64QAM 水池实验数据处理结果

参 考 文 献

[1] Stojanovic M. Adaptive multi channel combining and equalization for underwater acoustic communication. Journal of the Acoustical Society of America，1993，94（3）：1621-1631.

[2] Stojanovic M，Catipovic J，Proakis J. Phase-coherent digital communications for underwater acoustic channels. IEEE Journal of Oceanic Engineering，1994，19（1）：100-111.

[3] Shannon C. A mathematical theory of communication. Bell System Technical Journal，1948，27：379-423，623-656.

[4] Berrou C，Glavieux A，Thitimajshima P. Near Shannon limit error-correcting coding and decoding：Turbo codes. Proceedings IEEE International Conference on Communications（ICC），Geneva，1993：1064-1070.

[5] MacKay D，Neal R. Near Shannon limit performance of low-density parity-check codes. Electronics Letters，1996，32：1645-1646.

[6] Erez U，Wornell G W. A super-Nyquist architecture for reliable underwater acoustic communication. Proceedings Allerton Conference Communication，Control，Computing，Monticello，2011：469-476.

[7] Hagenauer J. Rate-compatible punctured convolutional codes（RCPC codes）and their applications. IEEE Transactions on Communication，1988，36（4）：389-400.

[8] Mazo J. Faster-than-Nyquist signaling. The Bell System Technical Journal，1975，54：1451-1462.

[9] Choi J，Drost R，Singer A，et al. Iterative multi-channel equalization and decoding for high frequency underwater acoustic communications. Proceedings 2008 IEEE Sensor Array Multichannel Signal Processing Workshop，Darmstadt，2008：127-130.

[10] Daly E，Singer A，Choi J，et al. Linear turbo equalization with precoding for underwater acoustic communications. 2010 Conference Record of the Forty Fourth Asilomar Conference on Signals，Systems and Computers（ASILOMAR），Pacific Grove，2010：1319-1323.

[11] Choi J，Thomas J，Kyeongyeon K，et al. Adaptive linear turbo equalization over doubly selective channels. IEEE Journal of Oceanic Engineering，2011，36（4）：473-478.

[12] Shah C，Tsimenidis C，Sharif B，et al. Low complexity iterative receiver structure for time varying frequency selective shallow underwater acoustic channels using BICM-ID：Design and experimental results. IEEE Journal of Oceanic Engineering，2011，36（3）：406-421.

[13] Sharif B，Neasham J，Hinton O，et al. Adaptive Doppler compensation for coherent acoustic communication. IEE Proceedings：Radar，Sonar and Navigation，2000，147（5）：239-246.

[14] Riedl T，Singer A. MUST-READ：Multichannel sample-by-sample turbo resampling equalization and decoding. 2013 MTS/IEEE Oceans—Bergen，Bergen，2013：1-5.

[15] Rappaport T S，Sun S，Mayzus R，et al. Millimeter wave mobile communications for 5G cellular：It Will Work!.IEEE Access，2013，1：335-349.

[16] Heath R W，Gonzalez-Prelcic N，Rangan S，et al. An overview of signal processing techniques for millimeter wave MIMO systems. IEEE Journal Selected Topics Signal Processing，2016，10（3）：436-453.

[17] Vray D，Brusseau E，Detti V，et al. Ultrasound Medical Imaging. New Jersey：John Wiley & Sons，Inc.，2014.

[18] Papadacci C，Pernot M，Couade M，et al. High-contrast ultrafast imaging of the heart. IEEE Transactions Ultrasonics Ferroelectrics Frequency Control，2014，61（2）：288-301.

[19] Riedl T，Singer A C. Towards a video-capable wireless underwater modem：Doppler tolerant broadband acoustic

communication. Proceedings Of UComms 2014，Underwater Communications Networking，Sestri Levante，2014：1-5.

[20] Singer A，Oelze M，Podkowa A. Experimental ultrasonic communications through tissues at Mbps data rates. 2016 IEEE International Ultrasonics Symposium（IUS），Tours，2016：1-4.

[21] Singer A，Oelze M，Podkowa A. Mbps experimental acoustic through-tissue communications：MEAT-COMMS. 2016 IEEE 17th International Workshop on Signal Processing Advances in Wireless Communications（SPAWC），Edinburgh，2016：1-4.

[22] Taudien J Y，Bilén S G. Quantifying long-term accuracy of sonar Doppler velocity logs. IEEE Journal of Oceanic Engineering，2018，43（3）：764-776.

[23] Brokloff N A. Matrix algorithm for Doppler sonar navigation. Proceedings Oceans Engineering for Today's Technology and Tomorrow's Praservation，Brest，1994：378-383.

[24] Kenny A，Lopez G. Advances in and extended application areas for Doppler sonar. Proceedings MTS/IEEE OCEANS，Hampton Roads，2012：1-9.

[25] Kinsey J C，Eustice R，Whitcomb L L. A survey of underwater vehicle navigation：Recent advances and new challenges. Proceedings 7th Conference Manoeuvring Control Marine，Craft，2006：1-12.

[26] Gross P，Andrew P. The application of sector scanning sonar and multibeam imaging sonar for underwater security. Proceedings Ocean's Conference，Vancouver，2007：1-7.

[27] Reed S，Petillot Y，Bell J. An automatic approach to the detection and extraction of mine features in sidescan sonar. IEEE Journal of Oceanic Engineering，2003，28（1）：90-105.

[28] Bellettini A，Pinto M. Design and experimental results of a 300-kHz synthetic aperture sonar optimized for shallow-water operations. IEEE Journal of Oceanic Engineering，2009，34（3）：285-293.

[29] DeMarco K J，West M E，Howard A M. Sonar-based detection and tracking of a diver for underwater human-robot interaction scenarios. 2013 IEEE International Conference on Systems，Man，and Cybernetics，Manchester，2013：2378-2383.

[30] DeMarco K J，Howard A M. Tracking multiple fragmented objects with 2D imaging sonar. Oceans 2016 MTS/IEEE Monterey，Monterey，2016：1-10.

[31] Cochenour B，Mullen L，Laux A. Spatial and temporal dispersion in high bandwidth underwater laser communication links. MILCOM 2008-2008 IEEE Military Communications Conference，San Diego，2008：1-7.

[32] Cochenour B，Mullen L，Muth J. Temporal response of the underwater optical channel for high-bandwidth wireless laser communications. IEEE Journal of Oceanic Engineering，2013，38（4）：730-742.

[33] Farr N，Bowen A，Ware J，et al. Optical communication system expands CORK seafloor observatory's bandwidth. Oceans 2010 MTS/IEEE Seattle，Seattle，2010：1-6.

[34] Johnson L J，Green R J，Leeson M S. Hybrid underwater optical/acoustic link design. 2014 16th International Conference on Transparent Optical Networks（ICTON），Graz，2014：1-4.

[35] Busquets-Mataix J，Busquets-Mataix J V，Busquets-Mataix D，et al. Hybrid glider Alba14 with laser-acoustic data transfer as a low-cost independent instrumentation data-mule. Oceans 2017-Aberdeen，Aberdeen，2017：1-7.

[36] Ribas J，Sura D，Stojanovic M. Underwater wireless video transmission for supervisory control and inspection using acoustic OFDM. Oceans 2011 IEEE-Spain，Santander，2011：1-9.

[37] 张友文，黄福朋，李姜辉. 近程高速水声毫米波通信仿真与试验验证. 应用声学，2019，4：516-524.

[38] 张友文. 水声迭代接收机中的超 Nyquist 技术和速率兼容编码技术. 哈尔滨工程大学学报，2016，37（4）：538-543.

第 4 章　水声 SIMO 通信迭代空时频处理技术

4.1　引　　言

水声通信信号处理中很早就采用了 SIMO 的信号检测模式，虽然多通道接收模式能够提高接收机的性能，但是接收机的计算复杂度也随之增加；1993 年，Stojanovic 等提出了一种有效的空时信号处理方式，这种方式可以在不降低直接多通道接收机性能的前提下降低接收机的信号处理复杂度[1]。但是该接收机模式只能工作在窄带多普勒效应模式下[2-11]，本章主要关注的是移动水声通信中的迭代接收机，内容涉及空间预综合处理、宽带多普勒估计与补偿等技术。

本章主要围绕自适应宽带多普勒补偿以及有效空时处理接收机技术展开。本章的内容安排如下：4.2 节介绍发射系统模型；4.3 节介绍窄带和宽带多通道接收机模型，其中包括了非迭代机和迭代接收机方案；4.4 节介绍基于分布式多通道接收数据的处理结果；4.5 节介绍基于垂直线阵接收数据的处理结果。

本章常用符号说明：矩阵和向量分别用加粗的大写和小写字母来表示；$\boldsymbol{x} \in \mathbb{C}^{N\times 1}$ 表示复值 $(N\times 1)$ 向量，运算符 $\boldsymbol{x}^*$ 、 $\boldsymbol{x}^{\mathrm{T}}$ 、 $\boldsymbol{x}^{\dagger}$ 、$|\boldsymbol{x}|$、$\|\boldsymbol{x}\|_{\mathrm{F}}$ 分别表示向量 $\boldsymbol{x}$ 的复共轭、转置、共轭转置、求行列式及弗罗贝尼乌斯范数。

4.2　发射系统模型

本章主要研究 SIMO 的水声通信接收机系统，其发射端原理框图如图 4.1 所示。信源产生长度为 N_d 的二进制发送信息比特向量 $\boldsymbol{d}$ ，经码率为 R_c 的卷积码编码生成长度为 $N_c = N_d / R_c$ 的编码序列 $\boldsymbol{a}$ 。编码序列经交织器交织后进行 PSK 符号映射，其星座集为 $\mathcal{S} = \{\alpha_1, \alpha_2, \cdots, \alpha_{2^Q}\}$ ， $\alpha_i = \mathrm{map}\{c_{i,1}, c_{i,2}, \cdots, c_{i,Q}\}$ 。其中，$\mathrm{map}\{\cdot\}$ 代表符号映射过程，$[c_{i,1}, c_{i,2}, \cdots, c_{i,Q}]$ 代表映射为 α_i 符号的二进制比特序列。在映射符号前加入长度为 N_t 的训练序列，合成长度为 N_s 的离散发送符号序列 $\boldsymbol{x}$ 。将发送符号通过滚降因子为 γ 的脉冲成型滤波器 $g(t)$ 生成基带模拟信号 $b_b(t)$ ，即

$$b_b(t) = \sum_{n=1}^{N_s} x_n g(t - nT) \tag{4.1}$$

式中，T为符号间隔。将基带模拟信号调制到中心频率为f_c的载波上，生成通带发射信号$b_p(t)$，即

$$b_p(t) = b_b(t)\mathrm{e}^{\mathrm{j}2\pi f_c t} \tag{4.2}$$

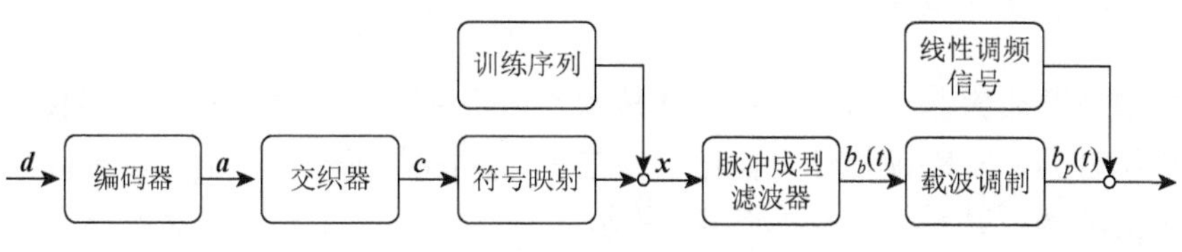

图4.1　发射端原理框图

选取线性调频信号作为同步信号加在通带发射信号的两端，而后通过发射换能器发射。

假设接收机包含M个接收水听器，那么通带信号经时变水声信道后，第m个接收基元上的接收信号可表示为

$$y_m^p(t) = \int_{-\infty}^{+\infty} b_b(t-\tau)h_m^*(t,\tau)\mathrm{e}^{\mathrm{j}2\pi f_c(t-\tau)}\mathrm{d}\tau + \eta_m(t) \tag{4.3}$$

式中，$y_m^p(t)$为第m个接收基元接收到的通带信号；τ为接收信号包含的时延；$h_m(t,\tau)$为发送端与第m个接收基元间的时变信道冲激响应；$\eta_m(t)$为与发送信号独立的均值为0、方差为$\sigma_{m,\eta}^2$的AWGN。在窄带多普勒假设下，接收信号只存在相位偏差。但在实际通信系统中，发送信号属于宽带或者超宽带信号范畴（即通信带宽与信号载频具有可比性）。因此，通信平台之间的相对运动引发的多普勒效应不再表现为接收信号的多普勒频移（即窄带多普勒效应），而是导致接收信号的压缩或者扩张效应（即宽带多普勒效应）。假设平台的相对速度为v_r，声速为c，那么接收信号的多普勒因子可被表示为

$$\kappa = \frac{v_r}{c} \tag{4.4}$$

假设信道的最大多途扩展为L_{ch}个符号间隔，则第m个接收基元接收到的通带信号可被表示为

$$y_m^p(t) = \sum_{l=0}^{L_{\mathrm{ch}}-1} \beta_{m,l}(t)b_b((1+\kappa_l)t-\tau_l)\mathrm{e}^{\mathrm{j}2\pi f_c((1+\kappa_l)t-\tau_l)} + \eta_m(t) \tag{4.5}$$

式中，$\beta_{m,l}(t)$为随时间变化的第l个多途分量信号的传播损失；κ_l为第l途到达信号的多普勒因子；τ_l为第l途到达信号的时延。所以，对通带信号进行相关解调后，其基带信号可被表示为

$$y_m(t) = \sum_{l=0}^{L_{\mathrm{ch}}-1} \beta_{m,l}(t)b_b((1+\kappa_l)t-\tau_l)\mathrm{e}^{\mathrm{j}2\pi f_c(\kappa_l t-\tau_l)} + \eta_m(t) \tag{4.6}$$

4.3 接收系统模型

4.3.1 基于自适应锁相环技术的窄带空时处理接收机

本节主要研究基于自适应锁相环技术的窄带空时处理接收机，该接收机包含空间预综合器、多路锁相环、自适应信道估计、因果部分 ISI 消除、分数间隔等效前馈滤波器，其系统结构如图 4.2 所示。

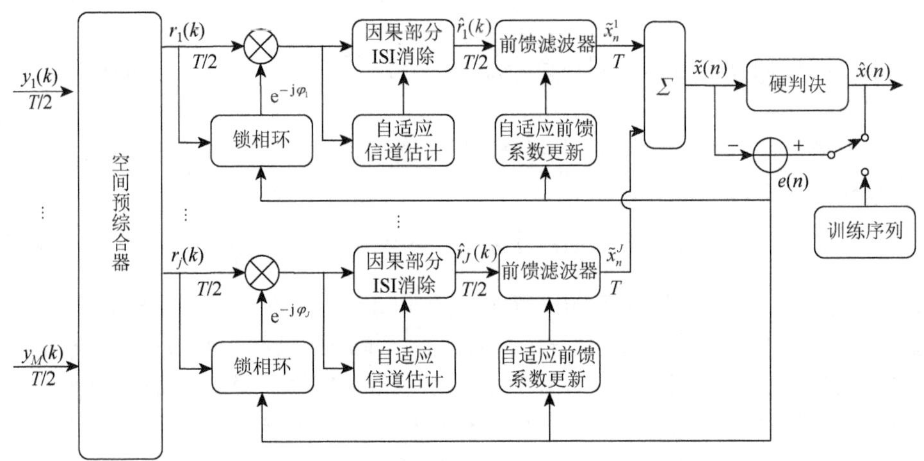

图 4.2 基于自适应锁相环技术的窄带空时处理接收机结构

接收机采用分数间隔均衡器提高其对抗同步误差的能力。系统以$T/2$符号间隔对M路接收信号进行采样，并输入空间预综合器综合输出J路信号（$J<M$）。本章采用符号k来代表$T/2$采样间隔样本点，符号n代表符号间隔采样样本点。由于受水声信道时变特性影响，合并输出的J路信号中信道的多途结构和相位偏差不尽相同。为了提高系统的稳健性，接收机采用J个并行的锁相环和自适应信道估计结构对接收数据进行处理。

空间预综合器在数学上可被看作一个$M\times J$的矩阵，假设$\boldsymbol{c}_j(n)$是空间预综合器矩阵$\boldsymbol{C}$的第j列，则空间预综合器输出的第j路信号可被表示为[3]

$$r_j(k)=\sum_{m=1}^{M}c_{j,m}^*(n)y_m(k)=\boldsymbol{c}_j^{\dagger}(n)\boldsymbol{y}(k),\quad j=1,2,\cdots,J \tag{4.7}$$

式中，$\boldsymbol{y}(k)$代表在$kT/2$时刻M路接收信号组成的列向量；$*$代表复共轭；$\dagger$代

表共轭转置。由通信原理可知，对应于分数间隔接收采样信号而言，其可被表示为[3]

$$\boldsymbol{r}_j(n)=\sum_{i=-L_a}^{L_c}\boldsymbol{h}_j(i)x(n-i)\mathrm{e}^{\mathrm{j}\phi_j(n)}+\boldsymbol{\eta}_j(n) \tag{4.8}$$

式中，$\boldsymbol{r}_j(n)$ 表示对应于 nT 时刻以 $T/2$ 采样间隔的第 j 路空间预综合器输出信号；$\boldsymbol{h}_j(i)=[h_j(\mathrm{i}T+L_cT/2)\cdots h_j(\mathrm{i}T)\cdots h_j(\mathrm{i}T-L_aT/2)]^{\mathrm{T}}$ 表示对应于 nT 时刻第 j 路信号的分数间隔信道冲激响应；L_c 和 L_a 分别表示信道因果部分和非因果部分的长度；$\phi_j(n)$ 表示第 j 路输出信号包含的相位偏差；$\boldsymbol{\eta}_j(n)$ 表示第 j 路输出信号中夹杂的分数间隔加性噪声。

基于信道估计的均衡算法虽然能在一定程度上克服相位偏差，但其补偿能力有限。为提高接收系统的鲁棒特性，本节所提出的接收机系统采用二阶锁相环（phase locked loop，PLL）对相位偏差 ϕ_n 进行估计与补偿。若接收机采用传统的判决反馈均衡器对接收信号进行信道均衡，假设 $\boldsymbol{w}_j(n)$ 是第 j 路分数间隔前馈滤波器抽头权值向量，$\boldsymbol{w}_{b,j}$ 是第 j 路反馈滤波器抽头权值向量，则第 j 路均衡器输出的符号估计值可被表示为[3]

$$\tilde{x}_j(n)=\boldsymbol{w}_j^{\dagger}(n)\boldsymbol{r}_j(n)\mathrm{e}^{-\mathrm{j}\phi_j(n)}-\sum_{i=1}^{L_c}w_{b,j}^{*}(i)\hat{x}(n-i) \tag{4.9}$$

式中，$\phi_j(n)$ 为第 j 路信号在 nT 时刻的相位估计值；$\hat{x}(n)$ 在训练序列模式下为已知的发送符号，在数据模式下为均衡器输出估计符号的硬判决值。在没有判决错误的情况下，最佳的反馈滤波器系数是将信道因果部分引起的 ISI 全部消除，即反馈滤波器系数可以表示为[3]

$$w_{b,j}^{*}(i)=\boldsymbol{w}_j^{\dagger}(n)\boldsymbol{h}_j(i),\quad i=1,2,\cdots,L_c \tag{4.10}$$

故第 j 路判决反馈均衡器的输出变成[12]

$$\tilde{x}_j(n)=\boldsymbol{w}_j^{\dagger}(n)\left(\sum_{i=-L_a}^{0}\boldsymbol{h}_j(i)x(n-i)+\eta(n)\right)=\boldsymbol{w}_j^{\dagger}(n)\boldsymbol{r}_j^{f}(n) \tag{4.11}$$

式中，$\boldsymbol{r}_j^{f}(n)$ 为等效前馈滤波器输入信号，即[3]

$$\boldsymbol{r}_j^{f}(n)=\boldsymbol{r}_j^{\theta}(n)-\boldsymbol{r}_j^{b}(n) \tag{4.12}$$

其中，$\boldsymbol{r}_j^{\theta}(n)$ 为接收信号的相位补偿信号；$\boldsymbol{r}_j^{b}(n)$ 为等效判决反馈信号，即[3]

$$\boldsymbol{r}_j^{\theta}(n)=r_j(n)\mathrm{e}^{\mathrm{j}\phi_j(n)} \tag{4.13}$$

$$\boldsymbol{r}_j^{b}(n)=\sum_{i=1}^{L_c}\boldsymbol{h}_j(i)x(n-i) \tag{4.14}$$

所以，综合 J 路等效判决反馈均衡器的输出符号估计值，可得 nT 时刻的符号估计为[3]

$$\tilde{x}(n)=\sum_{j=1}^{J}\boldsymbol{w}_j^{\dagger}(n)\boldsymbol{r}_j^{f}(n) \tag{4.15}$$

符号判决误差为

$$e(n)=\hat{x}(n)-\tilde{x}(n) \tag{4.16}$$

式中，$\hat{x}(n)$ 为符号的硬判决值。

在接收端无法准确获得所有时刻的信道冲激响应，故采用信道估计算法对其进行估计。为了降低接收机的计算复杂度，本节所提出的接收机采用分数阶随机梯度近似信道估计算法。由式（4.8）可知[3]

$$\boldsymbol{h}_j(n)=E\{\boldsymbol{r}_j^{\theta}(n)x^*(n)\} \tag{4.17}$$

为了获得所有时刻信道冲激响应的渐近无偏估计，在分数阶随机梯度近似估计算法中引入遗忘因子 λ，其递归更新表达式为[3]

$$\hat{\boldsymbol{h}}_j(n)=\lambda\hat{\boldsymbol{h}}_j(n-1)+(1-\lambda)\boldsymbol{r}_j^{\theta}(n)\hat{x}^*(n) \tag{4.18}$$

本节提出的接收机系统因工作在窄带条件下或准静态环境下，所以，可假设系统的信道冲激响应变化缓慢。为进一步降低接收系统计算复杂度，等效判决反馈信号的更新可采用移位的方式实现，即[3]

$$\boldsymbol{r}_j^{b}(n)=\downarrow\boldsymbol{r}_j^{b}(n-1)+\hat{\boldsymbol{h}}(1)\hat{x}(n-1) \tag{4.19}$$

式中，$\downarrow$ 表示将 $\boldsymbol{r}_j^{b}(n-1)$ 向下移动 2 位，并将 $\hat{\boldsymbol{h}}(1)\hat{x}(n-1)$ 放到前 2 位。

为保证接收算法的整体性能，空间预综合器、多路锁相环和等效前馈滤波器系数均基于 MMSE 原则更新。所以，空间预综合器的预综合矩阵 $\boldsymbol{C}$ 可依据如下方式更新[3]：

$$\boldsymbol{c}(n+1)=\boldsymbol{c}(n)+A_1(\boldsymbol{s}(n),e(n)) \tag{4.20}$$

$$\boldsymbol{s}(n)=\begin{bmatrix}\boldsymbol{Y}(n)\boldsymbol{w}_1^*\mathrm{e}^{-\mathrm{j}\varphi_1(n)}\\ \vdots\\ \boldsymbol{Y}(n)\boldsymbol{w}_J^*\mathrm{e}^{-\mathrm{j}\varphi_J(n)}\end{bmatrix} \tag{4.21}$$

式中，$\boldsymbol{c}$ 为预综合矩阵 $\boldsymbol{C}$ 的列向量表示。同理，等效前馈滤波器组的更新为[3]

$$\boldsymbol{W}(n+1)=\boldsymbol{W}(n)+A_2(\boldsymbol{r}^{f}(n),e(n)) \tag{4.22}$$

$$\boldsymbol{r}^{f}(n)=\begin{bmatrix}\boldsymbol{r}_1^{f}(n)\\ \vdots\\ \boldsymbol{r}_J^{f}(n)\end{bmatrix} \tag{4.23}$$

式中，$\boldsymbol{W}$ 为 J 个等效前馈滤波器权值向量的列向量表示；A_1 和 A_2 分别为两个独立的自适应算法，如 LMS 类自适应算法或 RLS 类自适应算法。本节所提出的接收机系统则均采用收敛速度较快的常规自适应 RLS 算法。锁相环采用二阶递归的方式，即[8, 10]

$$\theta(n) = \mathrm{Im}\{\boldsymbol{w}^{\dagger}(n)\boldsymbol{z}(n)\mathrm{e}^{-\mathrm{j}\varphi_n}e^{*}(n)\} \tag{4.24}$$

$$\varphi_{n+1} = \varphi_n + K_{f1}\theta(n) + K_{f2}\sum_{i=0}^{n}\theta(i) \tag{4.25}$$

式中，K_{f1} 为比例跟踪常量；K_{f2} 为积分跟踪常量。综上，该接收机算法如表 4.1 所示。

表 4.1　基于自适应锁相环的窄带空时处理接收机算法

输入：离散采样信号 $\boldsymbol{Y}$；
输出：发送符号估计 $\boldsymbol{x}$ 。

初始化：$\boldsymbol{C}(0)=\begin{bmatrix}\boldsymbol{E}_J \\ \boldsymbol{0}_{(M-J)\times J}\end{bmatrix}_{M\times J}$ （$\boldsymbol{E}_J$ 为 $J\times J$ 的单位阵），$\boldsymbol{W}(0)=0$ 。

---

for $n=0$ to N_s-1
　for $j=1$ to J
　　$r_j(n)=\sum_{m=1}^{M}c_{j,m}^{*}(n)\boldsymbol{y}_m(n)=\boldsymbol{c}_j^{\dagger}(n)\boldsymbol{Y}(n)$
　　$r_j^{\theta}(n)=r_j(n)\mathrm{e}^{\mathrm{j}\theta_j(n)}$
　　$\hat{\boldsymbol{h}}_j(n)=\lambda\hat{\boldsymbol{h}}_j(n-1)+(1-\lambda)\boldsymbol{r}_j^{\theta}(n)\hat{x}^{*}(n)$
　　$\boldsymbol{r}_j^{b}(n)=\downarrow\boldsymbol{r}_j^{b}(n-1)+\hat{\boldsymbol{h}}(1)\hat{x}(n-1)$
　　$\boldsymbol{r}_j^{f}(n)=\boldsymbol{r}_j^{\theta}(n)-\boldsymbol{r}_j^{b}(n)$
　end for
　$\tilde{x}(n)=\sum_{j=1}^{J}\boldsymbol{w}_j^{\dagger}(n)\boldsymbol{r}_j^{f}(n)$
　if　$n\leqslant N_t$
　　$\hat{x}(n)=x(n)$ （训练序列模式）
　else
　　$\hat{x}(n)=\mathrm{map}(\tilde{x}(n))$ （数据模式下的硬判决）
　end if
　$e(n)=\hat{x}(n)-\tilde{x}(n)$
　利用式（4.20）和式（4.21）更新空间预综合矩阵 $\boldsymbol{C}$；
　利用式（4.22）和式（4.23）更新等效前馈滤波器组系数；
　利用式（4.24）和式（4.25）更新相位补偿；
end for

该接收机采用空间预综合技术和分数阶随机信道估计，并基于 MMSE 准则更新空间预综合器和等效前馈滤波器组参数，使其在保证接收机系统性能的同时，极大程度上减少计算量。但随机信道估计算法对信道的追踪能力较差，在时变信道

下系统性能会显著下降。与此同时，该接收机为了进一步降低接收机的计算量采用移位的方式更新等效反馈向量，使其只适用于准静态信道条件。当通信系统中存在相对速度时，其信道冲激响应不满足准静态条件，此时接收机无法有效补偿由信道多途结构引发的 ISI。

4.3.2　基于信道估计的宽带多普勒补偿线性均衡接收机

由 4.3.1 节可知，基于自适应锁相环技术的窄带空时处理接收机只能处理具有窄带多普勒效应的接收信号。当收发平台存在相对运动时，接收到的宽带通信信号还存在时间尺度的变化，使得锁相环无法估计并补偿接收信号中存在的多普勒效应。传统的直接自适应均衡器在时变信道条件下需要很长的抽头系数向量才能获得较好的克服 ISI 的效果。这使得接收机的计算复杂度上升，同时在更新接收机系数时，由自适应算法带来的稳态误差也随之上升。针对上述问题，本节提出基于信道估计的宽带多普勒补偿线性均衡接收机，其系统框图如图 4.3 所示。

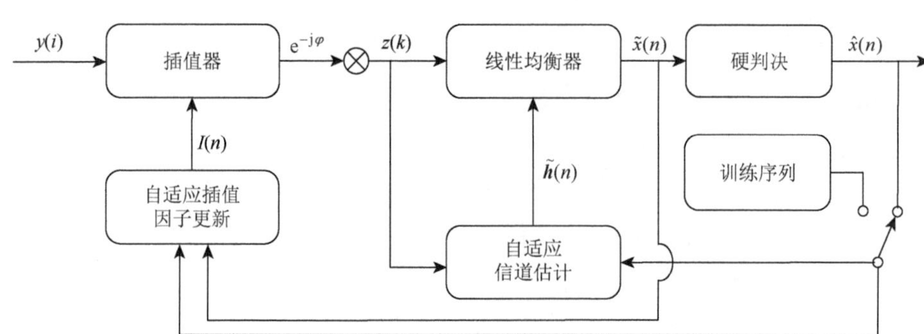

图 4.3　基于信道估计的宽带多普勒补偿线性均衡接收机系统框图

本节所提出的接收机主要包含插值器、自适应信道估计和线性均衡器。接收信号以 $T/4$ 间隔采样后送入插值器进行宽带信号多普勒补偿；对补偿后信号 $z(k)$ 进行自适应信道估计得到系统在当前时刻的信道冲激响应向量 $\tilde{\boldsymbol{h}}(n)$ 的估计值；线性均衡器利用信道估计值在 MMSE 误差准则下得到此刻的符号估计 $\tilde{x}(n)$；对符号估计进行硬判决后输出并反馈给自适应信道估计算法和自适应插值器更新算法，并更新信道冲激响应的估计值及插值因子。

插值器利用插值因子对接收信号进行重采样进而补偿接收信号中包含的宽带多普勒效应。其过程如下：

$$\theta(n)=\theta(n-1)+2\pi(I(n)-1)f_c\frac{T}{p'} \tag{4.26}$$

$$z(k)=(I(n)y(i)+(I(n)-1)y(i+1))\mathrm{e}^{-\mathrm{j}\varphi(n)} \tag{4.27}$$

式中，插值器输入信号 $y(i)$ 是 $T/4$ 间隔的接收采样信号；$I(n)$ 为插值器的插值因子；$\varphi(n)$ 为接收信号的载波相位偏差估计值。当接收机采用符号间隔均衡算法时，插值器输出信号 $z(k)$ 为符号间隔采样信号（$n=k$），此时式（4.26）中 $p'=1$。当接收机采用分数间隔均衡算法时，插值器输出信号 $z(k)$ 为 $T/2$ 间隔采样信号，此时式（4.26）中 $p'=2$。由通信原理可知，多普勒补偿后的接收信号可被表示为[11]

$$z(n)=\sum_{i=-L_a}^{L_c} h(i)x(n-i)+\eta(n) \tag{4.28}$$

由于收发平台具有相对速度，信道的多途结构发生变化，且与相对速度呈正相关。为了跟踪信道多途结构的变化，自适应信道估计则采用收敛速度较快的 RLS 算法。当接收机采用分数间隔信道均衡算法时，因其工作在 $T/2$ 采样间隔上，所以需要 2 个自适应信道估计器进行并行信道估计，使每个信道估计器的输入信号均为符号间隔采样信号，并将两个信道估计器输出结果进行合并，从而得到 $T/2$ 采样间隔的信道估计值。因此，在本节主要研究分数间隔信道估计算法。

若将接收信号分成奇数和偶数两列，则每一列信号都是以符号间隔采样的信号。令 $z_O(n)$ 和 $z_E(n)$ 分别代表接收信号的偶数列和奇数列信号。以偶数列为例，其可表示为

$$z_O(n)=\sum_{i=-L_a}^{L_c} \boldsymbol{h}_O(i)x(n-i)+\eta_O(n) \tag{4.29}$$

式中，$\boldsymbol{h}_O(n)$ 代表 $T/2$ 间隔信道冲激响应 $\boldsymbol{h}(n)$ 的偶数列；$\eta_O(n)$ 代表该列所对应的加性噪声。利用自适应 RLS 算法估计偶数列信道如下[13]：

$$\boldsymbol{k}_O(n)=\frac{\boldsymbol{P}_O(n-1)\hat{\boldsymbol{x}}(n)}{\lambda+\hat{\boldsymbol{x}}^{\dagger}(n)\boldsymbol{P}_O(n-1)\hat{\boldsymbol{x}}(n)} \tag{4.30}$$

$$\mathrm{err}(n)=z_O(n)-\boldsymbol{h}_O^{\dagger}(n-1)\hat{\boldsymbol{x}}(n) \tag{4.31}$$

$$\hat{\boldsymbol{h}}_O(n)=\hat{\boldsymbol{h}}_O(n-1)+\boldsymbol{k}_O(n)\mathrm{err}(n) \tag{4.32}$$

$$\boldsymbol{P}_O(n)=\lambda^{-1}\boldsymbol{P}_O(n-1)-\lambda^{-1}\boldsymbol{k}_O(n)\hat{\boldsymbol{x}}^{\dagger}(n)\boldsymbol{P}_O(n-1) \tag{4.33}$$

式中，λ 为 RLS 算法遗忘因子；$\boldsymbol{P}_O(n)$ 和 $\boldsymbol{k}_O(n)$ 分别为偶数列 RLS 算法的逆相关矩阵和增益向量。同样，可生成奇数列信道估计 $\boldsymbol{h}_E(n)$，从而合成 $T/2$ 间隔信道冲激响应。其更新过程可被简化为

$$\hat{\boldsymbol{h}}(n+1)=\hat{\boldsymbol{h}}(n)+\text{Par-RLS}\{\boldsymbol{z}(n),\hat{\boldsymbol{x}}(n)\} \tag{4.34}$$

当接收机采用符号间隔均衡算法时，其自适应信道估计可采用单个 RLS 算法对信道冲激响应进行递归估计。其更新过程可被简化为

$$\hat{\boldsymbol{h}}(n+1)=\hat{\boldsymbol{h}}(n)+\text{RLS}\{\boldsymbol{z}(n),\hat{\boldsymbol{x}}(n)\} \tag{4.35}$$

假设线性均衡器的长度为 $N_{\text{eq}}=N_a+N_c+1$，其中，N_a 为非因果部分长度，N_c 为因果部分长度。要使 $E\{|\tilde{x}(n)-x(n)|^2\}$ 最小，则发射符号的估计值 $\tilde{x}(n)$ 为[13]

$$\tilde{x}(n)=E\{x(n)\}+\text{Cov}\{x(n),\boldsymbol{z}(n)\}\text{Cov}\{\boldsymbol{z}(n),\boldsymbol{z}(n)\}^{-1}(\boldsymbol{z}(n)-E\{\boldsymbol{z}(n)\}) \tag{4.36}$$

式中，$\boldsymbol{z}(n)=[z(n-N_a)\ \ z(n-N_a-1)\ \cdots\ z(n)\ \cdots\ z(n+N_c)]^{\text{T}}$ 为 nT 时刻所对应的多普勒补偿后信号，并且可被表示为

$$\boldsymbol{z}(n)=\boldsymbol{H}_n\boldsymbol{x}(n)+\boldsymbol{\eta}(n) \tag{4.37}$$

式中，$\boldsymbol{H}_n$ 为 $N_{\text{eq}}\times(N_{\text{eq}}+L_{\text{ch}}-1)$ 的信道转移矩阵；$\boldsymbol{x}(n)$ 和 $\boldsymbol{\eta}(n)$ 分别为其所对应的发射符号和噪声方差。当采用符号间隔均衡算法时，即

$$\boldsymbol{H}_n=\begin{bmatrix}\boldsymbol{h}^{\text{T}}(n-N_a) & 0 & \cdots & 0\\ 0 & \boldsymbol{h}^{\text{T}}(n-N_a+1) & & \vdots\\ \vdots & & \ddots & 0\\ 0 & \cdots & 0 & \boldsymbol{h}^{\text{T}}(n+N_c)\end{bmatrix} \tag{4.38}$$

$$\boldsymbol{x}(n)=[x(n-N_a-L_{\text{ch}}+1)\ \ x(n-N_a-L_{ch}+2)\ \cdots\ x(n+N_c)]^{\text{T}} \tag{4.39}$$

$$\boldsymbol{\eta}(n)=[\eta(n-N_a)\ \ \eta(n-N_a-1)\ \cdots\ \eta(n)\ \cdots\ \eta(n+N_c)]^{\text{T}} \tag{4.40}$$

而当采用 $T/2$ 间隔均衡算法时，其信道转移矩阵和噪声方差变为

$$\boldsymbol{H}_n=\begin{bmatrix}\boldsymbol{h}_0^{\text{T}}(n-N_a) & 0 & \cdots & 0\\ \boldsymbol{h}_1^{\text{T}}(n-N_a) & 0 & \cdots & 0\\ 0 & \boldsymbol{h}_0^{\text{T}}(n-N_a+1) & & \vdots\\ 0 & \boldsymbol{h}_1^{\text{T}}(n-N_a+1) & & \\ \vdots & & \ddots & 0\\ & & & 0\\ 0 & \cdots & 0 & \boldsymbol{h}_0^{\text{T}}(n+N_c)\\ 0 & \cdots & 0 & \boldsymbol{h}_1^{\text{T}}(n+N_c)\end{bmatrix} \tag{4.41}$$

$$\boldsymbol{\eta}(n)=[\eta_0(n-N_a)\ \ \eta_1(n-N_a)\ \cdots\ \eta_0(n+N_c)\ \ \eta_1(n+N_c)]^{\text{T}} \tag{4.42}$$

发射符号经交织器作用后，可假设彼此不相关。即当 $n\neq m$ 时，$E\{x_nx_m\}=0$，所以 $\text{Cov}\{\boldsymbol{x}(n),\boldsymbol{x}(n)\}$ 是对角线元素为发射符号方差的对角矩阵。而噪声是与发射信号相对独立的均值为 0、方差为 σ_w^2 的高斯白噪声。所以，可得到如下关系式[14]：

$$\mathrm{Cov}\{\boldsymbol{x}(n),\boldsymbol{x}(n)\}=\boldsymbol{V}(n)=\mathrm{diag}[v_{n-N_a-L_{\mathrm{ch}}+1}\ v_{n-N_a-L_{\mathrm{ch}}+2}\cdots v_{n+N_c}] \tag{4.43}$$

$$E\{\boldsymbol{z}(n)\}=\boldsymbol{H}_n E\{\boldsymbol{x}(n)\} \tag{4.44}$$

$$\mathrm{Cov}\{x(n),\boldsymbol{z}(n)\}=\mathrm{Cov}\{x(n),x(n)\}[0_{1\times(N_a+L_{\mathrm{ch}}-1)}\ 1\ 0_{1\times N_c}]\boldsymbol{H}_n^{\dagger} \tag{4.45}$$

$$\mathrm{Cov}\{\boldsymbol{z}(n),\boldsymbol{z}(n)\}=\sigma_w^2\boldsymbol{I}_{N_{\mathrm{eq}}}+\boldsymbol{H}_n\mathrm{Cov}\{\boldsymbol{x}(n),\boldsymbol{x}(n)\}\ \boldsymbol{H}_n^{\dagger} \tag{4.46}$$

将式（4.43）～式（4.46）代入式（4.36），可得符号估计为

$$\tilde{x}(n)=\overline{x}(n)+v_n\boldsymbol{s}_n^{\dagger}(\boldsymbol{z}(n)-\boldsymbol{H}_n\overline{\boldsymbol{x}}(n)) \tag{4.47}$$

$$\boldsymbol{s}_n=\boldsymbol{\Sigma}^{-1}\ \boldsymbol{f}_n^{\dagger} \tag{4.48}$$

式中，$\boldsymbol{f}_n=[0_{1\times(N_a+L_{\mathrm{ch}}-1)}\ 1\ 0_{1\times N_c}]\boldsymbol{H}_n^{\dagger}$；$\boldsymbol{\Sigma}_n=\sigma_w^2\boldsymbol{I}_{N_{\mathrm{eq}}}+\boldsymbol{H}_n\boldsymbol{V}(n)\ \boldsymbol{H}_n^{\dagger}$。由于发射符号的先验信息（均值和方差）在接收端无法获得，所以，令 nT 时刻的均值 $\overline{x}(n)=0$，方差 $v_n=1$。在该条件下式（4.47）中符号估计变为

$$\tilde{x}(n)=\boldsymbol{s}_n^{\dagger}\boldsymbol{z}(n) \tag{4.49}$$

将符号估计值经过硬判决后生成判决符号 $\hat{x}(n)$，作为信道估计和插值器的反馈项。

接收机主要包含插值器和信道估计两个自适应更新模块，信道估计的更新方式已由式（4.34）和式（4.35）给出。插值因子的更新是采用最大似然估计方法，利用估计符号相位误差与多普勒频率呈正相关的性质更新插值因子，其过程为[5, 14]

$$\varphi_{n-1}=\arg\{\tilde{x}(n-1)\hat{x}^*(n-1)\} \tag{4.50}$$

$$I(n)=I(n-1)+K_1\varphi_{n-1} \tag{4.51}$$

式中，φ_{n-1} 为 $(n-1)T$ 时刻所对应的估计符号相位误差；K_1 为比例跟踪常量。

4.3.3　基于自适应宽带多普勒补偿技术的空时处理接收机

由 4.3.1 节可知，基于自适应锁相环技术的窄带空时处理接收机存在以下两个问题：①该接收机只能处理具有窄带多普勒效应的接收信号，当收发平台存在相对运动时，接收到的宽带通信信号还存在时间尺度的变化，锁相环无法有效补偿；②该接收机为了减少计算量采用分数阶随机梯度近似的信道估计算法，使其在时变信道下无法跟踪信道多途结构的变化，降低系统性能。针对以上两个问题，本节提出了基于自适应宽带多普勒补偿技术的有效空时处理接收机系统。

该接收机包含空间预综合器、插值器、并行自适应信道估计、因果部分 ISI 消除和分数间隔前馈滤波器。该接收机利用插值器进行逐符号补偿宽带多普勒效应，而并行自适应信道估计可以更好地追踪信道变化，提升接收机补偿 ISI 的能力。其系统框图如图 4.4 所示。

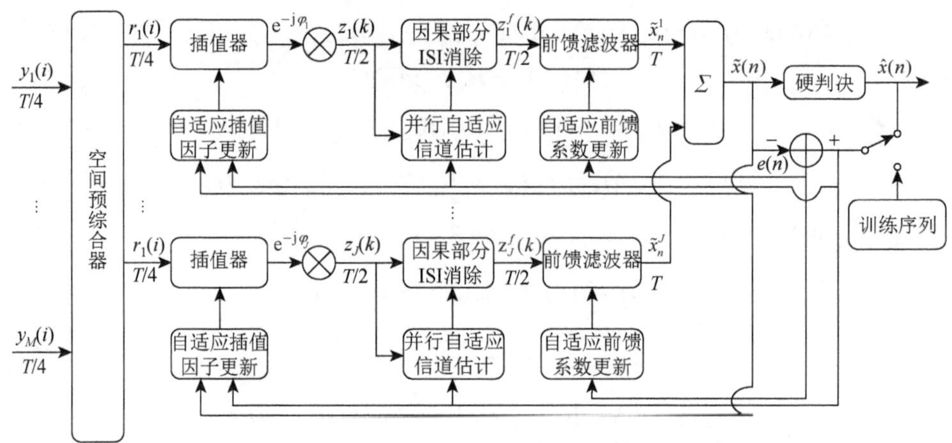

图 4.4　基于自适应宽带多普勒补偿技术的空时处理接收机结构

接收信号以 $T/4$ 间隔采样后，空间预综合器将 M 路输入信号综合后输出 J 路待处理信号。因此，在接收端配置 J 个并行插值器和自适应信道估计器。以空间预综合器的第 j 路输出信号为例，利用插值器补偿宽带多普勒效应的过程如下：

$$\theta_j(n)=\theta_j(n-1)+2\pi(I_j(n)-1)f_c\frac{T}{2} \tag{4.52}$$

$$z_j(k)=(I_j(n)r_j(i)+(I_j(n)-1)r_j(i+1))\mathrm{e}^{-\mathrm{j}\theta_j(n)} \tag{4.53}$$

式中，插值器输入信号 $r_j(i)$ 是 $T/4$ 间隔的空间预综合器输出信号；插值器输出信号 $z_j(k)$ 是对应于 $T/2$ 间隔的多普勒补偿后的信号；$I_j(n)$ 是第 j 个插值器的插值因子；$\theta_j(n)$ 是第 j 路输出信号的载波相位偏差估计值；i 和 k 分别是以 $T/4$ 采样间隔和 $T/2$ 采样间隔的离散样本点。所以，由通信原理可知，多普勒补偿信号 $z_j(k)$ 也可被表示为[15]

$$\boldsymbol{z}_j(n)=\sum_{i=-L_a}^{L_c}h_j(i)x(n-i)+\boldsymbol{\eta}_j(n) \tag{4.54}$$

由于收发平台具有相对速度，信道的多途结构发生变化。

为了跟踪信道多途结构的变化，并行信道估计则采用收敛速度较快的 RLS 算法。因其工作在 $T/2$ 采样间隔上，所以需要 2 个自适应信道估计器进行并行信道估计，其信道估计算法由 4.3.2 节给出。本节采用其简化形式代替信道估计过程，即

$$\hat{\boldsymbol{h}}_j(n+1)=\hat{\boldsymbol{h}}_j(n)+\text{Par-RLS}\{\boldsymbol{z}_j(n),\hat{\boldsymbol{x}}(n)\} \tag{4.55}$$

仿照窄带空时处理接收机均衡算法，可得 nT 时刻的符号估计值如下：

$$z_j^b(n)=\sum_{i=1}^{L_c}\hat{\boldsymbol{h}}_j(i)\hat{x}(n-i) \tag{4.56}$$

$$z_j^f(n)=z_j(n)-z_j^b(n) \tag{4.57}$$

$$\tilde{x}(n)=\sum_{j=1}^{J}\boldsymbol{w}_j^{\dagger}z_j^f(n) \tag{4.58}$$

因系统的信道冲激响应不再满足准静态条件，故无法采用式（4.19）更新等效反馈向量。

由于插值器对接收信号重新采样，空间预综合器与并行信道估计、因果部分 ISI 消除及等效前馈滤波器的输入信号采样率不同。基于 MMSE 准则更新空间预综合器矩阵时，为了节约计算成本，则对输入信号以 $T/2$ 间隔重新采样[16]。信号重采样后，可根据式(4.20)和式(4.21)进行参数更新。同理，等效前馈滤波器组可根据式(4.22)和式(4.23)进行更新。插值因子的更新是采用最大似然估计算法，利用式(4.50)和式(4.51)进行递归更新。

4.3.4　基于信道估计的宽带多普勒补偿线性迭代均衡接收机

常规接收机采用线性均衡技术或判决反馈均衡技术来补偿由信道多途结构带来的 ISI，该方法将均衡过程和译码过程彼此分开，使其在均衡过程中缺少发射符号的先验信息，无法有效地消除 ISI。针对这一问题，许多接收机采用 Turbo 迭代思想将译码过程与均衡过程联系在一起。从而随着迭代的进行，均衡过程可获得更多发射符号先验信息，提升均衡效果。本节主要研究在 MMSE 准则下，基于信道估计的 SISO 线性迭代均衡算法，其接收机系统框图如图 4.5 所示。

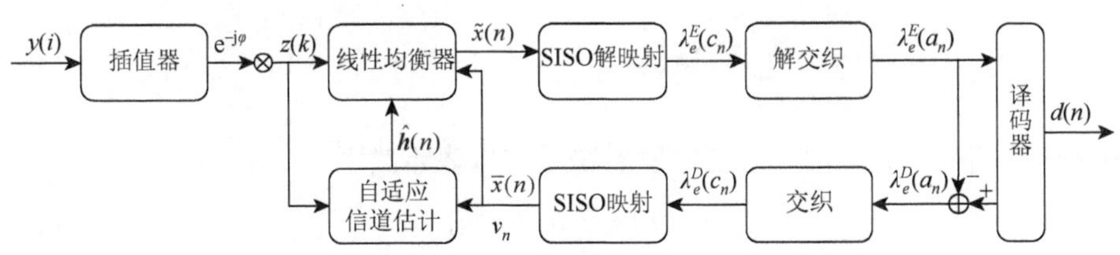

图 4.5　基于宽带多普勒补偿技术的 SISO 线性迭代接收机

接收机采用单个接收基元，其工作过程为：对接收信号以 $T/4$ 间隔采样生成离散采样信号 $y(i)$，利用插值器对其进行宽带多普勒补偿生成符号间隔或分数间隔离散多普勒补偿后信号 $z(k)$；对信号 $z(k)$ 进行信道估计，并在 MMSE 准则下利用信道估计值估计发射符号 $\tilde{x}(n)$；对估计的发射符号进行 SISO 解映射，输出均衡器外信息对数似然比 $\lambda_e^E(c_n)$；对均衡器输出的对数似然比进行解交织和 MAP 译码后，得到当前迭代下的译码结果 $\boldsymbol{d}$ 和译码器外信息；在译码器外信息中去掉译码器的先验信息生成发送信息的先验信息 $\lambda_e^D(a_n)$；对发送信息的先验信息进行交织和 SISO 映射生成发送符号的估计值 $\overline{x}(n)$ 和方差 v_n；插值器和均衡器利用发送符号的均值和方差进行下一次均衡和译码过程；当达到预设迭代次数后，输出译码器译码结果。

插值器可根据式（4.26）和式（4.27）补偿宽带多普勒效应。常规的 RLS 算法利用接收信号和符号估计的硬判决值来更新信道估计，但此方法在低信噪比下，容易造成误差传递进而引发算法发散。针对这一问题，本节提出的接收机系统采用改进的 RLS 算法进行信道估计，利用发射符号的均值和方差作为反馈信号，从而提高估计结果的准确性和可靠性。

RLS 算法的代价函数为指数窗函数误差平方和，以符号阶信道估计为例，其可被表示为[13]

$$\zeta=\sum_{i=1}^{n}\lambda^{n-i}\,|\,\mathrm{err}(i)|^2=\sum_{i=1}^{n}\lambda^{n-i}\,|\,z(i)-\boldsymbol{h}^{\dagger}(n)\boldsymbol{x}(i)|^2 \tag{4.59}$$

由 LS 法可知，利用正则方程可使代价函数最小的信道估计值为[16,17]

$$\hat{\boldsymbol{h}}(n)=(\boldsymbol{P}^{-1}(n)\boldsymbol{k}(n))^{*} \tag{4.60}$$

式中，$\boldsymbol{P}(n)$ 为输入向量的时间平均相关矩阵；$\boldsymbol{k}(n)$ 为输入与接收信号之间的时间平均互相关向量。其递归更新为[16, 17]

$$\boldsymbol{P}(n)=\sum_{i=1}^{n}\lambda^{n-i}\boldsymbol{x}(i)\boldsymbol{x}^{\dagger}(i)=\lambda\boldsymbol{P}(n-1)+\boldsymbol{x}(n)\boldsymbol{x}^{\dagger}(n) \tag{4.61}$$

$$\boldsymbol{k}(n)=\sum_{i=1}^{n}\lambda^{n-i}\boldsymbol{x}(i)z^{*}(i)=\lambda\boldsymbol{k}(n-1)+\boldsymbol{x}(n)z^{*}(n) \tag{4.62}$$

在数据模式下，nT 时刻所对应的发射符号可以表示为[16]

$$x(n)=\overline{x}(n)+\varepsilon(n) \tag{4.63}$$

式中，$\overline{x}(n)$ 为均衡器输出发射符号的均值；$\varepsilon(n)$ 为符号偏差。假设发射符号的均值和偏差线性无关，则

$$E\{\boldsymbol{x}(n)\boldsymbol{x}^{\dagger}(n)\}=\overline{\boldsymbol{x}}(n)\overline{\boldsymbol{x}}^{\dagger}(n)+E\{\varepsilon(n)\varepsilon^{\dagger}(n)\}=\overline{\boldsymbol{x}}(n)\overline{\boldsymbol{x}}^{\dagger}(n)+v_n \tag{4.64}$$

式中，v_n 为估计符号的方差。

由于交织器的作用，可假设相邻发射符号彼此线性无关，即符号偏差也线性无关。在此假设下，当 $m \neq n$ 时，有 $E\{\varepsilon(m)\varepsilon^{\dagger}(n)\}=0$。将式（4.64）代入式（4.61）可得

$$\boldsymbol{P}(n)=\lambda\boldsymbol{P}(n-1)+\overline{\boldsymbol{x}}(n)\overline{\boldsymbol{x}}^{\dagger}(n)+\boldsymbol{V}(n) \tag{4.65}$$

$$\boldsymbol{V}(n)=\operatorname{diag}[v_n \cdots v_{n-L_{\mathrm{ch}}+1}] \tag{4.66}$$

而将式（4.63）代入式（4.62）可得

$$\boldsymbol{k}(n)=\lambda\boldsymbol{k}(n-1)+\boldsymbol{x}(n)z^{*}(n)=\lambda\boldsymbol{k}(n-1)+E\{(\overline{\boldsymbol{x}}(n)+\boldsymbol{\varepsilon}(n))z^{*}(n)\} \tag{4.67}$$

由通信原理可知

$$z(n)=\boldsymbol{h}^{\dagger}(n)\boldsymbol{x}(n) \tag{4.68}$$

由式（4.67）和式（4.68）可得

$$E\{\boldsymbol{\varepsilon}(n)z^{*}(n)\}=E\{\boldsymbol{\varepsilon}(n)(\boldsymbol{h}^{\dagger}(n)(\overline{\boldsymbol{x}}(n)+\boldsymbol{\varepsilon}(n)))^{*}\}=\boldsymbol{h}^{\mathrm{T}}(n)\boldsymbol{V}(n) \tag{4.69}$$

即

$$\boldsymbol{k}(n)=\lambda\boldsymbol{k}(n-1)+\boldsymbol{x}(n)z^{*}(n)=\lambda\boldsymbol{k}(n-1)+\overline{\boldsymbol{x}}(n)z^{*}(n)+\boldsymbol{h}^{\mathrm{T}}(n)\boldsymbol{V}(n) \tag{4.70}$$

因为接收端无法在信道估计前获得 nT 时刻信道冲激响应向量，故式（4.70）近似为[16]

$$\boldsymbol{k}(n)=\lambda\boldsymbol{k}(n-1)+\overline{\boldsymbol{x}}(n)z^{*}(n)+\boldsymbol{h}^{\mathrm{T}}(n-1)\boldsymbol{V}(n) \tag{4.71}$$

所以，将式（4.65）和式（4.71）代入式（4.60）可得 nT 时刻信道冲激响应向量的 LS 估计值。而分数阶信道估计则是利用两个或多个信道估计算法并行信道估计生成分数阶信道冲激响应的 LS 估计值。当系统采用符号阶均衡时，信道冲激响应更新过程可被简化为

$$\hat{\boldsymbol{h}}(n+1)=\hat{\boldsymbol{h}}(n)+\text{Modified-RLS}\{z(n),\overline{\boldsymbol{x}}(n),\boldsymbol{V}(n)\} \tag{4.72}$$

当系统采用分数阶均衡时，信道估计器采用多个自适应算法同时对信道冲激响应进行估计。更新过程被简化为

$$\hat{\boldsymbol{h}}(n+1)=\hat{\boldsymbol{h}}(n)+\text{Par-Modified-RLS}\{z(n),\overline{\boldsymbol{x}}(n),\boldsymbol{V}(n)\} \tag{4.73}$$

由 4.3.2 节的公式推导可知，基于信道估计的线性均衡器输出的符号估计为

$$\tilde{x}(n)=\overline{\boldsymbol{x}}(n)+v_n\boldsymbol{s}_n^{\dagger}(\boldsymbol{z}(n)-\boldsymbol{H}_n\overline{\boldsymbol{x}}(n)) \tag{4.74}$$

$$\boldsymbol{s}_n=\boldsymbol{\Sigma}_n^{-1}\ \boldsymbol{f}_n^{\dagger} \tag{4.75}$$

式中，$\boldsymbol{f}_n = [0_{1\times(N_a+L_{\text{ch}}-1)}\ \ 1\ \ 0_{1\times N_c}]\boldsymbol{H}_n^\dagger$；$\boldsymbol{\Sigma}_n = \sigma_w^2 \boldsymbol{I}_{N_{\text{eq}}} + \boldsymbol{H}_n \boldsymbol{V}(n)\ \boldsymbol{H}_n^\dagger$。通过迭代过程，均衡器能够获得译码器的译码结果，从而在接收端增加均衡器的先验信息。发射符号的均值 $\overline{x}(n)$ 和方差 v_n 利用均衡器的先验信息估计得到，即[18, 19]

$$\overline{x}(n) = E\{x(n)\} = \sum_{i=0}^{2^Q-1} \alpha_i P(x(n)=\alpha_i) \tag{4.76}$$

$$v_n = \text{Cov}\{x(n), x(n)\} = \sum_{i=0}^{2^Q-1} (\alpha_i - \overline{x}(n))^2 P(x(n)=\alpha_i) \tag{4.77}$$

式中，$P(x(n)=\alpha_i)$ 是发射符号为 α_i 的概率。为了减少接收机在迭代过程中的误差传递，在计算 nT 时刻的符号估计值 $\tilde{x}(n)$ 时，令 $\overline{x}(n)=0$，$v_n=1$。所以，在该条件下式（4.44）中符号估计变为

$$\tilde{x}(n) = \boldsymbol{s}_n'^\dagger (\boldsymbol{z}(n) - \boldsymbol{H}_n \overline{\boldsymbol{x}}(n) + \overline{\boldsymbol{x}}(n) \boldsymbol{f}_n^\dagger) \tag{4.78}$$

$$\boldsymbol{s}_n' = (\boldsymbol{\Sigma}_n + (1-v_n)\boldsymbol{f}_n \boldsymbol{f}_n^\dagger)^{-1} \boldsymbol{f}_n^\dagger \tag{4.79}$$

利用矩阵变换，可将 $\boldsymbol{s}_n'$ 用 $\boldsymbol{s}_n$ 表示，即[18]

$$\boldsymbol{s}_n' = (1 + (1-v_n)\boldsymbol{s}_n^\dagger \boldsymbol{f}_n^\dagger)^{-1} \boldsymbol{s}_n \tag{4.80}$$

令 $K_n = (1+(1-v_n)\boldsymbol{s}_n^\dagger \boldsymbol{f}_n^\dagger)^{-1}$，将式（4.47）代入式（4.45），可得 nT 时刻的符号估计为[14]

$$\tilde{x}(n) = K_n \boldsymbol{s}_n^\dagger (\boldsymbol{z}(n) - \boldsymbol{H}_n \overline{\boldsymbol{x}}(n) + \overline{x}(n) \boldsymbol{f}_n^\dagger) \tag{4.81}$$

为了降低由符号硬判决带来的性能损失，接收机采用 SISO 解映射，利用对数似然比来代替硬判决结果。即

$$\lambda_e^E(c_{n,j}) = \ln \frac{\sum_{\forall \alpha_i : c_{i,j}=1} P(x(n)=\alpha_i \mid \boldsymbol{z}(n))}{\sum_{\forall \alpha_i : c_{i,j}=0} P(x(n)=\alpha_i \mid \boldsymbol{z}(n))}, \quad j=1,2,\cdots,Q \tag{4.82}$$

假设估计符号的条件概率密度函数 $p(\tilde{x}(n) \mid x(n)=\alpha_i)$，$i=1,2,\cdots,2^Q$ 服从均值为 $\mu_{n,i}$、方差为 $\sigma_{n,i}^2$ 的高斯分布，即 $\mathcal{N}(\mu_{n,i}, \sigma_{n,i}^2)$，其可被表示为[18]

$$\begin{aligned} \mu_{n,i} &\triangleq E\{\tilde{x}(n) \mid x(n)=\alpha_i\} \\ &= K_n \boldsymbol{s}_n^\dagger (E\{\boldsymbol{z}(n) \mid x(n)=\alpha_i\} - \boldsymbol{H}_n \overline{\boldsymbol{x}}(n) + \overline{x}(n) \boldsymbol{f}_n^H) \\ &= \alpha_i K_n \boldsymbol{s}_n^\dagger \boldsymbol{f}_n^\dagger \end{aligned} \tag{4.83}$$

$$\begin{aligned}\sigma_{n,i}^2 &\triangleq \operatorname{Cov}(\tilde{x}(n),\tilde{x}(n)\mid x(n)=\alpha_i)\\ &= K_n^2 \boldsymbol{s}_n^\dagger \operatorname{Cov}(\boldsymbol{z}(n),\boldsymbol{z}(n)\mid x(n)=\alpha_i)\boldsymbol{s}_n\\ &= K_n^2 \boldsymbol{s}_n^\dagger(\boldsymbol{\Sigma}_n - v_n \boldsymbol{f}_n \boldsymbol{f}_n)\boldsymbol{s}_n \end{aligned} \tag{4.84}$$

由中心极限定理和贝叶斯公式可将式（4.82）变为

$$\lambda_e^E(c_{n,j}) = \ln \frac{\sum\limits_{\forall \alpha_i : c_{i,j}=1} \exp\left(-\rho_{n,i} + \frac{1}{2}\sum\limits_{\forall j', j' \neq j} \hat{c}_{n,j'}\lambda_e^D(c_{n,j'})\right)}{\sum\limits_{\forall \alpha_i : c_{i,j}=0} \exp\left(-\rho_{n,i} + \frac{1}{2}\sum\limits_{\forall j', j' \neq j} \hat{c}_{n,j'}\lambda_e^D(c_{n,j'})\right)}, \quad j=1,2,\cdots,Q \tag{4.85}$$

式中

$$\rho_{n,i} = \frac{|\tilde{x}(n) - \mu_{n,i}|^2}{\sigma_{n,i}^2} \tag{4.86}$$

$$\hat{c}_{n,j} = \begin{cases} +1, & c_{n,j}=1 \\ -1, & c_{n,j}=0 \end{cases} \tag{4.87}$$

为了降低其计算复杂度，这里采用如下的近似方式[18]：

$$\begin{aligned}\rho_{n,i} &= \frac{|\tilde{x}(n) - \mu_{n,i}|^2}{\sigma_{n,i}^2} = \frac{|\tilde{x}(n) - \alpha_i K_n \boldsymbol{s}_n^\dagger \boldsymbol{f}_n^\dagger|^2}{K_n^2 \boldsymbol{s}_n(\boldsymbol{\Sigma}_n - v_n \boldsymbol{f}_n \boldsymbol{f}_n)\boldsymbol{s}_n}\\ &\approx \frac{|\tilde{x}(n) - \alpha_i \boldsymbol{s}_n^\dagger \boldsymbol{f}_n^\dagger|^2}{\boldsymbol{s}_n^\dagger(\boldsymbol{\Sigma}_n - v_n \boldsymbol{f}_n^\dagger \boldsymbol{f}_n)\boldsymbol{s}_n}\end{aligned} \tag{4.88}$$

当 $n=N_s$ 时，SISO 解映射输出所有发射符号的均衡外信息 $\lambda_e^E(\boldsymbol{c}_n)$。将均衡器外信息序列送入解交织器中，获得发送信息的对数似然比 $\lambda_e^E(\boldsymbol{a}_n)$。再将其送入译码器输出译码结果和译码器外信息 $\lambda_e^D(\boldsymbol{a}_n)$。当未达到预设迭代次数时，将译码器的外信息进行交织，生成均衡器的先验信息 $\lambda_e^D(\boldsymbol{c}_n)$。利用均衡器的先验信息可得发射符号为 α_i 的概率 $P(x(n)=\alpha_i)$ 为[18, 20]

$$P(x(n)=\alpha_i) = \prod_{j=0}^{Q-1} \frac{\exp(\hat{c}_{n,j}\lambda_e^D(c_{n,j}))}{1+\exp(\hat{c}_{n,j}\lambda_e^D(c_{n,j}))}, \quad \alpha_i = \operatorname{map}(c_{n,0},\cdots,c_{n,Q-1}) \tag{4.89}$$

利用式（4.76）和式（4.77）得到发送符号的均值和方差，从而进行下一次迭代均衡及译码。

在利用式（4.50）和式（4.51）对插值因子进行更新时，反馈信号则采用发射符号的均值来代替发射符号的硬判决值来减小判决误差对系统的影响。综上，该接收机算法如表 4.2 所示。

表 4.2　基于信道估计的宽带多普勒补偿线性迭代均衡接收机

输入：离散采样信号 $\boldsymbol{Y}$；
输出：译码结果 $\boldsymbol{d}$。

初始化：$I(0)=1$，$\lambda_e^D(\boldsymbol{c}_n)=\boldsymbol{0}_{N_c\times 1}$。

for iter = 0 to It

for $n=0$ to N_s-1

$z(k)=(I(n)y(i)+(I(n)-1)y(i+1))\mathrm{e}^{-\mathrm{j}\varphi(n)}$

$\hat{\boldsymbol{h}}(n+1)=\hat{\boldsymbol{h}}(n)+\text{Modified-RLS}\{z(n),\overline{\boldsymbol{x}}(n),\boldsymbol{V}(n)\}$

$\tilde{x}(n)=K_n\boldsymbol{s}_n^\dagger(\boldsymbol{z}(n)-\boldsymbol{H}_n\overline{\boldsymbol{x}}(n)+\overline{x}(n)\boldsymbol{f}_n^\dagger)$

for $j=1$ to Q

$$\rho_{n,i}=\frac{|\tilde{x}(n)-\alpha_i\boldsymbol{s}_n^\dagger\boldsymbol{f}_n^\dagger|^2}{\boldsymbol{s}_n^\dagger(\boldsymbol{\Sigma}_n-v_n\boldsymbol{f}_n^\dagger\boldsymbol{f}_n)\boldsymbol{s}_n}$$

$$\lambda_e^E(c_{n,j})=\ln\frac{\sum\limits_{\forall\alpha_i:c_{i,j}=1}\exp\left(-\rho_{n,i}+\frac{1}{2}\sum\limits_{\forall j',j'\neq j}\hat{c}_{n,j'}\lambda_e^D(c_{n,j'})\right)}{\sum\limits_{\forall\alpha_i:c_{i,j}=0}\exp\left(-\rho_{n,i}+\frac{1}{2}\sum\limits_{\forall j',j'\neq j}\hat{c}_{n,j'}\lambda_e^D(c_{n,j'})\right)}$$

end for

if $n\leqslant N_t$

$\hat{x}(n)=x(n)$（训练序列模式）

else

$$P(x(n)=\alpha_i)=\prod_{j=0}^{Q-1}\frac{\exp(\hat{c}_{n,j}\lambda_e^D(c_{n,j}))}{1+\exp(\hat{c}_{n,j}\lambda_e^D(c_{n,j}))},\quad \alpha_i=\text{map}(c_{n,0},\cdots,c_{n,Q-1})$$

$$\overline{x}(n)=\sum_{i=0}^{2^Q-1}\alpha_iP(x(n)=\alpha_i),\quad v_n=\sum_{i=0}^{2^Q-1}(\alpha_i-\overline{x}(n))^2P\big(x(n)=\alpha_i\big)$$

end if

利用式（4.50）和式（4.51）对插值因子进行递归更新；

end for

利用译码器生成均衡器先验信息 $\lambda_e^D(\boldsymbol{c}_n)$ 和译码结果 $\boldsymbol{d}$；

end for

4.3.5　基于信道估计的宽带多普勒补偿线性迭代空时处理接收机

由 4.3.4 节可知，迭代接收机可以间接的在接收端获得发送符号的先验信息从而提升接收算法的误码率性能。由 4.3.1 节可知，有效的空时处理技术可以通过空间预综合器获得多路增益。故本节主要研究基于信道估计的宽带多普勒补偿线性迭代空时处理接收机。接收机由空间预综合器、多路插值器、并行信道估计、多路线性均衡器和译码器组成，其原理框图如图 4.6 所示。

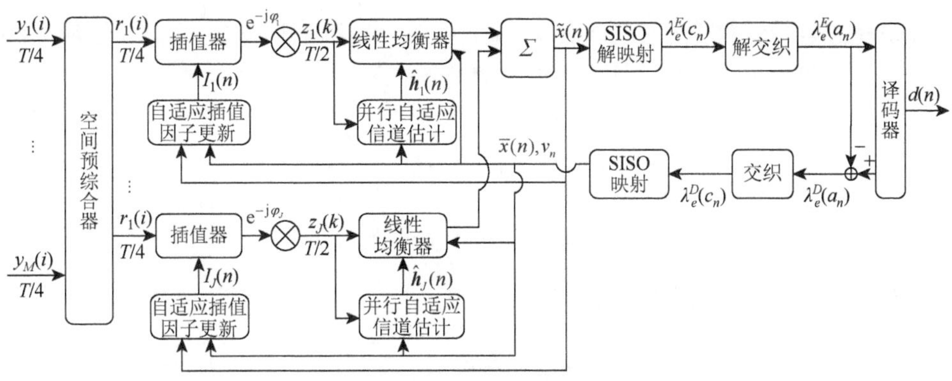

图 4.6　基于信道估计的宽带多普勒补偿线性迭代空时处理接收机原理框图

接收信号以 $T/4$ 间隔采样后，空间预综合器将 M 路输入信号综合后输出 J 路待处理信号。因此，在接收端配置 J 个并行插值器和自适应信道估计器对接收信号进行多普勒补偿以及信道追踪。以第 j 路空间预综合器输出信号为例，线性均衡器利用信道估计值 $\hat{\boldsymbol{h}}_j(n)$ 对多普勒补偿信号 $z_j(k)$ 进行符号估计，得到第 j 路符号估计值 $\chi_j(n)$；对 J 路信号进行等比例加权获得该时刻符号估计值 $\tilde{x}(n)$；对估计的发射符号进行 SISO 解映射，输出均衡器外信息对数似然比 $\lambda_e^E(c_n)$；对均衡器输出的对数似然比进行解交织和 MAP 译码后，得到当前迭代下的译码结果 $\boldsymbol{d}$ 和译码器外信息；在译码器外信息中去掉译码器的先验信息生成发送信息的先验信息 $\lambda_e^D(a_n)$；对发送信息的先验信息进行交织和 SISO 映射生成发送符号的估计值 $\bar{x}(n)$ 和方差 v_n；插值器和均衡器利用发送符号的均值和方差进行下一次均衡和译码过程；当达到预设迭代次数后，输出译码器译码结果。

空间预综合器输出的第 j 路信号可被表示为[3]

$$r_j(i) = \sum_{m=1}^{M} c_{j,m}^* y_m(i) = \boldsymbol{c}_j^\dagger \boldsymbol{y}(i), \quad j = 1,2,\cdots,J \tag{4.90}$$

式中，$\boldsymbol{y}(i)$ 代表在 $iT/4$ 时刻 M 路接收信号组成的列向量。以空间预综合器的第 j 路输出信号为例，利用插值器补偿宽带多普勒效应的过程如下：

$$\theta_j(n) = \theta_j(n-1) + 2\pi(I_j(n)-1) f_c \frac{T}{2} \tag{4.91}$$

$$z_j(k) = (I_j(n) r_j(i) + (I_j(n)-1) r_j(i+1)) \mathrm{e}^{-\mathrm{j}\theta_j(n)} \tag{4.92}$$

因为分数阶均衡器对接收信号的同步信息有很强的鲁棒性，所以本节研究的基于信道估计的宽带多普勒补偿线性迭代空时处理接收机采用分数间隔均衡器对多普勒补偿信号进行符号估计。由 4.3.4 节可知，信道估计器采用多个自适应算法同时对信道冲激响应进行估计，其简化更新过程为

$$\hat{\boldsymbol{h}}_j(n+1)=\hat{\boldsymbol{h}}_j(n)+\text{Par-Modified-RLS}\{\boldsymbol{z}_j(k),\overline{\boldsymbol{x}}(n),\boldsymbol{V}(n)\} \tag{4.93}$$

由式（4.81）可得第 j 路符号估计值为

$$\chi_j(n)=K_{j,n}\boldsymbol{s}_{j,n}^{\dagger}(\boldsymbol{z}_j(n)-\boldsymbol{H}_{j,n}\overline{\boldsymbol{x}}(n)+\overline{\boldsymbol{x}}(n)\boldsymbol{f}_{j,n}^{\dagger}) \tag{4.94}$$

故此刻均衡过程输出的符号估计值为

$$\tilde{x}(n)=\frac{1}{J}\sum_{j=1}^{J}\chi_j(n) \tag{4.95}$$

结合式（4.85）和式（4.83）、式（4.84）、式（4.86）可得各个输出通道的 SISO 解映射对数似然比，即

$$\lambda_{e,j}^{E}(c_{n,q})=\ln\frac{\sum\limits_{\forall\alpha_i:c_{i,q}=1}\exp\left(-\rho_{n,i}+\frac{1}{2}\sum\limits_{\forall q,q'\neq q}\hat{c}_{n,q'}\lambda_e^{D}(c_{n,q'})\right)}{\sum\limits_{\forall\alpha_i:c_{i,q}=0}\exp\left(-\rho_{n,i}+\frac{1}{2}\sum\limits_{\forall q',q'\neq q}\hat{c}_{n,q'}\lambda_e^{D}(c_{n,q'})\right)},\quad q=1,2,\cdots,Q \tag{4.96}$$

因此，多路均衡器 SISO 解映射输出对数似然比为

$$\lambda_e^{E}(c_{n,q})=\sum_{j=1}^{J}\lambda_{e,j}^{E}(c_{n,q}) \tag{4.97}$$

对均衡器输出对数似然比进行解交织后生成译码器输入信息 $\lambda_e^E(\boldsymbol{a}_n)$；译码器对输入对数似然比进行 MAP 译码得到译码器外信息 $\lambda_e^D(\boldsymbol{a}_n)$ 和译码结果 $\boldsymbol{d}$；对译码器外信息 $\lambda_e^D(\boldsymbol{a}_n)$ 进行交织，得到均衡器的先验信息 $\lambda_e^D(c_n)$；利用式（4.89）和式（4.76）、式（4.77）得到发射符号的均值和方差，指导下一次信道估计和均衡过程。当达到预设迭代次数或误码率小于预设值时，完成迭代均衡译码过程，输出译码结果。

在利用式（4.50）和式（4.51）对插值因子进行更新时，反馈信号则采用发射符号的均值来代替发射符号的硬判决值来减小判决误差对系统的影响。而空间预综合器则是利用符号判决误差，在 MMSE 准则下进行递归更新。在接收端为降低接收机的计算复杂度，在更新空间预综合器时假设接收信号为 $\boldsymbol{Y}'(n)$ 与均衡器输入信号为同一采样间隔。由式（4.94）和式（4.90）可知

$$
\begin{aligned}
\tilde{x}(n) &= \sum_{j=1}^{J} K_{j,n} \boldsymbol{s}_{j,n}^{\dagger} (\boldsymbol{z}_j(n) - \boldsymbol{H}_{j,n}\overline{\boldsymbol{x}}(n) + \overline{\boldsymbol{x}}(n)\boldsymbol{f}_{j,n}^{\dagger}) \\
&= \sum_{j=1}^{J} K_{j,n} \boldsymbol{s}_{j,n}^{\dagger} (\boldsymbol{c}_j^{\dagger}\boldsymbol{Y}'(n) - \boldsymbol{H}_{j,n}\overline{\boldsymbol{x}}(n) + \overline{\boldsymbol{x}}(n)\boldsymbol{f}_{j,n}^{\dagger}) \\
&= [\boldsymbol{c}_1^{\dagger} \quad \cdots \quad \boldsymbol{c}_J^{\dagger}] \begin{bmatrix} K_{1,n}\boldsymbol{s}_{1,n}^{\dagger}\boldsymbol{Y}'(n) \\ \vdots \\ K_{J,n}\boldsymbol{s}_{J,n}^{\dagger}\boldsymbol{Y}'(n) \end{bmatrix} \\
&\quad - \sum_{j=1}^{J} K_{j,n} \boldsymbol{s}_{j,n}^{\dagger} (\boldsymbol{H}_{j,n}\overline{\boldsymbol{x}}(n) + \overline{\boldsymbol{x}}(n)\boldsymbol{f}_{j,n}^{\dagger})
\end{aligned} \tag{4.98}
$$

可将式（4.98）简化为

$$
\tilde{x}(n) = \boldsymbol{c}^{\dagger}(n)\boldsymbol{\Theta}(n) - \zeta(n) \tag{4.99}
$$

$$
\boldsymbol{\Theta}(n) = \begin{bmatrix} K_{1,n}\boldsymbol{s}_{1,n}^{\dagger}\boldsymbol{Y}'(n) \\ \vdots \\ K_{J,n}\boldsymbol{s}_{J,n}^{\dagger}\boldsymbol{Y}'(n) \end{bmatrix} \tag{4.100}
$$

$$
\zeta(n) = \sum_{j=1}^{J} K_{j,n} \boldsymbol{s}_{j,n}^{\dagger} (\boldsymbol{H}_{j,n}\overline{\boldsymbol{x}}(n) + \overline{\boldsymbol{x}}(n)\boldsymbol{f}_{j,n}^{\dagger}) \tag{4.101}
$$

式中，$\boldsymbol{c}(n)$ 为空间预综合矩阵 $\boldsymbol{C}(n)$ 的列向量表示。由式（4.99）可见，符号估计值可由空间预综合向量 $\boldsymbol{c}(n)$ 与等效信号 $\boldsymbol{\Theta}(n)$ 的内积加上与空间预综合器无关项 $\zeta(n)$ 而得。

所以，利用符号估计 MMSE 准则更新空间预综合矩阵的过程可简化为

$$
\boldsymbol{c}(n+1) = \boldsymbol{c}(n) + A_1\{\boldsymbol{\Theta}(n), e(n)\} \tag{4.102}
$$

式中，A_1 代表自适应更新算法。为了加快算法的收敛速度，同时尽量降低接收机的计算复杂度，本节采用常规 RLS 算法对空间预综合器矩阵进行递归更新。

4.4　试验数据处理及分析

4.4.1　分布式接收基阵试验简介

为验证本章提出的有效空时处理技术的水声通信技术的有效性，现对 2009 年 11 月 6 日得克萨斯大学在阿尔湖特拉维斯试验站的试验数据进行分析。试验数据可从文献[21]中获得，具体的试验环境和条件可参阅文献[22]。该湖的最大深度约为 37m[23-25]，其声速剖面如图 4.7 所示。在发射船上悬挂一个全指向性发射换

能器，入水深度为 1～8m；5 个接收水听器布放的位置靠近试验站，入水深度为 4.6m，其相对布放位置关系如图 4.8 所示。本章处理的数据为发射船高速运动阶段的数据，船速大约为 1.36m/s，行驶过程中水深的变化小于 5m。

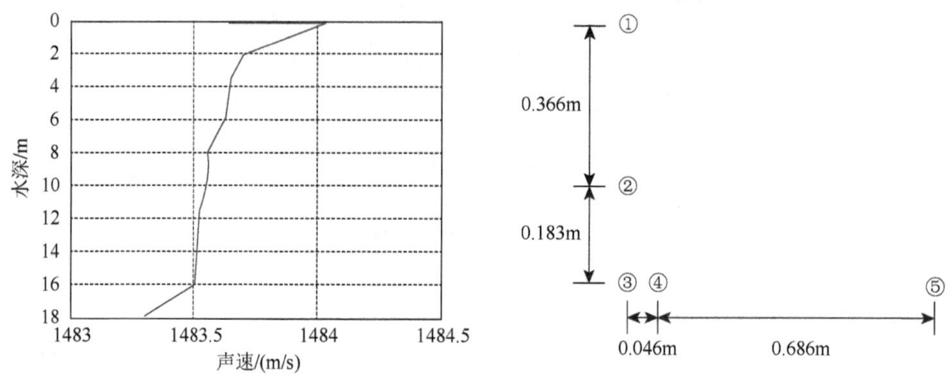

图 4.7　声速剖面　　　　图 4.8　5 元接收基阵布放配置示意图

发射数据的帧结构如图 4.9 所示，接收试验信号为 QPSK 调制，每个数据帧包含 4096 个符号，其中前 256 个符号作为训练序列。发射符号经滚降因子为 1 的升余弦脉冲成型滤波器生成基带发射信号，而后调制到中心频率为 62.5kHz 的载波上；信号带宽为 31.25kHz，符号率为 15.625k 符号/s。

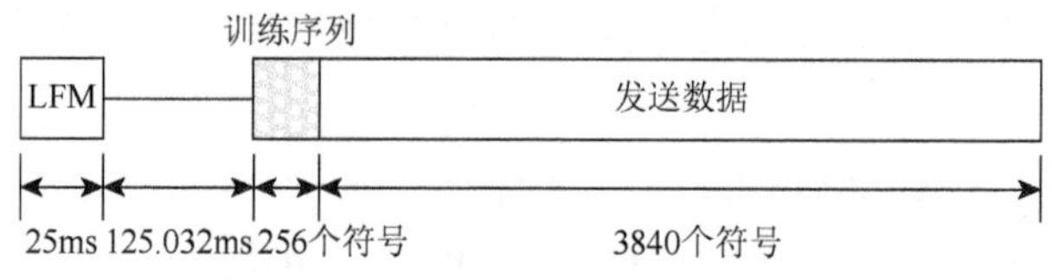

图 4.9　发送数据帧结构示意图

4.4.2　基于自适应锁相环技术的窄带空时接收机性能分析

基于自适应锁相环技术的窄带空时接收机参数设计如下：①等效前馈滤波器 RLS 更新算法遗忘因子，在训练序列模式下为 $\lambda_1 = 0.975$，在数据模式下为 $\lambda_2 = 0.999$；②简便信道估计更新算法遗忘因子，在训练序列模式下为 $\lambda_1 = 0.975$，在数据模式下为 $\lambda_2 = 0.999$；③空间预综合矩阵 RLS 更新算法遗忘因子为 $\lambda = 0.99$；④二阶递归锁相环的跟踪常量为 $K_{f1} = 2\times10^{-4}$，积分跟踪常量为 $K_{f2} = 2\times10^{-5}$；⑤等效前馈滤波器长度和反馈信号长度由信道多途扩展长度决定。首先，利用线性调频信号估计输入信道长度及多途结构。线性滤波器长度选取输入信道非因果部分长度的 3 倍，反馈信号的长度选取大于信道多途扩展长度即可。以第一帧发射信号为例，用线性调频信号估计输入信号的信道冲激响应如图 4.10 所示，利用 RLS 算法在遗忘因子 $\lambda = 0.975$ 时估计的时变信道如图 4.11 所示。

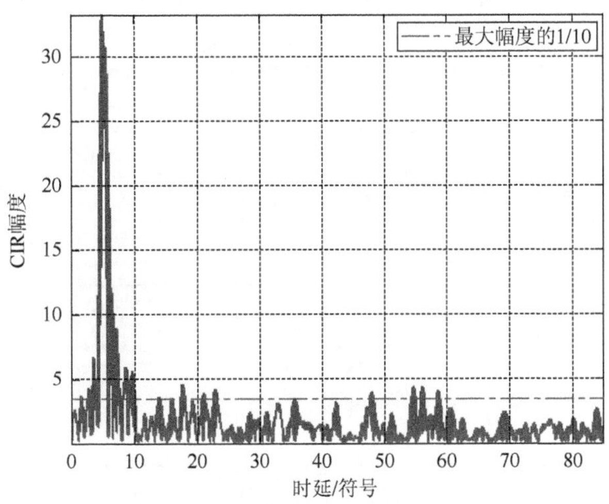

图 4.10　信道冲激响应

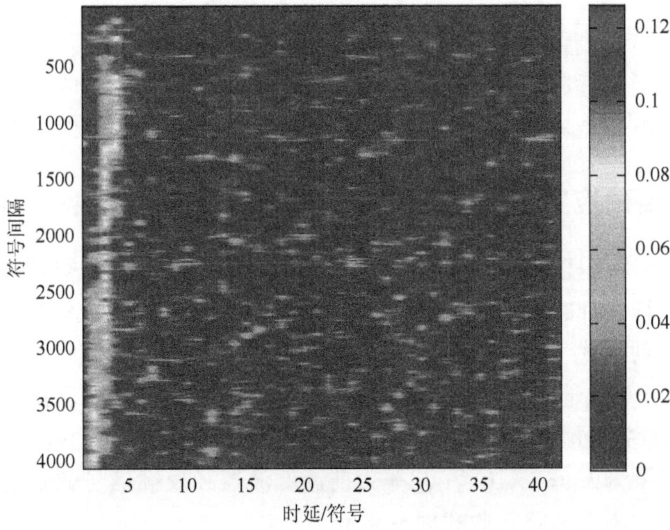

图 4.11　时变信道估计图（彩图见封底二维码）

从图 4.10 和图 4.11 可以看出，水声信道具有明显的时变特性；当收发平台存在相对运动时，信道的多途结构会随着时间发生变化。

利用基于自适应锁相环技术的窄带空时接收机技术处理上述试验数据。当空间预综合器输入通道数为 5 时，对应于不同的空间预综合器输出通道数有 4 种模式，即空间预综合器的 5 个输入通道可以经过空间预综合器分别输出 1、2、3 或 4 个通道。在这 4 种模式下，分别处理 37 帧试验数据，其结果如图 4.12 所示。

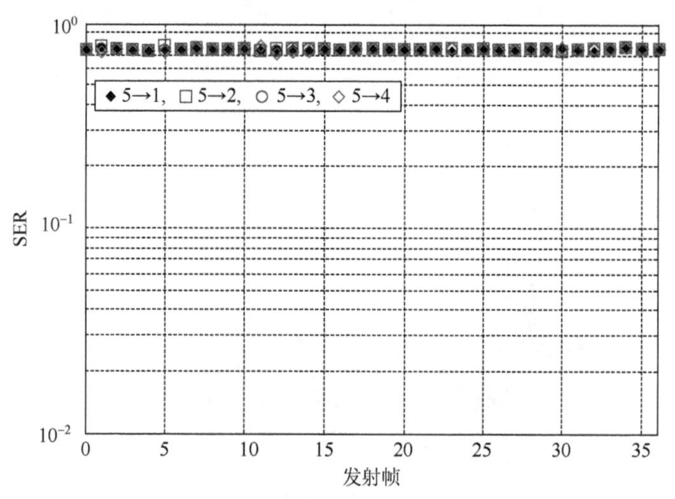

图 4.12　窄带空时接收机处理结果

SER（symbol error rate）表示误符号率

从图 4.12 可以看出，在这 4 种空间预综合模式下接收机误符号率均在 0.75 左右，说明基于自适应锁相环技术的窄带空时接收机结构在接收信号经历宽带多普勒效应条件下完全失效。

4.4.3　基于自适应宽带多普勒补偿技术的有效空时接收机性能分析

当采用本章提出的基于自适应宽带多普勒补偿技术的有效空时接收机技术对该试验数据进行处理时，采用参数如下：①等效线性滤波器 RLS 更新算法遗忘因子，在训练序列模式下为 $\lambda_1 = 0.975$，在数据模式下为 $\lambda_2 = 0.999$；②并行信道估计自适应 RLS 算法遗忘因子，在训练序列模式下为 $\lambda_1 = 0.975$，在数据模式下为 $\lambda_2 = 0.999$；③空间预综合矩阵自适应 RLS 算法遗忘因子为 $\lambda = 0.99$；④插值器的比例跟踪常量为 $K_1 = 2\times10^{-3}$；⑤等效前馈滤波器和反馈信号的长度选取与窄带多普勒假设下的高效多路接收机时一致。

不采用空间预综合器的条件下对 5 个接收水听器接收到的 37 帧信号分别进行处理，其处理结果如图 4.13 所示。

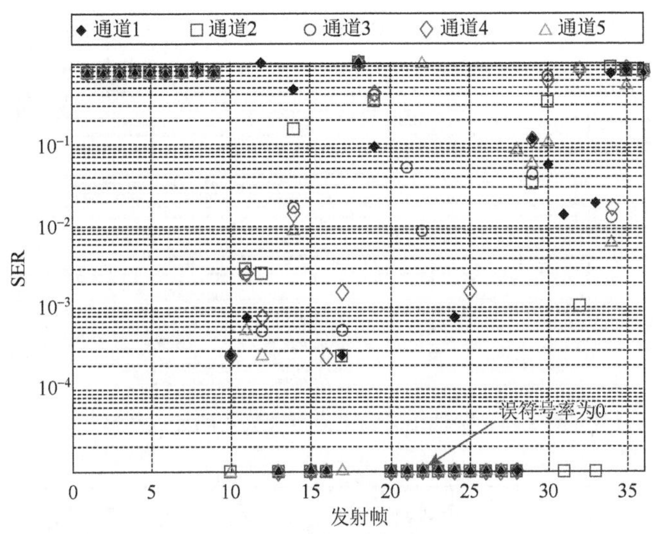

图 4.13　单通道处理结果

从图 4.13 可以看出，内嵌插值器的单路接收机在处理上述 37 帧信号时，对前 9 帧数据处理效果不理想，其误符号率均在 0.75 左右。从第 10～33 帧数据的处理结果可以看出，在单路处理的情况下，该算法可以补偿宽带信号多普勒效应，并在某些通道的处理中实现零误符号率。

当空间预综合器输出通道数 J 为 1 时，在空间预综合器输入通道数 M 分别为 2、3、4 和 5 的条件下，对接收到的 37 帧信号进行处理；各空间预综合器输入通道的平均误符号率与单路处理结果的对比如图 4.14 所示；在空间预综合器输入信道为 5 的情况下，利用插值因子对收发平台相对速度进行估计，其结果如图 4.15 所示。

以单路接收机处理第 1 个接收水听器接收信号的结果为参考。从图 4.14 可以看出，本章提出的接收机处理结果要明显优于单路接收机的处理结果，且随着空间预综合器输入信道数的增多，系统误符号率下降。与图 4.12 中基于自适应锁相环技术的窄带空时接收机处理结果相比，本章提出的接收机算法可以有效地处理经历宽带多普勒效应的接收信号。对存在符号判决错误的通道进行最优参数搜索时，其系统误符号率会明显降低。从图 4.15 中可以看出，在算法收敛之后，利用插值因子估计出的收发平台间相对速度与试验条件相近。

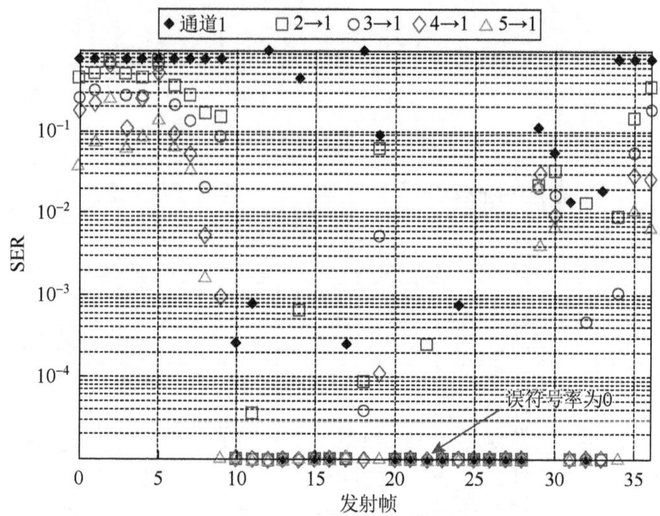

图 4.14　预综合后输出通道数为 1 的处理结果

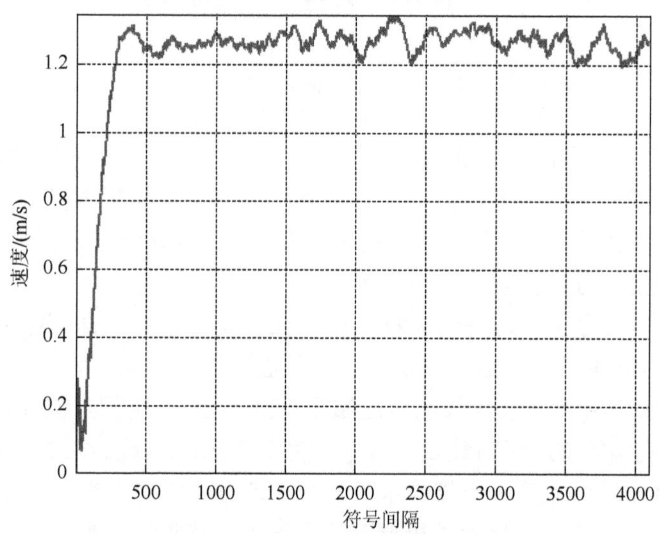

图 4.15　收发平台间相对速度估计

在空间预综合器输入通道数 M 分别为 3、4 和 5 的情况下，针对不同的空间预综合器输出通道进行分析，系统误符号率结果分别如图 4.16～图 4.18 所示；均衡器输出信噪比结果如图 4.19 所示。均衡器输出信噪比的计算公式为

$$\mathrm{SNR_{out}} = -10\log_{10}\left(\frac{1}{N_s}\sum_{n=1}^{N_s}|e(n)|^2\right) \tag{4.103}$$

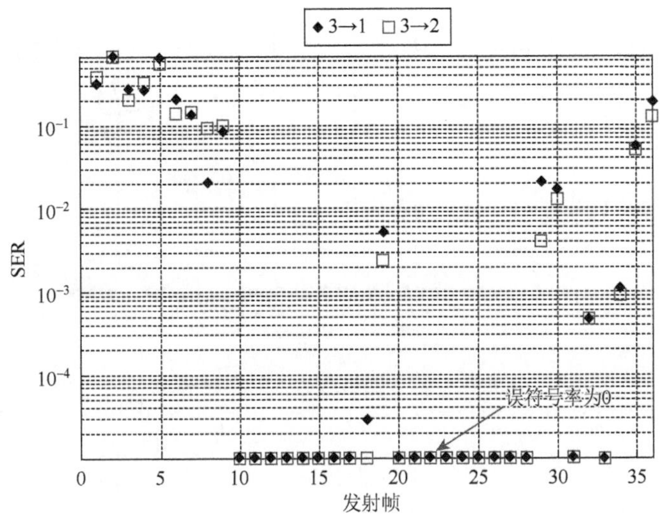

图 4.16　输入通道数为 3 时误符号率

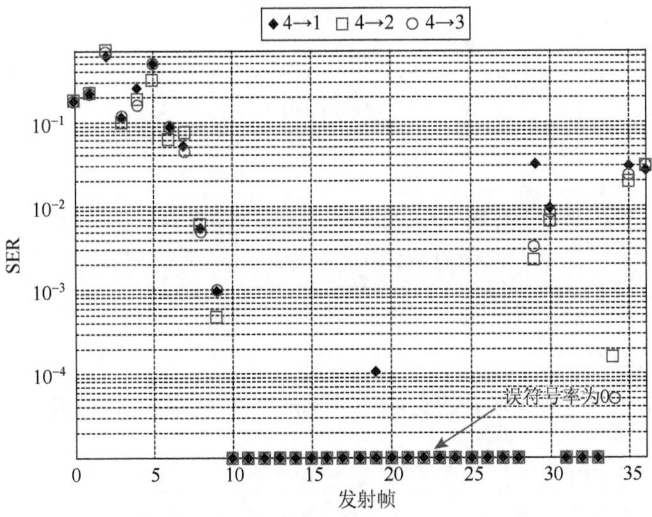

图 4.17　输入通道数为 4 时误符号率

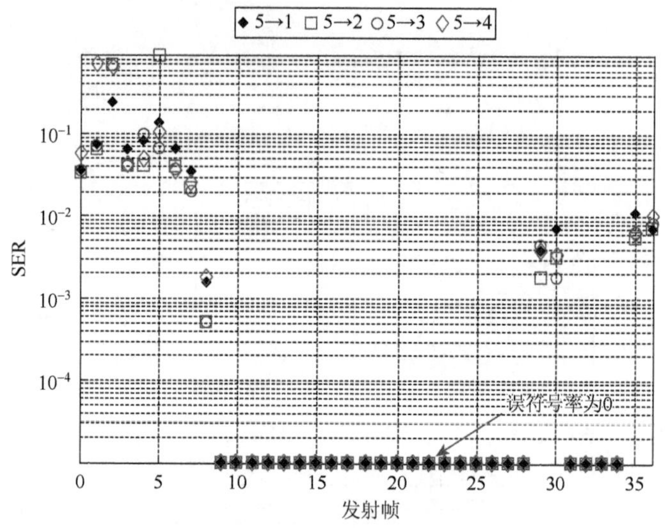

图 4.18　输入通道数为 5 时误符号率

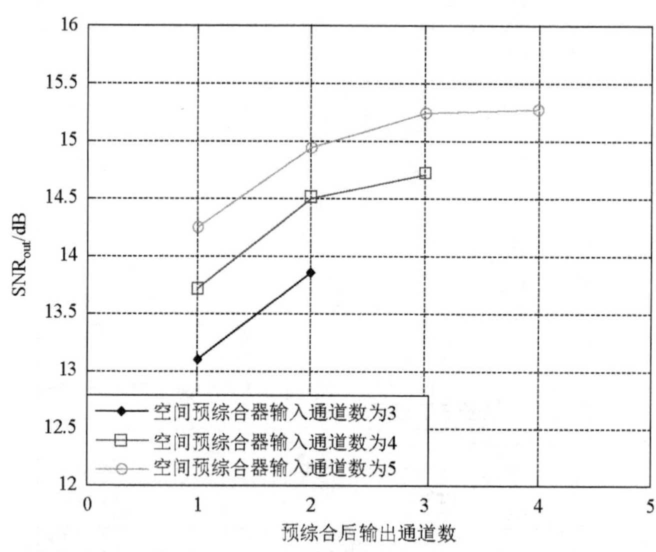

图 4.19　3 种模式下空间预综合器输入通道数与均衡器输出信噪比

从图 4.16 中可以看出，在空间预综合器输入通道数 M 为 3 的条件下，当空间预综合器输出通道数 J 为 1 时，有 19 帧数据误符号率为 0，有 4 帧数据误符号率小于1×10^{-2}；当空间预综合器输出通道数 J 为 2 时，有 20 帧数据误符号率为 0，有 5 帧数据误符号率小于1×10^{-2}。从图 4.17 中可以看出，在空间预综合器输入通道数 J 为 4 的条件下，当空间预综合器输出通道数 J 为 1 时，有

21 帧数据误符号率为 0，有 5 帧数据误符号率小于1×10^{-2}；当空间预综合器输出通道数为 2 和 3 时，有 22 帧数据误符号率为 0，有 5 帧数据误符号率小于1×10^{-2}。从图 4.18 中可以看出，在空间预综合器输入通道数J为 5 的条件下，当空间预综合器输出通道数为 1、2、3 和 4 时，有 24 帧数据误符号率为 0，有 5 帧数据误符号率小于1×10^{-2}。

从图 4.19 中可以看出，在空间预综合器输出通道数J为 1 时，空间预综合器输入通道数M为 5 的均衡器输出信噪比比空间预综合器输入通道数J为 3 的均衡器输出信噪比高 1.15dB；空间预综合器输入通道数J为 4 的均衡器输出信噪比比空间预综合器输入通道数J为 3 的均衡器输出信噪比高 0.65dB。在空间预综合器输出通道数J为 2 时，空间预综合器输入通道数J为 5 的均衡器输出信噪比比空间预综合器输入通道数为 3 的均衡器输出信噪比高 1.1dB；空间预综合器输入通道数J为 4 的均衡器输出信噪比比空间预综合器输入通道数J为 3 的均衡器输出信噪比高 0.5dB。在空间预综合器输入通道数相同的条件下，输出信噪比随着预综合后输出通道数的增多先增大后趋于稳定且不再增加。综上，随着空间预综合器输入通道数的增多，均衡器输出信噪比增大，当空间预综合器的输入通道数相同时，均衡器输出信噪比随着空间预综合器输出通道数的增多而增大至趋于平缓，一般为了兼顾性能以及接收机的复杂度，在本章的条件下选择J为 3 可以获得很好的性能与复杂度的平衡。

4.5　线阵试验数据处理

4.5.1　试验简介

为验证本章提出的有效空时处理技术的水声通信接收机在不同形状接收水听器线阵下的有效性，本节对 2013 年 11 月进行的中国吉林省松花湖试验数据进行分析。试验场地湖深约为 48.6m。发射换能器固定在试验船上并用钢管悬挂，入水深约 2m。48 个接收水听器按照间隔为 0.25m 固定垂直排列，用沉块固定在近岸边距湖底约 7m 处。试验船以最大速度为±6kn 运动，其试验布局如图 4.20 所示。测量的声速剖面和声场强度如图 4.21 所示。

试验信号采用码率为 1/2 的卷积码编码和 QPSK 映射。每帧数据包含 4500 个信息比特，经编码映射后生成 5000 个发射符号，其中前 500 个符号为训练序列。发射符号分别经滚降因子为 0.5 和 0.2 的升余弦脉冲成型滤波器生成带宽为 2kHz、符号率分别为 1k 符号/s 和 2k 符号/s 的基带发射信号，而后调制到中心频率为 3.3kHz 的载波上。发射数据的帧结构如图 4.22 所示。

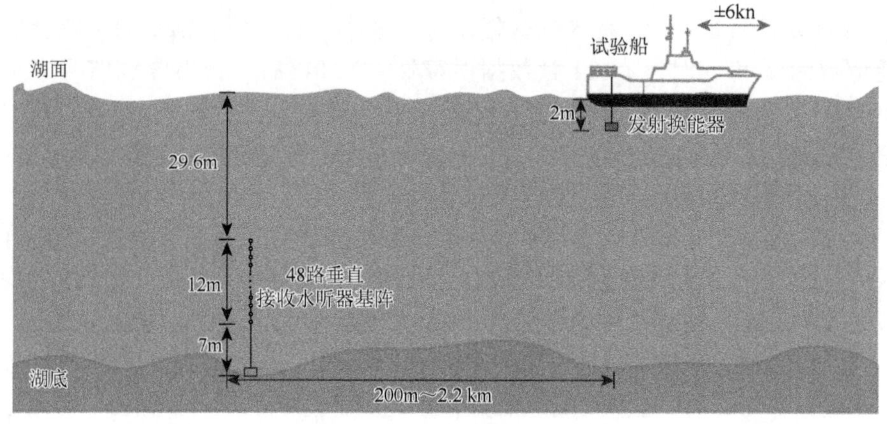

图 4.20　松花湖试验布局图

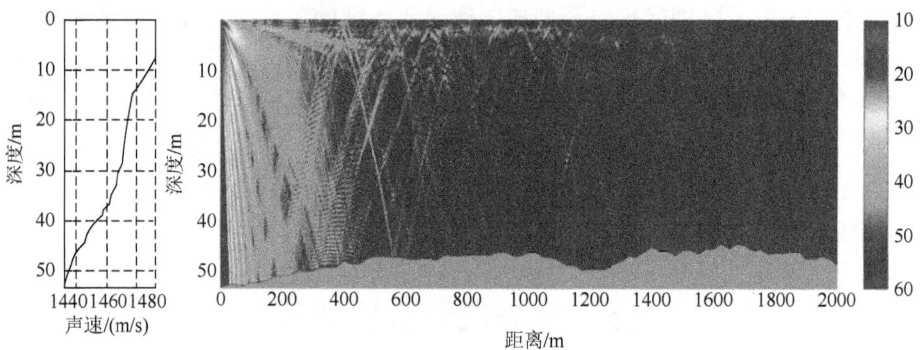

图 4.21　声速剖面及声场强度图（彩图见封底二维码）

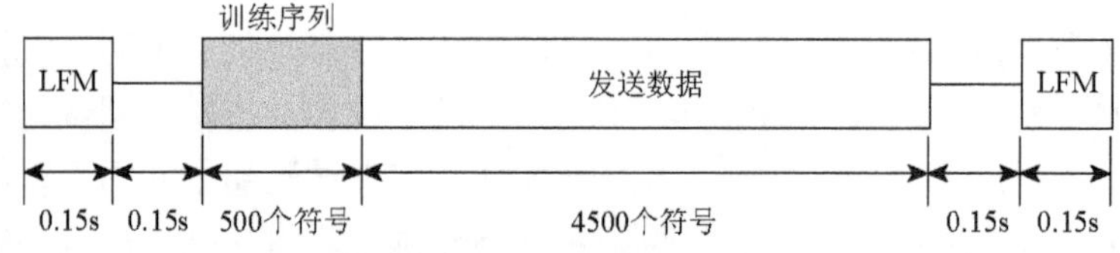

图 4.22　发送数据帧结构示意图

4.5.2　基于自适应宽带多普勒补偿的接收机性能分析

由 4.5.1 节试验简介可知，该试验接收信号包含宽带多普勒效应，即存在时域上的压缩或扩张。因此，传统的基于锁相环结构的多普勒补偿接收机无法适用于该类信号处理。所以，本节主要对基于信道估计的符号阶线性均衡接收机、基于信道估计的分数阶线性均衡接收机和基于自适应宽带多普勒补偿技术的空时接收机进行对比。

基于信道估计的线性均衡接收机与基于自适应多普勒补偿技术的空时处理接收机结构不同，所以在参数选择上也不尽相同。基于信道估计的线性均衡接收机的参数设置如下：①插值器的比例跟踪常量为 $K_1=2\times10^{-3}$；②信道估计自适应 RLS 算法遗忘因子，在训练序列模式下为 $\lambda_1=0.98$，在数据模式下为 $\lambda_2=0.985$；③符号阶均衡器因果部分长度为估计的信道长度，非因果部分长度为信道因果部分长度；④分数阶均衡器因果部分长度为估计信道长度的 2 倍，非因果部分长度为信道因果部分长度的 4 倍。基于自适应多普勒补偿技术的空时处理接收机的参数设置如下：①等效线性滤波器 RLS 更新算法遗忘因子，在训练序列模式下为 $\lambda_1=0.975$，在数据模式下为 $\lambda_2=0.999$；②并行信道估计自适应 RLS 算法遗忘因子，在训练序列模式下为 $\lambda_1=0.975$，在数据模式下为 $\lambda_2=0.999$；③空间预综合矩阵自适应 RLS 算法遗忘因子为 $\lambda=0.99$；④插值器的比例跟踪常量为 $K_1=2\times10^{-3}$；⑤等效判决反馈接收机的前馈滤波器和反馈滤波器的长度依据估计的信道长度选择，等效前馈滤波器选取信道长度的 2 倍，等效反馈滤波器选取信道非因果长度的 2 倍。

本节选取 2 帧 1k 符号/s 的试验数据和 2 帧 2k 符号/s 的试验数据进行处理，其中基于自适应多普勒补偿技术的空时处理接收机选取输入通道数 M 为 2 和 3 两种情况进行讨论。利用 3 种不同结构的接收机对上述 4 帧信号进行处理，其误符号率结果如图 4.23 所示，基于自适应多普勒补偿技术的空时处理接收机在输入通道数为 2 和 3 两种情况下的误符号率对比如图 4.24 所示。

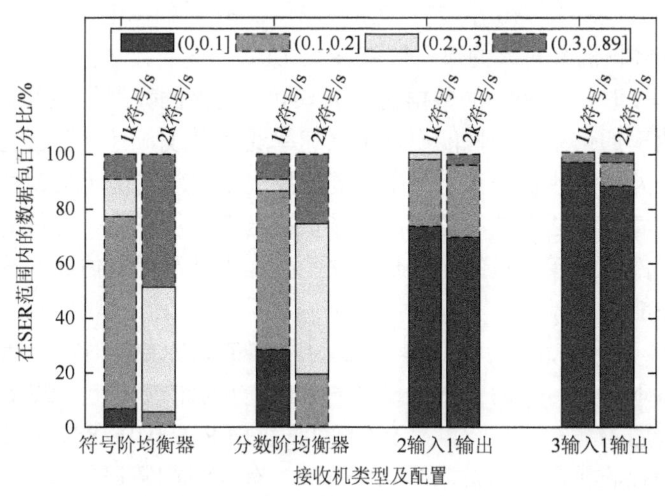

图 4.23　3 种接收机误符号率对比图（彩图见封底二维码）

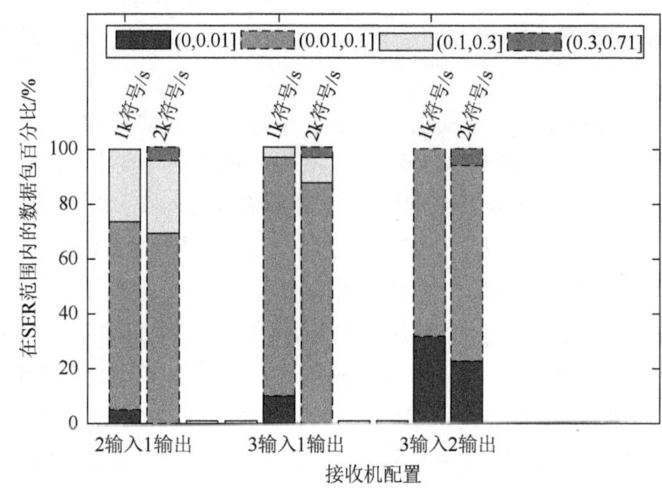

图 4.24　不同配置下基于自适应多普勒补偿技术的空时处理接收机性能对比（彩图见封底二维码）

从图 4.23 中可以看出，在处理 1k 符号/s 的试验数据时，基于信道估计的符号阶线性均衡接收机有 6%的数据包 SER $\leqslant 0.1$，71%的数据包 SER $\in (0.1,0.2]$；基于信道估计的分数阶线性均衡接收机有 28%的数据包 SER $\leqslant 0.1$，58%的数据包 SER $\in (0.1,0.2]$；在输入通道数 $M=2$、输出通道数 $J=1$ 时的基于自适应多普勒补偿技术的空时处理接收机有 73%的数据包 SER $\leqslant 0.1$，25%的数据包 SER $\in (0.1,0.2]$；在 $M=3$、$J=1$ 时，有 97%的接收通道数据包 SER $\leqslant 0.1$，3%的数据包 SER $\in (0.1,0.2]$。在处理 2k 符号/s 的试验数据时，基于信道估计的符号阶线性均衡接收机有 5%的数据包 SER $\in (0.1,0.2]$；基于信道估计的分数阶线性均衡接收机有 19%的数据包 SER $\in (0.1,0.2]$；在 $M=2$、$J=1$ 时的基于自适应多普勒补偿技术的空时处理接收机有 69%的数据包 SER $\leqslant 0.1$，27%的数据包 SER $\in (0.1,0.2]$；在 $M=3$、$J=1$ 时，有 88%的数据包 SER $\leqslant 0.1$，9%的数据包 SER $\in (0.1,0.2]$。这证明了低速率通信系统的性能要优于高速率通信系统，且基于自适应多普勒补偿技术的空时处理接收机在误符号率性能上要优于传统的基于信道估计的线性均衡接收机，随着输入通道数的增多，系统误符号率性能提升。传统的基于信道估计的分数阶线性均衡接收机的误符号率性能要优于基于信道估计的符号阶线性均衡接收机的性能。

从图 4.24 中可以看出，在处理 1k 符号/s 的试验数据时，当接收机配置为 $M=2$、$J=1$ 时，有 4%的数据包 SER $\leqslant 0.01$，67%的数据包 SER $\in (0.01,0.1]$；当接收机配置为 $M=3$、$J=1$ 时，有 9%的数据包 SER $\leqslant 0.01$，88%的数据包 SER $\in (0.01,0.1]$；当接收机配置为 $M=3$、$J=2$ 时，有 31%的数据包 SER $\leqslant 0.01$，69%的数据包 SER $\in (0.01,0.1]$。在处理 2k 符号/s 的试验数据时，当接收机配置为

$M=2$、$J=1$时，有 69%的数据包 $\text{SER}\in(0.01,0.1]$；当接收机配置为$M=3$、$J=1$时，有 88%的数据包 $\text{SER}\in(0.01,0.1]$；当接收机配置为$M=3$、$J=2$时，有 22%的数据包 $\text{SER}\leqslant 0.01$，72%的数据包 $\text{SER}\in(0.01,0.1]$。由以上分析可知，在输入通道数M为 2 和 3 时，随着输入通道数和输出通道数的增多，其系统处理性能提升。

以 1k 符号/s 的试验数据为例，这里对不同配置的基于自适应多普勒补偿技术的空时处理接收机进行对比分析。接收机的输入通道数M分别设置为 2、3、4、6 和 8，当输出通道数J为 1 时，其误符号率性能如图 4.25 所示。当输入通道数M相同时，输出通道数J从 1 到$M-1$的误符号率性能对比如图 4.26 所示。

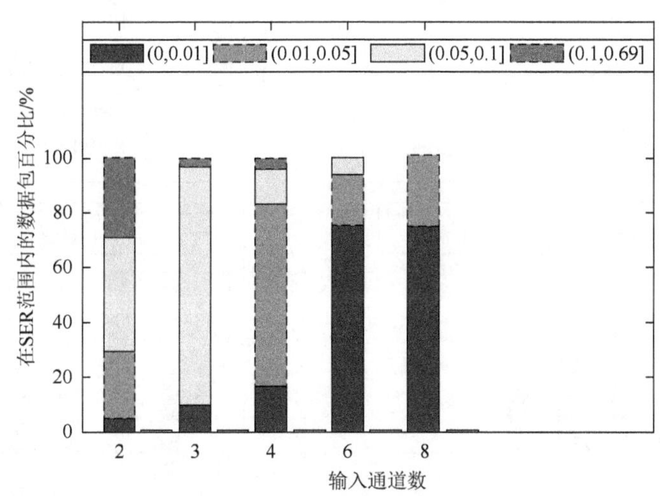

图 4.25　$J=1$时，不同的输入通道数下接收机误符号率性能（彩图见封底二维码）

从图 4.25 中可以看出，接收机在$J=1$的配置下，当$M=2$时，有 4%的数据包 $\text{SER}\leqslant 0.01$，25%的数据包 $\text{SER}\in(0.01,0.05]$；当$M=3$时，有 9%的数据包 $\text{SER}\leqslant 0.01$，41%的数据包 $\text{SER}\in(0.01,0.05]$；当$M=4$时，有 16%的数据包 $\text{SER}\leqslant 0.01$，67%的数据包 $\text{SER}\in(0.01,0.05]$；当$M=6$时，有 75%的数据包 $\text{SER}\leqslant 0.01$，19%的数据包 $\text{SER}\in(0.01,0.05]$；当$M=8$时，有 75%的数据包 $\text{SER}\leqslant 0.01$，25%的数据包 $\text{SER}\in(0.01,0.05]$。可见，当输出通道数固定时，随着输入通道数的增多，其系统的误符号率性能越好。从而证明当输入通道数增多时，通过空间预综合器的作用可提高接收信号的信噪比，进而提升系统性能。

从图 4.26 中可以看出，当输入通道数一定时，随着输出通道数的增多，其系统误符号率性能先变好后基本保持不变。这证明了随着输出通道数的增多，接收机所配置的宽带信号多普勒补偿结构、信道估计结构和前馈滤波器数量增多，使得在空间预综合器综合过程中，各通道所包含的独立多普勒影响以及信道的差异得到更好的补偿。但输出通道过多时，每一路输出通道所对应的信噪比降低，接收机整体需要更新的参数增多，使得自适应算法稳态误差增大。所以，随着输出通道的增加系统性能趋于稳定。

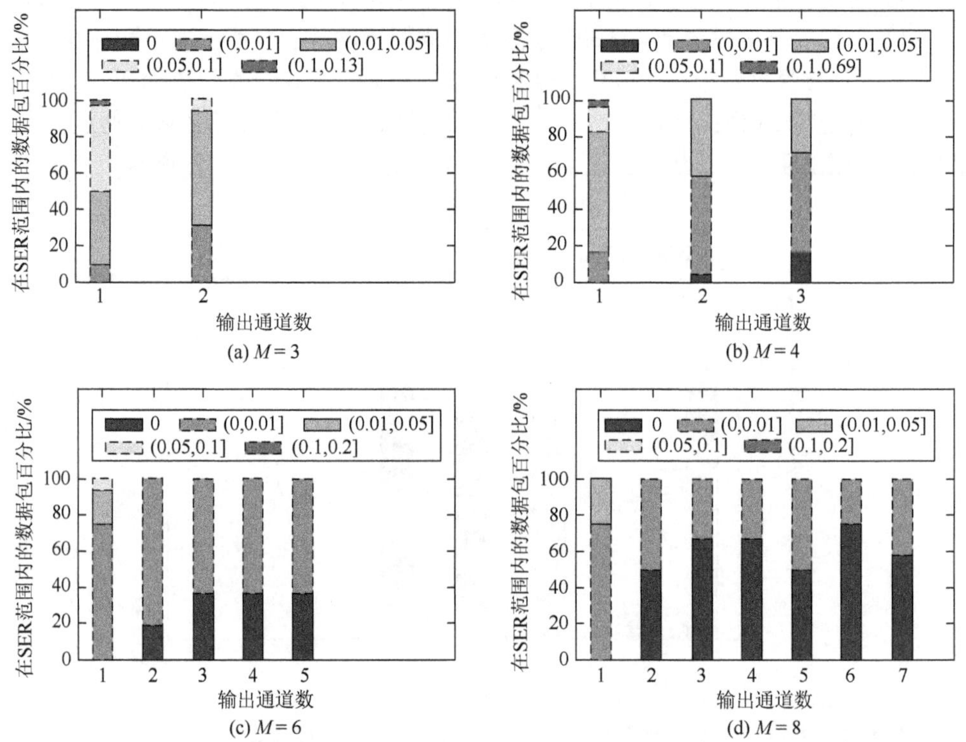

图 4.26　不同配置下接收机误符号率性能对比（彩图见封底二维码）

4.5.3　基于自适应宽带多普勒补偿的线性迭代均衡接收机性能分析

本节主要研究基于信道估计的宽带多普勒补偿线性迭代均衡接收机和基于信道估计的宽带多普勒补偿线性迭代空时处理接收机的性能分析。基于信道估计的宽带多普勒补偿线性迭代均衡接收机的参数设置与 4.5.2 节中基于信道估计的宽带多普勒补偿线性均衡接收机参数设置相同。基于信道估计的宽带多普勒补偿线性迭代空时处理接收机的参数设置如下：①改进迭代自适应信道估计算法遗忘因子，在训练序列模式下为 $\lambda_1 = 0.985$，在数据模式下为 $\lambda_2 = 0.99$；②空间预综合矩阵自适应 RLS 算法遗忘因子为 $\lambda = 0.99$；③插值器的比例跟踪常量为 $K_1 = 2\times10^{-3}$；④等效判决反馈接收机的前馈滤波器和反馈滤波器的长度依据估计的信道长度选择，等效前馈滤波器选取信道长度的 2 倍，等效反馈滤波器选取信道非因果长度的 2 倍。

基于信道估计的宽带多普勒补偿线性迭代均衡接收机对符号率为 1k 符号/s 的试验数据进行处理，其结果如图 4.27 所示。

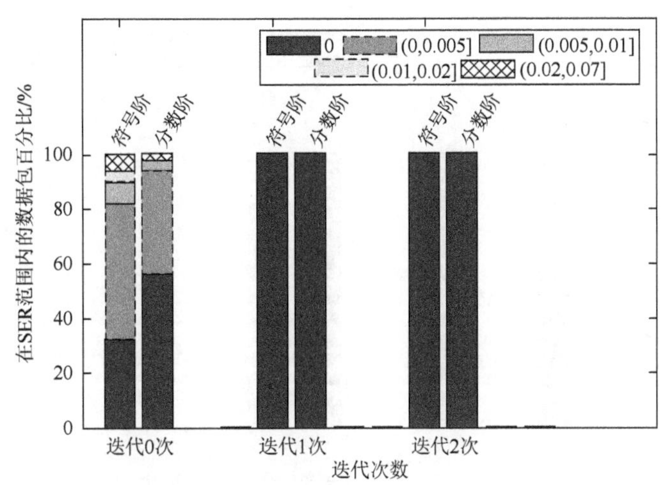

图 4.27　线性迭代均衡接收机性能（彩图见封底二维码）

从图 4.27 中可以看出，符号阶线性迭代均衡器在第 0 次迭代时，有 32%的数据包 $\mathrm{BER}=0$，50%的数据包 $\mathrm{BER}\in(0,0.005]$；在第 1 次以及第 2 次迭代时，有 100%的数据包 $\mathrm{BER}=0$。分数阶线性迭代均衡器在第 0 次迭代时，有 56%的数据包 $\mathrm{BER}=0$，38%的数据包 $\mathrm{BER}\in(0,0.005]$；在第 1 次以及第 2 次迭代时，有 100%的数据包 $\mathrm{BER}=0$。符号阶迭代线性均衡器和分数阶迭代线性均衡器均在第 1 次迭代后误码率降为 0，证明均衡器通过迭代过程获得了更多的发送符号先验信息，从而提高信道均衡能力，提升系统性能。

基于信道估计的宽带多普勒补偿线性迭代空时处理接收机在输入通道数 $M=2$ 时，对符号率为 1k 符号/s 的试验数据进行处理，其结果如图 4.28 所示。当输出通道数 $J=1$ 时，在不同的输入通道数 M 下，对符号率为 1k 符号/s 的试验数据进行处理，其结果如图 4.29 所示。

从图 4.28 中可以看出，在基于信道估计的宽带多普勒补偿线性迭代空时处理接收机的配置为 $M=2$、$J=1$ 条件下，在第 0 次迭代时，有 88%的数据包 $\mathrm{BER}=0$，8%的数据包 $\mathrm{BER}\in(0,0.002]$，4%的数据包 $\mathrm{BER}\in(0.002,0.003]$；在第 1 次以及第 2 次迭代后，所有数据包 $\mathrm{BER}=0$。与图 4.27 对比可知，基于信道估计的宽带多普勒补偿线性迭代空时处理接收机通过空间预综合器提高了接收机的输入信噪比，进而降低了接收机误码率；同时证明均衡器通过迭代过程获得了更多的发送符号先验信息，从而提高了信道均衡能力，提升了系统性能。从图 4.29 中可以看出，当接收机的输入通道数 $M>2$ 时，所有的数据包 BER = 0，证明随着输入通道数的增多，接收机可以获得足够的信噪比，进而误码率降为 0。

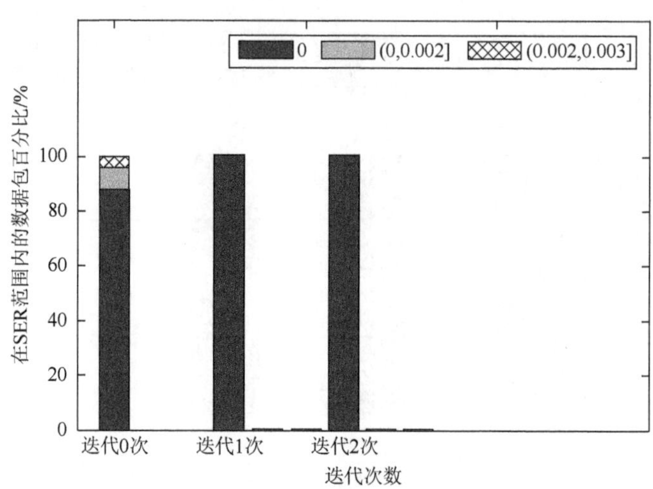

图 4.28　线性迭代均衡空时处理接收机误码率性能（彩图见封底二维码）

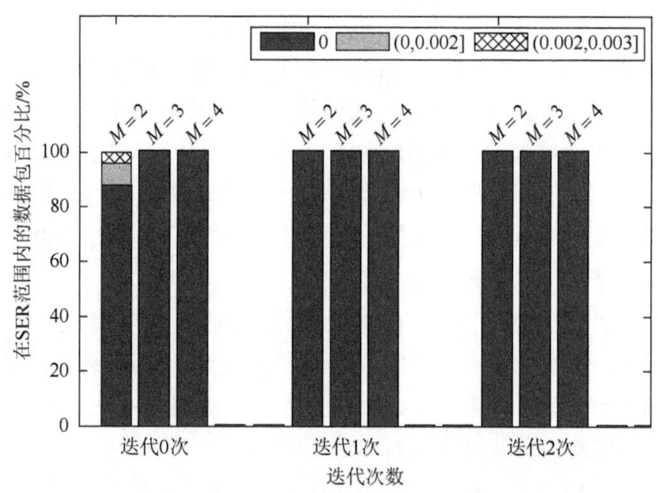

图 4.29　$J=1$ 时不同输入通道数下迭代接收机误码率性能（彩图见封底二维码）

参 考 文 献

[1] Stojanovic M, Catipovic J, Proakis J G. Adaptive multichannel combining and equalization for underwater acoustic communications. Journal of the Acoustical Society of America，1993，94（3）：1621-1631.

[2] Stojanovic M，Freitag L，Johnson M. Channel-estimation-based adaptive equalization of underwater acoustic signals. Oceans '99 MTS/IEEE Riding the Crest into the 21st Century，Seattle，1999：985-990.

[3] Stojanovic M. Efficient processing of acoustic signals for high-rate information transmission over sparse underwater channels. Physical Communication，2008，1（2）：146-161.

[4] Sharif B S，Neasham J，Hinton O R，et al. A computationally efficient Doppler compensation system for underwater acoustic communications. IEEE Journal of Oceanic Engineering，2000，25（1）：52-61.

[5] Sharif B S，Neasham J，Hinton O R，et al. Adaptive Doppler compensation for coherent acoustic communication. IEE Proceedings Radar，Sonar and Navigation，2000，147（5）：239-246.

[6] Goodfellow G M，Neasham J A，Tsimenidis C C，et al. Investigation of a full duplex acoustic link for a tetherless micro-ROV. IEEE Oceans 2011，Santander，2011：1-7.

[7] Goodfellow G M，Neasham J A，Tsimenidis C C，et al. High data rate acoustic link for Micro-ROVs，employing BICM-ID. IEEE Oceans 2012，Yeosu，2012：1-6.

[8] Pelekanakis K，Chitre M. Robust equalization of mobile underwater acoustic channels. IEEE Journal of Oceanic Engineering，2015，40（4）：775-784.

[9] Pelekanakis K，Chitre M. A channel-estimate-based decision feedback equalizer robust under impulsive noise. 2014 Underwater Communications and Networking（UComms），2014：1-5.

[10] Freitag L，Johnson M，Stojanovic M. Efficient equalizer update algorithms for acoustic communication channels of varying complexity. Oceans 1997 MTS/IEEE Conference Proceedings，Halifax，1997：580-585.

[11] Johnson M，Freita L，Stojanovic M. Improved Doppler tracking and correction for underwater acoustic communications. IEEE International Conference on Acoustics，Speech，and Signal Processing，Munich，1997：575-578.

[12] Tüchler M，Singer A C. Turbo equalization：An overview. IEEE Transactions on Information Theory，2011，57（2）：920-952.

[13] Proakis J G，Salehi M. 数字通信. 5 版. 张力军，等，译. 北京：电子工业出版社，2012：1-10.

[14] Haykin S. 自适应滤波器原理. 郑宝玉，等，译. 北京：电子工业出版社，2010.

[15] Sharif B S，Neasham J，Hinton O R，et al. Closed loop Doppler tracking and compensation for non-stationary underwater platforms. Oceans 2000 MTS/IEEE Conference and Exhibition，Providence，2000：371-375.

[16] Pelekanakis K，Chitre M. Low-complexity subband equalization of mobile underwater acoustic channels. Oceans 2015，Genoa，2015：1-8.

[17] Otnes R，Tüchler M. Iterative channel estimation for turbo equalization of time-varying frequency-selective channels. IEEE Transactions on Wireless Communications，2004，3（6）：1918-1923.

[18] Tüchler M，Otnes R，Schmidbauer A. Performance of soft iterative channel estimation in turbo equalization. 2002 IEEE International Conference on Communications，New York，2002：1858-1862.

[19] Tüchler M，Singer A C，Koetter R. Minimum mean squared error equalization using a priori information. IEEE Transactions on Signal Processing，2002，50（3）：673-683.

[20] Tüchler M，Koetter R，Singer A C. Turbo equalization：principles and new results. IEEE Transactions on Communications，2002，50（5）：754-767.

[21] Choi J W，Riedl T J，Kim K，et al. Adaptive linear turbo equalization over doubly selective channels. IEEE Journal of Oceanic Engineering，2011，36（4）：473-489.

[22] Perrine K A，Nieman K F，Lent K H，et al. The University of Texas at Austin Applied Research Laboratories Nov. 2009 Five-Element Acoustic Underwater Dataset [2020-10-20].

[23] Perrine K A，Nieman K F，Henderson T L，et al. Doppler estimation and correction for shallow underwater acoustic communications. Conference on Signals，Systems and Computers（ASILOMAR）2010 Conference Record of the

Forty Fourth Asilomar，Pacific Grove，2010：746-750.

[24] Lower Colorado River Authority. Historical Lake Levels：Highland Lakes. https://www.highlandlakes.com/miscdisplay.php?ID=5 [2020-10-18].

[25] 石邵琦. 基于有效空时处理技术的水声通信技术研究. 哈尔滨：哈尔滨工程大学硕士学位论文，2019.

第5章　基于信道估计的水声单载波MIMO通信时域迭代均衡技术

5.1　引　　言

近年来，地面无线通信已经取得了巨大的成就；然而，水下无线通信尤其是水声通信仍面临着由严峻而复杂的水声传播环境带来的挑战[1-8]。与地面无线电信道不同，由于严重的多途及多普勒效应的存在，水声通信信道具有与频率相关的有限带宽、长时延扩展及快速时变的特点，进而导致极低的通信速率，其通信速率范围通常在几个比特每秒到几万个比特每秒的范围之内，且难以获得满意的通信性能；因此，水声通信信道被认为是最具有挑战性的信道之一[8-10]。大量研究已经证明，MIMO 空间分集技术可以有效地提高通信系统的信道容量，而迭代接收机技术可以实现近最优的检测性能，因此本章在迭代框架下重点研究性能近最优的水声 MIMO 接收机技术。

本章的内容安排如下：5.2 节介绍 MIMO 系统的两种结构；5.3 节介绍典型水声 MIMO 通信系统的信道容量，并以典型的水声通信换能器参数为例预估不同配置条件下 MIMO 水声通信系统的可达通信距离和通信速率；5.4 节介绍自适应 MIMO 信道估计的基本模型；5.5 节提出一种基于软判决驱动的稀疏信道估计与线性 Turbo 均衡的 MIMO 接收机结构，并进行试验验证；5.6 节介绍基于软判决反馈的水声 MIMO 迭代均衡技术，并进行仿真和试验验证。

本章常用符号说明：矩阵和向量分别用加粗的大写和小写字母来表示。$\boldsymbol{X}\in\mathbb{C}^{N\times M}$ 表示复值 $(N\times M)$ 矩阵，运算符 $\boldsymbol{X}^*$、$\boldsymbol{X}^{\mathrm{T}}$、$\boldsymbol{X}^{\dagger}$、$\boldsymbol{X}^{-1}$、$|\boldsymbol{X}|$、$\|\boldsymbol{X}\|_{\mathrm{F}}$ 分别表示矩阵 $\boldsymbol{X}$ 的复共轭、转置、共轭转置、求逆、求行列式及弗罗贝尼乌斯范数。向量化算子 $\mathrm{vec}[\boldsymbol{X}]$ 表示通过从左到右的顺序堆叠 $\boldsymbol{X}$ 所有的列来构建一个列向量。$\mathbb{C}$ 和 $\mathbb{R}_+$ 分别表示复数和非负实数集合。$\varnothing$ 表示空集。$\boldsymbol{I}_m$ 表示 m 维单位矩阵。l_p 向量范数定义为 $\|\boldsymbol{x}\|_p=\left(\sum_i|x_i|^p\right)^{1/p}$，式中 x_i 是 $\boldsymbol{x}$ 中的第 i 个元素。$\mathcal{CN}(\boldsymbol{\mu},\boldsymbol{\Sigma})$ 表示均值为 $\boldsymbol{\mu}$、协方差为 $\boldsymbol{\Sigma}$ 的多维复高斯分布。I 和 I^c 分别表示非零元素集合及其对应的补集。

5.2 MIMO 系统原理

通常来说，有两大类调制技术被广泛应用于水声通信中，即单载波调制技术和多载波调制技术[10-14]。在对抗水声通信信道引入的不利影响方面，这两类调制技术各有优缺点。在快速时变的多途扩展和多普勒扩展信道条件下，基于时域均衡的单载波调制技术具有频谱效率高且性能稳健的优点，但其接收机复杂度较高[9-21]。多载波调制技术，如正交频分复用，可以通过利用循环前缀来抵抗多途信道导致的频率选择性衰落，由于使用了频域均衡技术，其均衡器复杂度较低；但是，多载波块基信道均衡技术通常要求通信信道在数据块周期内是时不变的或准静态的；同时在快速时变水声信道中，多普勒扩展引入的严重的载波间干扰也显著地降低了 OFDM 系统性能[12, 13, 15, 17, 18]；另外，当水下平台是通过电池供电的时候，高峰均比也是多载波 OFDM 系统中所面临的一个问题[16]。

在快速时变的三重选择性（即空、时、频选择性）水声信道中，为了提高通信的容量及通信的稳健性，人们提出了将 MIMO 分集传输技术与 Turbo 均衡（即迭代均衡和译码）结合的方案，该方案被认为是解决当前水声通信面临问题的有力手段[19-38]。通常情况下，Turbo 均衡可以根据接收机结构和复杂度的要求在时域或频域来实现；本章主要关注的是单载波调制下的时域 Turbo 均衡技术的研究。单载波和多载波 OFDM 系统的频域 Turbo 均衡的详细内容可以参考第 6 章和相关参考文献[27, 31-34]。到目前为止，已经有大量的时域 Turbo 均衡方案在水声通信领域得到了应用；线性结构的 Turbo 均衡方案虽然性能次优，但其均衡复杂度较低。线性 Turbo 均衡器通常分为两大类：①基于直接自适应的 Turbo 均衡技术（direct adaptive turbo equalization，DA-TEQ），该类均衡技术直接将自适应滤波器应用于接收信号，进而对发送符号进行估计[20-23, 25, 35-37]；②基于信道估计的 Turbo 均衡技术（channel estimate based turbo equalization，CE-TEQ），该类均衡技术首先需要进行信道估计，然后利用估计的信道计算 Turbo 均衡器的系数[20, 38]。

水声通信 Turbo 均衡领域的许多研究工作表明，CE-TEQ 中的信道估计误差和 DA-TEQ 中的自适应滤波器失调误差对 Turbo 均衡器的性能有着很大的影响[20, 36-38]。文献[20]通过理论、仿真及试验数据处理分析比较了基于自适应 LMS 算法的 CE-TEQ 和 DA-TEQ 在存在信道估计误差和自适应滤波器失调误差的情况下的性能；同时为了改善 LMS 算法的收敛性，文献[20]采用了数据重用和固定抽头位置的稀疏化技术。对于 SIMO 和 MIMO 配置来说，大量的海试实验表明：在某些试验数据处理中，DA-TEQ 的性能优于 CE-TEQ，该结果与文献[20]中的理论分析和仿真结果相矛盾。针对高度移动的单入多出水声通信中的问题，文献[21]提出了针对高阶调制（最高到 32QAM）的基于 LMS 算法的 DA-TEQ，该接收机具有基于锁相环的定时恢复功能；海试试验表明，当通信速率为 20kbit/s 及相对运动速度为 2m/s 时，该接收机可以获得满意的性能。文献[22]给出了该接收机进一步的试验结果，该试验的通信速率为 24kbit/s，试验距离超过了 1km。文献[23]提出了基于稀疏敏感的改善的比例归一化快速自优化 LMS（improved PNLMS，IPNLMS）算法的 DA-TEQ 方案[7]；文献[24]给出了在 SIMO 系统配置条件下，基于 IPNLMS 的 DA-TEQ 的性能优于基于 LMS 的 DA-TEQ 的性能。Yellepeddi 等在文献[25]中提出了一种软自适应 Turbo 均衡器，该均衡器将来自译码器的软信息反馈到自适应环路中；在该 DA-TEQ 中，基于 RELS 的 Turbo 均衡器利用软信息而不是硬判决信息；与文献[20]～[23]开展的研究内容有所不同，来自译码器的先验软判决也被反馈到自适应均衡中用于更新自适应滤波器的系数，这种方法可以有效地抑制由硬判决反馈带来的误差传递的影响。文献[38]提出了一种基于迭代信道估计和 Turbo 均衡的水声 MIMO 通信的方案，试验数据处理分析表明：在迭代信道估计中，若用稀疏敏感的 IPNLMS 算法取代 LMS 或块基的 LS 算法，则 CE-TEQ 的性能优于 DA-TEQ 的性能。文献[37]提出了一种有效的基于 DA-TEQ 方案的 MIMO 水声通信技术，与现有的 DA-TEQ 方案不同的是：Turbo 均衡器输出的后验软判决被反馈给了自适应滤波器和软干扰抵消器，为了解决 NLMS 和 INPLMS 算法收敛速度慢的问题，在 Turbo 迭代的过程中，作者使用了文献[20]中的数据重用技术。试验数据处理结果表明，在 Turbo 均衡中，采用后验软判决的 TEQ 性能优于硬判决或先验软判决的 TEQ。综上所述，虽然 LMS 类或增强的 LMS 类自适应算法由于其较低的复杂度而被广泛应用于 DA-TEQ 和 CE-TEQ，但是由于 LMS 类自适应算法的收敛速度慢，进而限制了该类自适应算法在快速时变的 MIMO 水声通信信道中的应用。众所周知，相对于 LMS 类自适应算法，RLS 类自适应算法的收敛速度更快，但是其缺点是具有更高的复杂度[20]。

5.2.1　MIMO 系统的结构

考虑一个 $N\times M$ 的位交织编码调制的 MIMO 单载波水声通信系统，其中发射端有 N 个发射换能器，接收端有 M 个接收水听器。根据编码器配置情况，MIMO 发射机一般可分为图 5.1 所示的多流和单流 MIMO 发射机结构，多流 MIMO 发射机采用并行的 N 个信道编码器对 N 个独立的信息流进行编码，而单流 MIMO 发射机则是单个信息流经过一个信道编码器进行信息编码。不失一般性，本节以较为复杂的多流 MIMO 发射机为例对发射机信号产生流程进行介绍。二进制数据流 $\{\boldsymbol{a}_n\}_{n=1}^{N}$ 代表 N 个并行发射分支的输入比特，在多流发射机模式下，N 个发射分支也可以看作一个 N 用户通信系统的发射模式，只是每个用户仅仅采用了单个发射换能器进行信息发射。

如图 5.1（a）所示，在第 n 个发射分支中，信息比特 $\boldsymbol{a}_n$ 经过码率为 R_c 的信道编码器进行信道编码，进而产生信道编码后的比特序列 $\boldsymbol{b}_n$；第 n 个随机交织器对编码比特序列 $\boldsymbol{b}_n$ 进行随机交织，进而产生交织后的编码序列 $\boldsymbol{c}_n$；对于星座大小为 2^J 的数字调制方式来说，来自 $\boldsymbol{c}_n$ 的 J 个交织后比特 $\boldsymbol{c}_{n,k} \triangleq [c_n^1(k)\ c_n^2(k) \cdots c_n^J(k)]$（其中 $c_n^j(k) \in \{0,1\}$）被映射到星座集 $\mathcal{A} = \{\alpha_1, \alpha_2, \cdots, \alpha_{2^J}\}$ 中的某一个符号 $x_n(k)$。在本章后续的内容中，$x_n(k)$ 表示第 n 个发射机在 k 时刻的发射符号。

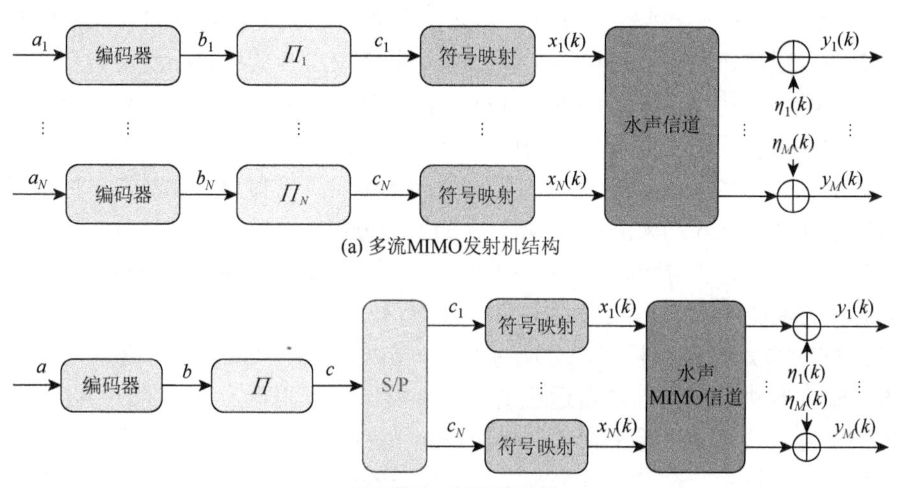

图 5.1 MIMO 系统发射机结构

频率选择性信道可以用抽头时延线模型进行，假设系统的最大多途扩展为 P 个符号；在 k 时刻，第 m 个接收水听器接收到的等效离散时间基带信号为

$$y_m(k) = \sum_{p=0}^{P-1} \sum_{n=1}^{N} h_{m,n}^p(k) x_n(k-p) + \eta_m(k) \tag{5.1}$$

式中，$h_{m,n}^p(k) \in \mathbb{C}$ 表示在 k 时刻第 m 个接收水听器和第 n 个发射换能器之间长度为 P 的等效信道冲激响应中第 p 个信道抽头；$\eta_m(k)$ 表示第 m 个接收水听器在 k 时刻的加性噪声，其中噪声可以建模为零均值的复高斯循环对称随机变量。最终，M 个接收水听器接收到的信号向量 $\boldsymbol{y}(k) \triangleq [y_1(k), y_2(k), \cdots, y_M(k)]^{\mathrm{T}}$ 可以表示为

$$\boldsymbol{y}(k) = \sum_{p=0}^{P-1} \boldsymbol{H}_p(k) \boldsymbol{x}(k-p) + \boldsymbol{\eta}(k) \tag{5.2}$$

式中

$$\boldsymbol{x}(k) \triangleq [x_1(k), x_2(k), \cdots, x_N(k)]^{\mathrm{T}} \in \mathbb{C}^{N\times 1} \tag{5.3}$$

$$\boldsymbol{\eta}(k) \triangleq [\eta_1(k), \eta_2(k), \cdots, \eta_M(k)]^{\mathrm{T}} \in \mathbb{C}^{M\times 1} \tag{5.4}$$

$$\boldsymbol{H}_p(k) \triangleq \begin{bmatrix} h_{1,1}^p(k) & h_{1,2}^p(k) & \cdots & h_{1,N}^p(k) \\ h_{2,1}^p(k) & h_{2,2}^p(k) & \cdots & h_{2,N}^p(k) \\ \vdots & \vdots & & \vdots \\ h_{M,1}^p(k) & h_{M,2}^p(k) & \cdots & h_{M,N}^p(k) \end{bmatrix} \in \mathbb{C}^{M\times N} \tag{5.5}$$

$\boldsymbol{\eta}(k)$ 是协方差为 $E\{\boldsymbol{\eta}(k)\boldsymbol{\eta}^{\dagger}(k)\} = \sigma_\eta^2 \boldsymbol{I}_M$ 的噪声向量。基于以上矩阵及向量表示，式（5.2）中的接收信号可以被重写为

$$\boldsymbol{y}(k) = \boldsymbol{H}(k)\boldsymbol{\chi}(k) + \boldsymbol{\eta}(k) \tag{5.6}$$

式中

$$\boldsymbol{H}(k) \triangleq [\boldsymbol{H}_0(k), \boldsymbol{H}_1(k), \cdots, \boldsymbol{H}_{P-1}(k)] \in \mathbb{C}^{M\times L} \tag{5.7}$$

$$\boldsymbol{\chi}(k) \triangleq [\boldsymbol{x}^{\mathrm{T}}(k), \boldsymbol{x}^{\mathrm{T}}(k-1), \cdots, \boldsymbol{x}^{\mathrm{T}}(k-P+1)]^{\mathrm{T}} \in \mathbb{C}^{L\times 1} \tag{5.8}$$

其中，$L = NP$；在 k 时刻，发送信号向量 $\boldsymbol{\chi}(k)$ 由当前信号向量 $\boldsymbol{x}(k)$ 和过去 $P-1$ 个符号向量共同组成。

5.2.2　MIMO 系统信道容量

香农证明，当传输速率低于信道容量时，存在一种信道编码使得一个足够长的传输序列可以完成任意小错误率的传输，这就是香农定理[39]。将通信系统在可靠传输条件下功率和带宽受限的信道所能提供的最大数据速率称为信道容量。由香农定理可知，当接收信噪比为 ρ 时（$\rho = 10\log_{10}(S/N_0)$，$S$ 是平均信号功率，N_0 是平均噪声功率），SISO 系统在高斯信道下的单位带宽信道容量（以下简称信道容量）为[39]

$$C_{\mathrm{SISO}} = \log_2(1+\rho) \tag{5.9}$$

式中，C 表示信道容量，其单位是 bit/(s·Hz)。

对于一个 $N\times M$ 的水声 MIMO 系统而言，在系统的发射端无信道先验信息的条件下，其信道容量可表示为任何单个使用信道的系统中所能传输的最大信息量，即[39]

$$C_{\mathrm{MIMO}} = \max_{f(x)} I(\boldsymbol{\chi}; \boldsymbol{y}) \tag{5.10}$$

式中，$f(x)$ 表示发送信号的概率密度函数；$I(\boldsymbol{\chi}; \boldsymbol{y})$ 为发射信号与接收信号的互信息[39]：

$$I(\boldsymbol{\chi}; \boldsymbol{y}) = \log_2 \det\left[\boldsymbol{I}_{N_{\min}} + \left(\frac{\rho}{N}\right)\boldsymbol{H}\boldsymbol{R}_{xx}\boldsymbol{H}^{\dagger}\right] \tag{5.11}$$

其中，$\boldsymbol{R}_{xx}$ 表示发射信号的自相关函数矩阵；操作符 det[$\boldsymbol{A}$] 表示矩阵 $\boldsymbol{A}$ 所对应的行列式；$N_{\min}$ 表示 N 与 M 的较小值。如果水声 MIMO 系统发射功率平均分给每个发射换能器，则有 $\boldsymbol{R}_{xx}=\boldsymbol{I}_N$。则由式（5.10）以及式（5.11）可得在信道已知的条件下，水声 MIMO 系统的信道容量为

$$C_{\text{MIMO}}=\log_2\det\left[\boldsymbol{I}_{N_{\min}}+\left(\frac{\rho}{N}\right)\boldsymbol{H}\boldsymbol{H}^{\dagger}\right]=\sum_{i=1}^{R}\log_2\left(1+\frac{\rho}{N}\lambda_i\right)\tag{5.12}$$

式中，R 为矩阵 $\boldsymbol{H}\boldsymbol{H}^{\dagger}$ 的秩；λ_i 为矩阵 $\boldsymbol{H}\boldsymbol{H}^{\dagger}$ 的正特征值。如果 $N=M=N_{\min}$，MIMO 系统中的信道矩阵为满秩且彼此正交，则式（5.12）可化简为

$$C_{\text{MIMO}}=N_{\min}\log_2(1+\rho)\tag{5.13}$$

与式（5.9）给出的 SISO 系统相比，在 ρ 相同的条件下 MIMO 系统可以获得 $N_{\min}$ 倍的信道容量增益，所以水声 MIMO 系统可以在可用系统带宽固定的条件下，通过增加 $N_{\min}$ 来提高系统的通信速率。但是式（5.13）是在水声 MIMO 系统子信道不相关条件下得到的结果，如果系统中子信道是相关的，则由式（5.12）可知信道容量增益将小于 $N_{\min}$ 倍，因此为了获得尽可能高的空间分集增益，一般要求 MIMO 系统中各子信道之间是不相关或弱相关的。

作为 MIMO 系统中的两类特殊系统，SIMO 系统和 MISO 系统的信道容量也满足式（5.12）的描述。对于 SIMO 系统有 $N=1$，所以 $R=1$，如果子信道是能量归一化的信道，即 $|\boldsymbol{h}|^2=1$，则矩阵 $\boldsymbol{H}\boldsymbol{H}^{\dagger}$ 唯一的正特征值可表述为[39]

$$\lambda=\sum_{i=1}^{M}|\boldsymbol{h}_i|^2=M\tag{5.14}$$

将式（5.14）代入式（5.12）中，可得 SIMO 系统的信道容量为

$$C_{\text{SIMO}}=\sum_{i=1}^{R}\log_2\left(1+\frac{\rho}{N_T}\lambda_i\right)=\log_2(1+\rho\lambda_1)=\log_2(1+M\rho)\tag{5.15}$$

通过式（5.15）可知在 SIMO 系统中，增加接收数目将使得信道容量按对数形式增长。现在考虑在两个不同的 SIMO 系统中，接收水听器个数分别为 M_1 和 M_2，假设两个 SIMO 系统的信道容量相同，则根据式（5.15）可得

$$C_{\text{SIMO}}=\log_2(1+M_1\rho_1)=\log_2(1+M_2\rho_2)\tag{5.16}$$

$$\rho_1=(M_2/M_1)\rho_2\tag{5.17}$$

由以上分析可知，如果 $M_2>M_1$，则可得 $\rho_1>\rho_2$，这说明具有 M_2 路接收端的 SIMO 系统在低信噪比条件下达到了接收数 M_2 的 SIMO 系统在高信噪比条件下所具有的信道容量。所以，在 SIMO 系统中增加 M 的取值可以获得信噪比增益。

对于 MISO 系统有 $M=1$，则 $R=1$。与 SIMO 系统假设相同，则矩阵 $\boldsymbol{H}\boldsymbol{H}^{\dagger}$ 的正特征值可表述为[39]

$$\lambda=\sum_{i=1}^{N}|\boldsymbol{h}_i|^2=N \tag{5.18}$$

将式（5.18）代入式（5.12）中，可得 MISO 系统的信道容量为

$$C_{\text{MISO}}=\sum_{i=1}^{R}\log_2\left(1+\frac{\rho}{N}\lambda_i\right)=\log_2\left(1+\frac{\rho}{N}\lambda_i\right)=\log_2(1+\rho) \tag{5.19}$$

对比式（5.19）与式（5.9）可知，在相同信噪比条件下 MISO 系统与 SISO 系统的信道容量是相同的，即采用 MISO 系统并不能提高通信速率。但是，MISO 系统可以利用发射端的多路发射信号进行时空编码，提高系统的传输可靠性。由于 MISO 系统并不能提高系统的通信速率，事实上当 $N>M$ 时，如果不采用时空编码，接收端并不能完全恢复出发射端的信息，因此本章所考虑的 MIMO 系统中限定 $N\leqslant M$ 。

式（5.12）给出了确定信道下的 MIMO 系统容量的计算方法，当信道未知时，虽然无法精确计算出信道容量，但也可以对信道容量范围进行估计。假设信道满足能量归一化条件，即 $\text{tr}(\boldsymbol{HH}^{\dagger})=NM$ ，其中 $\text{tr}(\boldsymbol{A})$ 表示求矩阵 $\boldsymbol{A}$ 的迹，由矩阵论中特征值与迹的关系，可得式（5.12）中信道容量的范围是[40]

$$\log_2(1+\rho M)\leqslant C_{\text{MIMO}}\leqslant\min(N,M)\log_2\left(1+\frac{\rho\max(N,M)}{N}\right) \tag{5.20}$$

对于信道容量，其本身代表可靠传输的最大速率，因此在式（5.20）中主要关注信道容量的上限取值。由于本章所考虑的 MIMO 系统中限定 $N\leqslant M$ ，则式（5.20）中 MIMO 系统信道容量的上限可以表示为

$$C_{\text{MIMO}}\leqslant N\log_2\left(1+\rho\frac{M}{N}\right) \tag{5.21}$$

5.3　典型水声 MIMO 通信系统信道容量分析

5.3.1　信道容量仿真分析

为了直观认识水声 MIMO 通信系统在提高通信系统容量上的能力，本节以设计一个目标通信速率为 60kbit/s 的水声 MIMO 视频通信系统为例，设计通信系统的通信频带为 8～16kHz；若采用单载波通信体制，系统符号率 R_s 为 6k 符号/s，在脉冲成型滚降因子 β 为 0.35 的条件下，系统可用通信带宽为 $(1+\beta)R_s=8.1\text{kHz}$，满足系统换能器的工作带宽要求，同时，在本节的信道容量仿真分析中均假设 MIMO 信道是不相关的。

为达到 60kbit/s 的目标通信速率，则此条件下所需达到的信道容量应大于或

等于 10bit/(s·Hz)。由于 MIMO 系统发射换能器与接收水听器配置组合较多，本节仅考虑发射换能器个数 N 为 4、8 或 16 的情况。

当发射换能器个数为 4 时，接收水听器数可选择为 4、8、16 和 32，这 4 种配置条件下的 MIMO 系统的信道容量如图 5.2 所示。从图 5.2 结果可以看出，对于发射换能器数为 4 的 MIMO 通信系统，满足信道容量要求的最低信噪比 $\mathrm{SNR}_{\min}$ 与接收水听器个数 M 有关，当接收水听器数为 4 时，最低要求信噪比约为 5dB；当接收水听器数为 8 时，最低要求信噪比约为 2.5dB；当接收水听器数为 16 时，最低要求信噪比约为 1.25dB；当接收水听器数为 32 时，最低要求信噪比约为 0.7dB。

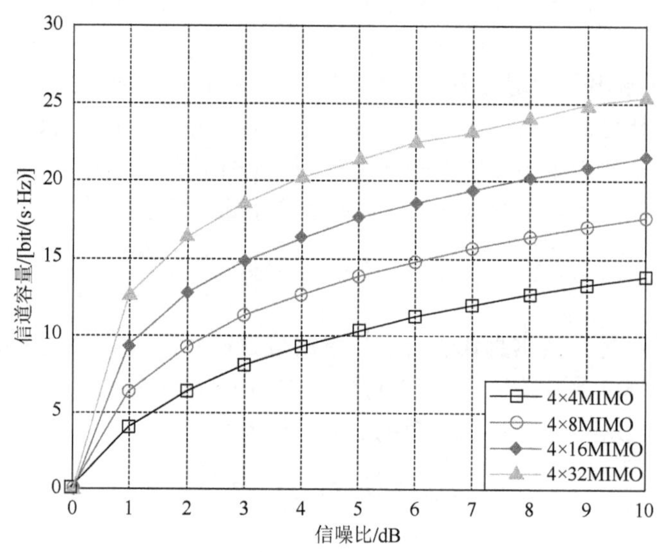

图 5.2 发射换能器数为 4 的 MIMO 系统信道容量

当发射换能器数为 8 时，接收水听器数可选择为 8、16、24 以及 32，这 4 种配置条件下的 MIMO 系统信道容量结果如图 5.3 所示。对于 8 发射 MIMO 系统，当接收水听器数为 8 时，最低信噪比约为 1.5dB；当接收水听器数为 16 时，最低信噪比约为 0.8dB；当接收水听器数为 24 和 32 时，MIMO 系统的最低信噪比近似相等，约为 0.5dB。

当发射换能器数为 16 时，接收水听器数可选择为 16、24 以及 32，这 3 种配置条件下的 MIMO 系统信道容量结果如图 5.4 所示。当接收水听器数为 16 时，最低信噪比约为 0.8dB；而接收水听器数为 24 和 32 时，MIMO 系统的最低信噪比近似相等，约为 0.5dB。

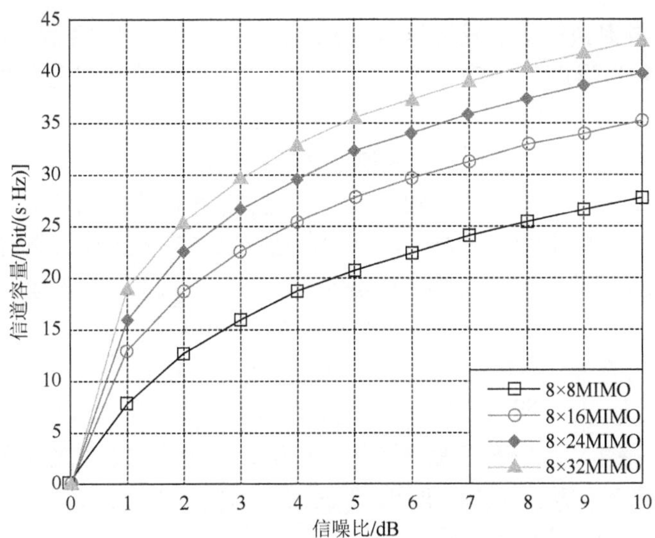

图 5.3　发射换能器数为 8 的 MIMO 系统信道容量

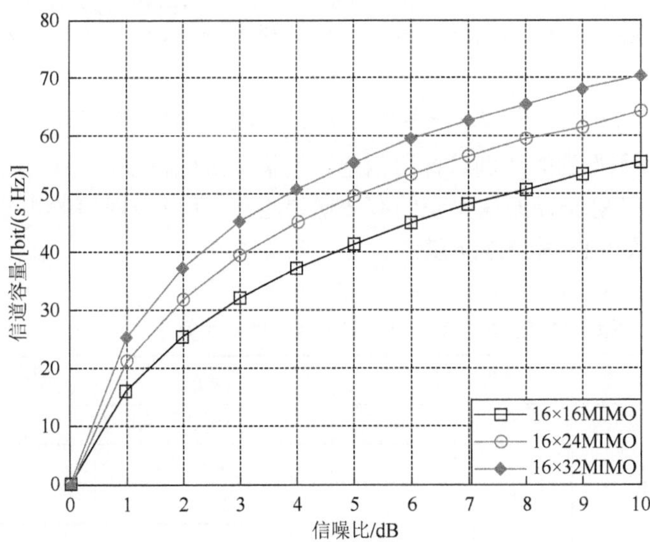

图 5.4　发射换能器数为 16 的 MIMO 系统信道容量

5.3.2　水声 MIMO 系统通信距离估算

对于水声通信系统，其发射信号与接收信号之间应满足声呐方程[41]：

$$\mathrm{SL}-\mathrm{TL}-(\mathrm{NL}-\mathrm{DI})\geqslant \mathrm{DT} \tag{5.22}$$

式中，SL 为发射换能器的最大声源级，根据实际的发射换能器发射机的研制能力，本节对应发射换能器的发射声源级SL可为180dB、185dB和190dB；TL为传播损失；NL为噪声级；DI为指向性指数；DT为检测阈。假设衰减规律为球面波衰减规律，则

$$TL = 20\log_{10} r + \alpha r + 60 \tag{5.23}$$

式中，r 为距离(km)；α 为声吸收系数[42]，随着频率的增加而变大，在所设计的系统中，最大工作频率约为16kHz，因此在估计系统有效工作距离时，α 取频率为16kHz时的声吸收系数，约为2.57dB/km。则式（5.23）可写为

$$TL = 20\log_{10} r + 2.57r + 60 \tag{5.24}$$

系统工作带宽 $B = 8$ kHz，则噪声级NL为[42]

$$NL = NL_0 + 10\log_{10} B \approx 60 + 39 = 99 \tag{5.25}$$

式中，NL_0 为海洋环境的背景噪声谱级，由于设计的通信系统的工作频率为8～16kHz，因此噪声谱级选择10kHz时的 $60\,\text{dB}/\sqrt{\text{Hz}}$ 。DI的值与通信系统中的接收水听器数有关，取值为[42]

$$DI = 10\log_{10} M \tag{5.26}$$

考虑系统误差，在5.3.1节所计算的最低信噪比(SNR_{min})的基础上增加3dB作为系统检测阈，将式（5.24）～式（5.26）代入式（5.22）中，可得系统有效通信距离应满足

$$20\log_{10} r + 2.57r \leqslant SL - 162 + 10\log_{10} M - SNR_{min} \tag{5.27}$$

将5.3.1节所得到的达到目标通信速率所需的最低信噪比 SNR_{min} 代入式(5.27)可计算得到水声MIMO通信系统的有效通信距离；不同发射声源级条件下的通信距离估算值如表5.1～表5.3所示。

表5.1　不同MIMO配置条件下的最大通信距离估算（一）（SL = 180 dB）

发射换能器数	接收水听器数	SNR_{min}	最大通信距离/km
4	4	5	3.33
	8	2.5	4.47
	16	1.25	5.46
	32	0.7	6.34
8	8	1.5	4.70
	16	0.8	5.56
	24	0.5	6.07
	32	0.5	6.39
16	16	0.8	5.56
	24	0.5	6.07
	32	0.5	6.39

表 5.2　不同 MIMO 配置条件下的最大通信距离估算（二）（SL = 185dB）

发射换能器数	接收水听器数	SNR_{min}	最大通信距离/km
4	4	5	4.36
	8	2.5	5.64
	16	1.25	6.71
	32	0.7	7.65
8	8	1.5	5.88
	16	0.8	6.82
	24	0.5	7.37
	32	0.5	7.70
16	16	0.8	6.82
	24	0.5	7.37
	32	0.5	7.70

表 5.3　不同 MIMO 配置条件下的最大通信距离估算（三）（SL = 190dB）

发射换能器数	接收水听器数	SNR_{min}	最大通信距离/km
4	4	5	5.51
	8	2.5	6.90
	16	1.25	8.04
	32	0.7	9.03
8	8	1.5	7.16
	16	0.8	8.16
	24	0.5	8.74
	32	0.5	9.09
16	16	0.8	8.16
	24	0.5	8.74
	32	0.5	9.09

由表 5.1～表 5.3 可知，在发射声源级 SL 固定的条件下，当发射换能器数固定时，增加接收水听器数可以提高系统的最大通信距离。当接收水听器数固定时，以 32 为例，在发射声源级为 180dB 的条件下，发射换能器数为 4 个时，最大通信距离为 6.34km，当发射换能器数为 8 个和 16 个时，最大通信距离为 6.39km。即增加发射换能器的数目不会改变系统的最大通信距离。根据理论分析可知，增加发射换能器的个数会加大信号间的干扰，这会造成最大通信距离的下降。

5.4　水声 MIMO 系统信道估计技术

信道估计的精度对迭代接收机的性能有着很大的影响，信道估计技术必须适应实际的水声信道的时变特性，目前水声单载波 MIMO 通信系统的时域信道估计技术一般按照信道的时变特性分为两大类：①在时不变或准时不变信道条件下，一般采用块基的信道估计技术，如 LS 或 LMS 信道估计技术[16, 27]；②在时变信道条件下，一般采用自适应信道估计技术，如基于 LMS 类或 RLS 类的自适应 MIMO 信道估计技术[20, 31, 38]。

5.4.1　块基的 MIMO 信道估计

对于时不变或准静态信道（即信道在一个数据块内是时不变的，但在不同数据之间是变化的）一般采用 LS 或线性最小均方准则进行水声 MIMO 信道的估计。在迭代接收机框架下，训练序列及发射数据的硬判决或软判决符号一般可以用于信道的迭代估计。对于 MIMO 系统来说，第 m 个接收水听器接收的信号可以表示为[31, 38]

$$\boldsymbol{y}_m = \sum_{n=1}^{N} \boldsymbol{S}_n \boldsymbol{h}_{m,n} + \boldsymbol{\eta}_m = \boldsymbol{S}\boldsymbol{h}_m + \boldsymbol{\eta}_m \tag{5.28}$$

式中

$$\boldsymbol{y}_m = [y_{L-1}^{(m)}, y_L^{(m)}, \cdots, y_{N_p-1}^{(m)}]^{\mathrm{T}} \in \mathbb{C}^{V\times 1}$$

$$\boldsymbol{h}_m = [(\boldsymbol{h}_{m,1})^{\mathrm{T}}, (\boldsymbol{h}_{m,2})^{\mathrm{T}}, \cdots, (\boldsymbol{h}_{m,N})^{\mathrm{T}}]^{\mathrm{T}} \in \mathbb{C}^{NL\times 1}$$

$$\boldsymbol{h}_{m,n} = [h_{m,n}^{0}, h_{m,n}^{1}, \cdots, h_{m,n}^{L-1}]^{\mathrm{T}} \in \mathbb{C}^{L\times 1}$$

$$\boldsymbol{\eta}_m = [\eta_m^{L-1}, \eta_m^{L}, \cdots, \eta_m^{N_p-1}]^{\mathrm{T}} \in \mathbb{C}^{V\times 1}$$

其中，$V = N_p - L + 1$；N_p 为训练导频符号；$\boldsymbol{S} = [\boldsymbol{S}_1, \boldsymbol{S}_2, \cdots, \boldsymbol{S}_N] \in \mathbb{C}^{V\times NL}$；$\boldsymbol{S}_n \in \mathbb{C}^{V\times L}$ 为由 n 个发射换能器发射的训练导频符号 $\{s_j^n, 0 \leqslant j \leqslant N_p - 1\}$ 组成的第 n 个训练导频矩阵，其定义为

$$\boldsymbol{S}_n = \begin{bmatrix} s_{L-1}^n & s_{L-2}^n & \cdots & s_0^n \\ s_L^n & s_{L-1}^n & \cdots & s_1^n \\ \vdots & \vdots & & \vdots \\ s_{N_p-1}^n & s_{N_p-2}^n & \cdots & s_{N_p-L}^n \end{bmatrix} \tag{5.29}$$

基于式（5.28），信道 $\boldsymbol{h}_m$ 的线性最小均方误差估计为

$$\boldsymbol{h}_m = (\boldsymbol{S}^\dagger \boldsymbol{S} + \sigma_\eta^2 \boldsymbol{I}_{NL})^{-1} \boldsymbol{S}^\dagger \boldsymbol{y}_m \tag{5.30}$$

通过对每一个接收水听器接收信号进行式（5.30）的信道估计过程就可以得到 MIMO 水声信道的估计，值得注意的是，为保证能够通过式（5.28）进行水声信道的 LMMSE 估计，即式（5.28）不能是欠定的，也就是说要保证训练导频符号的长度 $N_p \geqslant (N+1)L-1$[27]。

5.4.2　自适应 MIMO 信道估计

一个 $N\times M$ 的 MIMO 信道可以被建模为 NM 个 FIR 滤波器，图 5.5 给出了一个基于自适应算法的 MIMO 信道估计的通用结构[35, 38]。在第 n 个发射分支中，第 n 个训练序列向量被定义为 $\boldsymbol{x}_n(k) \triangleq [x_{n,k}(k), x_{n,k-1}(k), \cdots, x_{n,k-P+1}(k)]^{\mathrm{T}}$，其中 k 是自适应信道估计的时间索引。$\boldsymbol{x}(k) \triangleq [\boldsymbol{x}_1^{\mathrm{T}}(k), \boldsymbol{x}_2^{\mathrm{T}}(k), \cdots, \boldsymbol{x}_N^{\mathrm{T}}(k)]^{\mathrm{T}}$，是所有 N 个发射分支的训练序列串联后的向量。

一个自适应的 $N\times M$ 的 MIMO 信道估计问题可以转化为 M 个等效的 $N\times 1$ 的 MISO 信道估计问题。对于第 m 个接收水听器来说，对于给定的接收信号 $y_m(k)$ 和训练序列向量 $\boldsymbol{x}(k)$，自适应信道估计器的先验误差 $e_m(k)$ 可以表示为 $e_m(k) = y_m(k) - \boldsymbol{x}^\dagger(k)\hat{\boldsymbol{h}}_m(k)$；根据不同的设计准则，如复杂度和信道跟踪性能，不同的自适应算法可以用于 $\hat{\boldsymbol{h}}_m(k)$ 的自适应估计；基于图 5.5 的自适应 $N\times M$ 的 MIMO 水声信道估计结构，本节后续部分将介绍自适应 MIMO 信道估计技术。

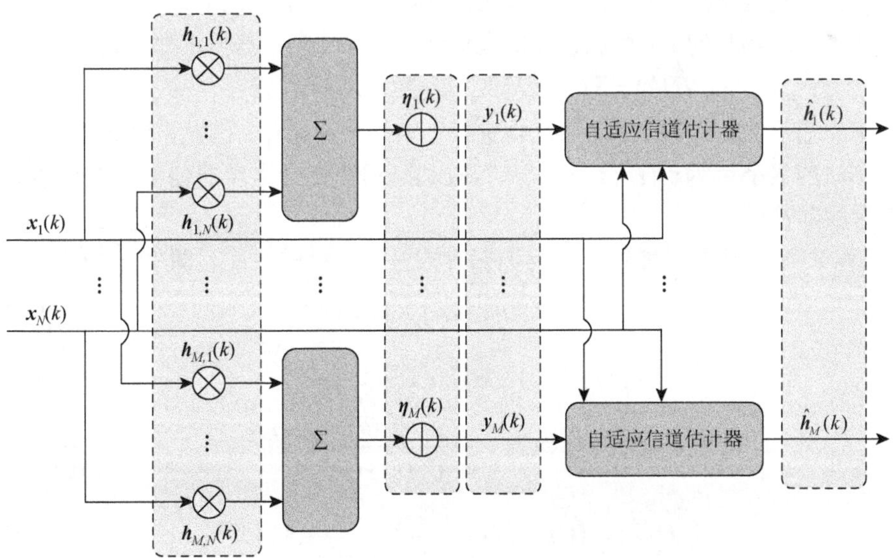

图 5.5　自适应 $N\times M$ 的 MIMO 水声信道估计结构

1. 常规的 RLS 算法

在 k 时刻，信道估计器的任务是利用已知的训练序列和接收信号来估计时变的信道矩阵 $\boldsymbol{H}(k)$ [43-46]。RLS 算法是最广为人知的自适应算法之一，通常来说，根据采用的窗函数不同，RLS 算法可以被分为以下两类：指数加权 RLS 算法（exponential-weighted RLS，EW-RLS）和滑动窗 RLS 算法（sliding-window RLS，SW-RLS）[43]。相较于 SW-RLS 算法，EW-RLS 算法的复杂度较低，因此本节采用该算法进行 MIMO 信道估计。在 EW-RLS 算法中，将指数加权均方误差最小化，即[43, 45, 46]

$$\min_{\hat{\boldsymbol{H}}(k)}\left\{\varepsilon(k)\triangleq\sum_{l=1}^{k}\lambda^{k-l}\|\boldsymbol{y}(l)-\hat{\boldsymbol{H}}(k)\boldsymbol{\chi}(l)\|_2^2\right\} \tag{5.31}$$

或将其表示为

$$\min_{\hat{\boldsymbol{H}}(k)}\{\varepsilon(k)\triangleq\operatorname{tr}[(\boldsymbol{Y}(k)-\hat{\boldsymbol{H}}(k)\boldsymbol{X}(k))\boldsymbol{\Lambda}(k)(\boldsymbol{Y}(k)-\hat{\boldsymbol{H}}(k)\boldsymbol{X}(k))^{\dagger}]\} \tag{5.32}$$

在以下信道估计过程中，定义

$$\boldsymbol{Y}(k)\triangleq[\boldsymbol{y}(1),\boldsymbol{y}(2),\cdots,\boldsymbol{y}(k)]\in\mathbb{C}^{M\times k} \tag{5.33}$$

$$\boldsymbol{\Lambda}(k)\triangleq\operatorname{diag}[\lambda^{k-1},\lambda^{k-2},\cdots,\lambda^{0}]\in\mathbb{R}^{k\times k} \tag{5.34}$$

$$\boldsymbol{X}(k)\triangleq[\boldsymbol{\chi}(1),\boldsymbol{\chi}(2),\cdots,\boldsymbol{\chi}(k)]\in\mathbb{C}^{L\times k} \tag{5.35}$$

矩阵 $\boldsymbol{\Lambda}(k)$ 代表指数窗。为了适应时变信道，RLS 算法通过遗忘因子来控制时变信道跟踪性能和噪声敏感性，其取值范围必须在 $(0,1]$ 的范围内；在实际应用中，遗忘因子应该根据不同的信道条件（如信道相干时间和信噪比）进行调整[1, 43]。

如果采用块基的 LS 算法进行信道估计，在 k 时刻，其信道估计为[46, 47]

$$\hat{\boldsymbol{H}}(k)=\boldsymbol{Y}(k)\boldsymbol{\Lambda}(k)\boldsymbol{X}^{\dagger}(k)(\boldsymbol{X}(k)\boldsymbol{\Lambda}(k)\boldsymbol{X}^{\dagger}(k))^{-1} \tag{5.36}$$

由于基于 LS 算法的信道估计中进行了矩阵求逆操作，因此，块基的 LS 信道估计算法的复杂度为 $\mathcal{O}(L^3)$，对于具有较长延迟传播的水声通信信道来说该算法的复杂度非常高。

EW-RLS 算法可以通过以下的递归方式进行信道的估计，即[43, 45, 46]

$$\boldsymbol{\zeta}(k)=\frac{1}{\lambda}\boldsymbol{\phi}(k-1)\boldsymbol{\chi}(k)\in\mathbb{C}^{L\times 1} \tag{5.37}$$

$$\boldsymbol{e}(k)=\boldsymbol{y}(k)-\hat{\boldsymbol{H}}(k-1)\boldsymbol{\chi}(k)\in\mathbb{C}^{M\times 1} \tag{5.38}$$

$$\boldsymbol{\phi}(k)=\frac{1}{\lambda}\boldsymbol{\phi}(k)-\frac{\boldsymbol{\zeta}(k)\boldsymbol{\zeta}^{\dagger}(k)}{1+\boldsymbol{\zeta}^{\dagger}(k)\boldsymbol{\chi}(k)}\in\mathbb{C}^{L\times L} \tag{5.39}$$

$$\hat{\boldsymbol{H}}(k)=\hat{\boldsymbol{H}}(k-1)+\frac{\boldsymbol{e}(k)\boldsymbol{\zeta}^{\dagger}(k)}{1+\boldsymbol{\zeta}^{\dagger}(k)\boldsymbol{\chi}(k)}\in\mathbb{C}^{M\times L} \tag{5.40}$$

式中，$\hat{\boldsymbol{H}}(0)=\boldsymbol{0}_{M\times L}$；$\boldsymbol{\phi}(0)=\delta\boldsymbol{I}_L$，$\delta$ 是一个正则化参数且 $\delta>0$。

由于 $\phi(k)$ 是通过递归的方式计算的，因此能够避免 LS 算法中的直接矩阵求逆操作，最终 EW-RLS 算法的计算复杂度可以从 LS 算法的 $\mathcal{O}(L^3)$ 降低到 $\mathcal{O}(L^2)$[43]。

2. MIMO 信道模型下 RLS 正规方程的递推解

大多数的常规 RLS 算法或快速 RLS 算法都是在矩阵求逆的基础上进行的，但是在用有限精度平台下进行实现时，求解过程会出现数值不稳定的问题[43]。为了避免数值稳定性以及高计算复杂度的问题，文献[48]提出了一种新的 RLS 算法，该算法根据滤波器的权值增量构建一系列的辅助正规方程，新的 RLS 正规方程表示如下：

$$\boldsymbol{H}(k)\boldsymbol{R}(k)=\boldsymbol{B}(k) \tag{5.41}$$

式中，$\boldsymbol{R}(k)=\boldsymbol{\chi}(k)\boldsymbol{\Lambda}(k)\boldsymbol{\chi}^{\dagger}(k)$；$\boldsymbol{B}(k)=\boldsymbol{y}(k)\boldsymbol{\Lambda}(k)\boldsymbol{\chi}^{\dagger}(k)$，$\boldsymbol{R}(k)$ 和 $\boldsymbol{B}(k)$ 分别是 $L\times L$ 的输入信号的自相关矩阵和 $M\times L$ 的输入信号及期望信号之间的互相关矩阵；矩阵 $\boldsymbol{R}(k)$ 和 $\boldsymbol{B}(k)$ 是已知的，矩阵 $\boldsymbol{H}(k)$ 是需要估计的。

在 $k-1$ 时刻，由系统方程 $\boldsymbol{H}(k-1)\boldsymbol{R}(k-1)=\boldsymbol{B}(k-1)$，可以得到一个近似解 $\hat{\boldsymbol{H}}(k-1)$。定义

$$\boldsymbol{C}(k-1\,|\,k-1)=\boldsymbol{B}(k-1)-\hat{\boldsymbol{H}}(k-1)\boldsymbol{R}(k-1)\in\mathbb{C}^{M\times L} \tag{5.42}$$

和

$$\boldsymbol{C}(k\,|\,k-1)=\boldsymbol{B}(k)-\hat{\boldsymbol{H}}(k-1)\boldsymbol{R}(k)\in\mathbb{C}^{M\times L} \tag{5.43}$$

为解 $\hat{\boldsymbol{H}}(k-1)$ 的残余矩阵。$\boldsymbol{C}(j\,|\,k-1)$ 表示 $\boldsymbol{R}(j)$ 和 $\boldsymbol{B}(j)$ 在 $j\geqslant k-1$ 时刻的残余矩阵，而 $\hat{\boldsymbol{H}}(k-1)$ 是 $k-1$ 时刻系统方程 $\boldsymbol{H}(k-1)\boldsymbol{R}(k-1)=\boldsymbol{B}(k-1)$ 的解[48]。

为了方便后续的推导，令

$$\Delta\boldsymbol{R}(k)=\boldsymbol{R}(k)-\boldsymbol{R}(k-1),\quad \Delta\boldsymbol{B}=\boldsymbol{B}(k)-\boldsymbol{B}(k-1)$$
$$\Delta\boldsymbol{H}(k)=\boldsymbol{H}(k)-\boldsymbol{H}(k-1) \tag{5.44}$$

给定 $\hat{\boldsymbol{H}}(k-1)$ 和剩余矩阵 $\boldsymbol{C}(k\,|\,k-1)$ 的条件下，我们的目的是通过式（5.41）得到信道的估计 $\hat{\boldsymbol{H}}(k)$。式（5.41）可以被重新表示为

$$(\hat{\boldsymbol{H}}(k-1)+\Delta\boldsymbol{H}(k))\boldsymbol{R}(k)=\boldsymbol{B}(k) \tag{5.45}$$

因此，与未知矩阵 $\Delta\boldsymbol{H}(k)$ 有关的方程如下：

$$\Delta\boldsymbol{H}(k)\boldsymbol{R}(k)=\boldsymbol{C}(k\,|\,k-1) \tag{5.46}$$

我们不是直接求解式（5.41），而是通过辅助方程（5.46）来求解 $\Delta\hat{\boldsymbol{H}}(k)$，式中

$$\boldsymbol{C}(k\,|\,k-1)=\boldsymbol{C}(k-1\,|\,k-1)+\Delta\boldsymbol{B}(k)-\hat{\boldsymbol{H}}(k-1)\Delta\boldsymbol{R}(k) \tag{5.47}$$

式（5.41）的近似解为

$$\boldsymbol{H}(k)=\boldsymbol{H}(k-1)+\Delta\hat{\boldsymbol{H}}(k) \tag{5.48}$$

对于 EW-RLS 算法来说，$L\times L$ 的矩阵 $\boldsymbol{R}(k)$ 和 $M\times L$ 的矩阵 $\boldsymbol{B}(k)$ 可以被递推

更新，即

$$\boldsymbol{R}(k)=\lambda\boldsymbol{R}(k-1)+\boldsymbol{\chi}(k)\boldsymbol{\chi}^{\dagger}(k)\in\mathbb{C}^{L\times L} \tag{5.49}$$

$$\boldsymbol{B}(k)=\lambda\boldsymbol{B}(k-1)+\boldsymbol{y}(k)\boldsymbol{\chi}^{\dagger}(k)\in\mathbb{C}^{M\times L} \tag{5.50}$$

式中，$k>0$；$R(0)=\rho\boldsymbol{I}_L$；在初始化阶段，自适应正则化参数$\rho$是一个小正数。

式（5.47）的残余矩阵$\boldsymbol{C}(k\,|\,k-1)$可以通过下面的关系式进行更新[48]：

$$\boldsymbol{C}(k\,|\,k-1)=\lambda\boldsymbol{C}(k-1\,|\,k-1)+\boldsymbol{e}^{*}(k)\boldsymbol{\chi}^{\mathrm{T}}(k) \tag{5.51}$$

式中，$\boldsymbol{e}(k)=\boldsymbol{y}(k)-\hat{\boldsymbol{H}}(k-1)\boldsymbol{\chi}(k)$，$\boldsymbol{e}(k)$是$M\times1$的先验估计误差向量。

3. 时变 MIMO 稀疏信道估计的同伦 RLS-DCD 算法

时变的多途水声通信信道通常是稀疏的，即$\boldsymbol{H}(k)$中的大多数元素近似为零[49]。在已知信道稀疏性等先验信息的条件下，信道估计器可以利用稀疏性来提高信道的跟踪能力以及降低信道估计的复杂度[20, 23, 37, 38, 49, 50]。

基于压缩感知的信道估计技术已经被广泛应用于水声通信中[51, 52]，但是较高的计算复杂度使其在 MIMO 水声通信中的应用受到了限制[53]；最近，人们提出了许多自适应算法来处理稀疏恢复问题。可是，用于水声信道估计的自适应算法要么性能较好，但是复杂度较高，如 RLS 算法，其复杂度至少为$\mathcal{O}(L^2)$；要么复杂度较低，但是估计性能较差，如 LMS 算法，其复杂度为$\mathcal{O}(L)$。

本节介绍了一种最近提出的算法：指数加权的同伦 RLS-DCD 算法[28]，并将其扩展到时变的 MIMO 稀疏信道估计。假设信道是稀疏的，即$h_{m,n}^{p}(k)$中的非零抽头数目为S且满足$S\ll P$，$p=0,1,\cdots,P-1$。水声信道冲激响应$\boldsymbol{H}(k)$的近似稀疏解可以通过求解下面的最优化问题来求解，即

$$\begin{gathered}\min_{\hat{\boldsymbol{H}}(k)}\|\operatorname{vec}[\hat{\boldsymbol{H}}(k)]\|_0\\ \text{s.t. }\varepsilon(k)\leqslant\epsilon\end{gathered} \tag{5.52}$$

式中，ϵ是一个小的正常数，可以通过其控制估计误差。以上最优化问题的非凸性会引入巨大的计算量，难以处理。凸松弛为非凸化问题的求解提供了一个可行的替代方案，因此，可以用l_1-范数$\|\operatorname{vec}[\hat{\boldsymbol{H}}(k)]\|_1$取代$l_0$-范数$\|\operatorname{vec}[\hat{\boldsymbol{H}}(k)]\|_0$。目前，大量的自适应算法可以有效地求解这个问题[54-56]。

在k时刻，通过自适应滤波器最小化一下代价函数$\varepsilon'(k)$获得信道矩阵的估计$\hat{\boldsymbol{H}}(k)$，即

$$\min_{\hat{\boldsymbol{H}}(k)}\left\{\varepsilon'(k)\triangleq\frac{1}{\sigma^2}\varepsilon(k)+f_p(\hat{\boldsymbol{H}}(k))\right\} \tag{5.53}$$

式中，$\varepsilon'(k)$的第一项为 LS 解误差，第二项为解中包含先验信息的惩戒函数，即[56]

$$f_p[\hat{\boldsymbol{H}}(k)] = \tau \| \boldsymbol{w}^{\mathrm{T}}(k)\mathrm{vec}[\hat{\boldsymbol{H}}(k)] \|_1 \tag{5.54}$$

式中，向量 $\boldsymbol{w}$ 包括 $M \times L$ 个正权值 $w_j(k)$，其按以下方程进行更新，即[57]

$$w_j(k) = \frac{1}{|h_j(k-1)|^2 + \varsigma} \tag{5.55}$$

式中，$\varsigma > 0$，它是一个可调参数；$h_j(k-1)$ 是信道估计向量 $\mathrm{vec}(\hat{\boldsymbol{H}}(k-1))$ 的第 j 个元素。式（5.54）中的正标量 τ 是一个正则化参数，可以通过它平衡式（5.53）中的 LS 填充误差以及惩戒项的权重。

同伦算法可以用于最小化式（5.53）代价函数；一组同伦迭代可以通过指数减小正则化参数向量 $\boldsymbol{\tau}$ 进行迭代，即 $\boldsymbol{\tau} \leftarrow \gamma\boldsymbol{\tau}$，其中 γ 是衰减因子，其取值范围为 $(0,1)$。如果 γ 取值接近于 1，那么同伦迭代需要的次数会很多，因此计算复杂度也会很高。为了降低基于同伦算法的自适应滤波器的复杂度，可以只进行一次同伦迭代。为了进一步减小复杂度，自适应算法中可以采用 DCD（dichotomous coordinate descent）迭代[48, 58]。

在 DCD 迭代中，可以将之前已知的 $\hat{\boldsymbol{H}}(k-1)$ 作为初始条件来使 k 时刻的代价 $\varepsilon'(k)$ 最小，该最小化方式和文献[56]中的关于矩阵 $\Delta\boldsymbol{H}(k)$ 的最小化方式等效，即[56]

$$\frac{1}{2}\Delta\boldsymbol{H}(k)\boldsymbol{R}(k)\Delta\boldsymbol{H}^{\dagger}(k) - \mathcal{R}\{\boldsymbol{C}(k|k-1)\Delta\boldsymbol{H}^{\dagger}(k)\} + \tau|\hat{\boldsymbol{H}}(k)|\boldsymbol{W}^{\mathrm{T}}(k) \tag{5.56}$$

式中，$\boldsymbol{W} \in \mathbb{R}_+^{M\times L}$ 是权值矩阵，它可以由 $M \times L \times 1$ 的向量 $\boldsymbol{w}$ 构造，而 $\boldsymbol{C}(k|k-1)$ 则由式（5.51）给出。

式（5.53）中的代价函数通过使用文献[28]中的 l_1-DCD 算法进行最小化求解；在 l_1-DCD 算法中，当 DCD 迭代达到最大次数 N_u 时，同伦迭代就会终止；为了降低算法的复杂度，N_u 通常会被设置为一个较小的值[48]。

表 5.4 给出了基于指数加权同伦 RLS-DCD 算法的 MIMO 稀疏信道估计算法。其中，$\boldsymbol{c}_m(k|k-1)$ 是矩阵 $\boldsymbol{C}(k|k-1)$ 的第 m 行；$c_{m,j}$ 是向量 $\boldsymbol{c}_m(k|k-1)$ 的第 j 项；$h_{m,j}$ 是信道卷积矩阵 $\hat{\boldsymbol{H}}(k-1)$ 的第 m 行和第 j 列；τ_m 是向量 $\boldsymbol{\tau}$ 的第 m 个元素。

表 5.4　基于指数加权同伦 RLS-DCD 算法的 MIMO 稀疏信道估计算法

输入：$\boldsymbol{\chi}$，$\boldsymbol{y}$，$\boldsymbol{\tau}$，M，L，λ，γ，M_b，N_u，ε 输出：$\hat{\boldsymbol{H}}(k)$，$\boldsymbol{C}(k\|k)$
初始化：$\hat{\boldsymbol{H}}(0)=\boldsymbol{0}$，$\{I_m=\varnothing\}_{m=1}^{M}$，$\boldsymbol{C}(0\|0)=\boldsymbol{0}$，$\boldsymbol{B}(0)=\boldsymbol{0}$，$\boldsymbol{R}(0)=\varepsilon\boldsymbol{I}_L$，$\boldsymbol{W}(1)=\boldsymbol{1}_{M\times L}$
for $k=1$ **to** K % 完成 K 个接收符号的循环 $\boldsymbol{R}(k)=\lambda\boldsymbol{R}(k-1)+\boldsymbol{\chi}(k)\boldsymbol{\chi}^{\dagger}(k)$

续表

$\boldsymbol{B}(k)=\lambda\boldsymbol{B}(k-1)+\boldsymbol{y}(k)\boldsymbol{\chi}^{\dagger}(k)$

$\boldsymbol{d}(k)=\hat{\boldsymbol{H}}(k-1)\boldsymbol{\chi}(k)$

$\boldsymbol{e}(k)=\boldsymbol{y}(k)-\boldsymbol{d}(k)$

$\boldsymbol{C}(k\,|\,k-1)=\lambda\boldsymbol{C}(k-1\,|\,k-1)+\boldsymbol{e}^{*}(k)\boldsymbol{\chi}^{\mathrm{T}}(k)$

for $m=1$ **to** M %完成 M 个接收水听器的循环

$\tau_m=\max_j|c_{m,j}|, 1\leqslant j\leqslant L$

$t=\arg\min\limits_{j\in I_m}\frac{1}{2}|h_{m,j}|^2 R_{j,j}+\mathcal{R}\{h_{m,j}^{*}c_{m,j}\}-\tau_m w_{m,j}|h_{m,j}|$

if $\frac{1}{2}|h_{m,t}|^2 R_{t,t}+\mathcal{R}\{h_{m,t}^{*}c_{m,t}\}-\tau_m w_{m,t}|h_{m,t}|<0$

从支撑集 $I_m(I_m\leftarrow I_m/t)$ 中移除第 t 个元素

$\boldsymbol{c}_m(k\,|\,k-1)=\lambda\boldsymbol{c}_m(k-1\,|\,k-1)+h_{m,t}\boldsymbol{R}^{(t)}(k)$

end if

$t=\arg\max\limits_{j\in I_m^c}\frac{(|c_{m,j}|-\tau_m w_{m,j})^2}{R_{j,j}}$

if $|c_{m,t}|>\tau_m w_{m,t}$

将第 t 个元素并入支撑集 $(I_m\leftarrow I_m\cup t)$

end if

更新正则化参数：$\tau_m\leftarrow\gamma\tau_m$

用 l_1 -DCD 算法求解式（5.46）

用式（5.55）更新权值矩阵 $\boldsymbol{W}(k)$

end for

end for

5.5　软判决驱动的稀疏信道估计与 Turbo 均衡

在文献[27]、[37]和[38]相关研究的启发下，本节提出了单载波调制情况下 MIMO 水声通信的软判决驱动迭代信道估计和 Turbo 均衡算法。

5.5.1　基于信道估计的软判决 Turbo 均衡

本节将提出适用于时变 MIMO 水声通信系统的后验软判决符号驱动的迭代稀疏信道估计和均衡算法。

迭代接收机的结构如图 5.6 所示，该迭代接收机由 MIMO 最小均方线性均衡器、迭代 MIMO 自适应信道估计器、SISO 解映射器、解交织器、SISO 映射器、交织器以及 MAP 译码器组成。给定训练序列 $\boldsymbol{X}$ 、硬判决 $Q(\hat{\boldsymbol{X}})$ 或后验软判决 $\tilde{\boldsymbol{X}}$ ，迭代 MIMO 自适应信道估计器对信道矩阵 $\hat{\boldsymbol{H}}$ 、噪声协方差向量 $\hat{\boldsymbol{\sigma}}$ ，以及相位向量 $\hat{\boldsymbol{\theta}}$ 进行迭代估计，其中相位向量 $\hat{\boldsymbol{\theta}}$ 可以通过嵌入的二阶锁相环进行更新[1, 49]；随后，利用 MIMO Turbo 均衡器进行 MMSE 均衡，均衡后的硬判决符号或软判决符号会分别反馈给 SISO 译码器或迭代 MIMO 自适应信道估计器；SISO 解映射器输出发射比特 $\{L_e^E\{\boldsymbol{c}_n\}\}_{n=1}^N$ 的新息，然后该新息作为解交织器的输入，解交织器的输出作为 MAP 译码器的输入先验信息 $\{L_a^D\{\boldsymbol{b}_n\}\}_{n=1}^N$ ；最终，MAP 译码器输出新息 $\{L_e^D\{\boldsymbol{b}_n\}\}_{n=1}^N$ ，该新息会反馈给均衡器，作为发射比特的先验信息 $\{L_a^E\{\boldsymbol{c}_n\}\}_{n=1}^N$ 。在几次 Turbo 迭代之后，MAP 译码器会输出发射比特 $\{\boldsymbol{a}_n\}_{n=1}^N$ 的估计值。

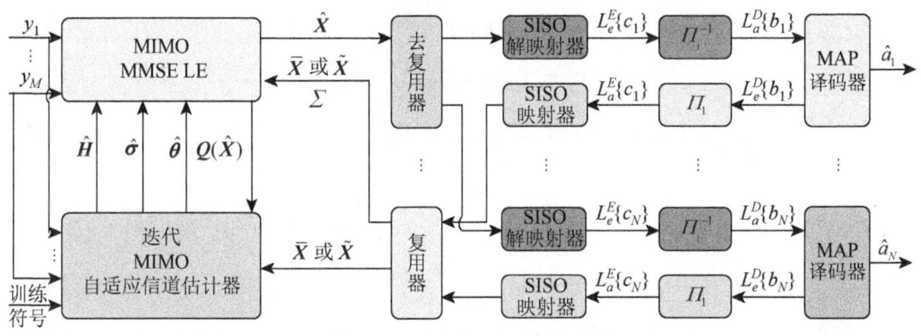

图 5.6　耦合自适应稀疏信道估计器的 $N\times M$ MIMO 水声迭代接收机

1. MIMO 均衡的接收信号模型

在本节的后续内容中，我们数据处理是基于符号间隔的。令 $\mathcal{L}_f$ 和 $\mathcal{L}_p$ 分别为均衡器的非因果和因果部分长度。在 k 时刻，为了对接收信号进行均衡并对发射符号进行估计，我们采用基于时间窗的信道均衡，假设时间窗内接收信号向量的长度为 $\mathcal{L}_p+\mathcal{L}_f+1$ ，即 $\boldsymbol{y}(k-\mathcal{L}_p),\cdots,\boldsymbol{y}(k+\mathcal{L}_f)$ ，那么接收数据可以重新表示为[20, 59, 60]

$$\boldsymbol{r}_k = \boldsymbol{\mathcal{H}}_k \boldsymbol{s}_k + \boldsymbol{n}_k \tag{5.57}$$

式中

$$\boldsymbol{\mathcal{H}}_k = \begin{bmatrix} \boldsymbol{H}_{p-\mathcal{K}_f}(k+\mathcal{L}_f) & \cdots & \boldsymbol{H}_{p-\mathcal{K}_p}(k+\mathcal{L}_p) & 0 & 0 \\ 0 & \ddots & & \ddots & 0 \\ 0 & 0 & \boldsymbol{H}_{p+\mathcal{K}_f}(k-\mathcal{L}_p) & \cdots & \boldsymbol{H}_{p+\mathcal{K}_p}(k-\mathcal{L}_p) \end{bmatrix} \tag{5.58}$$

$$\boldsymbol{r}_k = [\boldsymbol{y}^{\mathrm{T}}(k+\mathcal{L}_f),\cdots,\boldsymbol{y}^{\mathrm{T}}(k-\mathcal{L}_p)]^{\mathrm{T}} \tag{5.59}$$

$$\boldsymbol{s}_k = [\boldsymbol{x}^{\mathrm{T}}(k+\mathcal{K}_f+\mathcal{L}_f),\cdots,\boldsymbol{x}^{\mathrm{T}}(k-\mathcal{K}_p-\mathcal{L}_p)]^{\mathrm{T}} \tag{5.60}$$

$$\boldsymbol{n}_k = [\boldsymbol{\eta}^{\mathrm{T}}(k+\mathcal{L}_f),\cdots,\boldsymbol{\eta}^{\mathrm{T}}(k-\mathcal{L}_p)]^{\mathrm{T}} \tag{5.61}$$

其中，信道长度为$P=\mathcal{K}_p+\mathcal{K}_f+1$，$\mathcal{K}_f$和$\mathcal{K}_p$是信道响应的非因果和因果部分的长度；为了表示方便，令$\mathcal{K}=N(\mathcal{K}_p+\mathcal{K}_f+\mathcal{L}_p+\mathcal{L}_f+1)$表示向量$\boldsymbol{s}_k$的长度，$\mathcal{L}=M(\mathcal{L}_p+\mathcal{L}_f+1)$表示向量$\boldsymbol{r}_k$的长度；假设噪声向量$\boldsymbol{n}_k$服从零均值的复高斯分布，且$\boldsymbol{n}_k \sim \mathcal{CN}(0,\sigma_n^2\boldsymbol{I}_{\mathcal{L}})$；$\boldsymbol{\mathcal{H}}_k$是一个由式（5.35）定义的$\boldsymbol{H}_p(k)$组成的块信道矩阵，因此$\boldsymbol{\mathcal{H}}_k$的大小为$\mathcal{L}\times\mathcal{K}$。

实际应用中，应先对信道进行估计，然后利用估计到的信道计算 Turbo 均衡器的系数。令$\hat{\boldsymbol{\mathcal{H}}}_k$和$\boldsymbol{E}_k=\boldsymbol{\mathcal{H}}_k-\hat{\boldsymbol{\mathcal{H}}}_k$为信道估计及相应的信道估计误差；假设$\boldsymbol{E}_k$均值为0，且其与$\hat{\boldsymbol{\mathcal{H}}}_k$和$\boldsymbol{s}_k$不相关。因此，式（5.57）可以重新表示为$\boldsymbol{r}_k=\hat{\boldsymbol{\mathcal{H}}}_k\boldsymbol{s}_k+(\boldsymbol{E}_k\boldsymbol{s}_k+\boldsymbol{n}_k)$，对于给定的$\hat{\boldsymbol{\mathcal{H}}}_k$、$x_n(k)$的线性 MMSE 估计为[20, 38, 60]：

$$\hat{x}_n(k) = \hat{\boldsymbol{f}}_n^{\dagger}(k)(\boldsymbol{r}_k - \hat{\boldsymbol{\mathcal{H}}}_k\overline{\boldsymbol{s}}_n(k)) \tag{5.62}$$

$$\hat{\boldsymbol{f}}_n(k) = (\hat{\boldsymbol{\mathcal{H}}}_k\boldsymbol{\Sigma}_{n,k}\boldsymbol{H}_k^{\dagger}+\sigma_w^2\boldsymbol{I}_{\mathcal{L}})^{-1}\hat{\boldsymbol{h}}_n(k) \tag{5.63}$$

式中

$$\overline{\boldsymbol{s}}_n(k) = [\overline{\boldsymbol{x}}^{\mathrm{T}}(k+\mathcal{K}_f+\mathcal{L}_f),\cdots,\overline{\boldsymbol{x}}^{\mathrm{T}}(k-1),\breve{\boldsymbol{x}}_n^{\mathrm{T}}(k),\overline{\boldsymbol{x}}^{\mathrm{T}}(k+1),\cdots,\overline{\boldsymbol{x}}^{\mathrm{T}}(k-\mathcal{K}_p-\mathcal{L}_p)]^{\mathrm{T}} \tag{5.64}$$

$$\overline{\boldsymbol{x}}(k) = [\overline{x}_1(k),\overline{x}_2(k),\cdots,\overline{x}_N(k)]^{\mathrm{T}} \tag{5.65}$$

$$\boldsymbol{\Sigma}_{n,k} = \mathrm{diag}(v_{n,1},\cdots,v_{n,k-1},1,v_{n,k+1},\cdots,v_{n,\mathcal{K}}) \tag{5.66}$$

$$\breve{\boldsymbol{x}}_n(k) = \left[\overline{x}_1(k),\cdots,\overline{x}_{n-1}(k),0,\overline{x}_{n+1}(k),\cdots,\overline{x}_N(k)\right]^{\mathrm{T}} \tag{5.67}$$

其中，$\overline{\boldsymbol{x}}(k)$是$\boldsymbol{x}(k)$的先验均值向量；$\boldsymbol{\Sigma}_{n,k}$是$\boldsymbol{x}(k)$的先验协方差向量；向量$\hat{\boldsymbol{h}}_n(k)$是$\hat{\boldsymbol{\mathcal{H}}}_k$的第$N(\mathcal{L}_p+P-1)+n$列。因此，我们可以通过先验对数似然比计算得到$\overline{x}_n(k)$和$v_{n,k}$，即[60]

$$\overline{x}_n(k) \triangleq E(x_n(k)) = \sum_{\alpha_i\in\mathcal{A}} \alpha_i \cdot P(x_n(k)=\alpha_i) \tag{5.68}$$

$$v_{n,k} \triangleq \mathrm{cov}(x_n(k), x_n(k)) = \left(\sum_{\alpha_i = \mathcal{A}} |\alpha_i|^2 \cdot P(x_n(k) = \alpha_i)\right) - |\overline{x}_n(k)|^2 \tag{5.69}$$

式中

$$\begin{aligned} P(x_n(k) = \alpha_i) &= \prod_{j=1}^{J} P(c_n^j(k) = s_{i,j}) \\ &= \prod_{j=1}^{J} 1/2 \cdot (1 + \tilde{s}_{i,j} \tanh(L_a^E(c_n^j(k)/2))) \end{aligned} \tag{5.70}$$

与 $\alpha_i \in \mathcal{A}$ 相对应的比特位为 $\boldsymbol{s}_i \triangleq [s_{i,1}, s_{i,2}, \cdots, s_{i,J}]$，且

$$\tilde{s}_{i,j} \triangleq \begin{cases} +1, & s_{i,j} = 0 \\ -1, & s_{i,j} = 1 \end{cases} \tag{5.71}$$

$c_n^j(k)$ 的新息对数似然比由式（5.72）给出，即[60]

$$L_e^E(c_n^j(k)) = \ln \frac{\displaystyle\sum_{\theta \in \mathcal{A}_j^0} \exp\left(-\frac{|\hat{x}_n(k) - \hat{\mu}_n(k)\theta|^2}{\hat{\mu}_n(k)(1 - \hat{\mu}_n(k))} + \frac{1}{2}\sum_{i=1, i \neq j}^{J} \tilde{s}_{i,j} L_a^E(c_n^i(k))\right)}{\displaystyle\sum_{\theta \in \mathcal{A}_j^1} \exp\left(-\frac{|\hat{x}_n(k) - \hat{\mu}_n(k)\theta|^2}{\hat{\mu}_n(k)(1 - \hat{\mu}_n(k))} + \frac{1}{2}\sum_{i=1, i \neq j}^{J} \tilde{s}_{i,j} L_a^E(c_n^i(k))\right)} \tag{5.72}$$

式中，$\hat{\mu}_n(k) = \hat{\boldsymbol{f}}_n^H(k)\hat{\boldsymbol{h}}_n(k)$；$\mathcal{A}_j^0$ 和 $\mathcal{A}_j^1$ 是使 $s_{i,j}$ 的值为 0 和 1 的所有星座点的集合。

2. 后验软判决

在第一次均衡之后，均衡之后的符号 $\hat{x}_n(k)$ 的后验软判决 $\tilde{x}_n(k)$ 就可以通过计算得到，即[27, 37]

$$\tilde{x}_n(k) = \sum_{\alpha_i \in \mathcal{A}} \alpha_i P(x_n(k) = \alpha_i \mid \hat{x}_n(k)) \tag{5.73}$$

式中，$P(x_n(k) = \alpha_i \mid \hat{x}_n(k))$ 是 $x_n(k)$ 的后验概率，即

$$P(x_n(k) = \alpha_i \mid \hat{x}_n(k)) = \frac{p(\hat{x}_n(k) \mid x_n(k) = \alpha_i)}{p(\hat{x}_n(k))} P(x_n(k) = \alpha_i) \tag{5.74}$$

其中，$P(x_n(k) = \alpha_i)$ 是先验概率，其可以通过来自 MAP 译码器的先验对数似然比按照式（5.70）计算得出；$p(\hat{x}_n(k))$ 可以通过归一化公式 $\sum_{i=1}^{2^q} P(x_n(k) = \alpha_i \mid \hat{x}_n(k)) = 1$ 得出。在高斯分布假设条件下，均衡器的输出符号 $\hat{x}_n(k)$ 在 $x_n(k) = \alpha_i$ 的条件下的条件概率为[60]

$$p(\hat{x}_n(k) \mid x_n(k) = \alpha_i) = \frac{1}{\pi \tilde{\delta}_n^2} \exp\left\{-\frac{|\hat{x}_n(k) - \tilde{x}_n(k)\alpha_i|^2}{\tilde{\delta}_n^2}\right\} \tag{5.75}$$

式中，$x_n(k)$ 的后验方差为

$$\tilde{\delta}_n^2 = \sum_{i=1}^{2^Q} |\alpha_i - \tilde{x}_n(k)|^2 P(x_n(k) = \alpha_i \mid \hat{x}_n(k)) \tag{5.76}$$

在 Turbo 迭代的过程中，随着后验软判决 $\tilde{x}_n(k)$ 的可靠性逐渐提高，信道估计也更加准确，进而加速了信道估计器的收敛速度。

3. 同伦 EW-RLS-DCD 算法驱动的后验软判决

在基于自适应滤波技术的迭代信道估计中，自适应滤波器受判决误差 $\boldsymbol{e}(k)$ 驱动。自适应信道估计算法的目的是最小化判决误差的方差，因此判决的可靠性在自适应信道估计中起着非常重要的作用。实际应用中，自适应信道估计器通常在两种模式下工作：训练模式（data aided，DA）和直接判决模式（direct decision，DD）。根据模式的不同，我们可以定义三种判决误差[61, 62]：

$$\boldsymbol{e}(k) = \boldsymbol{y}(k) - \hat{\boldsymbol{H}}(k-1)\boldsymbol{\chi}(k) \in \mathbb{C}^{M\times 1} \tag{5.77}$$

$$\hat{\boldsymbol{e}}(k) = \boldsymbol{y}(k) - \hat{\boldsymbol{H}}(k-1)Q(\hat{\boldsymbol{\chi}}(k)) \in \mathbb{C}^{M\times 1} \tag{5.78}$$

$$\overline{\boldsymbol{e}}(k) = \boldsymbol{y}(k) - \hat{\boldsymbol{H}}(k-1)\overline{\boldsymbol{\chi}}(k) \in \mathbb{C}^{M\times 1} \tag{5.79}$$

式中，$\boldsymbol{\chi}(k)$ 表示在训练模式下的完美判决；向量 $\overline{\boldsymbol{\chi}}(k)$ 由发射符号在直接判决模式下的先验软判决构成；$Q(\hat{\boldsymbol{\chi}}(k))$ 表示均衡器输出 $\hat{\boldsymbol{\chi}}(k)$ 的硬判决。因此，$\boldsymbol{e}(k)$ 、$\hat{\boldsymbol{e}}(k)$ 、$\overline{\boldsymbol{e}}(k)$ 分别命名为完美判决误差向量、先验软判决误差向量、硬判决误差向量。

在现有的迭代自适应信道估计算法中，硬判决或先验软判决符号可以用来驱动信道估计器。文献[27]和[37]提出了一种有效的自适应 Turbo 均衡器，该均衡算法用更加可靠的后验软判决来自适应地更新信道系数并进行 MMSE 均衡，为了降低自适应 Turbo 均衡的复杂度，均衡器的系数通过 NLMS 和 IPNLMS 算法进行更新[24, 43]，采用后验软判决的 DA-TEQ 算法相比于硬判决和先验软判决来说收敛速度更快且频谱效率更高。受文献[37]的启发，本节采用后验软判决来驱动信道估计器。为了方便起见，定义后验判决误差向量为

$$\tilde{\boldsymbol{e}}(k) = \boldsymbol{y}(k) - \hat{\boldsymbol{H}}(k-1)\tilde{\boldsymbol{\chi}}(k) \in \mathbb{C}^{M\times 1} \tag{5.80}$$

式中，$\tilde{\boldsymbol{\chi}}(k)$ 是均衡器输出 $\hat{\boldsymbol{\chi}}(k)$ 的后验软判决向量。

本节提出的迭代信道估计器由以下两个阶段构成：

（1）训练阶段：用训练序列向量 $\boldsymbol{\chi}(k)$ 中的已知训练符号 $x_n(k)$ 来估计信道冲激响应。

（2）直接判决阶段：在这一阶段没有已知的训练符号，均衡器输出符号 $\hat{x}_n(k)$ 的硬判决通常会用于信道的跟踪；然而，硬判决并不可靠，最终导致发射符号的错误判决，造成判决误差进而导致误差传递，这对 Turbo 均衡系统的影响是灾难性的。在 Turbo 均衡系统中，大多数迭代信道估计器在直接判决阶段使用硬判决

或先验软判决。在 Turbo 均衡的初始阶段，来自译码器或均衡器的先验或后验软判决是未知的，因此，在该阶段的信道估计过程中，均衡器输出符号的硬判决将作为训练符号；而在后续迭代中，比先验软判决更可靠的后验软判决被用作训练符号。

4. 后验软判决驱动的 Turbo 均衡

软判决的质量直接决定着 MMSE 均衡器性能的好坏。许多自适应均衡算法中采用先验软判决[21, 22, 61]；若采用更加可靠的后验软判决，MMSE 均衡器的性能会得到改善[37]。后验软判决驱动的均衡器输出 $\hat{x}_n(k)$ 为

$$\hat{x}_n(k) = \hat{\boldsymbol{f}}_n^H(k)(r_k - \hat{\mathcal{H}}_k \tilde{\boldsymbol{s}}_n(k)) \tag{5.81}$$

式（5.81）采用了后验软判决 $\tilde{\boldsymbol{s}}_n(k)=[\tilde{\boldsymbol{x}}^{\mathrm{T}}(k+K_f+L_f),\cdots,\tilde{\boldsymbol{x}}^{\mathrm{T}}(k-1),\tilde{\boldsymbol{x}}_n^{\mathrm{T}}(k),\tilde{\boldsymbol{x}}^{\mathrm{T}}(k+1),\cdots,\tilde{\boldsymbol{x}}^{\mathrm{T}}(k-K_P-L_p)]^{\mathrm{T}}$，而没有采用式（5.62）中的先验软判决 $\bar{\boldsymbol{s}}_{n,k}$。当 $k'\neq k$，且 $k'\in[k-\mathcal{K}_p-\mathcal{L}_p,k+\mathcal{K}_f+\mathcal{L}_f]$ 时，$\tilde{\boldsymbol{x}}(k)=[\tilde{x}_1(k),\tilde{x}_2(k),\cdots,\tilde{x}_N(k)]^{\mathrm{T}}$；当 $k'=k$ 时，$\boldsymbol{x}_n(k)=[\tilde{x}_1(k),\cdots,\tilde{x}_{n-1}(k),0,x_{n+1}(k),\cdots,x_N(k)]^{\mathrm{T}}$[37]。

5.5.2 MIMO 信道估计器的复杂度对比

本节对比了 EW-RLS 和 EW-HRLS-DCD 两种信道估计器的复杂度，算法复杂度主要通过每次时间抽样所做的加法、乘法、开方以及除法的操作来进行评估。

文献[28]详细介绍了 SISO 系统中 EW-HRLS-DCD 算法的复杂度。如图 5.5 所示的自适应 MIMO 信道估计器的结构，$N\times M$ 的 MIMO 系统可以看作 M 个信道长度为 $L=NP$ 的 SISO 系统。因此，MIMO 系统下的 EW-HRLS-DCD 算法的复杂度可以通过文献[28]中的 SISO 系统的复杂度计算方式来计算。基于 EW-HRLS-DCD 算法的 MIMO 信道估计器的复杂度如表 5.5 所示。

表 5.5　EW-HRLS-DCD 信道估计器计算复杂度

步骤	乘法 (×)	加法 (+)	开方 ($\sqrt{\cdot}$)	除法 (÷)
1	$6MNP$	$4MNP$	—	—
2	$4MNP$	$4MNP$	—	—
3	$4MNP$	$4MNP$	—	—
5	$6MNP$	$4MNP$	—	—
7	$2MNP$	$2MNP$	M	—
9	$M(4NP+7\|I\|)$	$M(2NP+4\|I\|)$	$M\|I\|$	—

续表

步骤	乘法 (×)	加法 (+)	开方 ($\sqrt{\cdot}$)	除法 (÷)
11	$2M(NP-\|I\|)$	$2M(NP-\|I\|)$	$M(NP-\|I\|)$	$M(NP-\|I\|)$
13	$2M\|I\|(M_b+N_u)$	$2M\|I\|(M_b+N_u)$	$M(M_b+N_u)$	—
14	$4MNP$	$3MNP$	—	MNP
总计	$32MNP+5M\|I\|$ $+2M\|I\|(M_b+N_u)$	$25MNP+2M\|I\|$ $+2M\|I\|(M_b+N_u)$	$M(1+NP)+M(M_b+N_u)$	$2MNP-M\|I\|$

在表 5.4 中，步骤 13 采用了 l_1-DCD 算法，M_b 代表比特位数，并用于解向量中条目的表达，它定义了定点的精度；N_u 是 DCD 迭代的最大次数，在 l_1-DCD 算法中，向量 $\boldsymbol{c}_m(k|k-1)$ 的更新是整个算法中计算量最大的部分，该过程的复杂度计算具体细节见文献[28]的表 2，详细计算过程可以参考文献[56]。

如表 5.5 所示，EW-HRLS-DCD 算法需要 $32MNP+5M|I|+2M|I|(M_b+N_u)$ 次实数乘法，$25MNP+2M|I|+2M|I|(M_b+N_u)$ 次实数加法，$M(1+NP)+M\cdot(M_b+N_u)$ 次开方及 $2MNP-M|I|$ 次除法。

由式（5.36）～式（5.39）描述的传统 EW-RLS 算法的算术操作如表 5.6 所示。传统的 EW-RLS 算法需要 $12(NP)^2+8MNP$ 次实数乘法，$9(NP)^2+6MNP+M$ 次实数加法以及 $(2M+2NP+1)NP$ 次实数除法。

表 5.6　EW-RLS 信道估计器计算复杂度

公式	乘法 (×)	加法 (+)	开方 ($\sqrt{\cdot}$)	除法 (÷)
式（5.36）	$4(NP)^2$	$3(NP)^2$	—	NP
式（5.37）	$4MNP$	$3MNP+M$	—	—
式（5.38）	$8(NP)^2$	$6(NP)^2$	—	$2(NP)^2$
式（5.39）	$4MNP$	$3MNP$	—	$2MNP$
总计	$12(NP)^2+8MNP$	$9(NP)^2+6MNP+M$	—	$(2M+2NP+1)NP$

具体算法复杂度的比较可以通过一个例子来说明，例如，当 $N=2$，$M=8$，$P=40$，$K=6$，$N_u=4$，$M_b=15$ 时，假设 $|I|=K$，根据文献[56]，对于每个时刻，EW-HRLS-DCD 算法需要 23×10^3 次乘法、18×10^3 次加法、800 次开方、1.2×10^3 次除法；对于 EW-RLS 算法，在相同的条件下需要 80×10^3 次乘法、61×10^3 次加法、0 次开方、14×10^3 次除法。相比于 EW-RLS 算法，EW-HRLS-DCD 将乘法的计算次数减少了 3.5 倍，加法次数减少了约 3.4 倍，除法次数减少了约 11 倍。

若保持上一个例子的大部分参数设置不变，仅改变信道 P 的长度，令 $P=100$，对于每个时刻，则 EW-HRLS-DCD 算法需要 53×10^3 次乘法、42×10^3 次加法、1.8×10^3 次开方和 3.2×10^3 次除法。而对于 EW-RLS 算法来说，需要乘法、加法、开方以及除法的次数分别为 490×10^3 次、370×10^3 次、0 次、83×10^3 次。EW-HRLS-DCD 算法乘法、加法和除法的计算量分别减小了 9 倍、9 倍和 26 倍。

5.5.3 试验结果

本节通过试验数据对软判决驱动信道估计和 Turbo 均衡接收机性能进行评估，并将其和其他接收机进行性能比较。

1. 试验条件说明

本次试验于 2013 年 11 月在吉林省松花湖完成。试验现场的湖深为 48.6m。两个发射换能器固定在一条小船的舷侧，两个发射换能器分别距离水面 5m 和 6m；在试验中，小船的最大漂流速度为 0.25m/s；接收水听器垂直线阵由 48 个接收水听器构成，其中第一个接收水听器锚系在距离湖底 7m 处，接收水听器之间间隔为 0.25m，在试验开始时发射换能器与接收水听器阵之间的距离约为 2.1km。

2. 发射信号的数据结构

对于 MIMO 传输来说，两个发射换能器同时发送两路并行的数据流，每一路数据分支均采用 BICM 方案。输入比特流用码率为 1/2 的卷积码进行信道编码，八进制生成多项式为[171，133]；发射信号的载波频率 f_c 为 3kHz，符号率为 2k 符号/s，采用开方升余弦滤波器进行脉冲成型，滚降因子为 0.2[44]，进而信号占用的带宽为 2.4kHz，接收信号的采样率为 25kHz。

两路数据流的数据结构及相关参数如图 5.7 所示。为了实现帧同步和平均多普勒频移的估计，在数据块的前面与后面分别加入了多普勒不敏感的前导 Up-Chirp 和后导 Down-Chirp 信号。同时，为了降低共道干扰，两路长度为 511 的多普勒敏感 Gold 序列分别插入两路数据流的前面，Gold 序列可以通过优选的小 m 序列产生[44]，Gold 序列可以用于信道初始化参数的估计[44]。紧接着帧同步信号之后的是采用不同调制阶数的数据包。试验中 BPSK 调制方式的检测性能很好，因此在进行接收机性能评估的时候仅给出采用 QPSK、8PSK 及 16QAM 三种调制方式的处理结果。为了避免块间干扰，小 m 序列、Up-Chirp 信号及 Down-Chirp 信号之间的保护间隔为 150ms。在两个保护间隔之间的数据包长度为 8000 个符号。试验的时候每隔 15s 发送一个通信包；整个数据的发送时间为 12min，实际接收信噪比可以通过接收信号部分以及噪声部分进行估计，试验期间估计到的信噪比范围为 20～32dB。

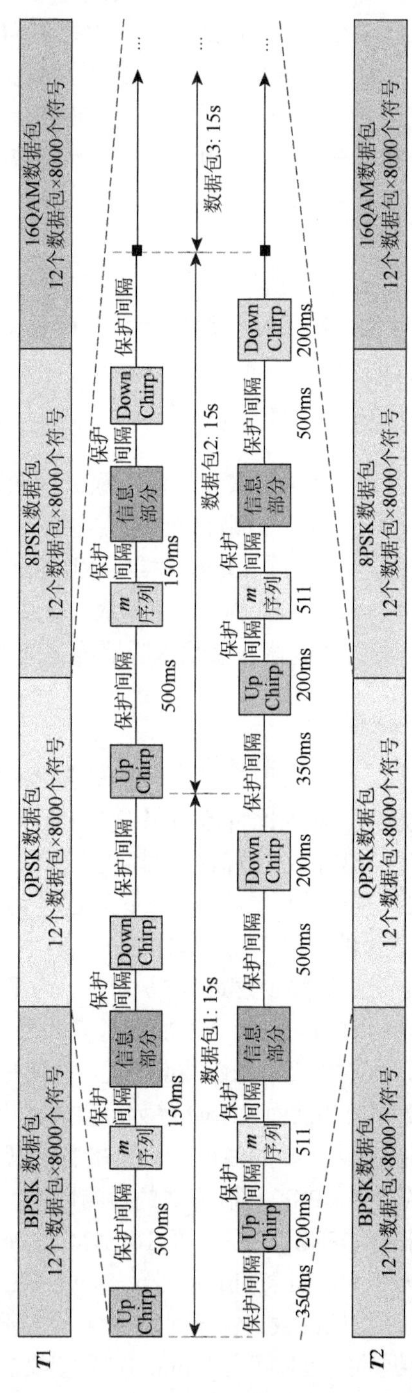

图 5.7　两个发射换能器发射的数据流结构

为了初步考察试验过程中水声信道的特性，这里采用传统的 EW-RLS 算法对试验过程中的信道进行了估计，信道估计的时候采用了 8000 个 QPSK 符号。通过线性调频信号匹配滤波可以获得水声信道的多途结构，图 5.8（a）给出了第 1 个发射换能器和最后 1 个接收水听器之间的信道冲激响应，图 5.8（d）则给出了第

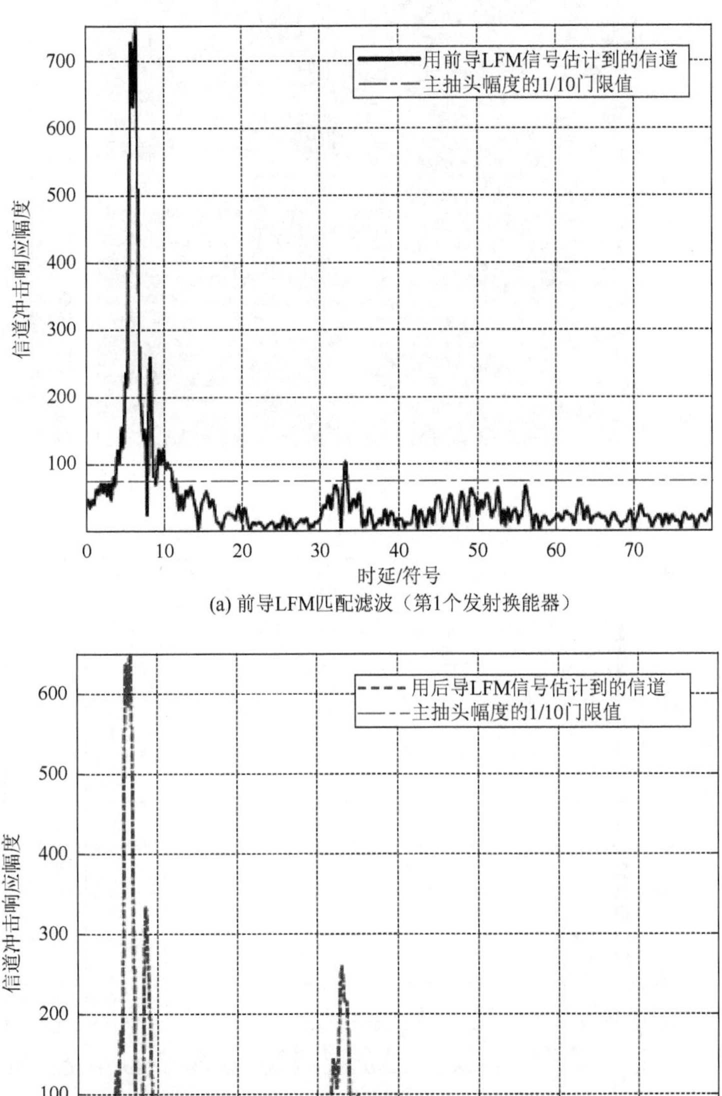

(a) 前导LFM匹配滤波（第1个发射换能器）

(b) 后导LFM匹配滤波（第1个发射换能器）

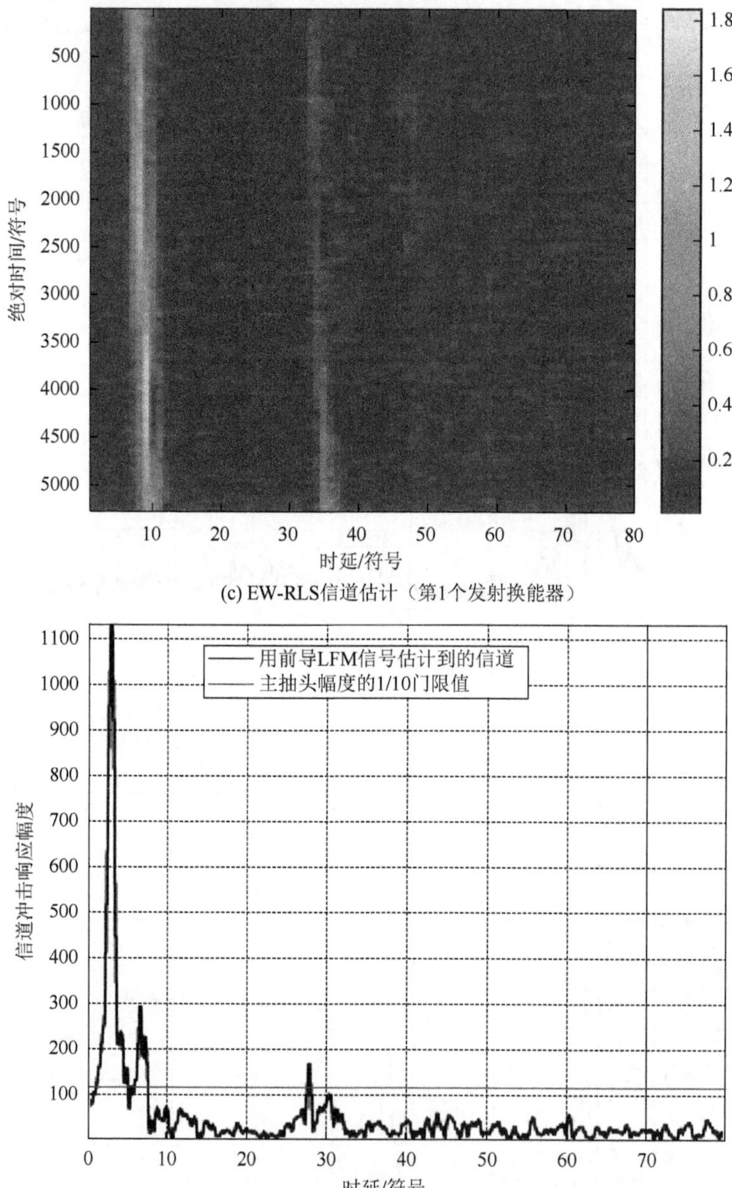

(c) EW-RLS信道估计（第1个发射换能器）

(d) 前导LFM匹配滤波 （第2个发射换能器）

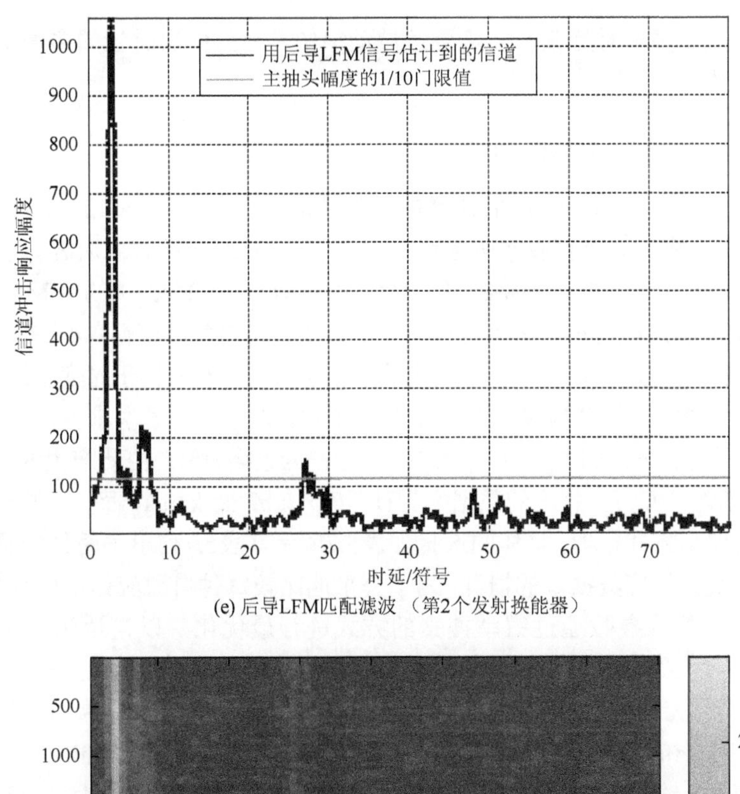

(e) 后导LFM匹配滤波（第2个发射换能器）

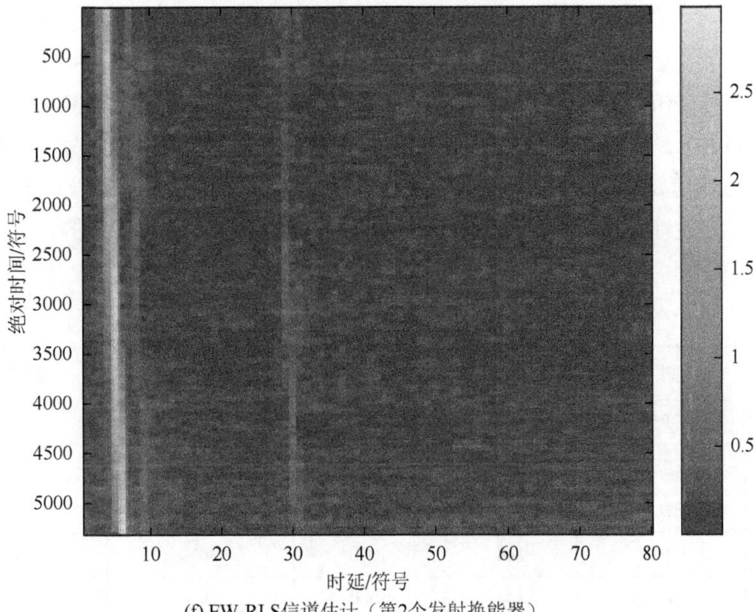

(f) EW-RLS信道估计（第2个发射换能器）

图 5.8　某 1 次接收信号的时变信道估计（彩图见封底二维码）

2 个发射换能器和最后 1 个接收水听器之间的信道冲激响应。从图 5.8 可知，信道的多途扩展为 16～20ms，当符号率为 2k 符号/s 时，信道抽头数为 32～40 个；存在 3 个高能量的多途时延簇，多途到达波动很快，另外此次时延的多途信道具有明显的稀疏性。

3. 接收机性能与训练开销的关系

为了考察基于软判决信道估计器的收敛性能，我们仅以2×4的MIMO配置为例。首先，我们将由48个接收水听器组成的接收阵按照4个接收水听器一组分成12个接收子阵，后面内容中我们将2×48的MIMO系统分为12个2×4的MIMO子系统，因此对于每种调制方式的12次数据包的发射来说，我们可以获得144个等价的2×4的MIMO子系统接收信号；其次，以固定的周期插入训练符号用于时变信道的估计，整个数据包分成每段长度为$N_s=1000$的多个子块，对于每个子块来说，前N_p个符号作为训练符号，剩余的$N_d=N_s-N_p$个符号作为数据符号，由此产生的训练开销为$\beta=N_p/(N_p+N_d)$，相应的数据率为$(1-\beta)\times R_sJNR_c$ kbit/s，而N_p的选择取决于所采用的调制方式，N_p具体的选择如表5.7所示。表5.7列出了两种配置条件下的训练开销及其相应数据率的情况。为了公平地比较每种自适应信道估计器性能，每个信道估计器的参数通过穷举搜索的方式进行最优化，以便达到尽可能低的BER。同时，为了降低穷举搜索的维数，MIMO Turbo线性均衡器的一些参数是固定的，即$\mathcal{K}_P$、$\mathcal{K}_f$、$\mathcal{L}_p$和$\mathcal{L}_f$的值分别为80、40、40和40，这些参数可以通过前导和后导的Chirp信号进行初始的估计。由于归一化最小均方（normalized least mean squares，NLMS）算法的收敛速度比RLS算法的收敛速度慢很多，为了改善接收机性能，IPNLMS信道估计器采用了数据重用技术，其参数可参照文献[23]、[37]和[38]。接收机的检测性能是通过达到每一BER区间内的数据包个数来衡量的。

表 5.7 收敛性分析的接收机配置

配置	调制方式	数据包	子块（N_s）	训练开销 (β)	数据率/(kbit/s)
C1	QPSK	144	1000	20%	3.2
	8PSK	144	1000	20%	4.8
	16QAM	144	1000	30%	5.6
C2	QPSK	144	1000	30%	2.8
	8PSK	144	1000	30%	4.2
	16QAM	144	1000	35%	5.2

表 5.8 和表 5.9 分别列出了配置 C1 和配置 C2 的结果，其中也包括了基于 IPNLMS 和 EW-RLS 算法的迭代信道估计接收机的性能。通过表 5.8 可以得出以下结论：①所有方案的性能均随着迭代次数的增加而提高，基于 RLS 算法的 TEQ

方案在第一次迭代之后性能就优于基于 IPNLMS 算法的 TEQ，对于 8PSK 和 16QAM 两种调制方式来说，基于 RLS 算法的信道估计器信道估计精度比 IPNLMS 的精度更高，因此，基于 RLS 算法的 TEQ 和基于 IPNLMS 算法的 TEQ 之间的性能差距进一步增大；②迭代的第一次、第二次及第三次之后性能改善明显；③基于 EW-HRLS-DCD 算法的 TEQ 方案性能优于基于 EW-RLS 算法的 TEQ 方案。

表 5.8　配置 C1 下达到指定 BER 所需要的数据包

迭代次数	QPSK（BER = 0）			8PSK（BER ∈ [0, 10^{-4}]）			16QAM（BER ∈ [0, 10^{-3}]）		
	IPNLMS	EW-RLS	EW-HRLS-DCD	IPNLMS	EW-RLS	EW-HRLS-DCD	IPNLMS	EW-RLS	EW-HRLS-DCD
0	0	0	0	0	0	0	0	0	0
1	27	63	83	3	13	52	1	16	42
2	68	98	110	8	39	87	2	33	71
3	83	105	134	10	42	97	4	43	84
4	83	105	134	13	50	104	5	47	92
5	86	108	136	14	51	108	6	47	92

表 5.9　配置 C2 下达到指定 BER 所需要的数据包

迭代次数	QPSK（BER = 0）			8PSK（BER ∈ [0, 10^{-4}]）			16QAM（BER ∈ [0, 10^{-3}]）		
	IPNLMS	EW-RLS	EW-HRLS-DCD	IPNLMS	EW-RLS	EW-HRLS-DCD	IPNLMS	EW-RLS	EW-HRLS-DCD
0	0	0	0	0	0	0	0	0	0
1	60	79	124	7	35	71	12	31	60
2	84	92	132	14	57	105	21	46	80
3	90	105	132	18	64	120	23	50	84
4	96	113	141	20	71	122	25	50	93
5	97	113	141	20	72	123	26	51	93

接着，考察训练序列长度对不同配置检测性能的影响。首先，可以发现，配置 C1 和 C2 条件下的迭代接收机的性能趋势基本类似，随着训练开销的增加，基于 IPNLMS、EW-RLS 和 EW-HRLS-DCD 三种自适应算法的迭代均衡方案的性能均能随之提高，基于 IPNLMS 算法的 Turbo 均衡对训练开销的变化比较敏感，对于三种调制方式来说，第一次迭代之后的性能改善最为明显。另外，由于收敛速度较慢以及水声信道的相干时间较短，在 5 次迭代之后，IPNLMS 算法的性能提高较小。例如，对于 QPSK 调制方式来说，在 5 次迭代之后，零误码率数据包的数目仅从 86 增加到 97。如表 5.9 所示，对于三种调制方式下的 RLS 类的信道估计器来说，增加训练序列的长度可以使得达到目标 BER 范围内的数据包数量增加。

图 5.9 详细地给出了解调之后的结果。从图中可以看出，在 QPSK 调制下，基于 EW-HRLS-DCD 的 Turbo 均衡方案可以从 144 个数据包中成功恢复 141 个，这意味着本节提出的接收机能够在较低的误码率情况下达到 3.2kbit/s 的数据率。另外，对于 8PSK 调制方式来说，本节提出的接收机能够在训练开销为 20%的时候使得 122 个数据包的 BER＜10^{-4}；在训练开销为 30%时，137 个数据的 BER＜10^{-4}。在 16QAM 调制的情况下，BER＜10^{-2} 数据包的总数随着迭代次数增加也有较大增加。

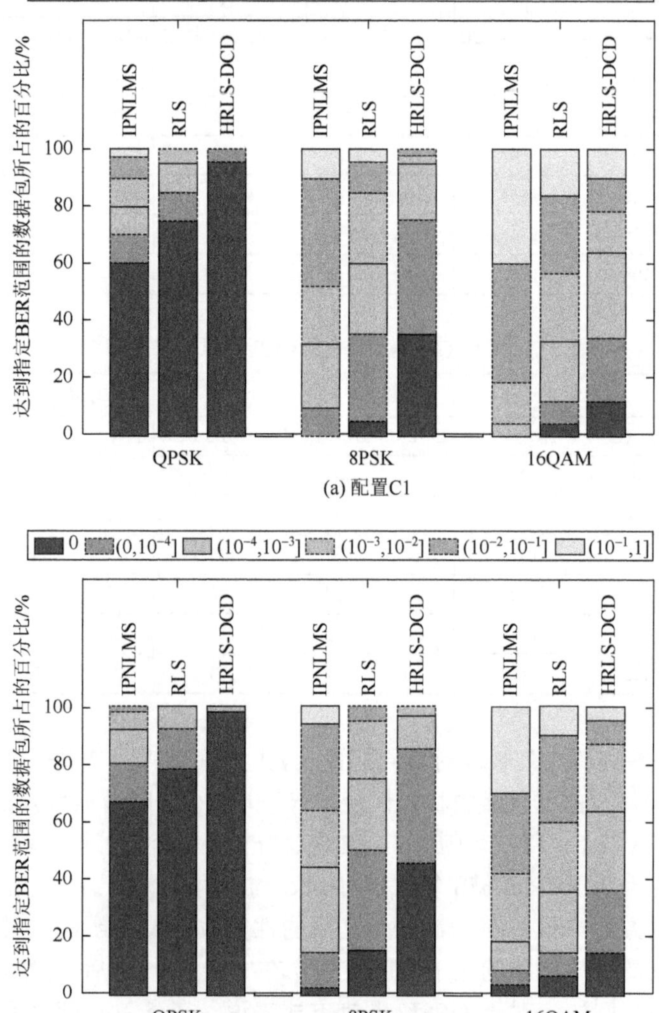

(a) 配置C1

(b) 配置C2

图 5.9　5 次迭代后的 2×4 MIMO 系统性能（彩图见封底二维码）

图中为了分析方便，将前缀“EW”略去

星座图是一种直观地检验接收符号和均衡后符号可靠性的有力工具。图 5.10 和图 5.11 给出了均衡后符号和后验软判决符号的星座图演化行为。图中仅给出了 4 次迭代的 16QAM 的星座图。如图 5.10 所示，对于基于 IPNLMS 算法的信道估计器来说，随着迭代次数的增加，均衡符号的质量改善较小；但是对于基于 EW-RLS 算法的估计器而言，其均衡效果改善明显；另外，相比于 RLS 信道估计器，EW-HRLS-DCD 信道估计器在迭代次数较多的情况下，均衡符号的质量更高。

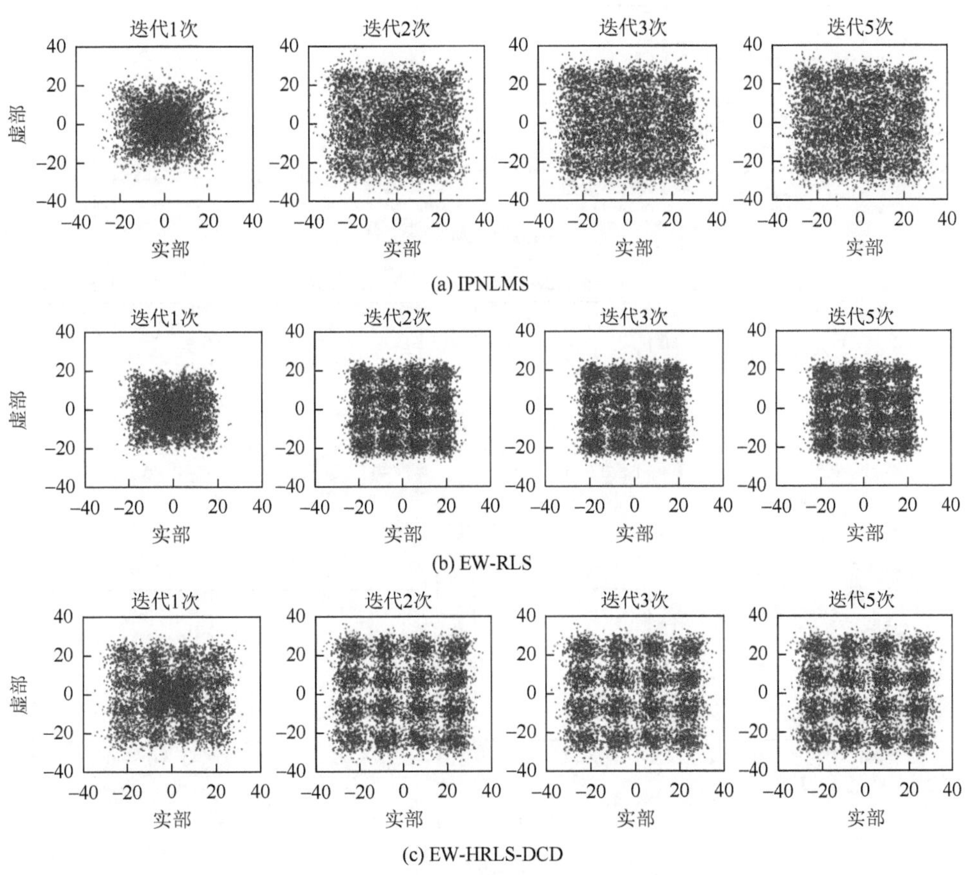

图 5.10　均衡之后的星座图（一）

图 5.11 通过星座图展示了后验软判决符号的演化过程，从图中可以看出：基于三种信道估计器的 TEQ 方案中的软判决符号都可以收敛到理想的星座点。对于基于 RLS 和 EW-HRLS-DCD 信道估计器的 TEQ 方案而言，图 5.11 中的结果与图 5.10（a）、图 5.10（b）以及图 5.10（c）的结果是一致的。显然，图 5.11（a）所示的结果与图 5.10（a）所示的结果相反，这主要是由基于 IPNLMS 算法的信

道估计结果不精确造成的，不精确的信道估计对于 Turbo 均衡系统来说是灾难性的。由于不精确的信道估计会导致均衡系统的误差传递，基于 IPNLMS 信道估计器的后验软判决收敛到了错误的星座点。如图 5.11（b）和图 5.11（c）所示，基于 EW-RLS 算法和 EW-HRLS-DCD 算法的信道估计精度更高，更加精确的信道估计以及 SISO 译码器的使用使得后验软判决符号比均衡器输出的符号更加可靠。

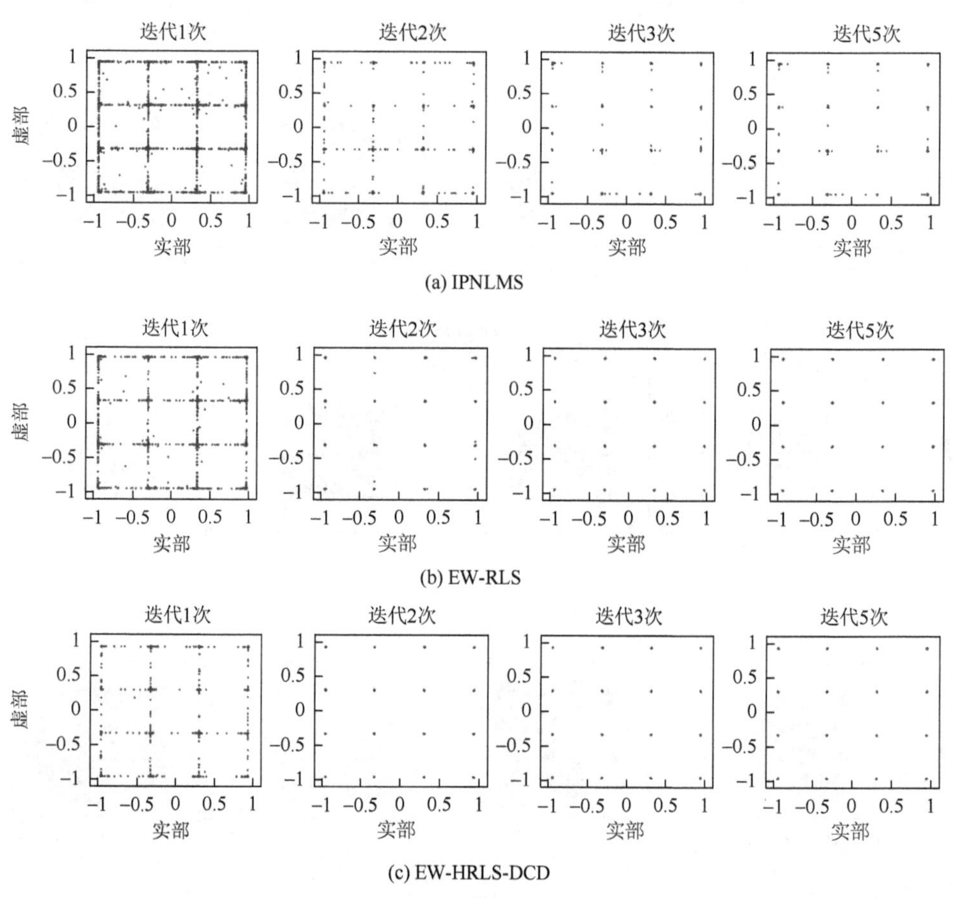

图 5.11　均衡之后的星座图（二）

4. MIMO 配置对性能的影响

表 5.10 给出了三种配置下的 MIMO 系统，这三种配置用来评估 MIMO 配置对接收机性能的影响。2×48 的 MIMO 系统被分成了多个 MIMO 子系统，因此对于 2×4、2×8 和 2×12 的 MIMO 配置来说，其相应的接收包的个数分别为 144 个、72 个和 48 个。

表 5.10　收敛性分析的接收机配置

MIMO ($N \times M$)	调制方式	数据包	子块（N_s）	训练开销（β）	数据率/(kbit/s)
2×4	QPSK	144	1000	20%	3.2
	8PSK			20%	4.8
	16QAM			30%	5.6
2×8	QPSK	72	1000	20%	3.2
	8PSK			20%	4.8
	16QAM			30%	5.6
2×12	QPSK	48	1000	20%	3.2
	8PSK			20%	4.8
	16QAM			30%	5.6

由图 5.12 可以看出，在 QPSK 调制方式下，采用 8 个或 12 个接收水听器的 MIMO 接收机在 5 次迭代之后均可实现完美的数据恢复。

对于 8PSK 调制方式来说，基于 IPNLMS 信道估计器的 MIMO 接收机性能随接收水听器的增多而获得更好的性能，但是它并不能达到零误码，这主要是由于调制阶数越高则对信道估计的精度要求越高。然而，在 2×12 配置的条件下，采用 EW-HRLS-DCD 和 RLS 信道估计器的 MIMO 接收机可以达到零误码。

图 5.12（c）给出了 16QAM 调制下的检测结果。通常情况下，随着接收水听器数量的增加，信道估计器的性能也会随之提高。在 2×8 的 MIMO 配置条件下，对于 72 个接收数据包来说，基于 IPNLMS、RLS 和 EW-HRLS-DCD 信道估计器的接收机达到无误码的数据包数分别为 2、8 和 12。在这三个 TEQ 方案中，BER<10^{-2}

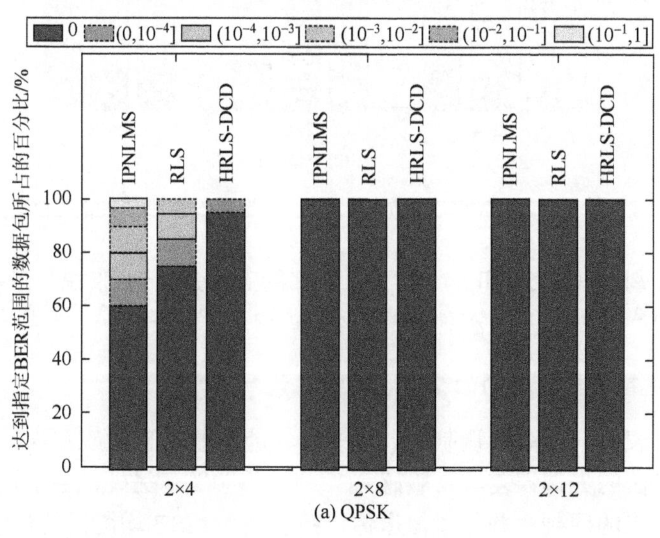

(a) QPSK

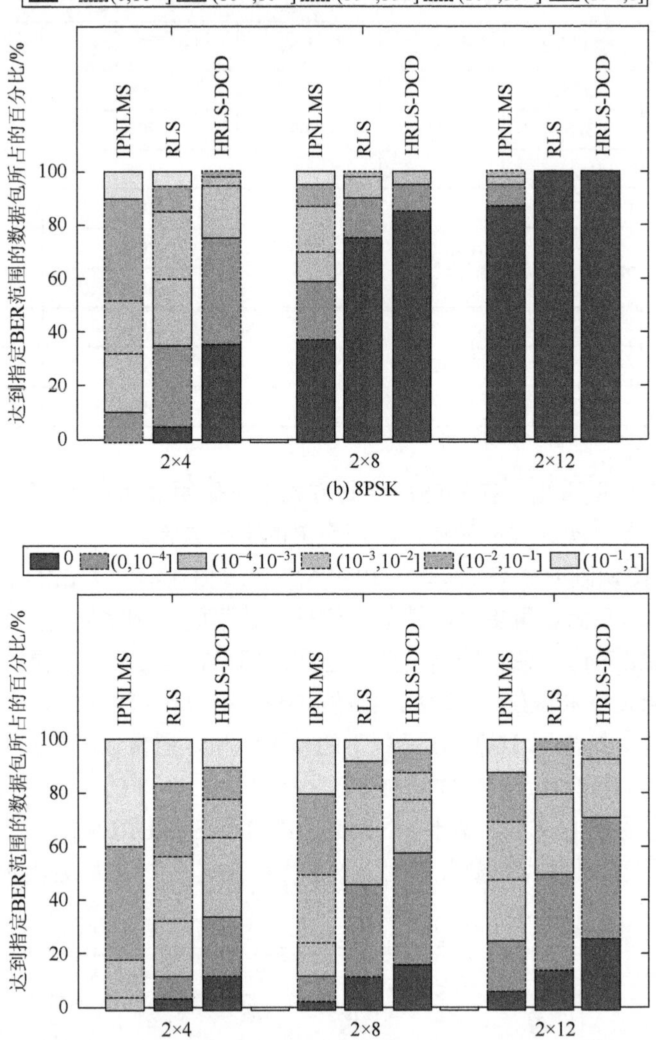

(b) 8PSK

(c) 16QAM

图 5.12　2×4、2×8 和 2×12 MIMO 在不同符号映射下迭代 5 次后的性能（彩图见封底二维码）

的数据包数分别为 36、59 和 64。对于 2×12 的 MIMO 配置来说，在 48 个数据包中，BER＜10^{-2} 的数据包数分别为 33、46 和 48。

5. 硬判决和软判决驱动的 Turbo 均衡性能对比

大量研究表明，在高阶调制下，均衡器性能对基于自适应算法的信道估计误差或自适应算法的失调误差非常敏感[20, 23, 31, 37, 38, 61, 62]；另外，由于误差传递的存在，均衡器输出的硬判决恶化了信道估计精度及 MMSE 均衡器的性能。

在试验数据处理的过程中，真实的信道冲激响应是未知的，因此不能在反馈信息条件下评估信道估计器的性能。为了量化不同反馈条件下信道估计器所带来的性能增益，文献[22]使用了直接判决均方误差（decision-directed mean squared error，DD-MSE）来评估 Turbo 接收机在不同反馈与迭代次数之下的接收机性能，DD-MSE 可以按照下面的公式进行计算[21, 37]：

$$\varepsilon_{\mathrm{MSE}}^{k+1} = \gamma\varepsilon_{\mathrm{MSE}}^{k} + (1-\gamma)|\boldsymbol{e}_k|^2 \tag{5.82}$$

式中，遗忘因子 γ 为 0.99；依据相应的硬判决误差、先验软判决和后验软判决，$\boldsymbol{e}_k$ 可以用相应的 $\hat{\boldsymbol{e}}_k$ 、$\bar{\boldsymbol{e}}_k$ 和 $\tilde{\boldsymbol{e}}_k$ 取代。值得注意的是，在初次 Turbo 迭代中，由于来自译码器的先验信息是未知的，$\boldsymbol{e}_k$ 可以由硬判决取代。

通过前面分析可知，对于较小的 MIMO 配置来说，由于误差传递的存在，基于 IPNLMS 信道估计器的 TEQ 方案在高阶调制下性能很差，因此，本节提出的 TEQ 以及基于硬判决的 TEQ 之间的性能比较仅在 8PSK 调制下的 2×8 MIMO 之间进行。为了公平起见，在三种信道估计器中，我们只选用均不出现收敛问题的数据包进行处理。

图 5.13 给出了三种信道估计器在硬判决和后验软判决下的 DD-MSE 性能曲线。对于三种信道估计器来说，后验软判决驱动的 TEQ 性能优于硬判决驱动的 TEQ 性能。如采用后验软判决反馈，基于 IPNLMS 的信道估计器能够获得 4dB 的 DD-MSE 增益，而基于 RLS 的信道估计器则可获得 7dB 的 DD-MSE 增益。如

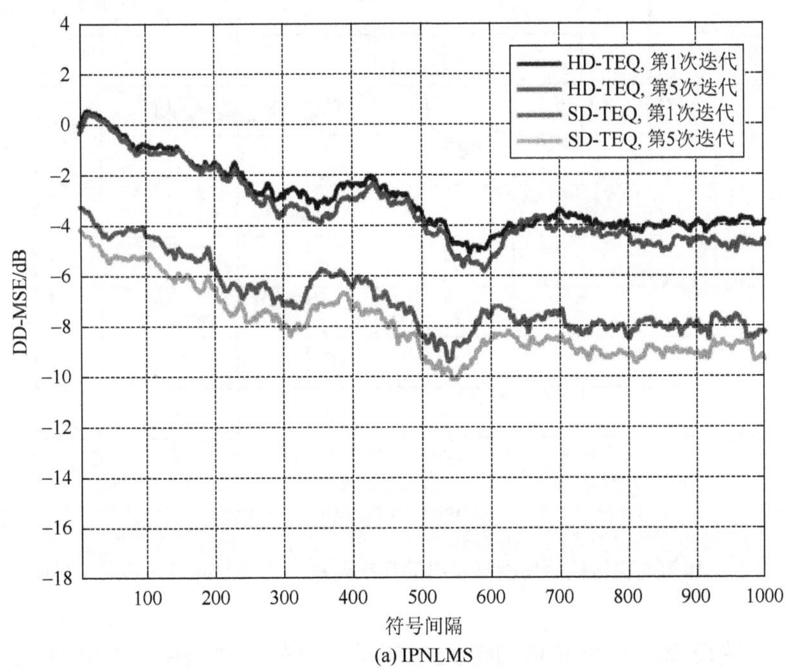

(a) IPNLMS

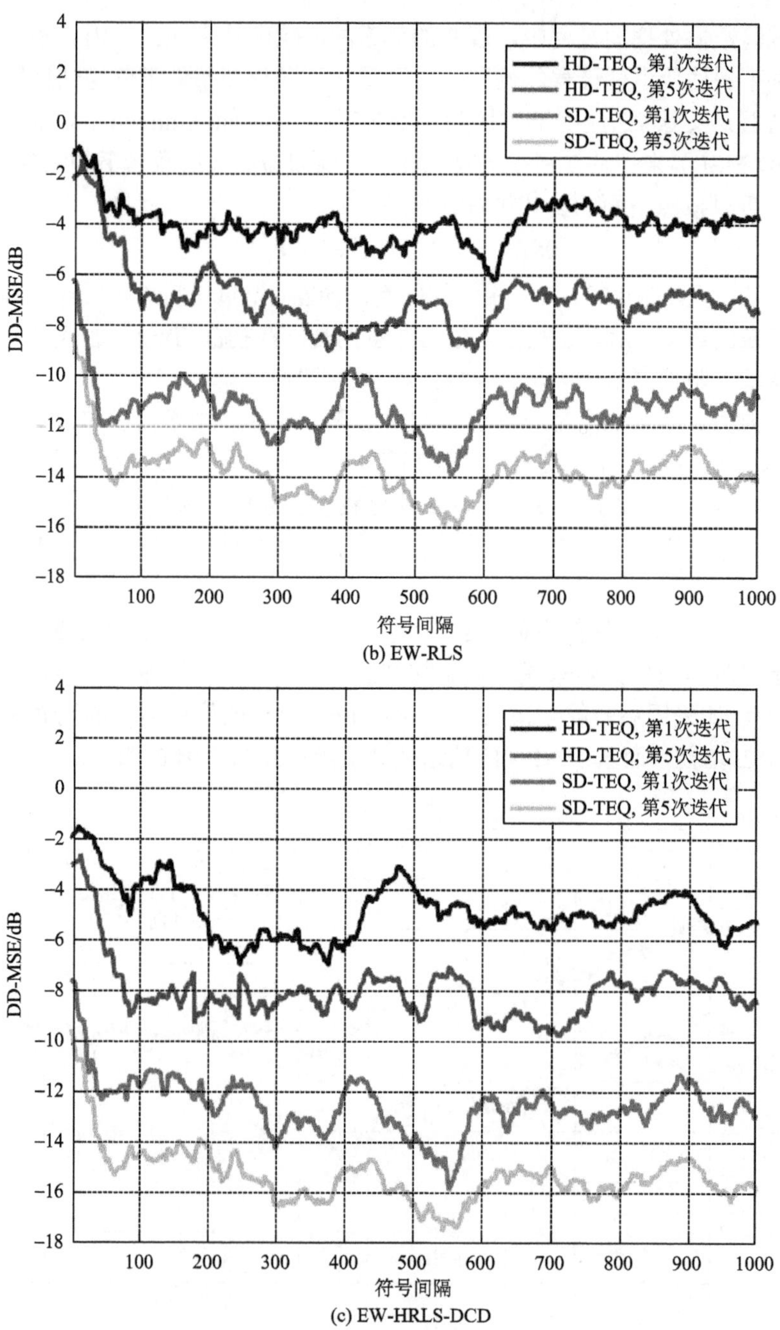

图 5.13　第 1 次和第 5 次迭代后均衡器输出的直接判决均方误差曲线（彩图见封底二维码）

采用于硬判决反馈，基于 EW-HRLS-DCD 的信道估计器能获得 7dB 的 DD-MSE

增益。另外，对于三种信道估计器来说，基于 EW-HRLS-DCD 的信道估计器采用后验软判决反馈可以获得最小的 DD-MSE 性能。

图 5.14 给出了不同信道估计器对 TEQ 性能的影响。基于硬判决驱动信道估计器的 TEQ 方案性能改善不太明显，但是基于软判决驱动的信道估计器的 TEQ 方案性能改善明显。采用基于软判决驱动 EW-HRLS-DCD 信道估计器，TEQ 可以达到最优的检测性能，这主要是因为软反馈更加可靠，且利用了水声信道的稀疏性。对于所有接收机来说，3 次迭代之后可以获得最大的性能增益，5 次迭代之后性能的提高可以忽略。对于基于 IPNLMS 信道估计器的 TEQ，在 5 次迭代之后，如果采用软判决反馈，则在数据包总数为 72 的情况下，有 27 个数据包可以达到零误码，而在硬判决的条件下，只有 9 个数据包可以达到零误码。对于基于 RLS 的 TEQ，在 5 次迭代之后，软判决反馈的条件下达到零误码的数据包有 54 个，而采用硬判决的只有 38 个。对于基于 EW-HRLS-DCD 的 TEQ，在 5 次迭代之后，软判决反馈的条件下达到零误码的数据包有 61 个，而采用硬判决的只有 40 个。与 RLS 和 EW-HRLS-DCD 信道估计器不同，基于 IPNLMS 的信道估计器无论基于何种反馈，由于较短的训练序列和快速时变的水声信道，该算法总是存在收敛问题，可是本节提出的基于 EW-HRLS-DCD 算法的信道估计器可以有效解决这一问题。

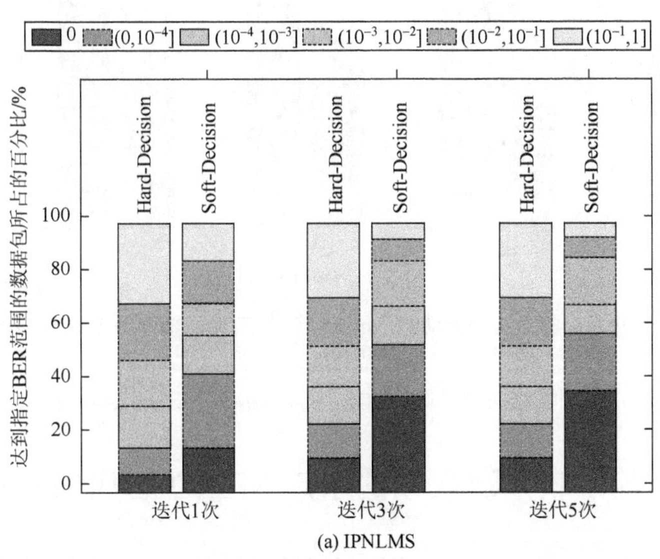

(a) IPNLMS

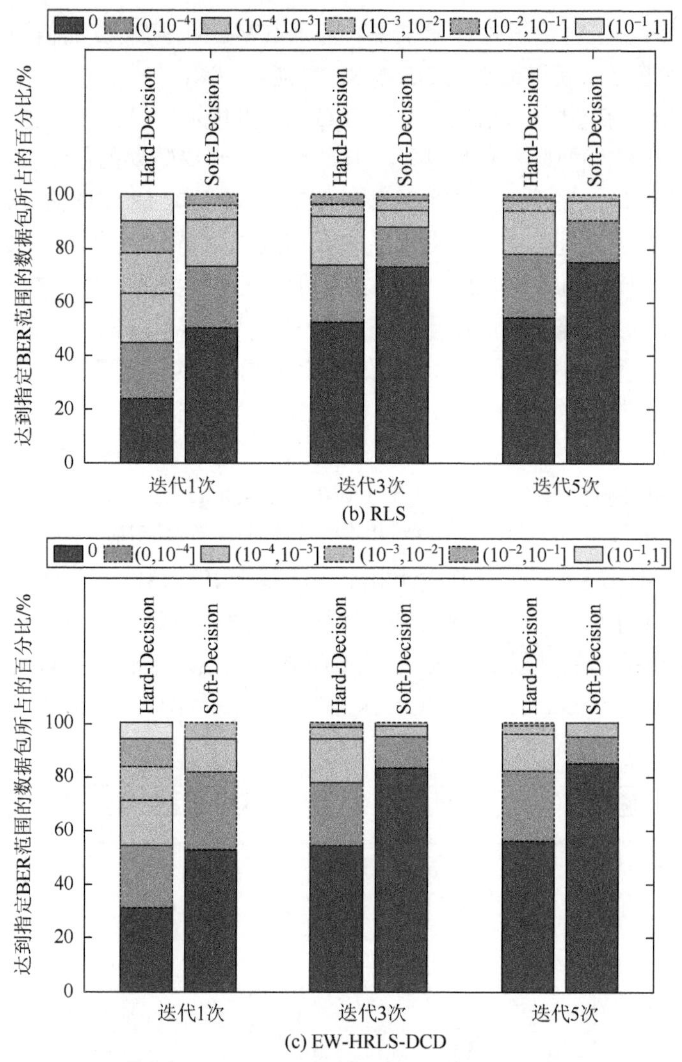

(b) RLS

(c) EW-HRLS-DCD

图 5.14　硬判决和后验软判决驱动的 Turbo 均衡器在第 1、3 和 5 次迭代后的检测性能（彩图见封底二维码）

Hard-Decision 表示硬判决驱动；Soft-Decision 表示软判决驱动

5.6　基于软判决反馈的水声 MIMO 迭代均衡技术

MIMO 系统中的 Turbo 均衡方法与单入单出系统下原理基本相同，由于 MAP 均衡算法过于复杂，常用的 Turbo 均衡方法仍然是基于 MMSE 准则的均衡方式[63-71]。但是与单入单出系统不同的是，MIMO 系统中接收到的信号不仅受到信道的干扰产生 ISI，还存在来自于不同发射换能器同时发射信号而产生的共道干扰，因此

MIMO 系统实现 Turbo 均衡时通常与干扰消除技术联合应用[65, 67-71]。在非迭代均衡技术中，严重的信道多途扩展导致产生 ISI，LE（linear equalization）均衡技术并不能完全消除 ISI 的影响，而非线性的 DFE 均衡器可以很好地工作在严重衰落的多途信道下；在常规的非迭代接收机中，即使存在由错误判决导致的误差传递，DFE 的性能往往优于 LE 的性能[64, 66, 68, 69]。然而在迭代均衡系统中，DFE 中的错误判决导致的误差传递效应对于迭代系统是灾难性的，因此在迭代系统中，如果不解决误差传递问题，迭代线性均衡器的性能往往要优于迭代判决反馈均衡器[63-71]。本节主要提出一种基于稀疏信道估计的后验软反馈水声 MIMO 迭代判决反馈接收机技术。

5.6.1　干扰抵消技术基本原理

干扰抵消技术是在假设发射信号和信道完全已知条件下的一种抵消共道信号间干扰的技术。在实际应用中，信道信息可由信道估计给出，发射信号可以由 Turbo 均衡中的先验信息获得，而干扰抵消的结果又可以提高系统的均衡性能，因此干扰抵消技术可以与 Turbo 均衡算法相结合，从而提高系统的均衡性能[63, 68, 69]。

在 MIMO 系统中，第 n（$n=1,2,\cdots,N$）个发射换能器在第 k 时刻发射的符号为 $x_n(k)$，且 $x_n(k)\in\boldsymbol{x}(k)$，假设接收机完美同步的条件下，在 k 时刻接收水听器接收到的信号向量为 $\boldsymbol{y}(k)$，均衡器的目标是输出发射符号 $x_n(k)$ 的估计量 $\hat{x}_n(k)$。由式（5.2）可知，接收向量 $\boldsymbol{y}(k)$ 包含有发射符号 $x_n(k)$ 之外的干扰符号，如果能够将接收符号向量 $\boldsymbol{y}(k)$ 中与符号 $x_n(k)$ 无关的部分去除，就可以提高接收机的均衡性能。将接收符号向量 $\boldsymbol{y}(k)$ 中与符号 $\hat{x}_n(k)$ 无关的干扰信号去除的过程称为干扰抵消。通常，干扰抵消技术依据抵消时使用的干扰符号的判决类型分为硬判决干扰抵消和软判决干扰抵消两种，两者干扰抵消技术的抵消过程基本一样，区别在于是否使用了来自译码器的先验信息[63, 68, 69]。

由式（5.2）可知，由于多途的存在，接收符号向量 $\boldsymbol{y}(k)$ 与发射符号向量 $\boldsymbol{x}(k-P+1)$ 到 $\boldsymbol{x}(k)$ 均有关，为了抵消其他发射符号对当前期望的解调符号 $x_n(k)$ 的共道干扰影响，需要对干扰符号导致的接收符号向量进行重构。重构时，发射符号向量 $\boldsymbol{s}_n^j(k)$ 满足如下条件：当 $j\neq k$ 时，$\boldsymbol{s}_j=\boldsymbol{x}_j$；当 $j=k$ 时，$\boldsymbol{s}_n^j(k)=[x_1(k),\cdots,x_{n-1}(k),0,x_{n+1}(k),\cdots,x_N(k)]^{\mathrm{T}}$，在信道已知的条件下，由式（5.2）可得干扰符号的重构接收符号向量为[27, 67-69]

$$\boldsymbol{r}_n^k(k)=\sum_{l=0}^{P-1}\boldsymbol{H}_l\boldsymbol{s}_n^k(k-l) \tag{5.83}$$

由发射干扰符号向量 $\boldsymbol{s}_n^j(k)$ 与实际发射符号向量 $\boldsymbol{x}(k)$ 的关系可知，向量 $\boldsymbol{r}_n^k(k)$

是接收符号向量 $\boldsymbol{y}(k)$ 中不包含信号 $x_n(k)$ 和噪声 $\boldsymbol{v}_k$ 的剩余部分，因此可通过干扰抵消过程将干扰向量 $\boldsymbol{r}_n^k(k)$ 从接收符号向量 $\boldsymbol{y}(k)$ 去除，就可以得到无共道干扰条件下的发射符号 $x_n(k)$ 的接收部分，即[27, 67-69]

$$\begin{aligned}\boldsymbol{y}_n^k(k) &= \boldsymbol{y}(k) - \boldsymbol{r}_n^k(k) \\ &= \boldsymbol{y}(k) - \sum_{l=0}^{P-1} \boldsymbol{H}_l \boldsymbol{s}_n^k(k-l)\end{aligned} \tag{5.84}$$

随后可将 $\boldsymbol{y}_n^k(k)$ 作为 SISO 均衡器的输入，进而完成后续的均衡。

式（5.84）中完成的干扰抵消是发射符号完全已知的条件下进行的，但在实际应用中，发射符号并不是完全已知（在接收机端，发射符号在训练阶段对接收机来说是已知的，但在非训练阶段对于接收机来说是未知的），这时候可以利用均衡器输出的发射符号的估计值硬判决代替未知的发射信号，并利用该硬判决符号来重构干扰接收向量 $\boldsymbol{r}_n^k(k)$，然后利用式（5.84）进行干扰抵消，这个过程就是硬干扰抵消。在噪声及多途干扰的影响下，均衡器输出的硬判决可能会出现误判决，进而影响干扰抵消的性能，因为软判决的可靠性及精度均优于硬判决，因此采用软判决参与干扰抵消可以改善干扰抵消的性能，即软干扰抵消，软干扰抵消一般采用发射符号的均值参与干扰抵消，此时式（5.84）可以表示为

$$\overline{\boldsymbol{y}}_n^k(k) = \boldsymbol{y}(k) - \sum_{l=0}^{P-1} \boldsymbol{H}_l \overline{\boldsymbol{s}}_n^k(k-l) \tag{5.85}$$

式中，当 $j \neq k$ 时，$\overline{\boldsymbol{s}}_n^j(k) = [\overline{x}_1(j), \cdots, \overline{x}_{n-1}(j), \overline{x}_n(j), \overline{x}_{n+1}(j), \cdots, \overline{x}_N(j)]^{\mathrm{T}}$；当 $j = k$ 时，$\overline{\boldsymbol{s}}_n^j(k) = [\overline{x}_1(k), \cdots, \overline{x}_{n-1}(k), 0, \overline{x}_{n+1}(k), \cdots, \overline{x}_N(k)]^{\mathrm{T}}$。

5.6.2　软反馈均衡器基本原理

在 DFE 算法中存在两个主要问题。首先，前馈滤波器用来抑制非因果部分的 ISI，而反馈滤波器则用来抵消因果部分带来的 ISI；在理想条件下的 DFE 可以达到完全抵消 ISI 的目的，但是在非理想条件下，DFE 的前馈滤波器并不能够完全消除非因果部分的 ISI，因此残余的 ISI 抵消误差会导致均衡性能下降。其次，常规的反馈滤波器输入采用的是均衡输出的硬判决符号，在假设硬判决完全正确的前提下，因果部分的 ISI 可以被完美地抵消，但在实际应用中，均衡器输出的硬判决存在错误判决，因此在当采用错误的判决符号进行 ISI 抵消的时候，错误的抵消残差会导致严重的误差传递，最终导致迭代 DFE 均衡性能的下降[63-69]。

文献[63]针对迭代 DFE 中存在的以上两个问题，提出了一种软反馈均衡器（soft decision feedback equalizer，SDFE），该 SDFE 的结构与 DFE 的结构类似，

但是，该均衡器综合采用了均衡器输出以及先验信息进而形成更加可靠残余因果 ISI 的估计。该 SDFE 的特点如下：首先，前馈滤波器系数设置为双边的，此时前馈滤波器对 ISI 的非因果和因果部分均有抑制作用，同时认为前馈滤波器的输出中仍然包含残余的 ISI；其次，由于均衡器输出的结果与真实值之间存在着误差，反馈滤波器的输入不再采用均衡器输出的硬判决，而采用估计符号的均值作为反馈滤波器的输入。

在 SDFE 中，反馈滤波器的输入为符号的均值，均值根据计算方式可以有两种方式，即[27]

$$\overline{x}_n(k)=\sum_{j=1}^{2^J}\alpha_j P_a(x_n(k)=\alpha_j) \tag{5.86}$$

$$\tilde{x}_n(k)=\sum_{j=1}^{2^J}\alpha_j P_e(x_n(k)=\alpha_j\mid \hat{x}_n(k)) \tag{5.87}$$

式中，$P_a(\cdot)$ 为先验概率，可由先验对数似然比 $\lambda^a(c_n)$ 计算得到，因此称 $\overline{x}_n(k)$ 为先验均值；式(5.87)中后验概率 $P_e(\cdot)$ 由 SISO 均衡器输出的后验对数似然比 $\lambda^e(c_n)$ 计算得到，因此称 $\tilde{x}_n(k)$ 为后验均值。以上两个公式中的先验概率或后验概率 $P(\cdot)$ 与先验对数似然比或后验对数似然比 $\lambda(c_n)$ 之间的计算关系如下：

$$P(x_n(k)=\alpha_j)=\prod_{i=1}^{J}P(c_{n,k}=c_i) \tag{5.88}$$

$$P(c_{n,k}=c_i)=\frac{1+\tilde{c}_i\tanh(\lambda(c_i)/2)}{2} \tag{5.89}$$

$$\tilde{c}_i=(-1)^{c_i} \tag{5.90}$$

与先验均值和后验均值的计算方法类似，在符号估计方差的计算上也可分为先验方差 $\overline{\delta}_n^2(k)$ 与后验方差 $\tilde{\delta}_n^2(k)$，即[27]

$$\overline{\delta}_n^2(k)=\sum_{i=1}^{2^J}|\alpha_i-x_n(k)|^2\ P_a(x_n(k)=\alpha_i) \tag{5.91}$$

$$\tilde{\delta}_n^2(k)=\sum_{i=1}^{2^J}|\alpha_i-x_n(k)|^2\ P_e(x_n(k)=\alpha_i\mid \hat{x}_n(k)) \tag{5.92}$$

由于后验均值 $\tilde{x}_n(k)$ 以及后验方差 $\tilde{\delta}_n^2(k)$ 的计算用到的是本次迭代 SISO 均衡器输出的对数似然比 $\lambda^e(c_n)$，而先验均值 $\overline{x}_n(k)$ 和先验方差 $\overline{\delta}_n^2(k)$ 的计算用到的则是上一次迭代的译码器输出的对数似然比 $\lambda^a(c_n)$，与本次均衡器输出的相比，先验对数似然比少一次迭代过程，因此在迭代均衡器正常工作的条件下，后验均值以及后验方差的可靠性要高于先验均值和先验方差。

5.6.3 基于软干扰抵消的 MIMO 软判决反馈均衡器技术

MIMO 系统中信号干扰主要包括多个发射换能器同时发射信号之间的共道干扰和水声多途信道产生的 ISI,采用干扰抵消技术可以抵消发射信号之间的共道干扰，而 Turbo 均衡技术可以消除多途信道导致的 ISI。因此，在 MIMO 系统的迭代检测过程中一般包括两个重要的过程，即迭代软干扰抵消器和 SDFE 均衡器（SDFE-SIC），图 5.15 给出了 SDFE-SIC 均衡器的结构图。

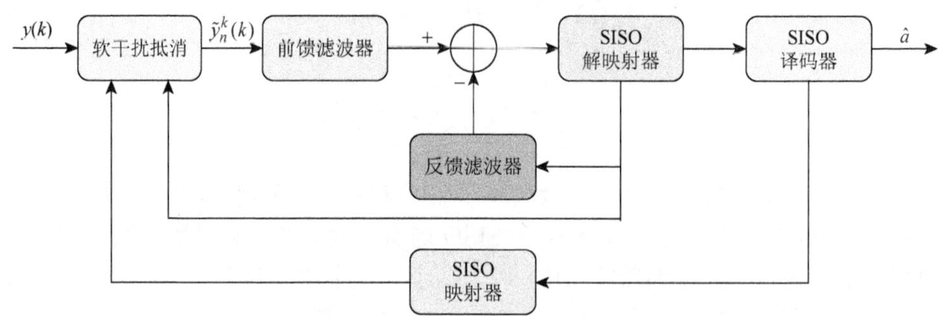

图 5.15 SDFE-SIC 均衡器结构图

在式（5.85）所示的软干扰抵消算法中，采用发射符号的均值进行共道干扰进行重构，由文献[63]、[64]及[69]可知，后验均值的准确度及可靠性均优于先验均值，因此，在软干扰抵消中采用发射符号的后验均值参与抵消便可以提高干扰抵消的性能。后验软干扰抵消后的接收信号可表示为

$$\tilde{\boldsymbol{y}}_n^k(k)=\boldsymbol{y}(k)-\sum_{j=0}^{P-1}\boldsymbol{H}_l\tilde{\boldsymbol{s}}_n^k(k-j) \tag{5.93}$$

式中，$\tilde{\boldsymbol{s}}_n^j(k)$ 为用于共道干扰重构的发射符号向量，这里采用了后验软反馈符号作为软干扰抵消，且当 $j=k$ 时，$\tilde{\boldsymbol{s}}_n^j(k)=[\tilde{x}_1(k),\cdots,\tilde{x}_{n-1}(k),0,\overline{x}_{n+1}(k),\cdots,\overline{x}_N(k)]^{\mathrm{T}}$。在软干扰抵消后，$\tilde{\boldsymbol{y}}_n^k(k)$ 经过 SDFE 即可得到发射符号的估计值[64, 67, 69]：

$$\hat{x}_{n,k}=(\boldsymbol{w}_n^f(k))^{\dagger}\tilde{\boldsymbol{y}}_n^k(k)-(\boldsymbol{w}_n^b(k))^{\dagger}\tilde{\boldsymbol{s}} \tag{5.94}$$

式中

$$\boldsymbol{w}_n^f(k)=\delta_s^2\boldsymbol{T}_{n,k}^{-1}\boldsymbol{H}_0^n \tag{5.95}$$

$$\boldsymbol{w}_n^b(k)=\boldsymbol{H}^{\dagger}\boldsymbol{w}_n^f(k) \tag{5.96}$$

$$\boldsymbol{T}_{n,k}=\boldsymbol{H}\boldsymbol{D}_{n,k}\boldsymbol{H}^{\dagger}+\delta_v^2\boldsymbol{I}_{N(N_1+N_2+1)} \tag{5.97}$$

$$\boldsymbol{D}_{n,k}=\mathrm{diag}\{\boldsymbol{\Phi}_{k+N_1},\cdots,\boldsymbol{\Phi}_{k+1},\boldsymbol{\Phi}_{k-1},\cdots,\boldsymbol{\Phi}_{k-N_2-P}\} \tag{5.98}$$

$$\boldsymbol{\Phi}_m=\begin{cases}\operatorname{diag}\{\tilde{\delta}_{1,m}^2,\cdots,\tilde{\delta}_{N,m}^2\}, & m<k\\ \operatorname{diag}\{\tilde{\delta}_{1,m}^2,\cdots,\tilde{\delta}_{n-1,m}^2,\tilde{\delta}_s^2,\bar{\delta}_{n-1,m}^2,\cdots,\bar{\delta}_{N,m}^2\}, & m=k\\ \operatorname{diag}\{\bar{\delta}_{1,m}^2,\cdots,\bar{\delta}_{N,m}^2\}, & m>k\end{cases} \tag{5.99}$$

$$\tilde{\boldsymbol{s}}=[\tilde{x}_n(k-N_2-P),\cdots,\tilde{x}_n(k-1),0,\bar{x}_n(k),\cdots,\bar{x}_n(k+N_1)]^{\mathrm{T}} \tag{5.100}$$

将式（5.93）代入式（5.94）可以得到 SIC-SDFE 均衡器的输出为[64, 67, 69]

$$\hat{x}_n(k)=(\boldsymbol{w}_n^f(k))^{\dagger}(\boldsymbol{y}(k)-\boldsymbol{H}_1\bar{\boldsymbol{s}}_1-\boldsymbol{H}_0^{n+1:N}\bar{\boldsymbol{s}}_2-\boldsymbol{H}_0^{1:n-1}\tilde{\boldsymbol{s}}_3-\boldsymbol{H}_2\tilde{\boldsymbol{s}}_4) \tag{5.101}$$

式中，$\boldsymbol{H}_0$、$\boldsymbol{H}_1$ 以及 $\boldsymbol{H}_2$ 分别为矩阵 $\boldsymbol{H}$ 的第 NN_1+1 列到第 NN_1+N 列、第 1 列到第 NN_1 列以及第 $N(N_1+1)+1$ 列到第 $N(N_1+N_2+P+1)$ 列构成的矩阵；$\boldsymbol{H}_0^{a:b}$ 为由矩阵 $\boldsymbol{H}_0$ 的第 a 列到第 b 列构成的矩阵；$\bar{\boldsymbol{s}}_1$ 为集合 $\{\bar{\boldsymbol{s}}_{k-j}\}_{j=-N_1}^{-1}$，目的是去除因果部分的码间干扰；$\tilde{\boldsymbol{s}}_3$ 为集合 $\{\tilde{\boldsymbol{s}}_{k-j}\}_{j=1}^{n-1}$，目的是去除空间干扰；$\tilde{\boldsymbol{s}}_4$ 为集合 $\{\tilde{\boldsymbol{s}}_{k-j}\}_{j=1}^{N_2+P}$，目的是去除非因果部分的码间干扰；$\bar{\boldsymbol{s}}_2$ 为集合 $\{\bar{x}_{k-j}\}_{j=n+1}^{N}$，目的是去除不同发射换能器发射信号之间干扰。

由式（5.99）可知，方差矩阵 $\boldsymbol{\Phi}_m$ 是逐符号更新的，这导致系统复杂度急剧增加，为了降低系统复杂度，可对方差矩阵 $\boldsymbol{\Phi}_m$ 做必要的近似，即利用方差的均值代替方差本身就可以将方差矩阵近似为[64, 67, 69]

$$\boldsymbol{\Phi}_m=\operatorname{diag}\{\bar{\delta}_s^2\boldsymbol{I}_{NN_1},\tilde{\delta}_s^2\boldsymbol{I}_{n-1},\delta_s^2,\bar{\delta}_s^2\boldsymbol{I}_{N-1},\tilde{\delta}_s^2\boldsymbol{I}_{N(N_2+P)}\} \tag{5.102}$$

式中，先验方差均值为

$$\bar{\delta}_s^2=\frac{1}{NN_s}\sum_{n=1}^{N}\sum_{k=1}^{N_s}\bar{\delta}_{n,k}^2 \tag{5.103}$$

其中，N_s 表示分块进行均衡处理时子块的长度。

5.6.4　MIMO 迭代信道估计与均衡技术

基于 SDFE-SIC 的水声 MIMO 系统发射机和接收机结构图分别如图 5.1（a）和图 5.16 所示。在发射端，N 路信息 $\{\boldsymbol{a}_n\}_{n=1}^N$ 经过编码器、交织器以及符号映射得到发射信号 $\{\boldsymbol{x}_n\}_{n=1}^N$，发射信号经过水声信道的作用得到了 M 路接收信号 $\boldsymbol{y}$。在接收端，MIMO 接收机采用迭代信道估计与均衡的接收机结构，多次迭代后最终获得发射信息 $\{\boldsymbol{a}_n\}_{n=1}^N$ 的估计 $\{\hat{\boldsymbol{a}}_n\}_{n=1}^N$。

1. 慢变信道条件下的 MIMO 系统迭代信道估计与均衡

如果水声信道满足慢变条件，即在一定时间段内信道是可以认为近似不变的，则可以将接收信号按照相干时间进行分块，进而执行块基或分块的信道均衡；在时不变信道或缓慢变信道条件下，接收信号分块以及均衡方式如图 5.17 所示。

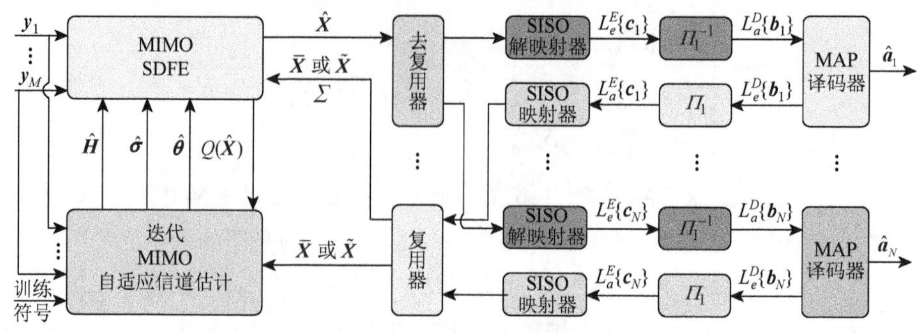

图 5.16　MIMO 系统接收机结构图

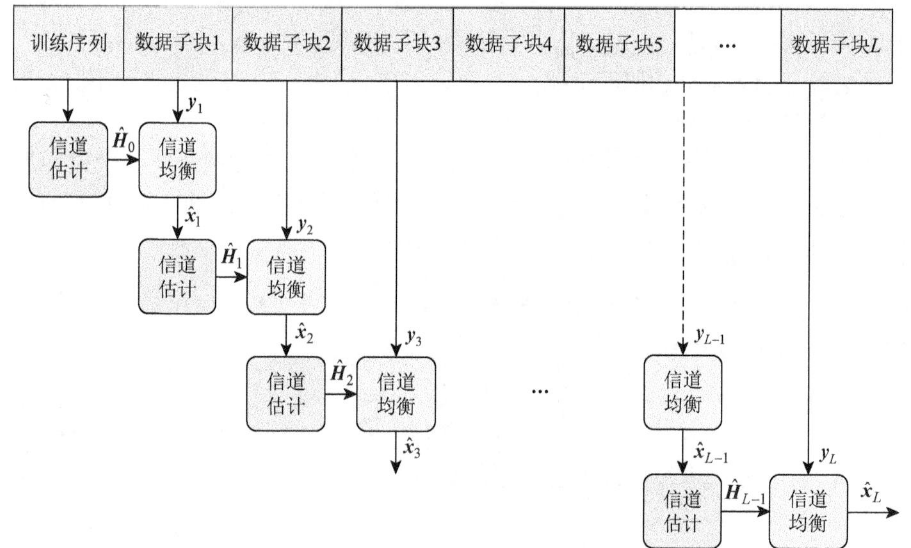

图 5.17　慢变信道下的数据分块及均衡结构示意图

在图 5.17 中，每一帧信号的总长度为 N_b，其中训练序列的长度为 N_p，每一个数据子块的长度为 N_s；每一帧的接收数据可以分成 L 个数据子块。在该方案中首先假设相邻的 N_p+N_s 个符号内信道是近似保持不变，即信道是块不变的。

MIMO 系统接收端在接收到信号后，首先利用训练序列获得初始信道估计值 $\hat{\boldsymbol{H}}_0$，然后利用估计出的信道 $\hat{\boldsymbol{H}}_0$ 对数据子块 1 的接收数据 $\boldsymbol{y}_1$ 进行均衡，数据子块 1 均衡后输出该子块数据的估计符号 $\hat{\boldsymbol{x}}_1$，同时将 $\hat{\boldsymbol{x}}_1$ 作为已知序列参与到信道 $\boldsymbol{H}_1$ 的估计，得到 $\boldsymbol{H}_1$ 的估计 $\hat{\boldsymbol{H}}_1$ 后，开始数据子块 2 的均衡并输出子块 2 的信道估计 $\hat{\boldsymbol{H}}_2$，后续数据子块的处理过程基本类似，直至完成所有 L 个数据子块的均衡工作[38]。将上述信道估计方式与 Turbo 迭代均衡相结合，可得到慢变信道条件下的迭代信道估计与均衡算法，其算法流程如表 5.11 所示。

表 5.11　慢变信道条件下迭代信道估计与均衡算法

输入： 迭代次数 N_{iters}，接收信号 $\boldsymbol{y}$，数据子块总数 L

初始化： 迭代均衡次数索引值 $i=1$，数据子块索引值 $l=1$，$\lambda_a(c_{n,k})=0$

```
while i ≤ N_iters do
    while l ≤ L do
        if l = 1 then
            用训练序列更新信道和方差 [\hat{H}_0, \delta_0^2]
        else
            if i = 1 then
                用估计符号硬判决新信道和方差 [\hat{H}_{l-1}^i, \hat{\delta}_{i,l-1}^2]
            else
                用估计符号软判决新信道和方差 [\hat{H}_{l-1}^i, \hat{\delta}_{i,l-1}^2]
            end if
        end if
        执行第 l 个子块的均衡并输出 \hat{x}_l
        l = l + 1
    end while
    \lambda_a(b_{n,k}) = \Pi^{-1}(\lambda_e(c_{n,k}))        （解交织）
    \lambda_e(b_{n,k}) ← DEC(\lambda_a(b_{n,k}))             （信道译码）
    \lambda_a(c_{n,k}) = \Pi(\lambda_e(b_{n,k}))             （交织）
    i = i + 1
end while
```

输出： 估计出的发射比特 $\{\hat{a}_n\}_{n=1}^{N}$

2. 快变信道条件下的 MIMO 系统迭代信道估计与均衡

如果水声信道是快变的，假设信道是逐符号变化的，因此要执行信道均衡就需要逐符号更新信道并进行相应的均衡操作，图 5.18 给出了快变信道条件下的 MIMO 系统迭代信道估计与均衡的示意图。

在图 5.18 中，每一帧信号的总长度为 N_b，其中训练序列的长度为 N_p，数据块包含 L 个接收符号，在该方案中信道是逐符号变化的。

MIMO 系统接收端在接收到信号后，首先利用训练序列逐符号更新时变信道矩阵 $\hat{\boldsymbol{H}}_0$，当接收到数据符号 y_1 后更新接收数据向量 $\boldsymbol{y}_1$ 并执行信道均衡得到发射符号 x_1 的估计值 $\hat{x}_1$（该估计根据需要可以是 x_1 的硬判决、先验均值或是后验均值），然后利用估计到的 $\hat{x}_1$ 更新信道估计训练序列 $\tilde{\boldsymbol{s}}$，并利用 $\tilde{\boldsymbol{s}}$ 更新信道估计值 $\hat{\boldsymbol{H}}_1$，开始第 2 个接收符的均衡并输出相应的发射符号估计值 $\hat{x}_2$ 和信道 $\hat{\boldsymbol{H}}_2$，后续符号的处理过程基本类似，直至完成所有 L 个接收符号的均衡工作[38]。将上述信道估计方式与 Turbo 迭代均衡相结合，可得到快变信道条件下的迭代信道估计与均衡算法，其算法流程如表 5.12 所示。

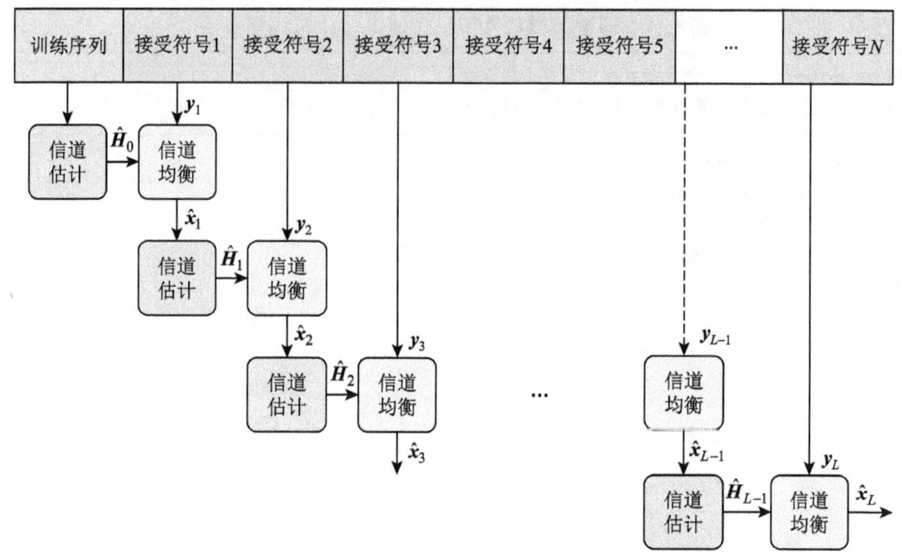

图 5.18 快变信道条件下的 MIMO 系统迭代信道估计与均衡示意图

表 5.12 快变信道条件下迭代信道估计与均衡算法

输入：迭代次数 N_{iters}，接收信号 $\boldsymbol{y}$，符号总数 L

初始化：迭代均衡次数索引值 $i=1$，符号数索引值 $l=1$， $\lambda_a(c_{n,k})=0$

while $i \leqslant N_{\text{iters}}$ **do**
  while $l \leqslant L$ **do**
    if $i=1$ **then**
      用训练序列更新信道和方差 $[\hat{\boldsymbol{H}}_0, \delta_0^2]$
    else
      if $l=1$ **then**
        用估计符号硬判决更新信道估计训练序列 $\tilde{\boldsymbol{s}}=[\tilde{\boldsymbol{s}}_{2:N_p}^{\text{T}}, \hat{x}_1]^{\text{T}}$
        用估计符号硬判决更新信道和方差 $[\hat{\boldsymbol{H}}_{l-1}^i, \hat{\delta}_{i,l-1}^2]$
      else
        用估计符号软判决更新信道估计训练序列 $\tilde{\boldsymbol{s}}=[\tilde{\boldsymbol{s}}_{2:N_p}^{\text{T}}, \bar{x}_1]^{\text{T}}$
        用估计符号软判决更新信道和方差 $[\hat{\boldsymbol{H}}_{l-1}^i, \hat{\delta}_{i,l-1}^2]$
      end if
    end if
    执行第 l 个符号的均衡并输出 $\hat{\boldsymbol{x}}_l$
    $l=l+1$
  end while
  $\lambda_a(b_{n,k})=\Pi^{-1}(\lambda_e(c_{n,k}))$ （解交织）
  $\lambda_e(b_{n,k}) \leftarrow \text{DEC}(\lambda_a(b_{n,k}))$ （信道译码）
  $\lambda_a(c_{n,k})=\Pi(\lambda_e(b_{n,k}))$ （交织）
  $i=i+1$
end while

输出：估计出的发射比特 $\{\hat{\boldsymbol{a}}_n\}_{n=1}^{N}$

5.6.5　软判决反馈水声 MIMO 通信系统性能仿真分析

本节对 MIMO 均衡算法与信道估计算法进行仿真测试，具体内容包括：MIMO 系统信道容量分析；已知信道条件下水声 MIMO 系统性能仿真分析；基于迭代信道估计与均衡的水声 MIMO 通信系统性能仿真分析；在水声信道条件下验证系统性能。

1. 已知高斯随机信道条件下仿真性能

在信道已知的条件下，本节验证所设计的 SDFE-SIC 均衡技术的性能。本节的所有仿真均采用表 5.13 所示的参数。

表 5.13　已知信道条件下水声 MIMO 系统仿真参数

参数名称	参数值
信道类型	长度为 11 的归一化随机信道（高斯分布）
编码方式	编码率为 1/2 的系统卷积码
生成矩阵	$\boldsymbol{G}=[133,171]_8$
译码器	LOG-MAP 译码
每路发射的符号长度	4000 个符号
交织器类型	随机交织器
Turbo 均衡算法	SDFE-SIC 算法
Turbo 均衡迭代次数	4 次
蒙特卡罗仿真次数	200 次

1）小规模 MIMO 系统仿真

图 5.19 给出了在 BPSK 调制下的不同 MIMO 收发配置条件下的均衡性能仿真结果，具体包括 2×2、2×4 及 2×8 MIMO 系统。

由图 5.19 可知，在 2×2 MIMO 系统均衡性能图中，当信噪比较低时，由先验概率提供的信息可靠性较低导致的迭代效果并不明显，但是随着信噪比的增加，Turbo 迭代对 MIMO 系统的性能改善越为明显。在 2×4 MIMO 系统和 2×8 MIMO 系统中，由于存在较高的接收阵增益（即多个接收水听器可以获得更高的信噪比增益），可在第一次迭代后即可达到最大的接收机性能，继续增加迭代次数对性能的提升可以忽略。

图 5.20 给出了 QPSK、8PSK 以及 16QAM 调制下的 2×2 MIMO 迭代均衡的性能曲线。由图可知，在无迭代条件下，即使增加信噪比，系统的误码率下降也十分缓慢，这种现象在高阶调制 16QAM 时表现最为明显，存在着误差平底，这说明常规的非迭代均衡技术在 MIMO 系统中的性能是受限的。在图 5.20 所示的结果中，随着迭代次数的增加，误码率下降明显；且在高阶调制以及一定的信噪比下，当迭代次数足够时，MIMO 系统可以实现零误码率通信。

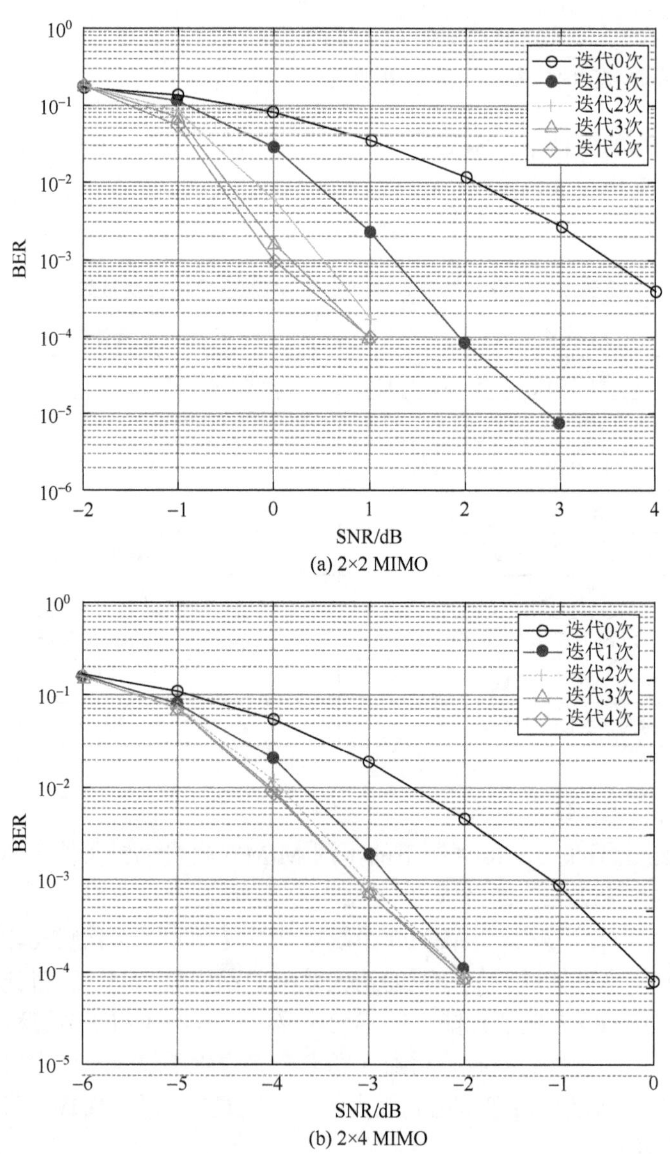

(a) 2×2 MIMO

(b) 2×4 MIMO

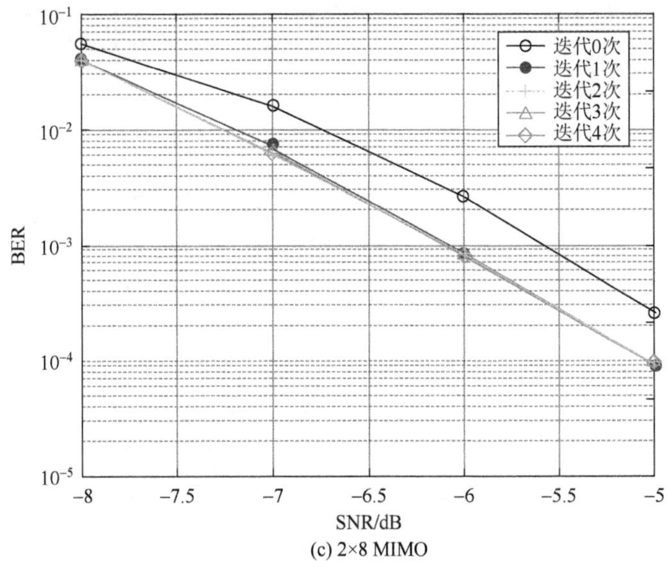

(c) 2×8 MIMO

图 5.19　BPSK 调制下的 MIMO 系统 Turbo 均衡性能

2）较大规模的 MIMO 系统性能仿真分析

在对 MIMO 系统信道容量的分析中，为达到 60kbit/s 的目标通信速率，这里对发射换能器数为 4、8 和 16 的情况进行了分析，在平衡了接收机性能以及复杂度等因素后，仿真分析表明采用 4 个发射换能器的 MIMO 系统可以达到所设定的目标通信速率。本节为测试在达到目标通信速率时的 MIMO 接收机性能，在不同

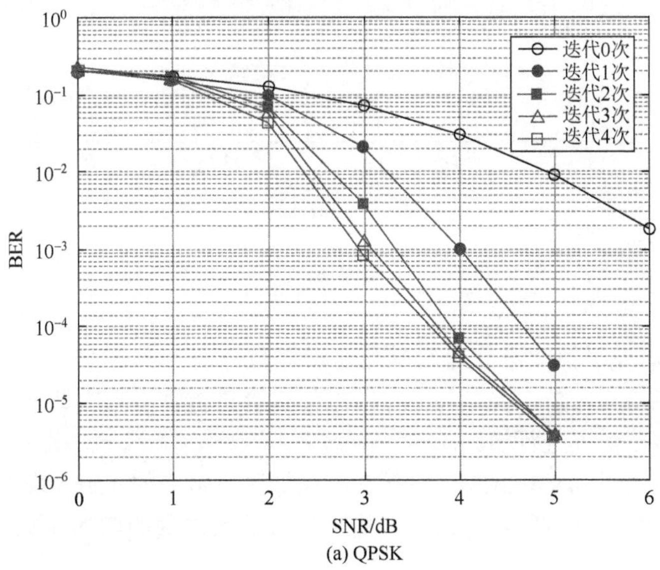

(a) QPSK

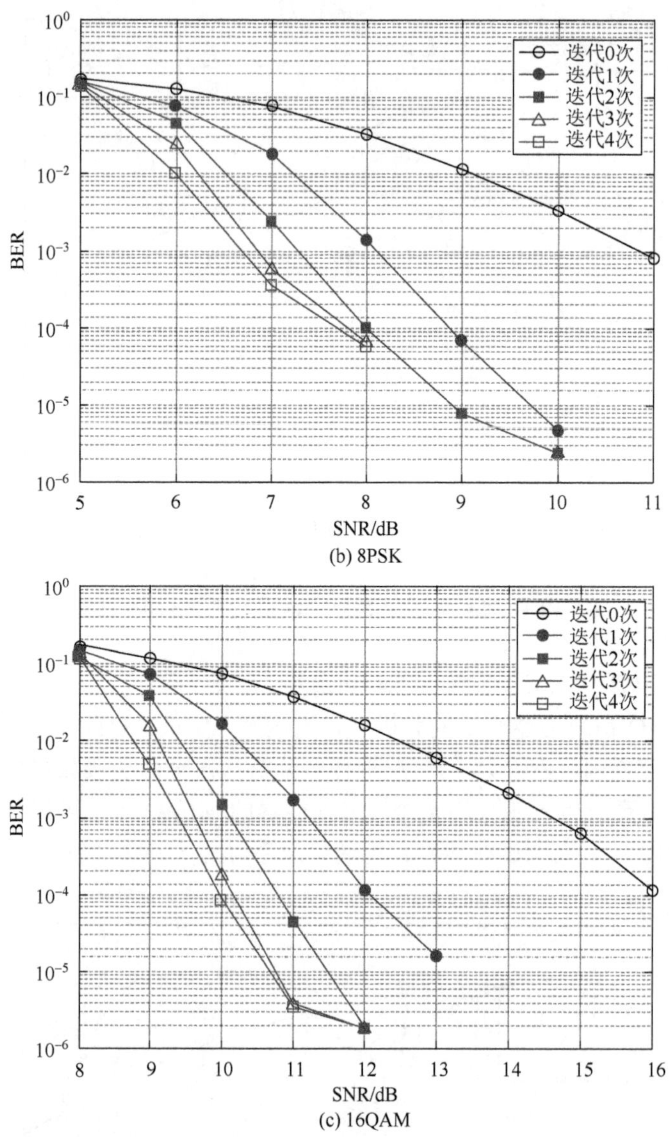

图 5.20　2×2 MIMO 系统 Turbo 均衡性能

调制阶数下，对发射换能器数为 4，接收水听器数分别为 4、8、16 以及 32 的 MIMO 系统进行性能仿真分析，但是与 5.3 节中信道容量仿真不同的是，本节性能仿真是在多途衰落信道下进行的。

图 5.21 给出了 4×4 MIMO 系统在不同调制阶数下的 Turbo 均衡结果。由图可知，对于所有的调制阶数，误码率均可随着迭代次数的增加而减小；BPSK 调

制下的 MIMO 系统在第 2 次迭代之后性能改善不明显，而 QPSK、8PSK 和 16QAM 在第 3 次迭代之后的误码率性能不再改善；在第 4 次迭代之后达到零误码率通信时，BPSK 映射所需信噪比约为 2dB，QPSK 映射所需信噪比约为 5dB，8PSK 映射所需信噪比约为 10dB，16QAM 映射所需信噪比约为 12dB。

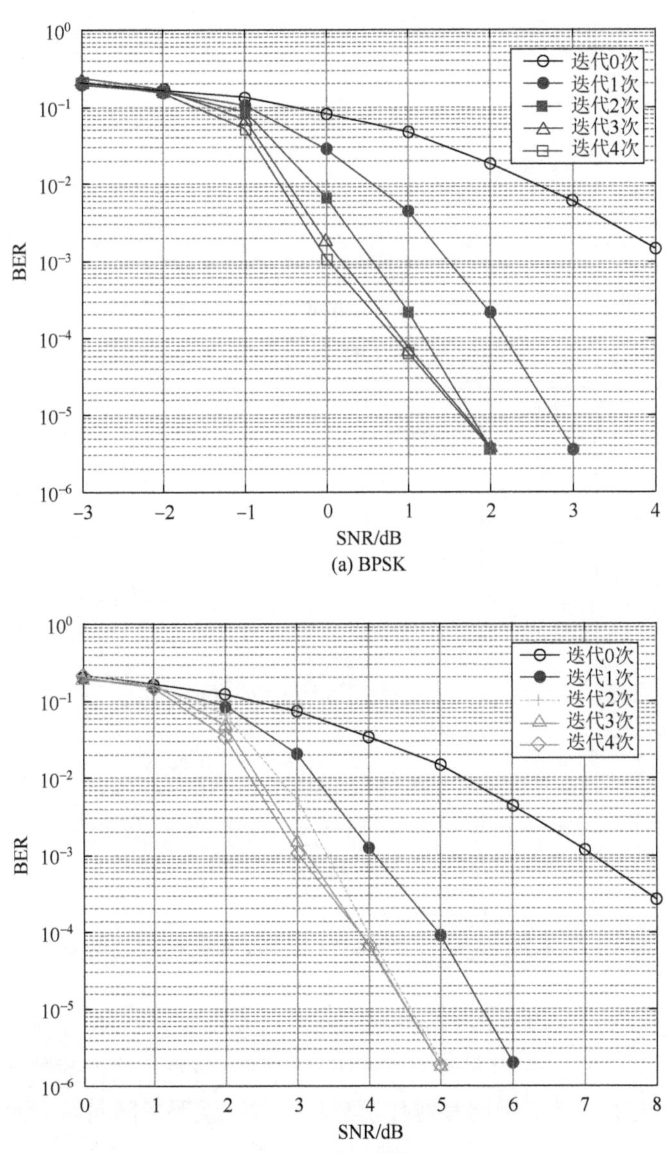

(a) BPSK

(b) QPSK

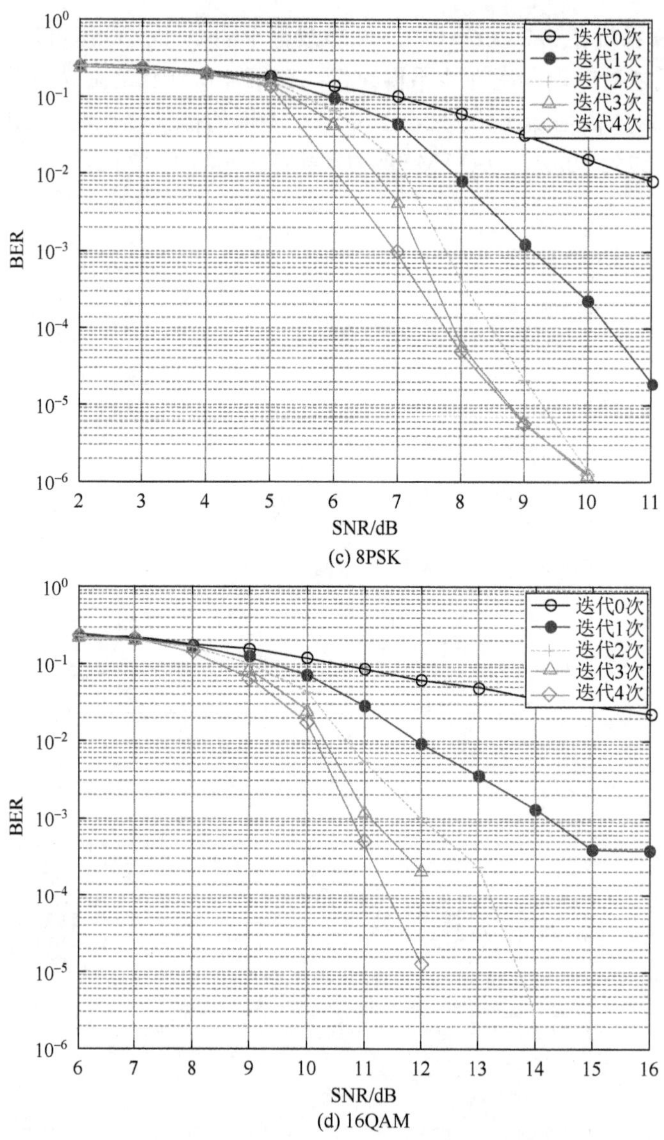

图 5.21　不同调制阶数下的 4×4 MIMO 系统 Turbo 均衡性能

图 5.22 给出了 4×8 MIMO 系统在不同调制方式下的 Turbo 均衡结果。与 4×4 MIMO 系统结果相似，在相同调制方式下，误码率随着迭代次数的增加而减小；在不同调制方式下，当信噪比和迭代次数相同时，误码率随着映射阶数的提高而增大；但是，与 4×4 MIMO 系统不同的是误码率（4 次迭代之后）降为 0 时所需要的最低信噪比降低。4×8 MIMO 系统采用 BPSK 映射所需信噪比约为–2dB，QPSK 映射所需信噪比约为 2dB，8PSK 映射所需信噪比约为 6dB，16QAM 映射

所需信噪比约为 9dB。与 4×4 MIMO 系统结果相比，在采用相同映射方式条件下，信噪比差值约为 3dB。对于 MIMO 通信系统，在发射端通过增加发射换能器的个数获得空间分集提高信道容量，在接收端增加接收水听器的数目获得接收阵增益，当接收水听器为 N 时，接收阵的阵增益理论上的最大值为 $10\log_{10}N$ 。4×4 MIMO 系统的理论增益约为 6dB，4×8 MIMO 系统的理论增益约为 9dB，因此二者理论上的增益差值为 3dB，与仿真结果相吻合。

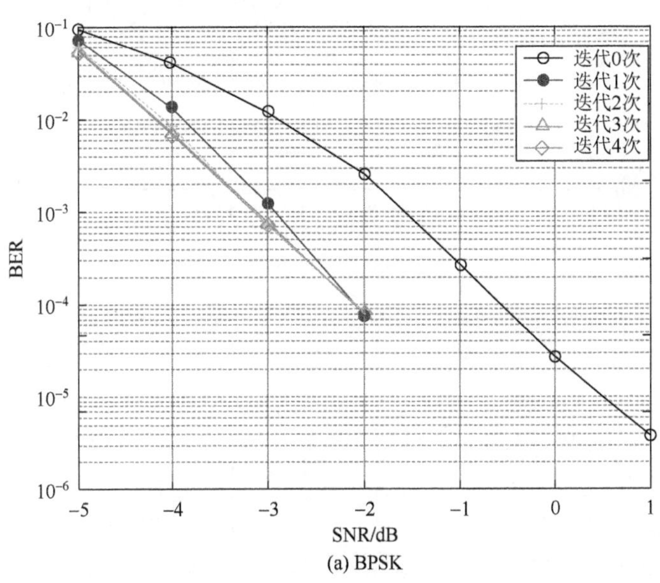

(a) BPSK

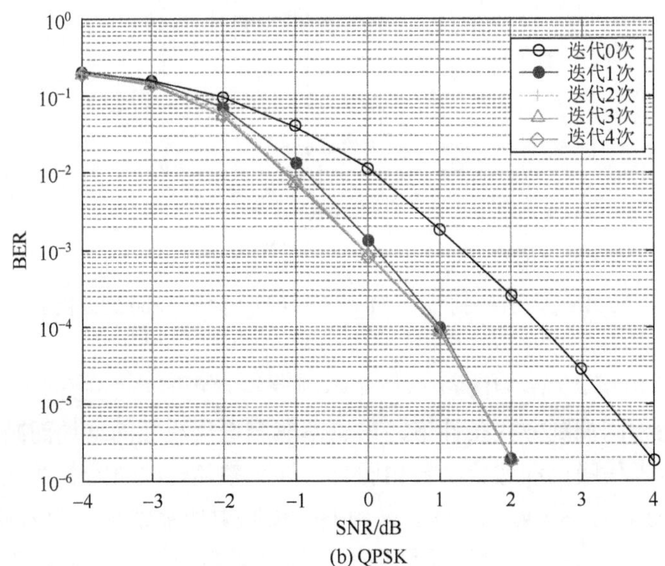

(b) QPSK

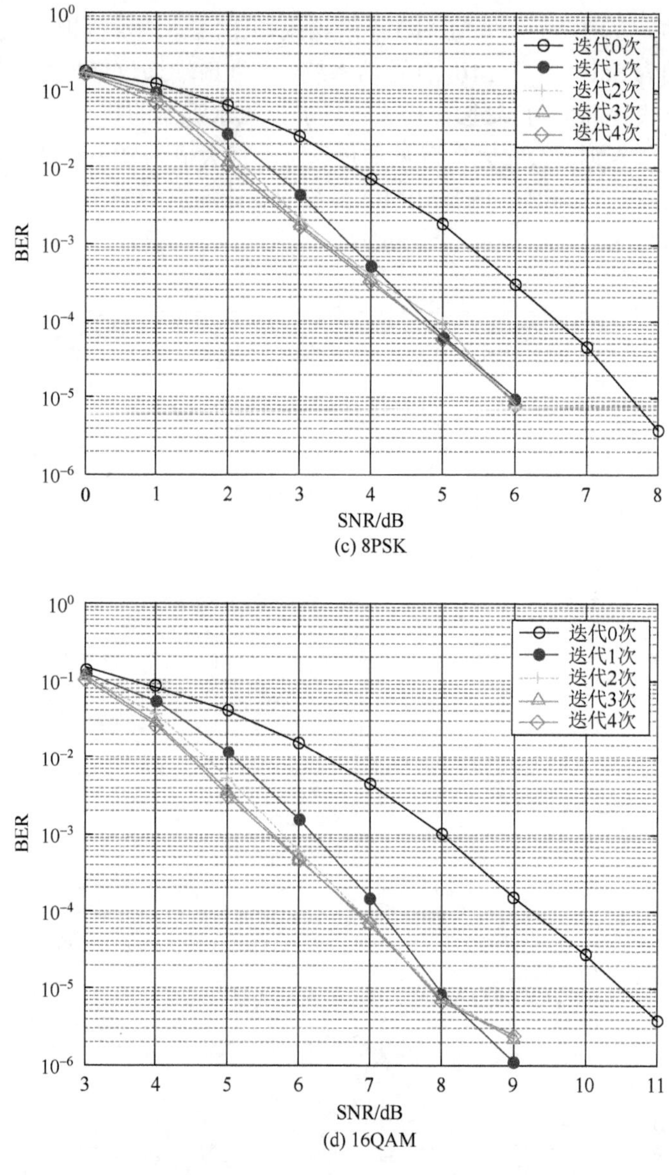

(c) 8PSK

(d) 16QAM

图 5.22　不同调制阶数下的 4×8 MIMO 系统 Turbo 均衡性能

图 5.23 给出了 4×16 MIMO 系统在不同调制方式下的 Turbo 均衡结果。仿真结果表明，在相同调制方式条件下，误码率随着迭代次数的增加而减小；在不同映射条件下，当信噪比和迭代次数相同时，误码率随着映射阶数的提高而增大。误码率（4 次迭代之后）降为 0 时，采用 BPSK 映射所需信噪比约为–4dB，QPSK 映射所需信噪比约为–1dB，8PSK 映射所需信噪比约为 4dB，16QAM 映射所需信

噪比约为 5dB。与 4×8 MIMO 系统结果相比，在采用相同映射方式条件下，信噪比差值约为 3dB。

图 5.24 给出了 8×16 MIMO 系统在不同调制方式下的 Turbo 均衡结果。与 4×16 MIMO 系统结果相似，由于信噪比较高且信道衰落不太严重，仅需较小的迭代次数就可以达到最优的误码率性能，增加迭代次数对系统性能提升不明显。在相同调制方式下，误码率随着迭代次数的增加而减小；在不同调制方式下，当

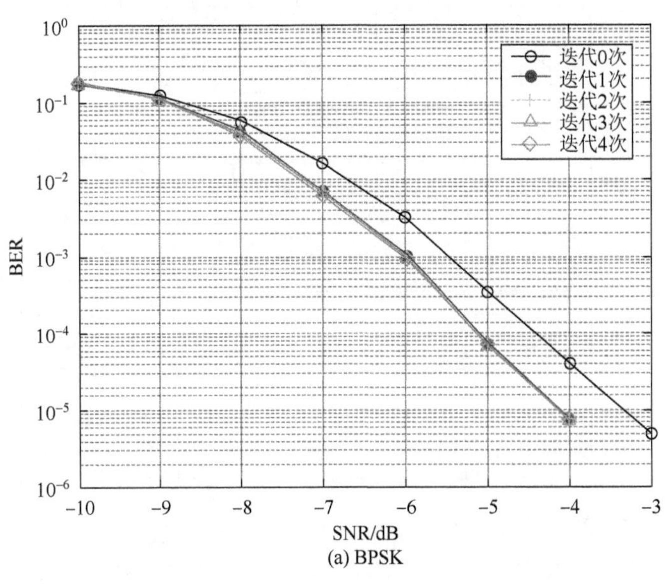

(a) BPSK

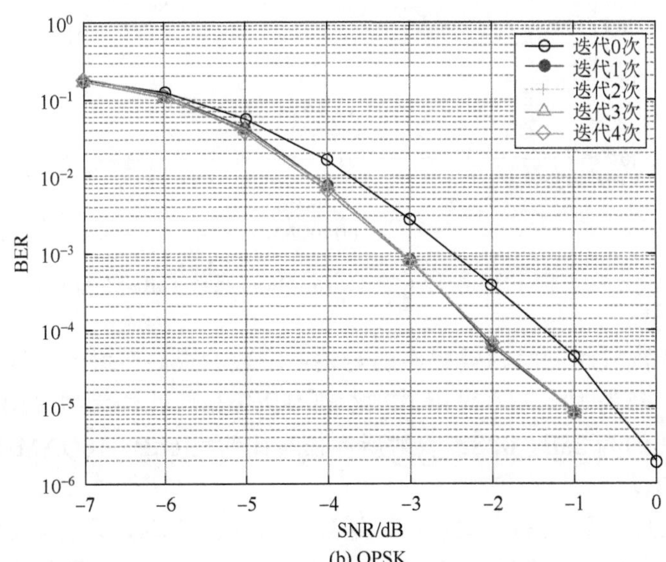

(b) QPSK

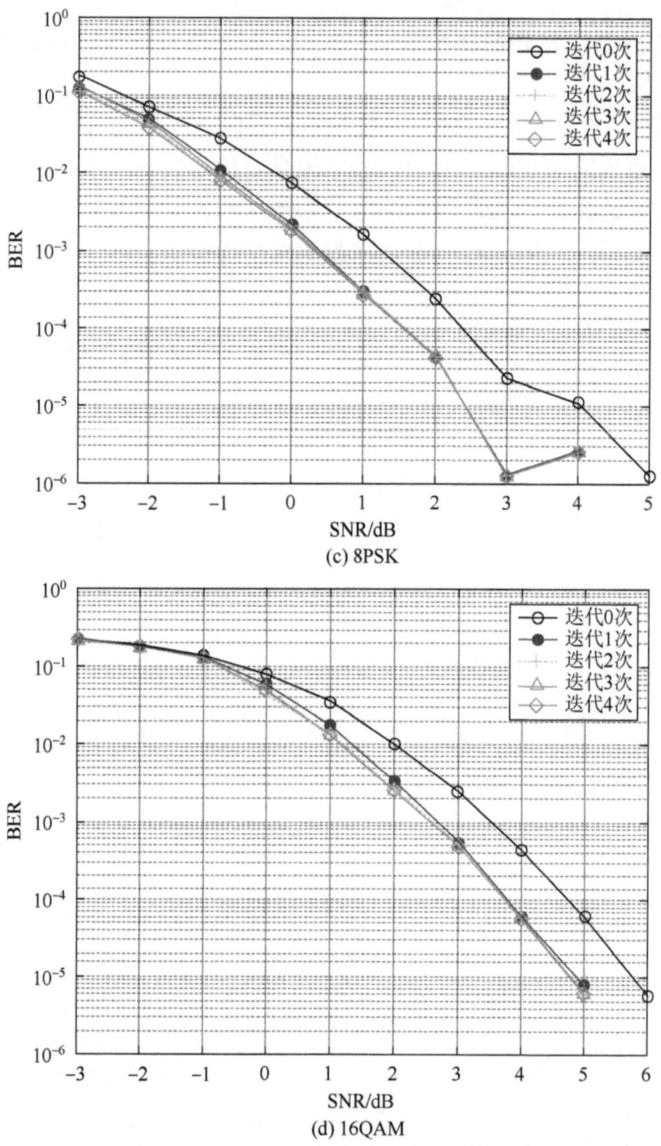

(c) 8PSK

(d) 16QAM

图 5.23　不同调制阶数下的 4× 16 MIMO 系统 Turbo 均衡性能

信噪比和迭代次数相同时，误码率随着映射阶数的提高而增大。误码率（第 2 次迭代之后）降为 10^{-5} 时，采用 BPSK 映射所需信噪比约为−1.5dB，QPSK 映射所需信噪比约为 2dB，8PSK 映射所需信噪比约为 6dB，16QAM 映射所需信噪比约为 8dB。

对比图 5.21～图 5.23 所示的结果，达到目标通信速率时，采用 4 发射的 MIMO 接收机经过迭代后误码率均可降为 0，而且增加接收水听器的数目，采用相同映射方式时，系统在信噪比更低的条件下可使误码率降为 0。对于 4 发射的 MIMO 系统，每个发射换能器的最大通信符号率 R_s 为 6k 符号/s，则系统最大通信符号率为 24k 符号/s，为达到 60kbit/s 的目标通信速率，所需的映射方式最低为 8PSK 映射，如果考虑信道编码时的码率，映射阶数也应随之增加。通过适量增加发射换能器个数，可以降低系统的映射阶数，如图 5.24 所示，但是需要进一步提升接收机的性能才能使得接收机满足零误码率的传输要求。

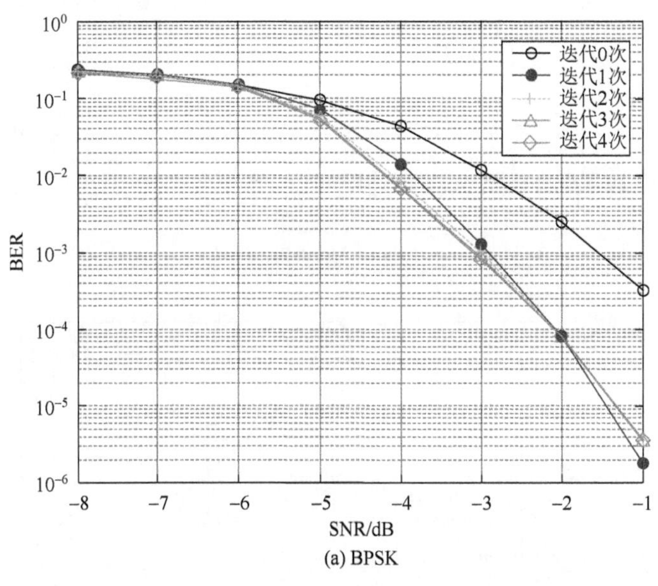

(a) BPSK

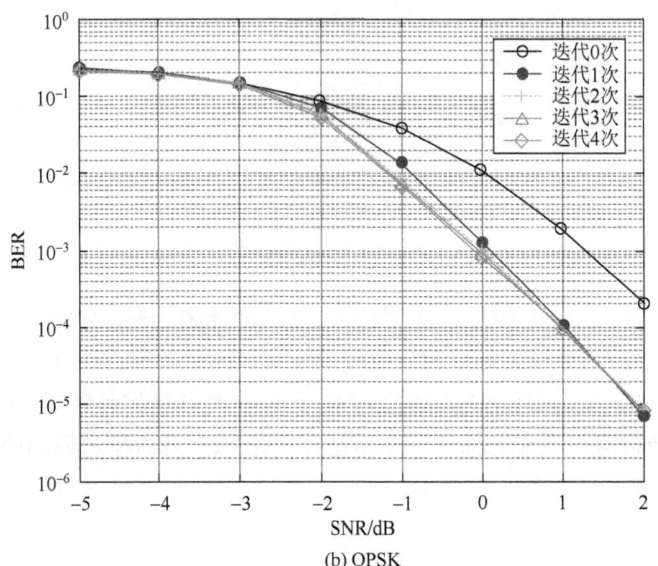

(b) QPSK

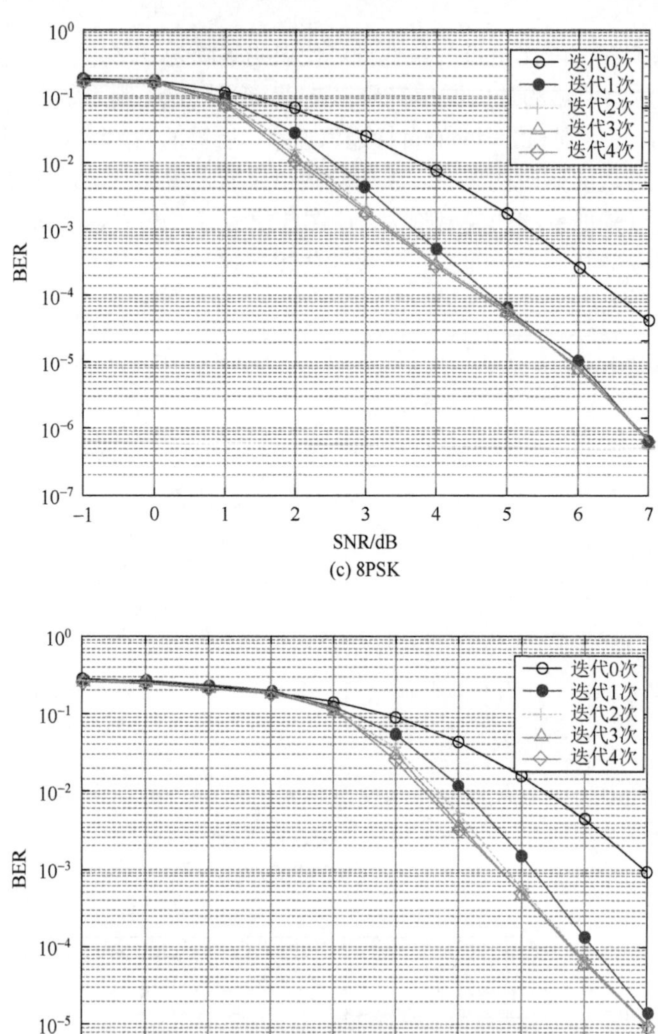

图 5.24　不同调制阶数下的 8× 16 MIMO 系统 Turbo 均衡结果

如图 5.24 所示，对于 8 发射的 MIMO 系统，其通信符号率为 48k 符号/s，当采用 8PSK 映射时，系统的通信速率可达 144kbit/s，考虑信道编码的码率后，仍可以达到 60kbit/s 的目标通信速率。

2. 基于迭代信道估计与均衡的仿真性能分析

在信道未知的条件下，本节验证所设计的基于迭代稀疏信道估计与均衡 MIMO 通信系统性能。本节的所有仿真均采用表 5.14 所示的参数。

表 5.14　未知信道条件下水声 MIMO 系统仿真参数

参数名称	参数值
信道类型	长度为 21 的归一化随机稀疏信道，稀疏度为 5
编码方式	编码率为 1/2 的系统卷积码，生成矩阵 $\boldsymbol{G}=[133,171]_8$
译码器	LOG-MAP 译码
每路发射的信号长度	2300 个符号（300 个训练序列）
交织器类型	随机交织器
信道估计器	l_0-RLS-DCD
Turbo 均衡算法	SDFE-SIC 算法
数据帧结构	慢变信道数据帧结构
Turbo 均衡迭代次数	4 次
蒙特卡罗仿真次数	100 次

1）BPSK 映射方式下的 MIMO 系统性能

图 5.25 给出了在自适应迭代稀疏信道估计的条件下，采用 BPSK 调制方式的 2×2 MIMO 系统、2×4 MIMO 系统以及 2×8 MIMO 系统的 Turbo 均衡误码率曲线。由图 5.25 可知，基于自适应迭代稀疏信道估计与 Turbo 均衡技术可以使误码率降到 10^{-5} 以下。

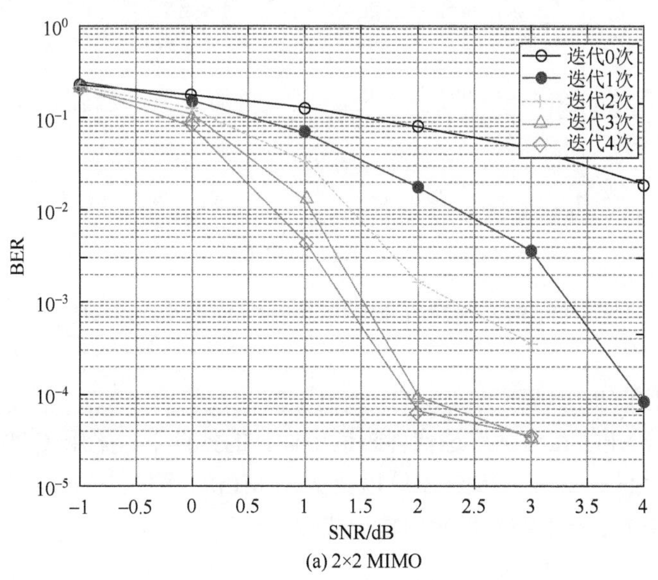

(a) 2×2 MIMO

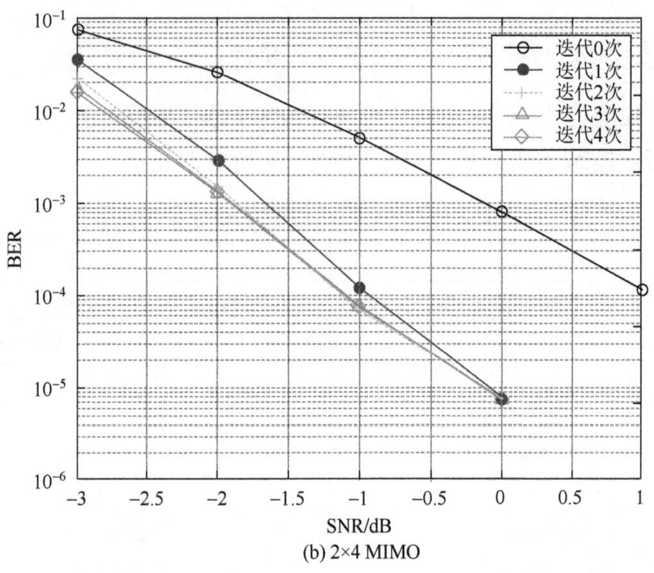

(b) 2×4 MIMO

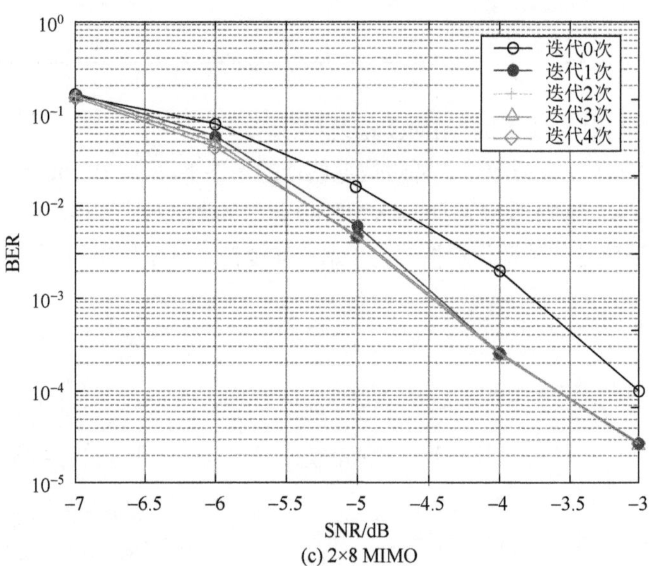

(c) 2×8 MIMO

图 5.25　BPSK 映射下 MIMO 系统 Turbo 均衡误码率曲线

2）QPSK 映射方式下的 MIMO 系统性能

图 5.26 给出了在自适应迭代稀疏信道估计的条件下，采用 QPSK 调制方式 2×2 MIMO 系统、2×4 MIMO 系统以及 2×8 MIMO 系统的 Turbo 均衡误码率曲线。其结论基本上与 BPSK 调制的情况类似。

3）8PSK 映射方式下的 MIMO 系统性能

图 5.27 给出了在自适应迭代稀疏信道估计的条件下，采用 8PSK 调制方式 2×2 MIMO 系统、2×4 MIMO 系统以及 2×8 MIMO 系统的 Turbo 均衡误码率曲线。其结论基本上与 BPSK 调制的情况类似。

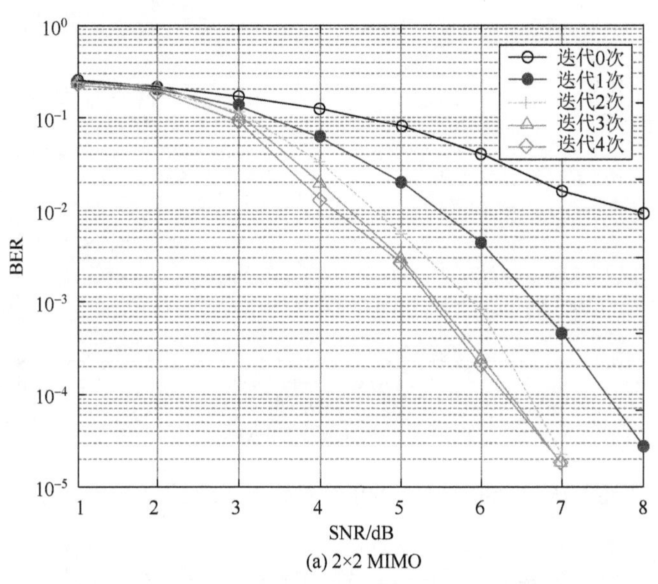

(a) 2×2 MIMO

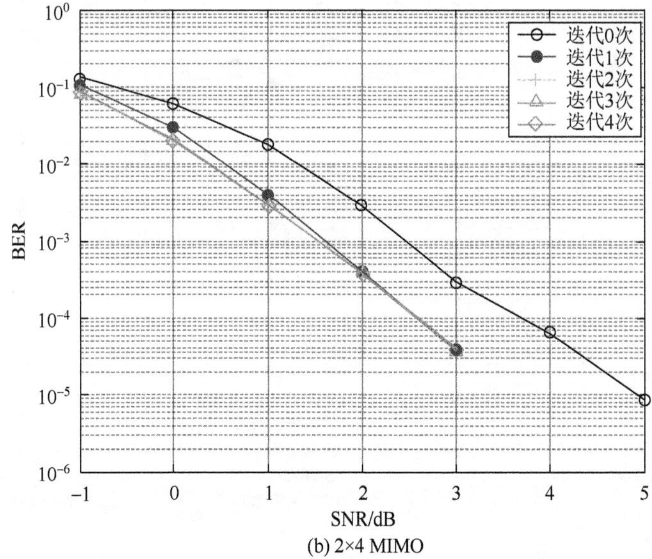

(b) 2×4 MIMO

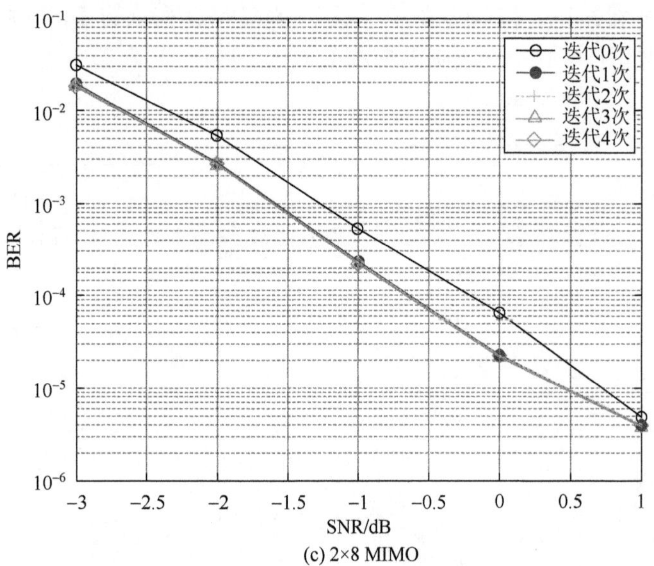

(c) 2×8 MIMO

图 5.26　QPSK 映射下 MIMO 系统 Turbo 均衡误码率曲线

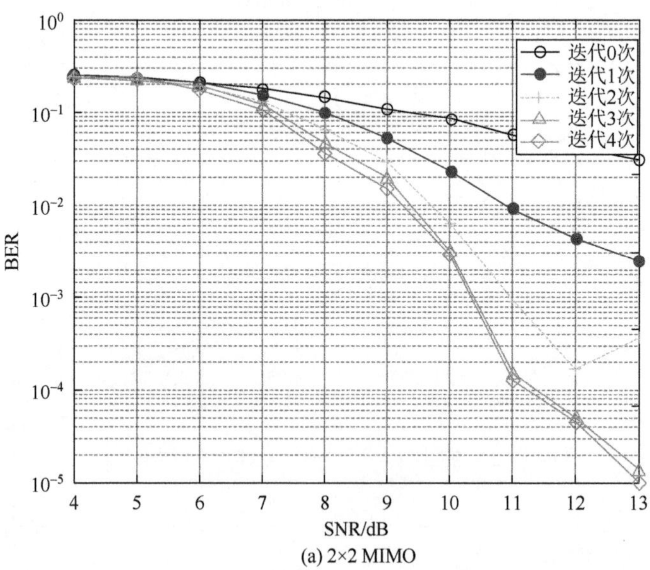

(a) 2×2 MIMO

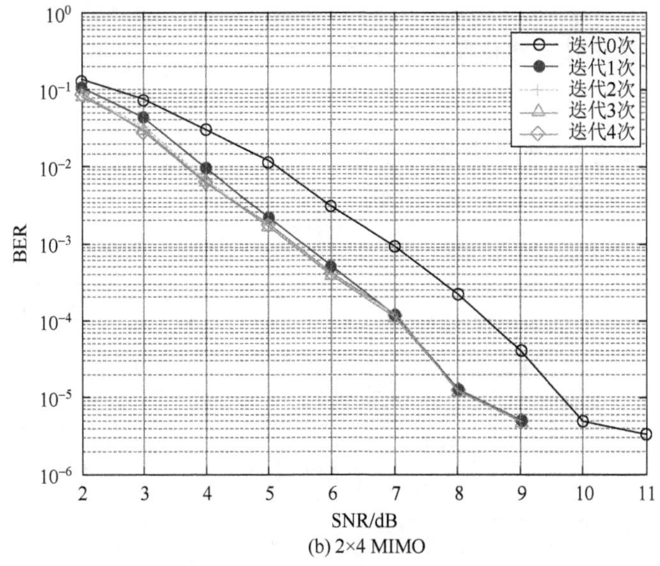

(b) 2×4 MIMO

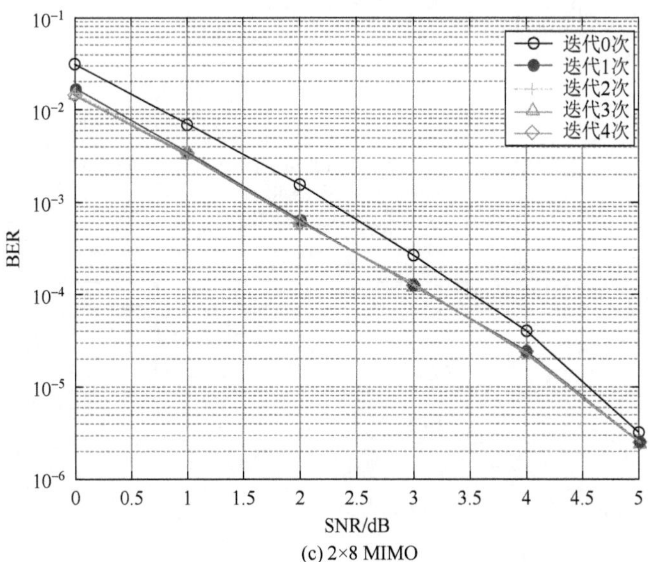

(c) 2×8 MIMO

图 5.27　8PSK 映射下 MIMO 系统 Turbo 均衡误码率曲线

4）16QAM 映射方式下的 MIMO 系统性能

图 5.28 给出了在自适应迭代稀疏信道估计的条件下，采用 16QAM 调制方式 2×2 MIMO 系统、2×4 MIMO 系统以及 2×8 MIMO 系统的 Turbo 均衡误码率曲线。其结论基本上与 BPSK 调制的情况类似。

3. 水声信道条件下的仿真性能分析

1）仿真环境介绍

基于水声高斯射线传播模型对水声 MIMO 系统的传播损失进行了仿真预测研究，具体的仿真参数如表 5.15 所示。

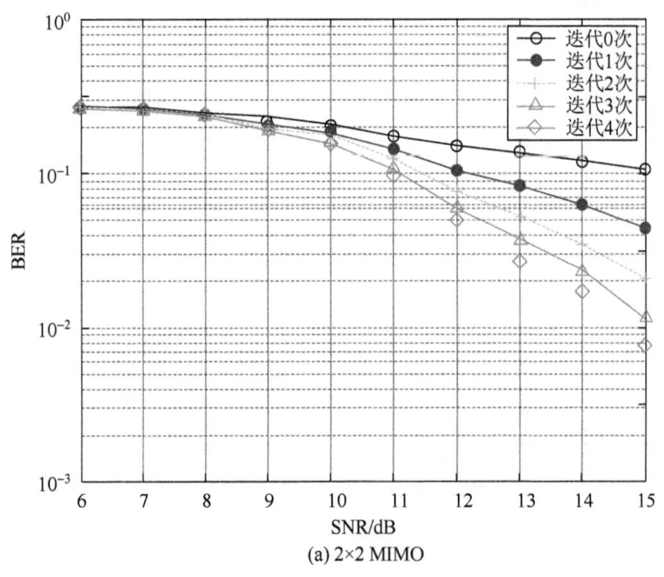

(a) 2×2 MIMO

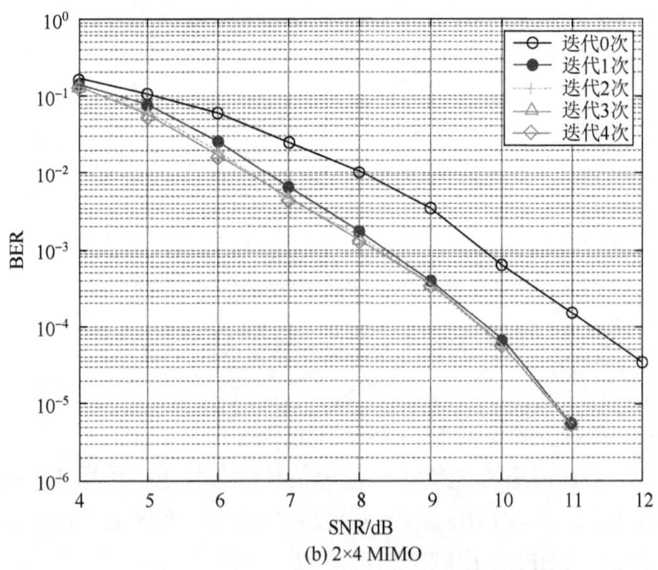

(b) 2×4 MIMO

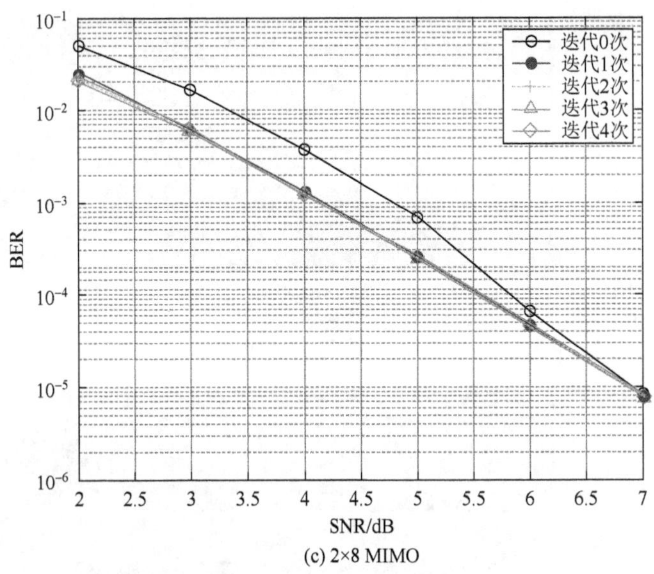

(c) 2×8 MIMO

图 5.28　16QAM 映射下 MIMO 系统 Turbo 均衡误码率曲线

表 5.15　水声信道条件下的水声 MIMO 通信系统仿真参数

参数名称	参数值
信号载频	12kHz
声源水下深度	2m/25m/48m
水面/水底	镜面/平坦
海底参数	（1574.0，0.0，1.76，0.2）
发射换能器开角	[−30°，30°]
最大仿真距离	6.5km

图 5.29 给出了实测的声速剖面以及载频在 12kHz 时的声传播损失图，发射声源分别置于水面下 2m（靠近水面）、25m（水体中间）和 48m 处（靠近海底）。由图可知，在三种声源放置深度上的最大传播损失均约为 70dB，考虑到海水的声吸收，总的传播损失大约为 93dB，该频段的最大噪声约为 99dB，现有的该频段商用发射换能器声源级一般可以做到大于 185dB 的声源级，假设发射换能器声源级为 190dB，那么接收水听器端的接收信号信噪比在−2dB 左右，因此，接收端需要采用阵接收才可以获得相应的阵增益进而实现数据的可靠检测。

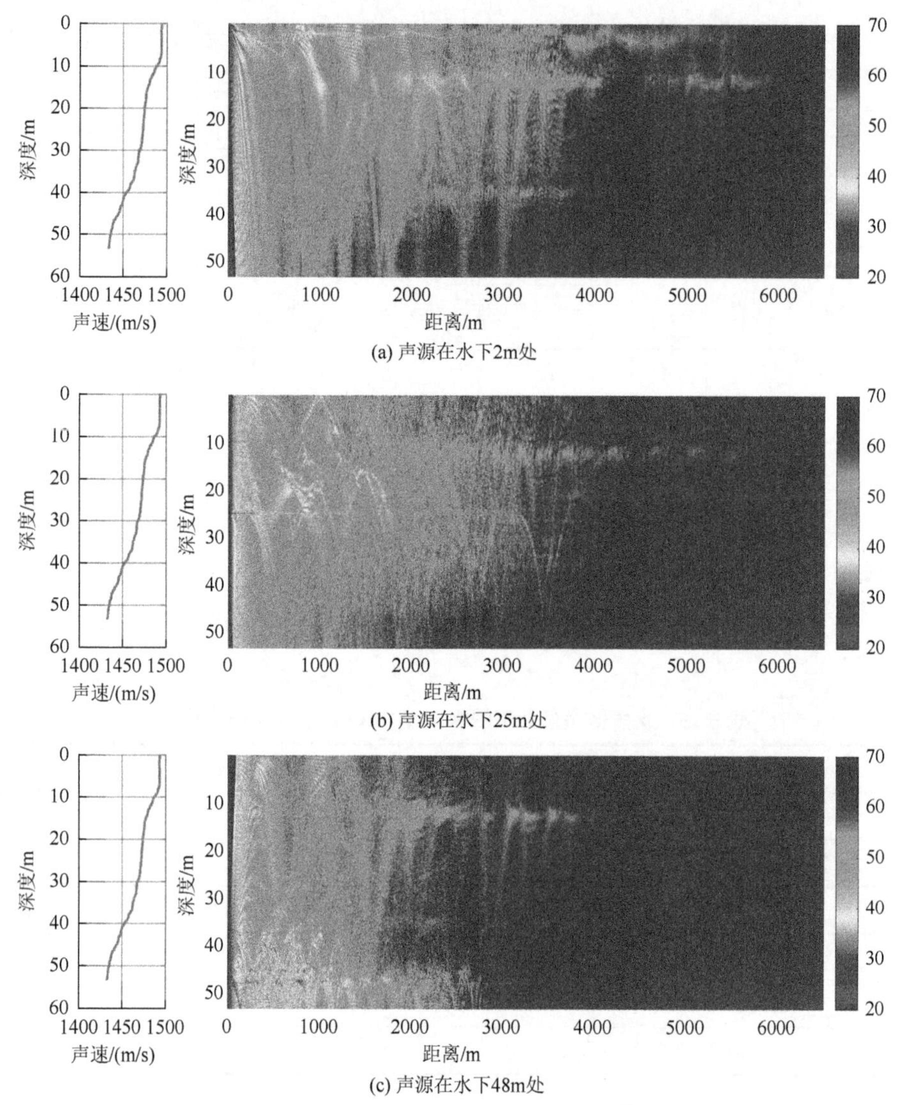

图 5.29　实测的声速剖面及相应的传播损失图（彩图见封底二维码）

2）MIMO 信道冲激响应

当发射声源分别位于水面下 3m、3.5m、4m、4.5m、5m 及 5.5m（4 倍波长间隔），接收水听器位于靠近海底的 46m 时，仿真预测的信道冲激响应如图 5.30 所示，图中 $\boldsymbol{h}_{n,m}$ 代表第 n 个接收水听器与第 m 个发射换能器之间的信道冲激响应。由图可知，6 个信道冲激响应的多途结构差别很大，最小多途扩展为 19ms，而最大多途扩展可达 250ms；信道多途结构具有明显的稀疏特性；同时，信道的最大冲激响应抽头并不是信道冲激响应的第一根抽头，此类非最小相位系统对信道均衡器提出了较大的挑战。

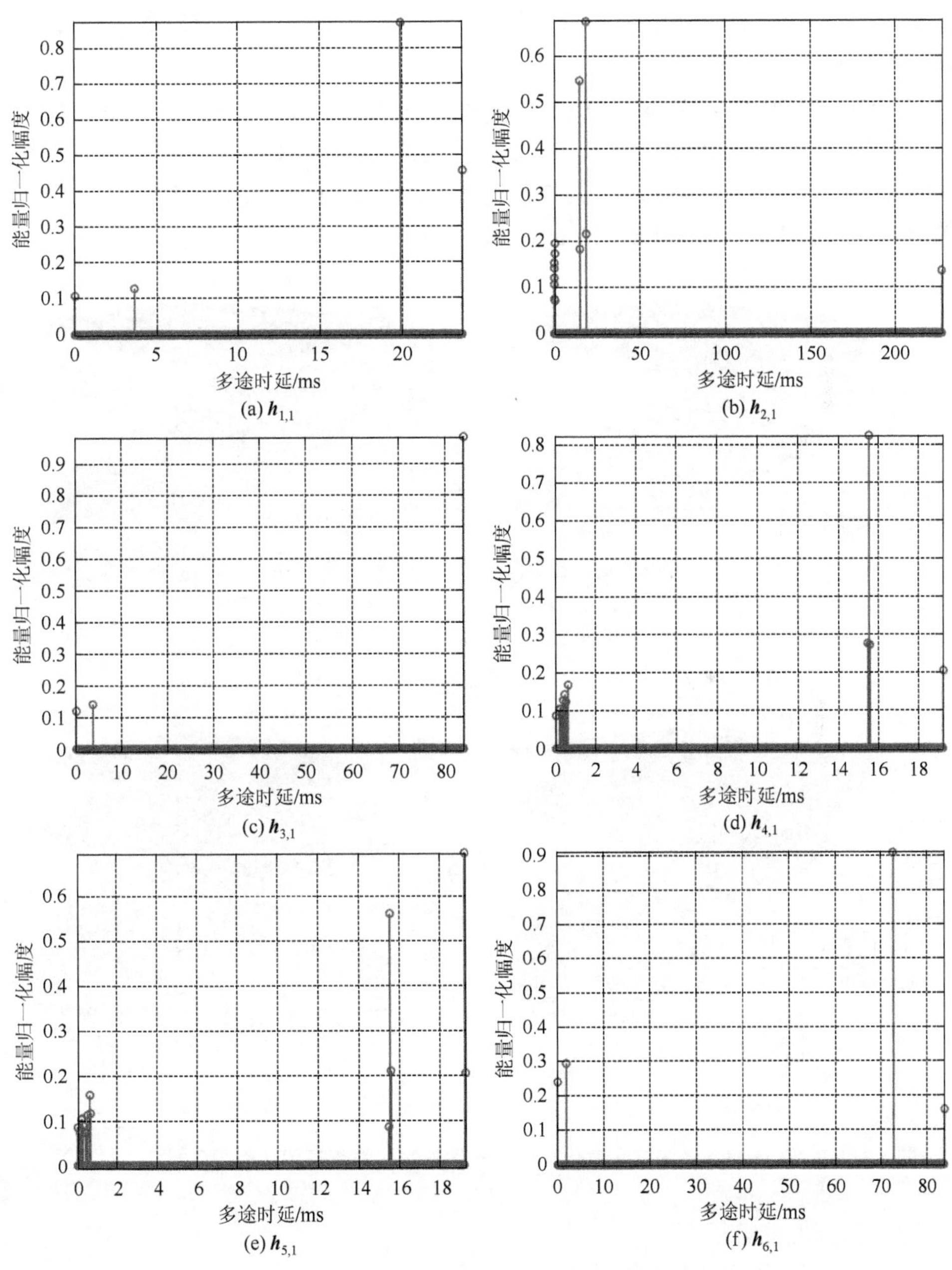

(a) $\boldsymbol{h}_{1,1}$　(b) $\boldsymbol{h}_{2,1}$

(c) $\boldsymbol{h}_{3,1}$　(d) $\boldsymbol{h}_{4,1}$

(e) $\boldsymbol{h}_{5,1}$　(f) $\boldsymbol{h}_{6,1}$

图 5.30　6×1 MISO 系统信道冲激响应

3）新息图分析

图 5.31 给出了一个 2×2 MIMO 系统在水声仿真信道条件下的三维新息图。IE_{in} 表示均衡器输入的第 n 比特的互信息，ID_{in} 表示译码器输入的第 n 比特的互信息，而 IE_{on} 表示均衡器输出的第 n 比特的互信息，ID_{on} 表示译码器输出的第 n 比特的互信息。

由图 5.31 可以看出，对于 BPSK、QPSK、8PSK 和 16QAM 调制来说，Turbo SDFE 的互信息表面始终位于 Turbo LE 的互信息表面之上，这表明 Turbo SDFE 的收敛速度始终快于 Turbo LE 的收敛速度，换句话说，Turbo SDFE 可以以更少的迭代次数获得比 Turbo LE 更好的性能。

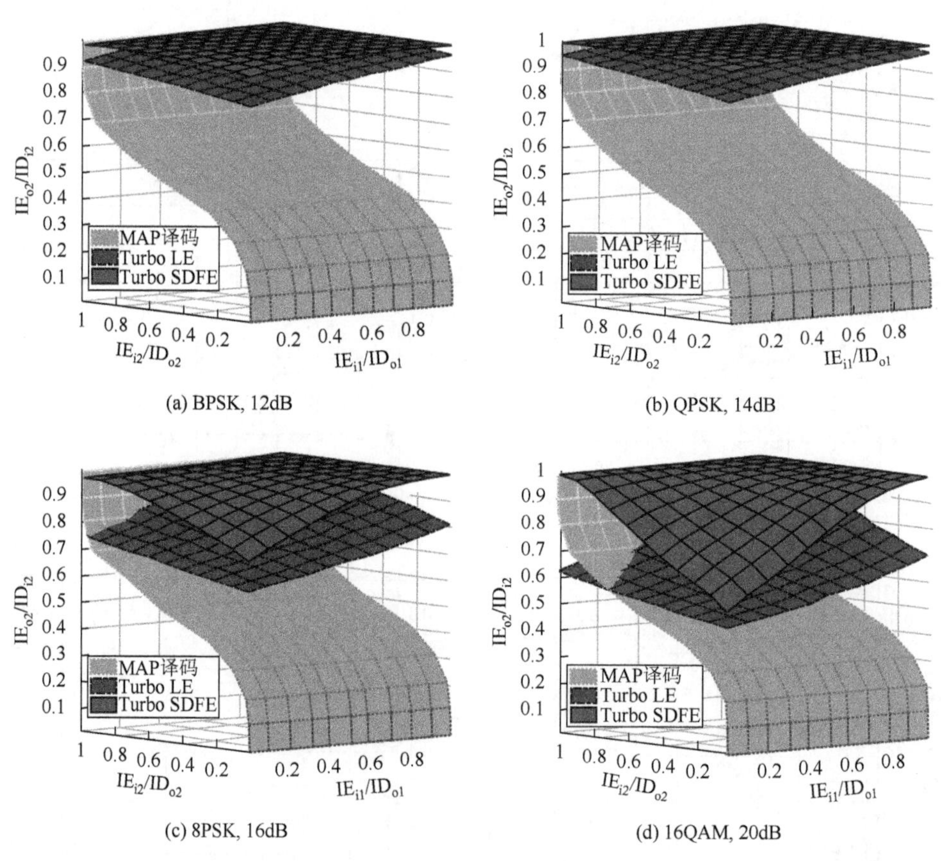

图 5.31 2×2 MIMO 系统在水声仿真信道条件下的三维新息图（彩图见封底二维码）

4）仿真性能分析

图 5.32 给出了在水声信道条件下，采用不同调制方式时 6×12 MIMO 系统 Turbo 均衡误码率曲线，采用自适应的 l_0-RLS-DCD 进行稀疏 MIMO 信道的迭代

估计。与已知高斯随机信道条件下仿真结果不同的是，在水声信道条件下，误码率降为 0 时所需要的信噪比更高。当迭代后误码率降为 0 时，采用 BPSK 映射所需信噪比为 7dB，QPSK 映射所需信噪比为 9.5dB，8PSK 映射所需信噪比为 14.5dB。而随机生成长度为 11 的信道误码率降为 0 时所需信噪比在 BPSK 时为 3dB，QPSK 时为 7.5dB，8PSK 时为 13dB。这是由于水声信道往往表现出较长的多途扩展，因此其产生的 ISI 比随机生成信道更为严重，所以对系统均衡性能的要求更高，

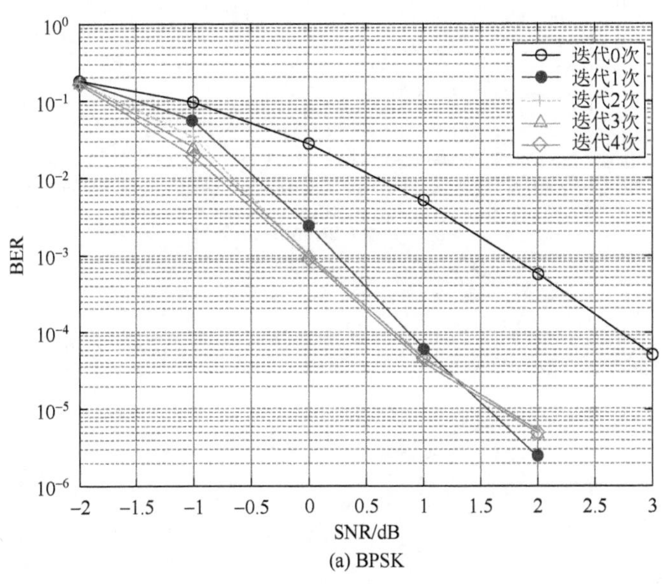

(a) BPSK

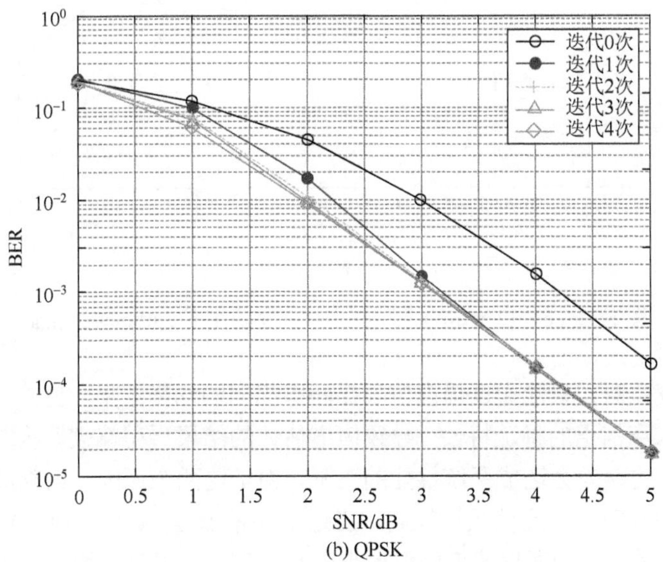

(b) QPSK

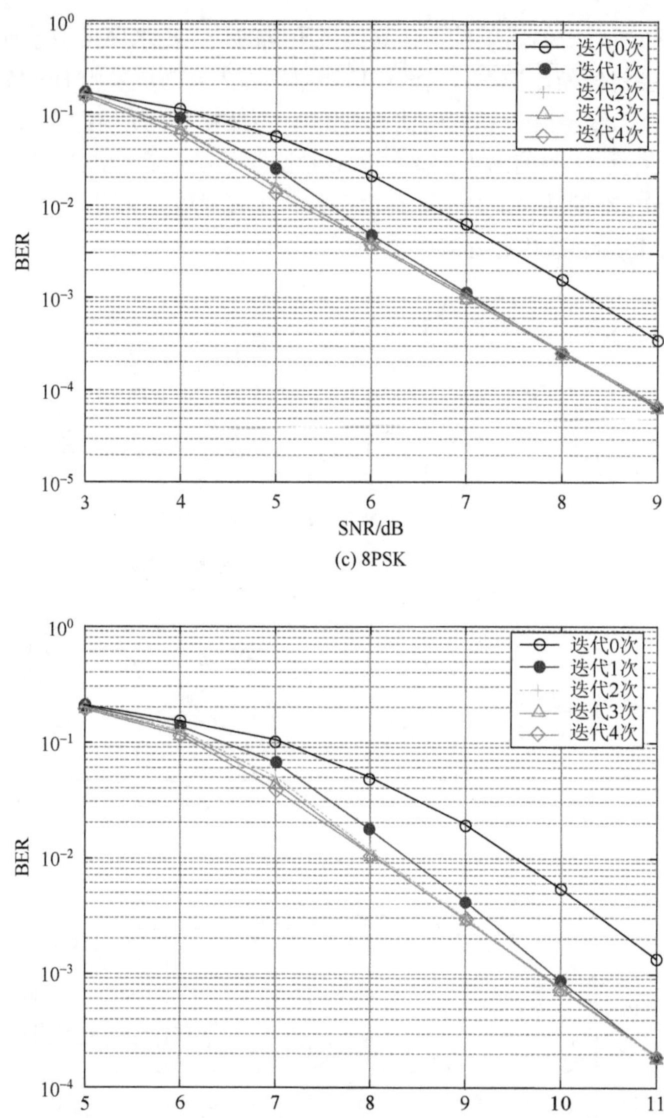

(c) 8PSK

(d) 16QAM

图 5.32　6× 12 MIMO 系统在水声信道条件下 Turbo 均衡性能

当均衡器无变化时，只能通过提高信噪比获得相同的均衡效果。另外，在信道估计时没有考虑水声信道的稀疏特性，导致信道估计的结果误差偏大，从之前的分析可知，信道估计的误差会造成系统性能的下降，由于这两个原因，水声信道条件下系统误码率降为 0 时，所需信噪比较高。当通信频带为 8～16kHz 时，如果采用单载波通信系统，其系统的通信速率极限值小于 8k 符号/s，但是采用 2× 2 MIMO 系统，仿真时通信速率达到了 8k 符号/s，且没有达到系统的极限通信速率，这表明水声 MIMO 系统通信速率高于常规水声单载波通信速率。

5.6.6　试验数据处理

本节所用试验系统为 2×4 MIMO 系统，发射换能器与接收水听器锚定，发射换能器的间隔为 4 倍波长，接收水听器的间隔为 2 倍波长，发射换能器和接收水听器之间的距离约为 1.2km，试验数据采用的帧结构与图 5.7 的数据结构类似，但通信频带为 8～16kHz，通信符号率为 6k 符号/s，发射信号脉冲成型滚降因子为 0.2，因此发射信号实际占用带宽为 7.2kHz，数据处理时的相位跟踪采用二阶锁相环。

图 5.33 给出了 QPSK 调制下的接收信号星座图。由图可知，信道对发射信号的失真影响非常严重，第一次 MIMO 信道均衡后的星座点聚集度很高[图 5.33(b)]，由于发射与接收端固定，相位偏移不大，仅通过信道估计及均衡就可以补偿相位

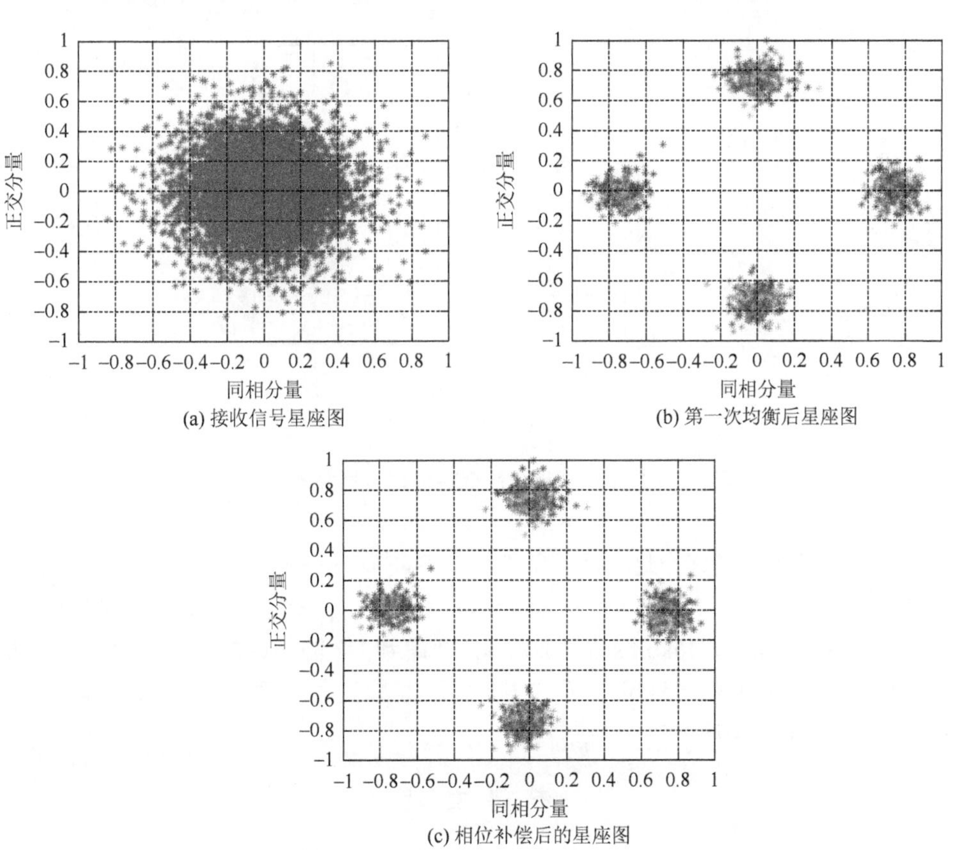

(a) 接收信号星座图

(b) 第一次均衡后星座图

(c) 相位补偿后的星座图

图 5.33　接收的 QPSK 信号星座图

偏移的影响；图 5.33（c）中的结果进一步证实了这一论断。图 5.34 给出了 16QAM 调制下的接收信号星座图。由图可知，其分析结论与图 5.33 中的 QPSK 调制下的结论相似。

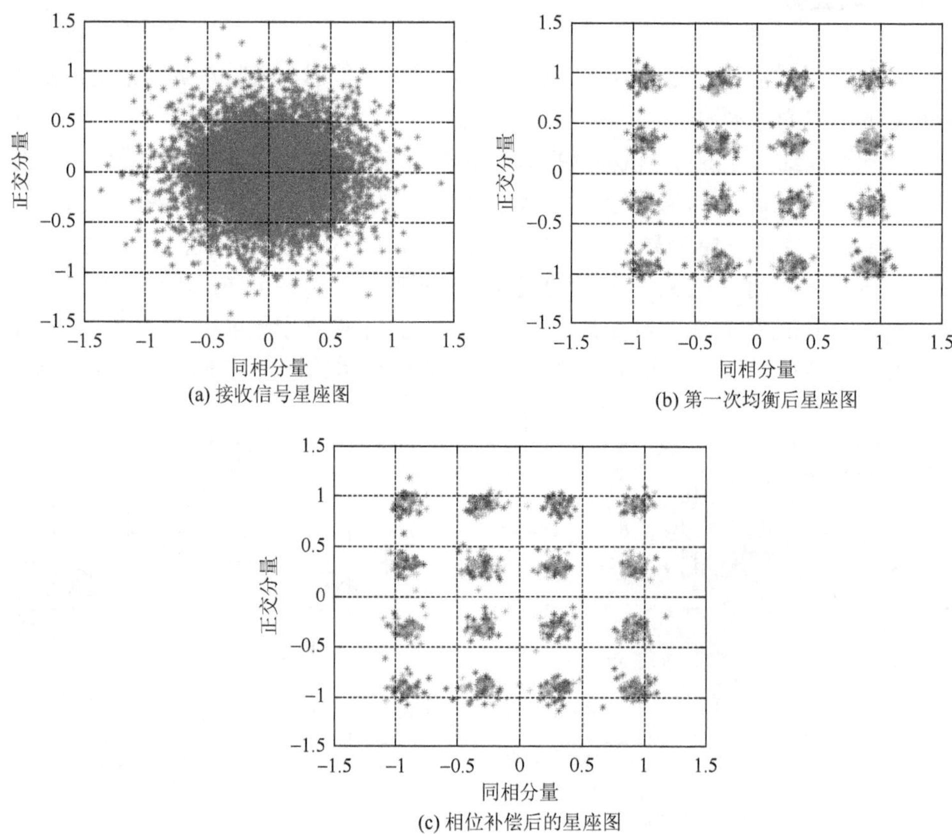

(a) 接收信号星座图

(b) 第一次均衡后星座图

(c) 相位补偿后的星座图

图 5.34　接收的 16QAM 信号星座图

由于信道条件较好，此次试验条件下的 QPSK、8PSK 及 16QAM 的所有数据包均可在 3 次迭代后实现 0 误码，试验对应 QPSK、8PSK 及 16QAM 调制方式的通信速率为 24kbit/s、36kbit/s 及 48kbit/s，考虑到 1/2 的信道编码的冗余，其净数据率分别为 12kbit/s、18kbit/s 及 24kbit/s，其频谱利用率分别为 3bit/(s·Hz)、4bit/(s·Hz)及 6bit/(s·Hz)。

参 考 文 献

[1] Stojanovic M，Catipovic J，Proakis J. Phase-coherent digital communications for underwater acoustic channels. IEEE Journal of Oceanic Engineering，1994，19（1）：100-111.

[2] Freitag L，Johnson M，Stojanovic M. Efficient equalizer update algorithms for acoustic communication channels of varying complexity. Oceans'97 MTS/IEEE Conference Proceedings，Halifax，1997：580-585.

[3] Tsimenidis C，Hinton O，Sharif B，et al. Spread-spectrum based adaptive array receiver algorithms for the shallow-water acoustic channel. Proceedings IEEE Oceans'00 Conference，Providence，2000：1233-1237.

[4] Gomes J，Barroso V. MIMO decision-feedback equalization with direct channel estimation. Proceedings of the 5th IEEE Workshop on Signal Processing Advances in Wireless Communications（SPAWC'04），Lisbon，2004：419-423.

[5] Song H C，Hodgkiss W S，Kuperman W A，et al. Improvement of time reversal communications using adaptive channel equalizers. IEEE Journal of Oceanic Engineering，2006，31（2）：487-496.

[6] Yang T C. A study of spatial processing gain in underwater acoustic communications. IEEE Journal of Oceanic Engineering，2007，32（3）：689-709.

[7] Pelekanakis K，Chitre M. Comparison of sparse adaptive filters for underwater acoustic channel equalization/estimation. Proceedings IEEE International Conference Communication System（ICCS），Singapore， 2010：395-399.

[8] Singer A C，Nelson J K，Kozat S S. Signal processing for underwater acoustic communications. IEEE Communications Magazine，2009，47（1）：90-96.

[9] Li J，Zakharov Y V. Multibranch autocorrelation method for Doppler estimation in underwater acoustic channels. IEEE Journal of Oceanic Engineering，2018，43（4）：1099-1113.

[10] Stojanovic M，Preisig J. Underwater acoustic communication channels：Propagation models and statistical characterization. IEEE Communications Magazine，2009，47（1）：84-89.

[11] Arikan T，Riedl T，Singer A，et al. Comparison of OFDM and single-carrier schemes for Doppler tolerant acoustic communications. IEEE Oceans 2015，Genoa，2015：1-7.

[12] Li B，Huang J，Zhou S，et al. MIMO-OFDM for high rate underwater acoustic communications. IEEE Journal on Oceanic Engineering，2009，34（4）：634-644.

[13] Stojanovic M. Adaptive channel estimation for underwater acoustic MIMO OFDM systems. Proceedings IEEE DSP/SPE Workshop 2009，Marco Island，2009：132-137.

[14] Zheng Y R，Wu J，Xiao C. Turbo equalization for underwater acoustic communications. IEEE Communications Magazine，2015，53（11）：79-87.

[15] Li J，Zakharov Y V. Efficient use of space-time clustering for underwater acoustic communications. IEEE Journal of Oceanic Engineering，2018，43（1）：173-183.

[16] Tao J，Zheng Y R. Turbo detection for MIMO-OFDM underwater acoustic communications. International Journal Wireless Information Network，2013，20（1）：27-38.

[17] Tu K，Fertonani D，Duman T M，et al. Mitigation of intercarrier interference for OFDM over time-varying underwater acoustic channels. IEEE Journal of Oceanic Engineering，2011，36（2）：156-171.

[18] Zakharov Y V，Morozov A K. OFDM transmission without guard interval in fast-varying underwater acoustic channels. IEEE Journal of Oceanic Engineering，2015，40（1）：144-158.

[19] Cannelli L，Leus G，Dol H，et al. Adaptive turbo equalization for underwater acoustic communication. Proceedings MTS/IEEE Oceans Conference，Bergen，2013：1-9.

[20] Choi J W，Riedl T J，Kim K，et al. Adaptive linear turbo equalization over doubly selective channels. IEEE Jonrnal of Oceanic Engineering，2011，36（4）：473-489.

[21] Laot C，Beuzeulin N，Bourre A. Experimental results on MMSE turbo equalization in underwater acoustic communication using high order modulation. Proceedings MTS/IEEE Oceans Conference，Seattle，2010：1-6.

[22] Laot C，Bidan R L. Adaptive MMSE turbo equalization with high order modulations and spatial diversity applied to underwater acoustic communications. Proceedings 11th European Wireless Conference Sustainable Wireless Technologies，Vienna，2011：1-6.

[23] Qingwei M，Jianguo H，Jing H，et al. An improved direct adaptive multichannel turbo equalization scheme for underwater communications. Proceedings MTS/IEEE OCEANS Conference，Yeosu，2012：1-5.

[24] Benesty J，Gay S L. An improved PNLMS algorithm. IEEE ICASSP-02，Orlando，2002：1881-1884.

[25] Yellepeddi A，Preisig J C. Adaptive equalization in a turbo loop. IEEE Transaction Wireless Communication，2015，14（9）：5111-5122.

[26] Tüchler M，Hagenauer J. Linear time and frequency domain turbo equalization. Proceedings IEEE Vehicalar Technology Conference，2001，2：1449-1453.

[27] Tao J，Wu J，Zheng Y R，et al. Enhanced MIMO LMMSE turbo equalization：Algorithm simulations and undersea experimental results. IEEE Transactions on Signal Processing，2011，59（8）：3813-3823.

[28] Zakharov Y V，Nascimento V H. Homotopy RLS-DCD adaptive filter. Proceedings of the 10th International Symposium on Wireless Communication Systems（ISWCS），Ilmenau，2013：1-5.

[29] Li J，Zakharov Y V. Sliding-window homotopy adaptive filter for estimation of sparse UWA channels. 2016 IEEE Sensor Array and Multichannel Signal Processing Workshop（SAM），Rio de Janeiro，2016：1-4.

[30] Li J，Zakharov Y V. Sliding window adaptive filter with diagonal loading for estimation of sparse UWA channels. IEEE Oceans 2016，Shanghai，2016：1-5.

[31] Chen Z，Zheng Y R，Wang J，et al. Frequency domain turbo equalization with iterative channel estimation for single carrier MIMO underwater acoustic communications. Proceedings IEEE Vehicular Technology Conference，Boston，2015：1-5.

[32] Zhang J，Zheng Y R. Bandwidth-efficient frequency-domain equalization for single carrier multiple-input multiple-output underwater acoustic communications. Journal of the Acoustical Society of America，2010，128（5）：2910-2919.

[33] Wang Z H，Huang J，Zhou S，et al. Iterative receiver processing for OFDM modulated physical-layer network coding in underwater acoustic channels. IEEE Transactions on Communication，2013，61（2）：541-553.

[34] Tao J. Single-carrier frequency-domain turbo equalization with various soft interference cancellation schemes for MIMO systems. IEEE Transactions Communication，2015，63（9）：3206-3217.

[35] Duan W，Zheng Y R. Bidirectional soft-decision feedback equalization for robust MIMO underwater acoustic communications. MTS/IEEE Oceans，St. John's，2014：1-6.

[36] Duan W，Zheng Y R. Bidirectional soft decision feedback turbo equalization for MIMO systems. IEEE Transactions on Vehicular Technology，2016，65（7）：4925-4936.

[37] Duan W，Tao J，Zheng Y R. Efficient adaptive turbo equalization for multiple-input-multiple-output underwater acoustic communications. IEEE Journal of Oceanic Engineering，2018，43（3）：792-804.

[38] Yang Z，Zheng Y R. Iterative channel estimation and turbo equalization for multiple-input multiple-output underwater acoustic communications. IEEE Journal of Oceanic Engineering，2016，41（1）：232-242.

[39] 魏急波. 多天线系统中的迭代信号处理技术. 北京：科学出版社，2014.

[40] 刘留，陶成，卢艳萍，等. 大规模多天线无线信道及容量特性研究. 北京交通大学学报，2015，39（2）：69-79.

[41] 田坦. 声呐技术. 哈尔滨：哈尔滨工程大学出版社，2010.

[42] 刘伯胜，雷家煜. 水声学原理. 哈尔滨：哈尔滨工程大学出版社，2010.

[43] Haykin S. Adaptive Filter Theory.4th ed.New Jersey：Prentice Hall Inc.，2002.

[44] Proakis J G. Digital Communications.4th ed. New York：McGraw Hill，2000.

[45] Akino T K. Optimum-weighted RLS channel estimation for rapid fading MIMO channels. IEEE Transactions Wireless Communications，2008，7（11）：4248-4260.

[46] Akino T K，Molisch A F，Annavajjala R，et al. Order-extended sparse RLS algorithm for doubly-selective MIMO channel estimation. IEEE International Conference on Communications（ICC），Kyoto，2011：1-6.

[47] Tao J，Zheng Y R，Xiao C，et al. Robust MIMO underwater acoustic communications using turbo block decision-feedback equalization. IEEE Journal of Oceanic Engineering，2010，35（4）：948-960.

[48] Zakharov Y V，White G，Liu J. Low complexity RLS algorithms using dichotomous coordinate descent iterations. IEEE Transactions on Signal Processing，2008，56（7）：3150-3161.

[49] Kocic M，Brady D，Stojanovic M. Sparse equalization for real-time digital underwater acoustic communications. Proceedings 1995 MTS/IEEE Oceans，San Diego，1995：1417-1422.

[50] Zakharov Y V，Morozov A K. Adaptive sparse channel estimation for guard-free OFDM transmission in underwater acoustic channels. Proceedings 12th European Conference Underwater Acoustics，Corfu，2013：1347-1354.

[51] Donoho D. Compressed sensing. IEEE Transactions Information Theory，2006，52（4）：1289-1306.

[52] Berger C R，Wang Z H，Huang J Z，et al. Application of compressive sensing to sparse channel estimation. IEEE Communications Magazine，2010，48（11）：164-174.

[53] Huang J，Huang J Z，Berger C R，et al. Iterative sparse channel estimation and decoding for underwater MIMO-OFDM. EURASIP Journal on Advances in Signal Processing，2010：1-8.

[54] Babadi B，Kalouptsidis N，Tarokh V. SPARLS：The sparse RLS algorithm. IEEE Transactions on Signal Processing，2010，58（8）：4013-4025.

[55] Eksioglu E M，Tanc A K. RLS algorithm with convex regularization. IEEE Signal Processing Letter，2011，18（8）：470-473.

[56] Zakharov Y V，Nascimento V H. DCD-RLS adaptive filters with penalties for sparse identification. IEEE Transactions on Signal Processing，2013，61（12）：3198-3213.

[57] Zakharov Y V，Nascimento V. Sparse RLS adaptive filter with diagonal loading. 46th Asilomar Conference on Signals，Systems and Computers，Pacific Grove，2012：806-810.

[58] Zakharov Y V，Tozer T C. Multiplication-free iterative algorithm for LS problem. Electronics Letter，2004，40（9）：567-569.

[59] Tüchler M，Koetter R，Singer A C. Turbo equalization：Principles and new results. IEEE Transactions on Communication，2002，50（5）：754-767.

[60] Tüchler M，Singer A C，Koetter R. Minimum mean square error equalization using a priori information. IEEE Transactions on Signal Processing，2002，50（3）：673-683.

[61] Otnes R，Tüchler M. Soft iterative channel estimation for turbo equalization：Comparison of channel estimation algorithms. The 8th International Conference on Communication Systems（ICCS 2002），Singapore，2002：72-76.

[62] Otnes R，Tüchler M. Iterative channel estimation for turbo equalization of time-varying frequency selective channels. IEEE Transactions on Wireless Communication，2004，3（6）：1918-1923.

[63] Lopes R R，Barry J R. The soft-feedback equalizer for turbo equalization of highly dispersive channels. IEEE Transactions on Medical Imaging，2006，27（11）：1631-1642.

[64] Lou H，Xiao C. Soft-decision feedback turbo equalization for multilevel modulations. IEEE Transactions on Signal Processing，2001，59（1）：186-195.

[65] Rafati A，Lou H，Xiao C. Low-complexity soft-decision feedback turbo equalization for MIMO systems with

multilevel modulations. IEEE Transactions on Vehicular Technology，2011，60（7）：3218-3227.

[66] Lou H，Xiao C. The soft-feedback ISI canceller-based turbo equalizer for multilevel modulations. International Journal of Wireless Information Networks，2014，21（1）：68-73.

[67] Rafati A，Lou H，Xiao C. Soft-decision feedback turbo equalization for LDPC-coded MIMO underwater acoustic communications. IEEE Journal of Oceanic Engineering，2014，39（1）：90-99.

[68] Tao J. On low-complexity soft-input soft-output linear equalizers. IEEE Wireless Communications Letters，2016，5（2）：132-135.

[69] Tao J. On low-complexity soft-input soft-output decision-feedback equalizers. IEEE Communications Letters，2016，20（9）：1737-1740.

[70] Song S，Singer A C，Sung K M. Soft input channel estimation for turbo equalization. IEEE Transactions on Signal Processing，2004，52（10）：2885-2894.

[71] Zhang Y，Zakharov Y，Li J. Soft-decision-driven sparse channel estimation and turbo equalization for MIMO underwater acoustic communications. IEEE Access，2018，6：4955-4973.

第 6 章　基于直接自适应的水声单载波 MIMO 通信时域迭代均衡技术

6.1　引　　言

自适应 Turbo 均衡技术可以更好地调整滤波器的系数，进一步提高均衡器的性能。现有的自适应 Turbo 均衡技术采用 LMS 算法和 RLS 算法，虽然与 LMS 算法相比，RLS 算法具有更好的收敛性及稳定性，但是其计算复杂度大，而且常规的 LMS 算法和 RLS 算法都未考虑到信道的稀疏特性，导致收敛速度慢以及噪声加强的现象；因此，为了能更好地跟踪信道的时变特性，降低计算的复杂度并且利用水声信道固有的稀疏特性，本章提出了几种稀疏的自适应算法并将它们应用于直接自适应的 MIMO 迭代接收机中。

本章的内容安排如下：6.2 节研究稀疏快速自优化 LMS 算法。研究传统的自适应算法，包括 LMS 算法、l_0-LMS 算法和 FOLMS 算法，对其进行理论推导，并在此基础上对现有的自适应算法进行改进，包括 l_0-FOLMS 算法、IPFONLMS 算法和 l_0-IPFONLMS 算法，对改进的算法进行理论推导，最后对所有自适应算法进行仿真比较，分析算法的性能。6.3 节研究直接自适应水声 MIMO 通信技术，介绍了单载波 MIMO 水声通信系统的模型，包括发射端模型和接收端模型；研究了 MIMO 系统中的自适应均衡结构，为了降低 MIMO 通信系统的复杂程度，采用直接自适应的均衡器结构；最后对基于不同算法的 MIMO 直接自适应接收机进行仿真分析。6.4 节进行单载波试验数据处理分析；单载波试验数据处理部分，通过处理松花湖湖试试验数据验证本章各种算法的性能并进行仿真分析。

本章常用符号说明：矩阵和向量分别用加粗的大写和小写字母来表示。$\boldsymbol{x}\in\mathbb{C}^{N\times1}$ 表示复值 $(N\times1)$ 向量，运算符 $\boldsymbol{x}^*$、$\boldsymbol{x}^{\mathrm{T}}$、$\boldsymbol{x}^{\dagger}$、$|\boldsymbol{x}|$、$\|\boldsymbol{x}\|_{\mathrm{F}}$ 分别表示向量 $\boldsymbol{x}$ 的复共轭、转置、共轭转置、求行列式及弗罗贝尼乌斯范数。$\mathbb{C}$ 和 $\mathbb{R}_+$ 分别表示复数和非负实数集合。$\varnothing$ 表示空集。l_{p} 向量范数定义为 $\|\boldsymbol{x}\|_p=\left(\sum_i|x_i|^p\right)^{1/p}$，其中 x_i 是 $\boldsymbol{x}$ 中的第 i 个元素。

6.2 稀疏快速自优化 LMS 算法

6.2.1 算法基本原理

1. LMS 算法

LMS 算法也被称为 Widrow-Hoff LMS 算法，是一种简单、应用广泛的自适应滤波算法，是在维纳滤波理论上运用最速下降法后的优化延伸，最早是由 Widrow 和 Hoff 于 1959 年提出来的。该算法不需要已知输入信号和期望信号的统计特性，“当前时刻”的权系数是通过“上一时刻”的权系数再加上一个负均方误差梯度的比例项求得的，具有原理简单、参数少、收敛速度快且易于实现等优点[1, 2]。

自适应滤波器使用自适应算法改变滤波器的参数和滤波器的结构。一般情况下，不改变自适应滤波器的结构。采用 LMS 算法的自适应滤波器称为 LMS 自适应滤波器，LMS 算法利用横向线性滤波器的输出与目标期望输出之间的误差来调节线性滤波器的抽头系数，使得线性滤波器更接近想要的结果。自适应横向滤波器框图如图 6.1 所示。

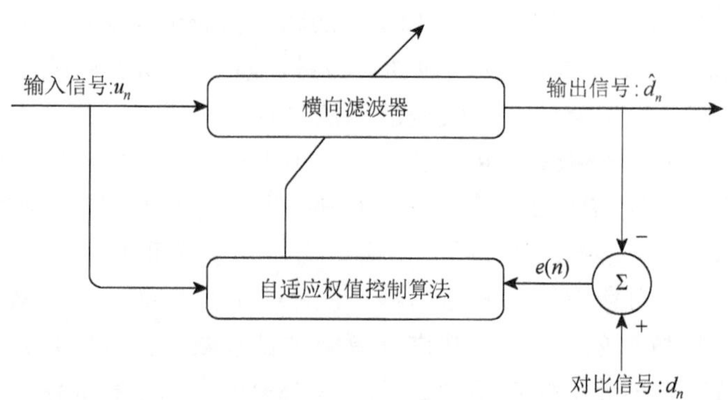

图 6.1 自适应横向滤波器框图

假设横向滤波器的抽头系数向量为 $\boldsymbol{w}(n)$，滤波器的长度为 L。定义滤波器输入信号为 $\boldsymbol{x}(n)=[x(n),x(n-1),\cdots,x(n-L+1)]^{\mathrm{T}}$，$n$ 表示当前时间。

可以知道滤波器的输出为[1, 2]

$$\hat{d}(n)=\boldsymbol{w}^{\dagger}(n)\boldsymbol{x}(n) \tag{6.1}$$

通过与目标输出 $d(n)$ 的比较得到估计误差为

$$e(n)=d(n)-\hat{d}(n)=d(n)-\boldsymbol{w}^{\dagger}(n)\boldsymbol{x}(n) \tag{6.2}$$

式中，$\boldsymbol{w}(n)=[w_0(n),w_1(n),\cdots,w_{L-1}(n)]^{\mathrm{T}}$。LMS 算法代价函数中定义平方误差为 $J_w=|e(n)|^2$。通过最小化代价函数，抽头系数向量的更新方程为[1, 2]

$$\boldsymbol{w}(n+1)=\boldsymbol{w}(n)+\mu e^{*}(n)\boldsymbol{x}(n) \tag{6.3}$$

式中，μ 为滤波器的步长参数。当步长参数 μ 选取较小时，自适应滤波器的适应能力较弱，从而不能很快地捕捉到信号的变化；当步长参数 μ 选取较大时，自适应滤波器的适应能力较强，但自适应平均后的均方误差变大，使得滤波器需要更长的输入数据来提高估计性能。LMS 算法实现如表 6.1 所示。

表 6.1　LMS 算法实现

LMS 算法
1. 设定滤波器长度 L 和步长参数 μ 2. 设置抽头权向量初值 3. 对 $n=0,1,\cdots,N-1$ 时刻计算 $\hat{d}(n)=\boldsymbol{w}^{\dagger}(n)\boldsymbol{x}(n)$ $e(n)=d(n)-\hat{d}(n)$ $\boldsymbol{w}(n+1)=\boldsymbol{w}(n)+\mu e^{*}(n)\boldsymbol{x}(n)$

2. l_0-范数约束 LMS 算法

为了提高基于稀疏系统的系统识别性能，本节提出一种利用系统稀疏性能的新的自适应算法。一种近似 l_0-范数的方法被提出，并引入现有的 LMS 算法的代价函数中[3-5]。引入 l_0-范数之后等价于在迭代过程中加入一个零吸引力因子，由此得到小系数的收敛速度，在稀疏系统中占优势，性能能够得到有效的提高。仿真结果也表明提出的方法可以有效地提高基于稀疏系统识别算法的性能。

自适应滤波器输出相对于理想信号 $d(n)$ 的估计误差为

$$e(n)=d(n)-\boldsymbol{w}^{\dagger}(n)\boldsymbol{x}(n) \tag{6.4}$$

式中，$\boldsymbol{w}(n)=[w_0(n),w_1(n),\cdots,w_{L-1}(n)]^{\mathrm{T}}$ 和 $\boldsymbol{x}(n)=[x(n),x(n-1),\cdots,x(n-L+1)]^{\mathrm{T}}$ 分别是稀疏向量和输入向量；n 是当前时间；L 是滤波器长度。在传统的 LMS 代价函数中定义平方误差为 $J_w=|e(n)|^2$。

通过最小化代价函数，滤波器系数的更新方程为[3-5]

$$w_i(n+1)=w_i(n)+\mu e^{*}(n)x(n-i),\quad \forall 0\leqslant i\leqslant L \tag{6.5}$$

式中，μ 是滤波器的步长参数。

基于压缩感知（compressive sensing，CS）的研究表明，稀疏性可以用 l_0-范数更好地进行表示，在这种约束条件下，获得稀疏结果。这表明当未知参数是稀疏的时候，l_0 范数滤波器系数被纳入代价函数中。新的代价函数被定义为[3-5]

$$J_{\boldsymbol{w}} = |e(n)|^2 + \gamma \|\boldsymbol{w}(n)\|_0 \tag{6.6}$$

式中，$\|\cdot\|_0$ 表示 l_0-范数，用于计算 $\boldsymbol{w}(n)$ 中的非零项的数量；$\gamma>0$ 是平衡新的惩罚和误差估计的因子。考虑到 l_0-范数最小化是一个非多项式（NP）的难题，l_0-范数通常用一种连续函数近似。最常用的近似为[3-5]

$$\|\boldsymbol{w}(n)\|_0 \approx \sum_{i=0}^{L-1}(1-\mathrm{e}^{-\beta|w_i(n)|}) \tag{6.7}$$

当参数 β 接近无穷时两边严格等价。通过式（6.7），所提算法的代价函数被重新写为[3-5]

$$J_w = |e(n)|^2 + \gamma\sum_{i=0}^{L-1}(1-\mathrm{e}^{-\beta|w_i(n)|}) \tag{6.8}$$

通过最小化式（6.8），新的滤波器系数的更新方程为[3-5]

$$w_i(n+1) = w_i(n) + \mu e^*(n)x(n-i) - \kappa\beta\,\mathrm{sgn}(w_i(n))\mathrm{e}^{-\beta|w_i(n)|},\quad \forall 0\leqslant i\leqslant L \tag{6.9}$$

式中，$\kappa=\mu\gamma$；$\mathrm{sgn}(\cdot)$ 是特定的符号函数，定义为[3-5]

$$\mathrm{sgn}(x)=\begin{cases}\dfrac{x}{|x|}, & x\neq 0\\ 0, & \text{其他}\end{cases} \tag{6.10}$$

为了降低式（6.9）的计算复杂度，采用指数函数的一阶泰勒级数展开式，即[3-5]

$$\mathrm{e}^{-\beta|x|}\approx\begin{cases}1-\beta|x|, & |x|\leqslant\frac{1}{\beta}\\ 0, & \text{其他}\end{cases} \tag{6.11}$$

需要注意的是近似公式（6.11）的值为正数，因为指数函数要大于 0。因此式（6.9）近似表达为[3-5]

$$w_i(n+1) = w_i(n) + \mu e^*(n)x(n-i) - \kappa f_\beta(w_i(n)),\quad \forall 0\leqslant i\leqslant L \tag{6.12}$$

式中[3-5]

$$f_\beta(x)=\begin{cases}\beta^2x+\beta, & -\dfrac{1}{\beta}\leqslant x<0\\ \beta^2x-\beta, & 0<x\leqslant\dfrac{1}{\beta}\\ 0, & \text{其他}\end{cases} \tag{6.13}$$

式（6.12）描述的是 l_0-LMS 算法的滤波器系数更新方程。式（6.12）等号右边末项要比传统的 LMS 计算复杂度高得多，因此，进一步降低计算复杂度是必要的。等号右边末项的值在自适应算法中改变不显著，部分更新的思想可以用于算法之中，因此采用最简化的连续 LMS 方法。另外，本节提出的 l_0-范数约束易应用，并且能够提高大多数 LMS 算法的性能。

3. 快速自优化 LMS 算法

LMS 算法仅有一个变量因子 μ，LMS 算法的性能主要取决于 μ 值的选取，为了保证算法收敛，通常需要把 μ 取得较小，但是有时要求算法的收敛速度快，又需要将 μ 值取得尽量大一些。因此实际应用中 μ 的选取往往很困难，其取值直接影响了算法的收敛性、跟踪速度和稳定性。

考虑到在每次的更新过程中，肯定存在一个最优的 μ，使权系数 $\boldsymbol{w}(n)$ 在更新时能达到瞬时最优值，如果 μ 已经固定，LMS 算法就不可能有非常好的效果。此时应当考虑能够使 μ 随系统的变化而自适应变化的方法，FOLMS 算法就是一种能够自适应改变 μ 大小的 LMS 算法[6-10]。

正如前面所说，对于 LMS 算法来说，算法每次更新自适应滤波器系数 $\boldsymbol{w}(n)$ 时一定存在一个最优的 μ 值，使得 MSE 最小。因此，推导 FOLMS 算法的基本思想是通过 MSE 对 μ 求导数，给出 μ 的递推更新公式，使之随着 MSE 的变化自适应调节，逐步地最小化均方误差。这样就可以肯定能够取得比 LMS 算法更好的跟踪时变的能力。下面给出 FOLMS 算法的推导过程。

估计的接收信号为

$$\hat{d}(n)=\boldsymbol{w}^{\dagger}(n)\boldsymbol{x}(n) \tag{6.14}$$

式中，$\boldsymbol{x}(n)=[x(n),x(n-1),\cdots,x(n-L+1)]^{\mathrm{T}}$ 为发射信号；$\boldsymbol{w}$ 为 n 时刻信道冲激响应的估计值（即横向滤波器系数的估计值）。

均方误差定义如下：

$$J(\boldsymbol{w})=E(|e(n)|)^2 \tag{6.15}$$

式中，$e(n)=d(n)-\hat{d}(n)$，$\hat{d}(n)$ 为利用式（6.14）得到的信道估计器输出，$d(n)$ 为接收到的符号。

LMS 算法中一般采用最陡下降法来减少计算量，而 FOLMS 算法的本质上也基于 LMS 算法，因此，也可以利用最陡下降法。J 相对于 $\boldsymbol{w}$ 的梯度为

$$\nabla_{\boldsymbol{w}}|e(n)|^2=-2\boldsymbol{x}(n)e^{*}(n) \tag{6.16}$$

因此 $\boldsymbol{w}(n)$ 的更新方程为

$$w_i(n+1)=w_i(n)+\mu e^{*}(n)x(n-i),\quad \forall 0\leqslant i\leqslant L \tag{6.17}$$

式中，$e(n)=d(n)-\boldsymbol{w}^{\dagger}(n)\boldsymbol{x}(n)$。

在信道未知的情况下，合理地选取步长因子 μ 的大小非常困难，为了减小算

法对于步长因子选择的依赖性，采用自适应调整过步长因子的方案。

稳态均方误差 J 依赖于步长因子 μ，因此可以改写为

$$J(\mu)=\lim_{n\to\infty}E(|d(n)-\boldsymbol{w}^{\dagger}(n)\boldsymbol{x}(n)|^2) \tag{6.18}$$

现在的目标是在式（6.18）的约束条件下，通过调整 μ 来最小化式（6.17）。将式（6.17）和式（6.18）联合，可以将均方误差 J 改写为[6-10]

$$J(\boldsymbol{x}(n),d(n),\boldsymbol{w}(n-1),\mu)=|d(n)-\boldsymbol{w}(n-1)^{\dagger}\boldsymbol{x}(n)|^2 \tag{6.19}$$

并令

$$\boldsymbol{G}(n)=\frac{\partial\boldsymbol{w}(n)}{\partial\mu} \tag{6.20}$$

根据最陡下降法可以得出步长因子 μ 的更新方程为

$$\begin{aligned}\mu(n)&=\mu(n-1)+\beta\left(\frac{\partial J}{\partial\mu}\right)(n)\\&=\mu(n-1)+\beta\operatorname{Re}(e(n)\boldsymbol{x}^{\dagger}(n)\boldsymbol{G}^{*}(n-1))\end{aligned} \tag{6.21}$$

引入关于步长因子 $\mu(\mu_{\max},\mu_{\min})$ 的最大值和最小值这一约束条件之后，步长因子 μ 的更新方程如下[6-10]：

$$\mu(n)=(\mu(n-1)+\beta\operatorname{Re}(e(n)\boldsymbol{x}^{\dagger}(n)\boldsymbol{G}^{*}(n-1)))_{\mu_{\min}}^{\mu_{\max}} \tag{6.22}$$

式中，β 为一个非常小的值且

$$\boldsymbol{G}(n)=(\boldsymbol{I}-\mu(n)\boldsymbol{x}^{*}(n)\boldsymbol{x}^{\mathrm{T}}(n))\boldsymbol{G}(n-1)+\boldsymbol{x}^{*}(n)e(n) \tag{6.23}$$

β 值可以选择的范围非常大且算法的性能基本没有损失。在实际应用中，为了系统的稳定性，$\mu(n)$ 一般限定在其最大值和最小值之间。式（6.14）、式（6.17）、式（6.22）以及式（6.23）构成横向滤波器抽头系数的估计算法。

4. l_0-范数快速自优化 LMS 算法

通过分析以上几种算法，为了在稀疏系统下得到更好的效果，将 l_0-范数约束和步长能够随系统的变化而自适应地变化这两种思想结合，提出 l_0-范数快速自优化 LMS 算法，下面给出 l_0-FOLMS 算法的推导过程。

估计的接收信号为

$$\hat{d}(n)=\boldsymbol{w}^{\dagger}(n)\boldsymbol{x}(n) \tag{6.24}$$

式中，$\boldsymbol{w}(n)=[w_0(n),w_1(n),\cdots,w_{L-1}(n)]^{\mathrm{T}}$，$\boldsymbol{w}$ 为 n 时刻信道冲激响应的估计值（即横向滤波器系数估计值）；$\boldsymbol{x}(n)=[x(n),x(n-1),\cdots,x(n-L+1)]^{\mathrm{T}}$ 为发射信号。

均方误差定义如下[3-5]：

$$J_{\boldsymbol{w}}=|e(n)|^2+\gamma\|\boldsymbol{w}(n)\|_0 \tag{6.25}$$

式中，$e(n)=d(n)-\hat{d}(n)$，$\hat{d}(n)$为利用式（6.24）得到的信道估计器输出，$d(n)$为接收到的符号。l_0-范数通常用一种连续函数近似表示。最常用的近似方法为[3-5]

$$\|\boldsymbol{w}(n)\|_0 \approx \sum_{i=0}^{L-1}(1-\mathrm{e}^{-\beta|w_i(n)|}) \tag{6.26}$$

因此$\boldsymbol{w}(n)$的更新方程为[3-5]

$$\boldsymbol{w}(n+1)=\boldsymbol{w}(n)+\mu(n)e^*(n)\boldsymbol{x}(n)-\kappa\beta\,\mathrm{sgn}(\boldsymbol{w}(n))\mathrm{e}^{-\beta|\boldsymbol{w}(n)|} \tag{6.27}$$

为了降低式（6.27）的计算复杂度，考虑采用指数函数的一阶泰勒级数展开式[3-5]：

$$\mathrm{e}^{-\beta|\boldsymbol{w}(n)|} \approx \begin{cases} 1-\beta|\boldsymbol{w}(n)|, & |\boldsymbol{w}(n)| \leqslant \dfrac{1}{\beta} \\ 0, & \text{其他} \end{cases} \tag{6.28}$$

因此式（6.27）近似为

$$\boldsymbol{w}(n+1)=\boldsymbol{w}(n)+\mu(n)e^*(n)\boldsymbol{x}(n)-\kappa f_\beta(\boldsymbol{w}(n)) \tag{6.29}$$

式中

$$f_\beta(x)=\begin{cases} \beta^2 x+\beta, & -\dfrac{1}{\beta} \leqslant x < 0 \\ \beta^2 x-\beta, & 0 < x \leqslant \dfrac{1}{\beta} \\ 0, & \text{其他} \end{cases} \tag{6.30}$$

在信道未知的情况下，合理地选取步长因子μ的大小是非常困难的，为了减少算法对于步长因子选择的依赖性，采用自适应调整步长因子的方案。

稳态均方误差J依赖于步长因子μ，因此可以得到[3-5]

$$J(\mu)=\lim_{n\to\infty} E\left(|d(n)-\boldsymbol{w}^\dagger(n)\boldsymbol{x}(n)|^2+\sum_{i=0}^{L-1}(1-\mathrm{e}^{-\beta|w_i(n-1)|})\right) \tag{6.31}$$

现在的目标是在式（6.31）的约束条件下，通过调整μ来最小化式（6.29）。将式（6.29）和式（6.31）联合，可以将均方误差J改写为

$$\begin{aligned} J(\boldsymbol{x}(n),d(n),\boldsymbol{w}(n-1),\mu) &= |d(k)-\boldsymbol{w}(n-1)^\dagger \boldsymbol{x}(n)|^2 \\ &\quad +\sum_{i=0}^{L-1}(1-\mathrm{e}^{-\beta|w_i(n-1)|}) \end{aligned} \tag{6.32}$$

并令

$$\boldsymbol{G}_n=\frac{\partial \boldsymbol{w}(n)}{\partial \mu} \tag{6.33}$$

根据最陡下降法可以得到步长因子μ的更新方程[3-10]为

$$\mu(n)=\mu(n-1)+\alpha\left(\frac{\partial J}{\partial \mu}\right)(n)$$
$$=\mu(n-1)+\alpha\,\mathrm{Re}(e(n)\boldsymbol{x}^{\dagger}(n)\boldsymbol{G}^{*}(n-1)-\beta\boldsymbol{G}(n-1)\,\mathrm{sgn}(\boldsymbol{w}(n-1))\mathrm{e}^{-\beta|\boldsymbol{w}(n-1)|})$$
（6.34）

引入关于步长因子 $\mu(\mu_{\max},\mu_{\min})$ 的最大值和最小值这一约束条件之后，步长因子 μ 的更新方程如下：

$$\mu(n)=(\mu(n-1)+\alpha\,\mathrm{Re}(e(n)\boldsymbol{x}^{\dagger}(n)\boldsymbol{G}^{*}(n-1)-\beta\boldsymbol{G}(n-1)\,\mathrm{sgn}(\boldsymbol{w}(n-1))\mathrm{e}^{-\beta|\boldsymbol{w}(n-1)|}))_{\mu_{\min}}^{\mu_{\max}}$$
（6.35）

式中，α 为一个非常小的值且

$$\boldsymbol{G}(n)=(\boldsymbol{I}-\mu(n)\boldsymbol{x}^{*}(n)\boldsymbol{x}^{\mathrm{T}}(n))\boldsymbol{G}(n-1)+\boldsymbol{x}^{*}(n)e(n)-\kappa\beta^{2}\boldsymbol{G}(n-1) \tag{6.36}$$

α 值可以选择的范围非常大且对算法的性能基本没有损失。在实际应用中，为了系统的稳定性，$\mu(n)$ 一般限定在其最大值和最小值之间。式（6.24）、式（6.29）、式（6.35）以及式（6.36）构成 l_0-FOLMS 算法。

5. 改善的比例归一化快速自优化 LMS 算法

比例归一化最小均方（proportionate NLMS，PNLMS）算法广泛应用于网络回声消除中。当回声路径是稀疏的，与 NLMS 算法相比，PNLMS 有更快的初始收敛速度和追踪能力。当冲激响应是非稀疏的，PNLMS 算法比 NLMS 算法的收敛速度慢得多。所以提出了一种 IPNLMS 算法，许多仿真结果也证明无论冲激响应是否稀疏，IPNLMS 算法的性能都要优于 NLMS 算法和 PNLMS 算法[11]。

在 IPNLMS 算法的基础上，将步长能够随系统的变化而自适应地变化之一思想运用其中，提出改善的比例归一化 FOLMS（improved proportionate fast self-optimized normalized LMS，IPFONLMS）算法，下面给出 IPFONLMS 算法的推导过程。

均方误差定义如下：

$$J(\boldsymbol{w})=E(|\,e(n)\,|)^{2} \tag{6.37}$$

式中，$e(n)=d(n)-\boldsymbol{w}^{\dagger}(n)\boldsymbol{x}(n)$，$\boldsymbol{w}(n)=[w_0(n),w_1(n),\cdots,w_{L-1}(n)]^{\mathrm{T}}$，$\boldsymbol{w}$ 为 n 时刻信道冲激响应的估计值，$\boldsymbol{x}(n)=[x(n),x(n-1),\cdots,x(n-L+1)]^{\mathrm{T}}$ 为发射信号，$d(n)$ 为接收到的符号。

对于 IPNLMS 算法，滤波器系数的更新方程为[11]

$$\boldsymbol{w}(n+1)=\boldsymbol{w}(n)+\frac{\mu e^{*}(n)\boldsymbol{Q}(n)\boldsymbol{x}(n)}{\boldsymbol{x}^{\dagger}(n)\boldsymbol{Q}(n)\boldsymbol{x}(n)+\delta_p} \tag{6.38}$$

$$\boldsymbol{Q}(n)=\mathrm{diag}\{q_0(n),q_1(n),\cdots,q_{L-1}(n)\} \tag{6.39}$$

式中，δ_p 是正则化因子；$\boldsymbol{Q}(n)$ 是对角线矩阵，其对角元素值的计算公式如下[11]：

$$q_l(n)=\frac{1-\alpha}{2L}+(1+\alpha)\frac{|w_l(n)|}{\|\boldsymbol{w}(n)\|_1+\varepsilon},\quad 0\leqslant l\leqslant L-1 \tag{6.40}$$

其中，ε 也是正则化因子；$|\bullet|$ 表示绝对值运算符；$\|\bullet\|_1$ 表示 l_1-范数。实际应用中，α 一般选取 0 或者–0.5，当 $\alpha=-1$ 时，IPNLMS 算法退化为 NLMS 算法，而当 $\alpha=1$ 时，IPNLMS 算法和 PNLMS 算法的性能相近。

考虑到自适应改变步长的思想，均方误差可以改写为

$$J(\boldsymbol{x}(n),d(n),\boldsymbol{w}(n-1),\mu)=|d(n)-\boldsymbol{w}(n-1)^{\dagger}\boldsymbol{x}(n)|^2 \tag{6.41}$$

并令

$$\boldsymbol{G}(n)=\frac{\partial\boldsymbol{w}(n)}{\partial\mu} \tag{6.42}$$

根据最陡下降法可以得出步长因子 μ 的更新方程为

$$\begin{aligned}\mu(n)&=\mu(n-1)+\beta\left(\frac{\partial J}{\partial\mu}\right)(n)\\&=\mu(n-1)+\beta\operatorname{Re}(e(n)\boldsymbol{x}^{\dagger}(n)\boldsymbol{G}^{*}(n-1))\end{aligned} \tag{6.43}$$

引入关于步长因子 $\mu(\mu_{\max},\mu_{\min})$ 的最大值和最小值这一约束条件之后，步长因子 μ 的更新方程如下：

$$\mu(n)=(\mu(n-1)+\beta\operatorname{Re}(e(n)\boldsymbol{x}^{\dagger}(n)\boldsymbol{G}^{*}(n-1)))_{\mu_{\min}}^{\mu_{\max}} \tag{6.44}$$

式中，β 为一个非常小的值且

$$\boldsymbol{G}(n)=\boldsymbol{G}(n-1)+\frac{\boldsymbol{Q}(n)\boldsymbol{x}(n)}{\boldsymbol{x}^{\dagger}(n)\boldsymbol{Q}(n)\boldsymbol{x}(n)}(e(n)-\mu(n)\boldsymbol{G}(n-1)) \tag{6.45}$$

IPFONLMS 算法的滤波器更新方程可以写为

$$\boldsymbol{w}(n+1)=\boldsymbol{w}(n)+\frac{\mu(n)e^{*}(n)\boldsymbol{Q}(n)\boldsymbol{x}(n)}{\boldsymbol{x}^{\dagger}(n)\boldsymbol{Q}(n)\boldsymbol{x}(n)+\delta_p} \tag{6.46}$$

β 值可以选择的范围非常大且算法的性能基本没有损失。在实际应用中，为了系统的稳定性，$\mu(n)$ 一般限定在其最大值和最小值之间。式（6.39）、式（6.40）、式（6.44）～式（6.46）构成 IPFONLMS 算法。

6. l_0-范数改善的比例归一化快速自优化 LMS 算法

在 IPNLMS 算法的基础上，将 l_0-范数约束和步长能够随系统的变化而自适应的变化这两种思想结合，提出 l_0-范数 IPFONLMS 算法，下面给出 l_0-IPFONLMS 算法的推导过程。

均方误差定义如下：

$$J_w=|e(n)|^2+\gamma\|\boldsymbol{w}(n)\|_0 \tag{6.47}$$

式中，$e(n)=d(n)-\boldsymbol{w}^{\dagger}(n)\boldsymbol{x}(n)$，$\boldsymbol{w}(n)=[w_0(n),w_1(n),\cdots,w_{L-1}(n)]^{\mathrm{T}}$，$\boldsymbol{w}$ 为 n 时刻信

道冲激响应的估计值，$\boldsymbol{x}(n)=[x(n),x(n-1),\cdots,x(n-L+1)]^{\mathrm{T}}$ 为发射信号，$d(n)$ 为接收到的符号。l_0-范数通常用一种连续函数近似表示。最常用的近似方法为

$$\|\boldsymbol{w}(n)\|_0\approx\sum_{i=0}^{L-1}(1-\mathrm{e}^{-\beta|w_i(n)|}) \tag{6.48}$$

因此 $\boldsymbol{w}(n)$ 的更新方程为

$$\boldsymbol{w}(n+1)=\boldsymbol{w}(n)+\frac{\mu e^*(n)\boldsymbol{Q}(n)\boldsymbol{x}(n)}{\boldsymbol{x}^{\dagger}(n)\boldsymbol{Q}(n)\boldsymbol{x}(n)+\delta_p}-\kappa\beta\,\mathrm{sgn}(\boldsymbol{w}(n))\mathrm{e}^{-\beta|\boldsymbol{w}(n)|} \tag{6.49}$$

$$\boldsymbol{Q}(n)=\mathrm{diag}\{q_0(n),q_1(n),\cdots,\ q_{L-1}(n)\} \tag{6.50}$$

式中，δ_p 是正则化因子；$\boldsymbol{Q}(n)$ 是对角线矩阵，其对角元素值的计算公式如下：

$$q_l(n)=\frac{1-\alpha}{2L}+(1+\alpha)\frac{|w_l(n)|}{\|\boldsymbol{w}(n)\|_1+\varepsilon},\quad 0\leqslant l\leqslant L-1 \tag{6.51}$$

其中，ε 也是正则化因子；$|\cdot|$ 表示绝对值运算符；$\|\cdot\|_1$ 表示 l_1-范数。实际应用中，α 一般选取 0 或者−0.5。为了降低式（6.49）的计算复杂度，考虑采用指数函数的一阶泰勒级数展开式：

$$\mathrm{e}^{-\beta|\boldsymbol{w}(n)|}\approx\begin{cases}1-\beta|\boldsymbol{w}(n)|, & |\boldsymbol{w}(n)|\leqslant\dfrac{1}{\beta}\\ 0, & 其他\end{cases} \tag{6.52}$$

因此式（6.49）近似为

$$\boldsymbol{w}(n+1)=\boldsymbol{w}(n)+\frac{\mu e^*(n)\boldsymbol{Q}(n)\boldsymbol{x}(n)}{\boldsymbol{x}^{\dagger}(n)\boldsymbol{Q}(n)\boldsymbol{x}(n)+\delta_p}-\kappa f_{\beta}(\boldsymbol{w}(n)) \tag{6.53}$$

式中

$$f_{\beta}(x)=\begin{cases}\beta^2x+\beta, & -\dfrac{1}{\beta}\leqslant x<0\\ \beta^2x-\beta, & 0<x\leqslant\dfrac{1}{\beta}\\ 0, & 其他\end{cases} \tag{6.54}$$

考虑到自适应改变步长的思想，均方误差可以改写为

$$J(\boldsymbol{x}(n),d(n),\boldsymbol{w}(n-1),\mu)=|d(n)-\boldsymbol{w}(n-1)^{\dagger}\boldsymbol{x}(n)|^2 \tag{6.55}$$

并令

$$\boldsymbol{G}(n)=\frac{\partial\boldsymbol{w}(n)}{\partial\mu} \tag{6.56}$$

根据最陡下降法可以得出步长因子 μ 的更新方程为

$$\begin{aligned}\mu(n) &= \mu(n-1) + \gamma\left(\frac{\partial J}{\partial \mu}\right)(n) \\ &= \mu(n-1) + \gamma \operatorname{Re}(e(n)\boldsymbol{x}^{\dagger}(n)\boldsymbol{G}^{*}(n-1) - \beta \boldsymbol{G}(n-1)\operatorname{sgn}(\boldsymbol{w}(n-1))\mathrm{e}^{-\beta|\boldsymbol{w}(n-1)|})\end{aligned} \tag{6.57}$$

引入关于步长因子 $\mu(\mu_{\max}, \mu_{\min})$ 的最大值和最小值这一约束条件之后，步长因子 μ 的更新方程如下：

$$\mu(n) = (\mu(n-1) + \gamma \operatorname{Re}(e(n)\boldsymbol{x}^{\dagger}(n)\boldsymbol{G}^{*}(n-1) - \beta \boldsymbol{G}(n-1)\operatorname{sgn}(\boldsymbol{w}(n-1))\mathrm{e}^{-\beta|\boldsymbol{w}(n-1)|}))_{\mu_{\min}}^{\mu_{\max}} \tag{6.58}$$

式中，β 为一个非常小的值且

$$\begin{aligned}\boldsymbol{G}(n) = \boldsymbol{G}(n-1) + \frac{\boldsymbol{Q}(n)\boldsymbol{x}(n)}{\boldsymbol{x}^{\dagger}(n)\boldsymbol{Q}(n)\boldsymbol{x}(n)}(e(n) - \mu(n)\boldsymbol{G}(n-1)) \\ - \kappa\beta^2 \boldsymbol{G}(n-1)\end{aligned} \tag{6.59}$$

l_0-IPFONLMS 算法的滤波器更新方程可以写为

$$\boldsymbol{w}(n+1) = \boldsymbol{w}(n) + \frac{\mu(n)e^{*}(n)\boldsymbol{Q}(n)\boldsymbol{x}(n)}{\boldsymbol{x}^{\dagger}(n)\boldsymbol{Q}(n)\boldsymbol{x}(n) + \delta_p} - \kappa f_{\beta}(\boldsymbol{w}(n)) \tag{6.60}$$

β 值可以选择的范围非常大且算法的性能基本没有损失。在实际应用中，为了系统的稳定性，$\mu(n)$ 一般限定在其最大值和最小值之间。式（6.50）、式（6.51）、式（6.58）～式（6.60）构成 l_0-IPFONLMS 算法。

7. 块稀疏 LMS 算法

为了提高基于 LMS 算法的自适应滤波器对块稀疏系统的识别能力，本节提出了一种称为块稀疏 LMS（block sparsity LMS，BS-LMS）的新自适应算法[12]。提出算法的原理是在传统的 LMS 算法的代价函数中插入一种块稀疏代价。

滤波器的输出为

$$\hat{d}(n) = \boldsymbol{w}^{\dagger}(n)\boldsymbol{x}(n) \tag{6.61}$$

通过与目标输出 $d(n)$ 的比较得到估计误差为

$$e(n) = d(n) - \hat{d}(n) = d(n) - \boldsymbol{w}^{\dagger}(n)\boldsymbol{x}(n) \tag{6.62}$$

式中，$\boldsymbol{w}(n) = [w_0(n), w_1(n), \cdots, w_{L-1}(n)]^{\mathrm{T}}$。

受到现实情况的影响，未知系数可能成块出现而不是随意传播，我们采用混合 $l_{2,0}$-范数求得块稀疏向量的值，$\boldsymbol{w} = [w_1, w_2, \cdots, w_L]^{\mathrm{T}}$ 可以写为[12]

$$\| \boldsymbol{w} \|_{2,0}=\left\| \begin{matrix} \| \boldsymbol{w}_{[1]} \|_2 \\ \| \boldsymbol{w}_{[2]} \|_2 \\ \vdots \\ \| \boldsymbol{w}_{[B]} \|_2 \end{matrix} \right\|_0 \tag{6.63}$$

式中，$\boldsymbol{w}_{[i]}=[w_{(i-1)P+1},w_{(i-1)P+2},\cdots,w_{iP}]^{\mathrm{T}}$ 表示第 i 组的 $\boldsymbol{w}$；B 和 P 分别表示组数和每组的大小。我们进一步假设，可以在 $\boldsymbol{w}$ 的尾部添加几个零抽头使得 L 总是能被 P 均匀地分开。

为了研究利用先验块稀疏的未知系统，我们设计了一种新的代价函数，它结合了估计误差的期望和混合 $l_{2,0}$-范数的抽头权重向量，即[12]

$$J_w=|e(n)|^2+\lambda \| \boldsymbol{w}(n) \|_{2,0} \tag{6.64}$$

式中，λ 是平衡均方误差和块稀疏代价的正因子。接下来的推导过程类似于 l_0-LMS 算法，得到自适应抽头权重的新的递归公式：

$$\boldsymbol{w}(n+1)=\boldsymbol{w}(n)+\mu e^{*}(n)\boldsymbol{x}(n)+\kappa \boldsymbol{g}(\boldsymbol{w}(n)) \tag{6.65}$$

式中，μ 代表步长；$\kappa=\mu\lambda/2$ 调整对于给定步长的块稀疏代价的强度；分组的零吸引力因子为[12]

$$\boldsymbol{g}(\boldsymbol{w})=[g_1(\boldsymbol{w}),g_2(\boldsymbol{w}),\cdots,g_L(\boldsymbol{w})]^{\mathrm{T}} \tag{6.66}$$

并且

$$g_j(\boldsymbol{w})=\begin{cases} 2\alpha^2 w_j-\dfrac{2\alpha w_j}{\| \boldsymbol{w}_{\lceil j/P \rceil} \|_2}, & 0<\| \boldsymbol{w}_{\lceil j/P \rceil} \|_2 \leqslant 1/\alpha \\ 0, & \text{其他} \end{cases} \tag{6.67}$$

式中，α 是正常数；$\lceil\cdot\rceil$ 代表上限函数。

8. 块稀疏快速自优化 LMS 算法

利用对块稀疏系统敏感的 BS-LMS 算法能够有效地提高系统的性能，结合快速自优化算法的思想，将算法进一步改进，使得步长能够随系统自适应地变化，改进的算法为块稀疏快速自优化 LMS（block sparsity FOLMS，BS-FOLMS）算法。

滤波器的输出为[12]

$$\hat{d}(n)=\boldsymbol{w}^{\dagger}(n)\boldsymbol{x}(n) \tag{6.68}$$

通过与目标输出 $d(n)$ 的比较得到估计误差为

$$e(n)=d(n)-\hat{d}(n)=d(n)-\boldsymbol{w}^{\dagger}(n)\boldsymbol{x}(n) \tag{6.69}$$

式中，$\boldsymbol{w}(n)=[w_0(n),w_1(n),\cdots,w_{L-1}(n)]^{\mathrm{T}}$。

受到现实情况的影响，未知系数可能成块出现而不是随意传播，我们采用混合 $l_{2,0}$-范数求得块稀疏向量的值，$\boldsymbol{w}=[w_1,w_2,\cdots,w_L]^{\mathrm{T}}$ 可以写为

$$\| \boldsymbol{w} \|_{2,0} \triangleq \left\| \begin{matrix} \| \boldsymbol{w}_{[1]} \|_2 \\ \| \boldsymbol{w}_{[2]} \|_2 \\ \vdots \\ \| \boldsymbol{w}_{[B]} \|_2 \end{matrix} \right\|_0 \tag{6.70}$$

式中，$\boldsymbol{w}_{[i]} = [w_{(i-1)P+1}, w_{(i-1)P+2}, \cdots, w_{iP}]^{\mathrm{T}}$ 表示第 i 组的 $\boldsymbol{w}$；B 和 P 分别表示组数和每组的大小。我们进一步假设，可以在 $\boldsymbol{w}$ 的尾部添加几个零抽头使得 L 总是能被 P 均匀地分开。

为了研究利用先验块稀疏的未知系统，我们设计了一种新的代价函数，它结合了估计误差的期望和混合 $l_{2,0}$-范数的抽头权重向量，即[12]

$$J_w = | e(n) |^2 + \lambda \| \boldsymbol{w}(n) \|_{2,0} \tag{6.71}$$

式中，λ 是平衡均方误差和块稀疏代价的正因子。接下来的推导过程类似于 l_0-LMS 算法，得到自适应抽头权重的新递归公式为

$$\boldsymbol{w}(n+1) = \boldsymbol{w}(n) + \mu(n) e^{*}(n) \boldsymbol{x}(n) + \kappa \boldsymbol{g}(\boldsymbol{w}(n)) \tag{6.72}$$

式中，μ 代表步长；$\kappa = \mu\lambda / 2$ 调整对于给定步长的块稀疏代价的强度；分组的零吸引力因子为

$$\boldsymbol{g}(\boldsymbol{w}) = [g_1(\boldsymbol{w}), g_2(\boldsymbol{w}), \cdots, g_L(\boldsymbol{w})]^{\mathrm{T}} \tag{6.73}$$

并且

$$g_j(\boldsymbol{w}) = \begin{cases} 2\alpha^2 w_j - \dfrac{2\alpha w_j}{\| \boldsymbol{w}_{\lceil j/P \rceil} \|_2}, & 0 < \| \boldsymbol{w}_{\lceil j/P \rceil} \|_2 \leqslant 1/\alpha \\ 0, & \text{其他} \end{cases} \tag{6.74}$$

式中，α 是正常数；$\lceil\cdot\rceil$ 代表上限函数。步长的更新公式可以由下面的推导得到。

稳态均方误差 J 依赖于步长因子 μ，因此可以得到

$$J(\mu) = \lim_{n \to \infty} E\left(| d(n) - \boldsymbol{w}^{\dagger}(n) \boldsymbol{x}(n) |^2 + \sum_{i=0}^{L-1} (1 - \mathrm{e}^{-\beta |w_i(n-1)|}) \right) \tag{6.75}$$

现在的目标是在式（6.75）的约束条件下，通过调整 μ 来最小化式（6.72）。将式（6.72）和式（6.75）联合，可以将均方误差 J 改写为

$$J(\boldsymbol{x}(n), d(n), \boldsymbol{w}(n-1), \mu) = | d(k) - \boldsymbol{w}(n-1)^{\dagger} \boldsymbol{x}(n) |^2 + \sum_{i=0}^{L-1} (1 - \mathrm{e}^{-\beta |w_i(n-1)|}) \tag{6.76}$$

并令

$$\boldsymbol{G}(n) = \frac{\partial \boldsymbol{w}(n)}{\partial \mu} \tag{6.77}$$

根据最陡下降法可以得到步长因子 μ 的更新方程为

$$
\begin{aligned}
\mu(n) &= \mu(n-1) + \alpha\left(\frac{\partial J}{\partial \mu}\right)(n) \\
&= \mu(n-1) + \alpha \operatorname{Re}(e(n)\boldsymbol{x}^{\dagger}(n)\boldsymbol{G}^{*}(n-1) - \beta \boldsymbol{G}(n-1)\operatorname{sgn}(\boldsymbol{w}(n-1))\mathrm{e}^{-\beta|\boldsymbol{w}(n-1)|})
\end{aligned} \tag{6.78}
$$

引入关于步长因子 $\mu(\mu_{\max}, \mu_{\min})$ 的最大值和最小值这一约束条件之后，步长因子 μ 的更新方程如下：

$$
\mu(n) = (\mu(n-1) + \alpha \operatorname{Re}(e(n)\boldsymbol{x}^{\dagger}(n)\boldsymbol{G}^{*}(n-1) - \beta \boldsymbol{G}(n-1)\operatorname{sgn}(\boldsymbol{w}(n-1))\mathrm{e}^{-\beta|\boldsymbol{w}(n-1)|}))_{\mu_{\min}}^{\mu_{\max}} \tag{6.79}
$$

式中，α 为一个非常小的值且

$$
\boldsymbol{G}(n) = (\boldsymbol{I} - \mu(n)\boldsymbol{x}^{*}(n)\boldsymbol{x}^{\mathrm{T}}(n))\boldsymbol{G}(n-1) + \boldsymbol{x}^{*}(n)e(n) - \kappa\beta^{2}\boldsymbol{G}(n-1) \tag{6.80}
$$

最后，根据提出的 l_0-LMS 算法、FOLMS 算法、l_0-FOLMS 算法、IPFONLM 算法和 l_0-IPFONLMS 算法与传统的 LMS 算法进行对比，比较在稀疏系统下算法的性能。同时在块稀疏信道下，对比提出的 BS-LMS 算法和 BS-FOLMS 算法与 LMS 算法的性能。

6.2.2　仿真结果分析

1. 算法性能比较

在相同条件下对六种算法进行比较，仿真条件：信源随机产生 5000bit 的发送序列，经 QPSK 映射后，经过给定的稀疏信道，信道的长度为 64，信道稀疏度为 10，仿真中的信噪比设定为 10dB，仿真次数为 500，得到仿真结果如图 6.2 所示。每种算法的参数设置如表 6.2 所示。

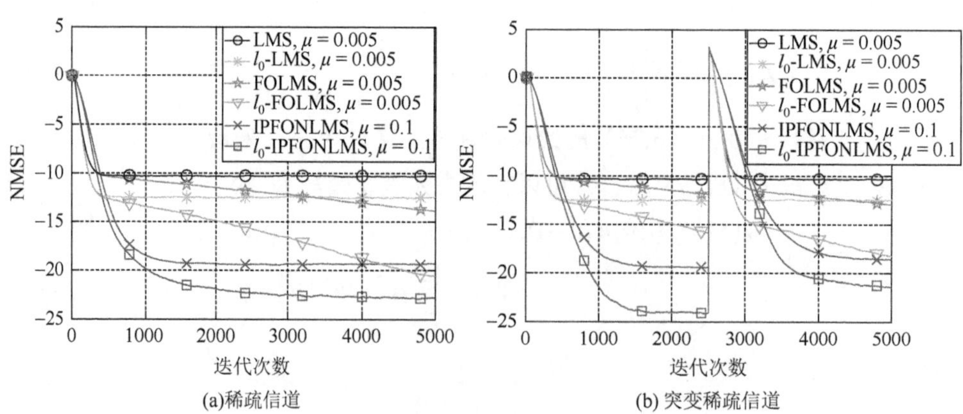

图 6.2　在不同信道下六种 LMS 类型的算法 NMSE 图

NMSE（normalized mean squared error）为归一化均方误差

表 6.2　算法仿真参数表

算法名称	参数值
LMS	步长 $\mu = 0.01$
l_0-LMS	步长 $\mu = 0.01$， $\kappa = 3\times10^{-5}$， $\beta = 10$
FOLMS	初始步长 $\mu = 0.01$， $\alpha = 0.00001$
l_0-FOLMS	初始步长 $\mu = 0.01$， $\kappa = 3\times10^{-5}$， $\beta = 10$， $\alpha = 0.00001$
IPFONLMS	初始步长 $\mu = 0.6$， $\alpha = -0.5$， $\kappa = 3\times10^{-5}$
l_0-IPFONLMS	初始步长 $\mu = 0.6$， $\alpha = -0.5$， $\gamma = 0.001$， $\beta = 10$， $\kappa = 3\times10^{-5}$

从图 6.2 中可以看出，与 LMS 相比，l_0-LMS 达到稳态的 NMSE 更低，说明 l_0-LMS 对稀疏系统的识别能力比 LMS 更强。同时，与 LMS 相比，l_0-LMS 在信道发生突变时能更快地达到稳定状态，这也说明了 l_0-LMS 算法的性能更好。同样地，与 FOLMS 相比，l_0-FOLMS 达到稳态的 MSE 更低，说明 l_0-FOLMS 对稀疏系统的识别能力比 FOLMS 更强。同时，与 FOLMS 相比，l_0-FOLMS 在信道发生突变时能更快地达到稳定状态，这也说明了 l_0-FOLMS 算法的性能更好。而 LMS 与 FOLMS 相比较，由于 FOLMS 采用变步长的方法，每次迭代计算找到自适应算法的最好步长，所以 FOLMS 的性能优于 LMS。同样地，在 l_0-范数约束下的算法，l_0-FOLMS 的性能优于 l_0-LMS。将变步长的思想应用于 IPNLMS 中，同样使得算法的性能优于固定步长的算法，而考虑到系统的稀疏特性，应用 l_0-范数约束的算法，l_0-IPFONLMS 的性能优于 IPFONLMS。

2. 步长对算法的影响

仿真条件：信源随机产生 5000bit 的发送序列，经 QPSK 映射后，经过给定的稀疏信道，信道的长度为 64，信道稀疏度为 10，仿真中的信噪比设定为 10dB，仿真次数为 500，得到仿真结果如图 6.3 所示。每种算法的参数设置如表 6.3 所示。

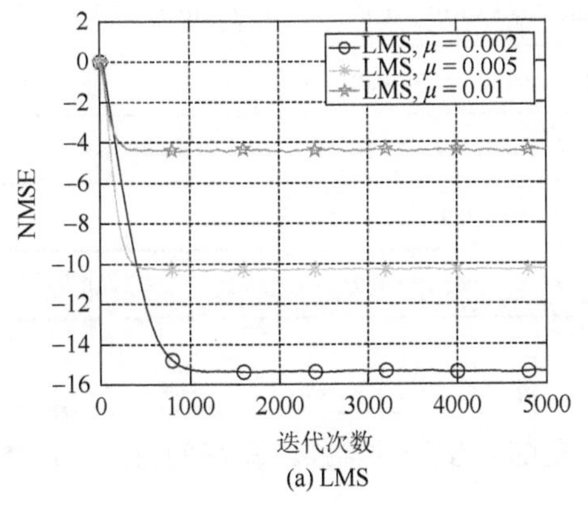

(a) LMS

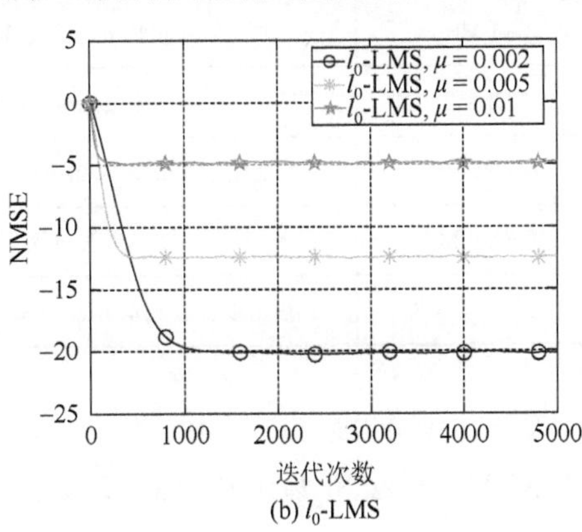

(b) l_0-LMS

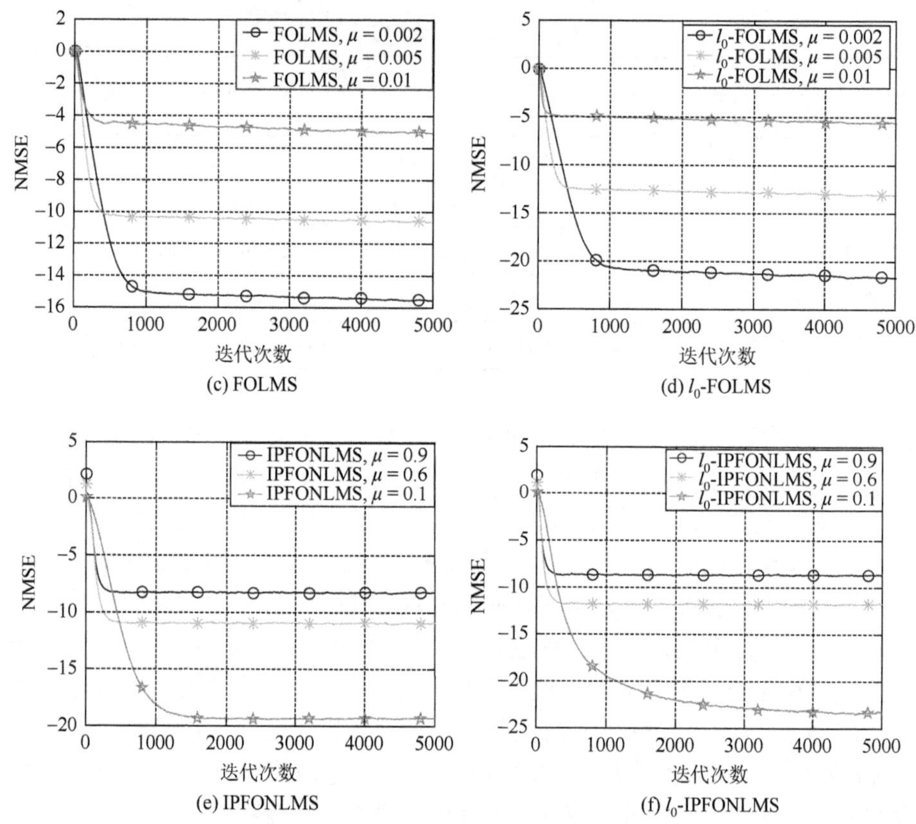

(c) FOLMS

(d) l_0-FOLMS

(e) IPFONLMS

(f) l_0-IPFONLMS

图 6.3　步长或初始步长对各种自适应 LMS 算法 NMSE 的影响

表 6.3　算法仿真参数表

算法名称	参数值
LMS	步长 μ 分别选取 0.002、0.005、0.01
l_0-LMS	步长 μ 选取 0.002、0.005、0.01，$\kappa=3\times10^{-5}$，$\beta=10$
FOLMS	初始步长 μ 选取 0.002、0.005、0.01，$\alpha=1\times10^{-5}$
l_0-FOLMS	初始步长 μ 选取 0.002、0.005、0.01，$\kappa=3\times10^{-5}$，$\beta=10$，$\alpha=1\times10^{-5}$
IPFONLMS	初始步长 μ 选取 0.1、0.6、0.9，$\alpha=-0.5$，$\kappa=3\times10^{-5}$
l_0-IPFONLMS	初始步长 μ 选取 0.1、0.6、0.9，$\alpha=-0.5$，$\gamma=0.001$，$\beta=10$，$\kappa=3\times10^{-5}$

从图 6.3 可以看出，LMS 算法、l_0-LMS 算法、FOLMS 算法、l_0-FOLMS 算法、IPFONLMS 算法和 l_0-IPFONLMS 算法都是随着步长的增加，算法的收敛速度增

加，但是其算法的稳健性变差，而当步长减小时，算法的稳健性增加，但是其收敛速度下降，所以在选择步长时要在稳健性和收敛速度中进行权衡。

3. 信道稀疏度对算法的影响

仿真条件：信源随机产生 5000bit 的发送序列，经 QPSK 映射后，经过给定的稀疏信道，信道的长度为 64，仿真中的信噪比设定为 10dB，仿真次数为 500，设定信道稀疏度为 2～40，得到仿真结果如图 6.4 所示。每种算法的参数设置如表 6.4 所示。

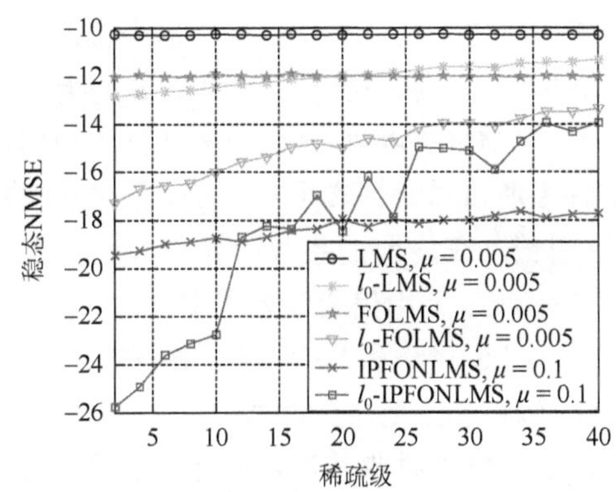

图 6.4　信道稀疏度对自适应算法稳态 NMSE 的影响

表 6.4　算法仿真参数表

算法名称	参数值
LMS	步长 $\mu = 0.01$
l_0-LMS	步长 $\mu = 0.01$， $\kappa = 3\times10^{-5}$， $\beta = 10$
FOLMS	初始步长 $\mu = 0.01$， $\alpha = 1\times10^{-5}$
l_0-FOLMS	初始步长 $\mu = 0.01$， $\kappa = 3\times10^{-5}$， $\beta = 10$， $\alpha = 1\times10^{-5}$
IPFONLMS	初始步长 $\mu = 0.6$， $\alpha = -0.5$， $\kappa = 3\times10^{-5}$
l_0-IPFONLMS	初始步长 $\mu = 0.6$， $\alpha = -0.5$， $\gamma = 0.001$， $\beta = 10$， $\kappa = 3\times10^{-5}$

从图 6.4 可以看出，随着信道稀疏度的增加，受 l_0-范数约束影响的 l_0-LMS 算法性能下降，并且算法性能越来越接近于 LMS 算法，这是因为受 l_0-范数约束影响的算法对稀疏信道敏感，能更有效地识别稀疏信道，而当信道稀疏度增加时，l_0-范数约束的优越性不再明显。同样地，随着稀疏度的增加，l_0-FOLMS 算法性能

下降，并且算法性能越来越接近于 FOLMS 算法；l_0-IPFONLMS 算法性能下降，并且其性能越来越接近于 IPFONLMS 算法，而 LMS 算法和 FOLMS 算法的性能并不受信道稀疏度的影响。

6.3　基于直接自适应 Turbo 均衡技术的水声 MIMO 通信技术

6.3.1　水声通信中的 Turbo 均衡技术

水声信道存在较大的延迟扩展，一般用于水声通信基于 MMSE 准则的 Turbo 均衡器有两类：基于信道估计的 MMSE Turbo 均衡器（channel estimate based MMSE turbo equalizer，CE MMSE-TEQ）和直接自适应 Turbo 均衡器（direct adaptive turbo equalizer，DA-TEQ）。在 CE MMSE-TEQ 中，首先估计水声信道，然后进入 MMSE 均衡器系数的计算中。许多海试试验证实了 CE MMSE-TEQ 的性能。然而，由于水声信道信道冲激响应特别长，在均衡器系数计算中大尺寸矩阵求逆有很高的复杂度。作为另一种选择，DA-TEQ 不用信道信息采用自适应算法直接均衡接收符号。目前大多数 DA-TEQ 采用 RLS 算法和 LMS 算法调整均衡器的系数。基于 RLS 算法的 DA-TEQ 具有快速收敛性，但是存在矩阵求逆运算、计算复杂度高的缺陷。相反，基于 LMS 算法的 DA-TEQ 牺牲收敛性以降低复杂度，但是需要较长的训练序列保证收敛，极大地降低了频谱利用效率[13-21]。

6.3.2　单载波 MIMO 水声通信系统模型

1. MIMO 通信系统发射端模型

单流的 $N \times M$ 的 MIMO 水声通信系统如图 6.5 所示，其中，N 和 M 分别代表发射换能器和接收水听器的数目。在发射端，信息比特流 $\boldsymbol{a}$ 经过 $1/2$ 码率的递归系统卷积码编码，得到编码比特向量 $\boldsymbol{b}$。编码比特 $\boldsymbol{b}$ 经过随机交织器交织得到交织编码后的向量 $\boldsymbol{c}$。$\boldsymbol{c}$ 经过分组映射得到符号向量 $\boldsymbol{x}$，$\boldsymbol{x}$ 经过串并转换得到 N 个并行传输数据块 $\{x_n(k)\}_{n=1}^{N}$。将信号调制到单载波上，之后传输到 MIMO 水声信道中[13, 14]。

2. MIMO 通信系统接收端模型

在接收端，经过帧同步、解调、降采样之后的前端处理，接收通带信号转换成基带信号。在 k 时刻的第 m 分支接收基带信号可以写为[13, 14]

$$y_m(k)=\sum_{n=1}^{N}\sum_{l=0}^{L-1}h_{(m,n)}^{l}(k)x_n(k-l)+\eta_m(k) \tag{6.81}$$

式中，$x_n(k-l)$ 是第 n 个发射换能器在时间 k–l 时的传输符号；$h_{(m,n)}^{l}(k)$ 是第 n 个发射换能器和第 m 个接收水听器之间的等价基带信道；L 是等价基带信道的长度；$\eta_m(k)$ 是第 m 个接收机的噪声样本，是均值为 0、方差为 σ_ω^2 的 AWGN 模型。第 M 个接收符号 $\boldsymbol{y}(k)\triangleq[y_1(k),\cdots,y_m(k),\cdots y_M(k)]^{\mathrm{T}}$ 可以表示为[13-21]

$$\boldsymbol{y}(k)=\sum_{l=0}^{L-1}\boldsymbol{H}_l(k)\boldsymbol{x}(k-l)+\boldsymbol{\eta}(k) \tag{6.82}$$

$$\boldsymbol{x}(k)\triangleq[x_1(k),\cdots,x_n(k),\ldots,x_N(k)]^{\mathrm{T}} \tag{6.83}$$

$$\boldsymbol{\eta}(k)\triangleq[\eta_1(k),\cdots,\eta_m(k),\cdots,\eta_M(k)]^{\mathrm{T}} \tag{6.84}$$

$$\boldsymbol{H}_l(k)\triangleq\begin{bmatrix} h_{(1,1)}^{l}(k) & h_{(1,2)}^{l}(k) & \cdots & h_{(1,N)}^{l}(k) \\ h_{(2,1)}^{l}(k) & h_{(2,2)}^{l}(k) & \cdots & h_{(2,N)}^{l}(k) \\ \vdots & \vdots & & \vdots \\ h_{(M,1)}^{l}(k) & h_{(M,2)}^{l}(k) & \cdots & h_{(M,N)}^{l}(k) \end{bmatrix} \tag{6.85}$$

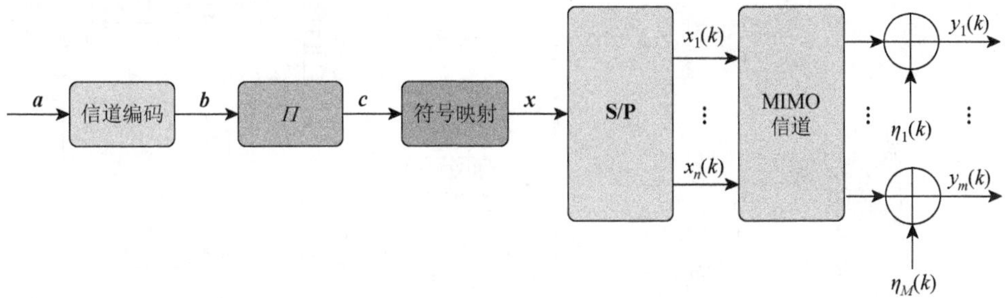

图 6.5　MIMO 传输系统框图

S/P 表示串并转换操作

Turbo 均衡的 MIMO 水声通信系统接收机结构如图 6.6 所示，其中包括一个 MIMO 直接自适应均衡器和 MAP 译码器。MIMO 直接自适应均衡器直接估计传输符号 $\hat{\boldsymbol{x}}$，并且输出对应的比特外信息 $L_e(c_j(k))$。之后外信息经过解交织作为 MAP 译码器的先验信息 $L_a^d(b_j(k))$ 进行译码。MAP 译码器输出外信息 $L_e^d(b_j(k))$，外信息经过交织作为新的先验信息 $L_a(c_j(k))$ 反馈到均衡器中进行符号检测。基于 Turbo 原理，外信息在均衡器和译码器进行迭代交换，每次迭代提高了软信息的可靠性，经过多次迭代之后得到硬判决 $\hat{\boldsymbol{a}}$。

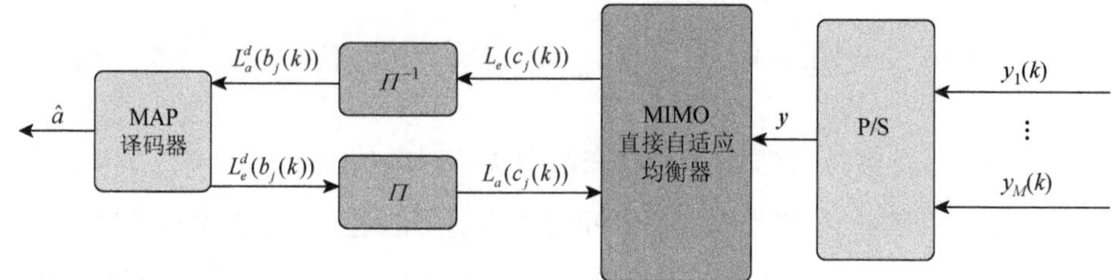

图 6.6　Turbo 均衡的 MIMO 水声通信系统接收机结构

6.3.3　MIMO 系统中的自适应均衡结构

1. DA-TEQ 结构

MIMO 系统中的 DA-TEQ 结构描述如图 6.7 所示，其中自适应均衡器包含两个部分：前向滤波器部分和反馈滤波器部分。

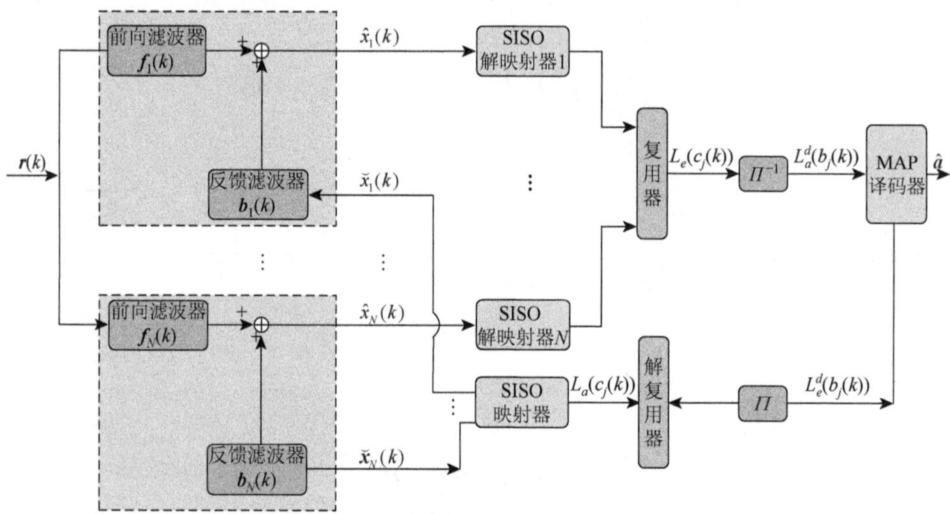

图 6.7　MIMO DA-TEQ 系统结构（无干扰消除）

均衡器的输出为[13-21]

$$\hat{x}_n(k) = \boldsymbol{f}_n^{\dagger}(k)\boldsymbol{r}_k + \boldsymbol{b}_n^{\dagger}(k)\breve{\boldsymbol{x}}_n(k) \tag{6.86}$$

式中

$$\boldsymbol{r}(k) = [\boldsymbol{y}^{\mathrm{T}}(k+K_f),\cdots,\boldsymbol{y}^{\mathrm{T}}(k-K_b)]^{\mathrm{T}} \tag{6.87}$$

$$\breve{\boldsymbol{x}}_n(k) = [\overline{x}_n(k+K_f),\cdots,\overline{x}_n(k+1),0,\overline{x}_n(k-1),\cdots,\overline{x}_n(k-K_b)]^{\mathrm{T}} \tag{6.88}$$

参数 K_f、K_b 是非负整数。明显，前向滤波器的长度和反馈滤波器的长度分别为 $M(K_f+K_b+1)$ 和 $N(K_f+K_b)$，整个滤波器的长度为

$$K_{\text{eq}}=M(K_f+K_b+1)+N(K_f+K_b)$$

为了抵消多个发射之间的互相影响，需要进行软干扰消除（soft interference cancellation，SIC），具有软干扰消除的 MIMO 系统中 TEQ 结构描述如图 6.8 所示，其中自适应均衡器包含三个部分：前向滤波器部分、反馈滤波器部分和 SIC 部分。现有的自适应均衡器，使用先验软判决（SD）$\overline{x}_{n,k}$ 完成 SIC，可以根据从译码器得到的先验对数似然比 $L_a(c_{k,j})$ 计算 SD[18]：

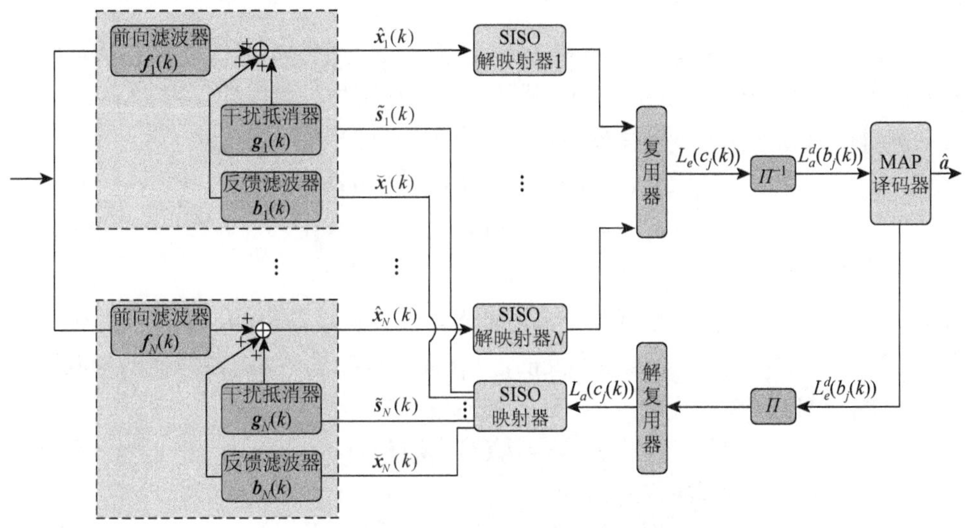

图 6.8　MIMO DA-TEQ 系统结构（有软干扰消除）

$$\overline{x}_n(k)=E(x_n(k)\,|\,(L_a(c_j(k)))_{j=1}^{Q})=\sum_{\alpha_i\in S}\alpha_i P(x_n(k)=\alpha_i) \tag{6.89}$$

式中[18]

$$P(x_n(k)=\alpha_i)=\prod_{j=1}^{q}\frac{1}{2}(1+\tilde{s}_{i,j}\tanh(L_a(c_j(k))/2)) \tag{6.90}$$

且

$$\tilde{s}_{i,j}=\begin{cases}+1, & s_{i,j}=0\\ -1, & s_{i,j}=1\end{cases} \tag{6.91}$$

加入 SIC 的均衡器输出为[13, 18]

$$\hat{x}_n(k)=\boldsymbol{f}_n^{\dagger}(k)\boldsymbol{r}_k+\boldsymbol{b}_n^{\dagger}(k)\breve{\boldsymbol{x}}_n(k)+\boldsymbol{g}_n^{\dagger}(k)\tilde{\boldsymbol{s}}_n(k) \tag{6.92}$$

等号右边第一项和第二项在式（6.86）中已经给出，第三项[13, 18]表示为

$$\tilde{\boldsymbol{s}}_n(k)=[\overline{\boldsymbol{s}}_n^{\mathrm{T}}(k+K_f),\cdots,\overline{\boldsymbol{s}}_n^{\mathrm{T}}(k),\cdots,\overline{\boldsymbol{s}}_n^{\mathrm{T}}(k-K_b)]^{\mathrm{T}} \tag{6.93}$$

并且

$$\overline{\boldsymbol{s}}_n(k')=\begin{cases}[\overline{x}_1(k'),\overline{x}_2(k'),\cdots,\overline{x}_N(k')]^{\mathrm{T}}, & k'\neq k\\ [\overline{x}_1(k'),\cdots,\overline{x}_{n-1}(k'),0,\overline{x}_{n+1}(k'),\cdots,\overline{x}_N(k')]^{\mathrm{T}}, & k'=k\end{cases}$$

SIC 滤波器的长度为 $N(K_5+K_6)$，所以均衡器的长度为

$$K_{\mathrm{eq}}=M(K_1+K_2+1)+N(K_3+K_4)+N(K_5+K_6)$$

2. MIMO 系统中的自适应算法

自适应 Turbo 均衡器（adaptive turbo equalizer，ATEQ）通常工作在训练模式和直接判决（direct decision，DD）模式中，这里不失一般性地采用 LMS 算法作为范例。在训练模式下，均衡器自适应的参数向量如下[13, 14]：

$$\boldsymbol{f}_n(k+1)=\boldsymbol{f}_n(k)+\mu_{\mathrm{ff}}e_n^*(k)\boldsymbol{r}(k) \tag{6.94}$$

$$\boldsymbol{b}_n(k+1)=\boldsymbol{b}_n(k)+\mu_{\mathrm{fb}}e_n^*(k)\breve{\boldsymbol{x}}(k) \tag{6.95}$$

$$\boldsymbol{g}_n(k+1)=\boldsymbol{g}_n(k)+\mu_{\mathrm{sic}}e_n^*(k)\tilde{\boldsymbol{s}}(k) \tag{6.96}$$

式中，μ_{ff}、μ_{fb} 和 μ_{sic} 分别代表前向滤波器、反馈滤波器和 SIC 滤波器的步长，对于 LMS 算法来说步长是固定不变的；$e_n(k)$ 代表自适应滤波器的输出与理想信号的误差，可以写为

$$e_n(k)=d_n(k)-\hat{x}_n(k) \tag{6.97}$$

在训练模式下，判决误差为[13, 14]

$$e_n(k)=x_n(k)-\hat{x}_n(k),\quad 1\leqslant k\leqslant K_t \tag{6.98}$$

式中，$x_n(k)$ 是训练符号；K_t 是训练序列的长度。在直接判决模式下，判决误差为

$$e_n(k)=Q(\hat{x}_n(k))-\hat{x}_n(k),\quad K_t<k\leqslant K_d \tag{6.99}$$

式中，$Q(\hat{x}_n(k))$ 是均衡器输出的硬判决；K_d 是每个信息块的长度。

由于水声信道延迟扩展较长以及 MIMO 系统需要采用多个发射换能器和接收水听器，均衡器的抽头系数计算量需求很大。为了使自适应均衡器收敛，需要在传输信号中加入很长的训练序列，牺牲了一定的传输效率。为了避免采用较长的训练系列，将数据重用技术用于硬判决直接自适应 Turbo 均衡器（hard decision ATEQ，HD-ATEQ）。采用数据重用的直接判决自适应均衡器框图如图 6.9 所示，重复在同一个接收数据块中多次进行抽头系数更新[13, 14]：

$$\boldsymbol{f}_n^{t+1}(k+1)=\boldsymbol{f}_n^{t+1}(k)+\mu_{\mathrm{ff}}(e_n^{t+1}(k))^*\boldsymbol{r}(k) \tag{6.100}$$

$$\boldsymbol{b}_n^{t+1}(k+1)=\boldsymbol{b}_n^{t+1}(k)+\mu_{\mathrm{fb}}(e_n^{t+1}(k))^*\breve{\boldsymbol{x}}(k) \tag{6.101}$$

$$\boldsymbol{g}_n^{t+1}(k+1)=\boldsymbol{g}_n^{t+1}(k)+\mu_{\text{sic}}(e_n^{t+1}(k))^*\tilde{\boldsymbol{s}}(k) \tag{6.102}$$

式中，$K_p \leqslant k \leqslant K_b$，$K_p$ 为前向滤波器长度，K_b 为反馈滤波器长度；$t \geqslant 0$；$e_n^{t+1}(k)=Q(\hat{x}_n^{t+1}(k))-\hat{x}_n^{t+1}(k)$，上标 $t+1$ 表示第 $t+1$ 次数据重用循环，并且 $\hat{x}_n^{t+1}(k)=(\boldsymbol{f}_n^{t+1}(k))^\dagger \boldsymbol{r}_k+(\boldsymbol{b}_n^{t+1}(k))^\dagger \breve{\boldsymbol{x}}_n(k)+(\boldsymbol{g}_n^{t+1}(k))^\dagger \tilde{\boldsymbol{s}}_n(k)$。此外，SIC 滤波器的输入在数据重用时是不改变的。

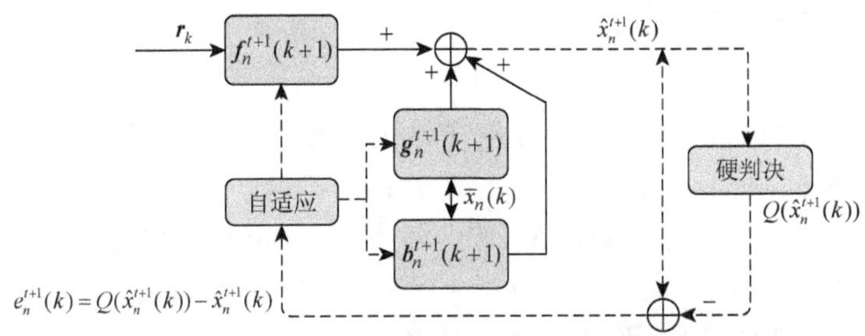

图 6.9　采用数据重用的硬判决自适应均衡器框图

3. SISO 解映射

直接自适应均衡技术由于缺少信道估计的过程，不能直接获得噪声均值 μ_n^t 和方差 δ_n^t。SISO 解映射可以估计出 μ_n^t 和 δ_n^t，并且用它们生成外信息对数似然比。DA-TEQ 的输出可以表述为[13, 14]

$$\begin{aligned}\hat{x}_n(k)&=\boldsymbol{f}_n^\dagger(k)(\boldsymbol{H}_n\tilde{\boldsymbol{x}}_n+\boldsymbol{n}_n)+\boldsymbol{b}_n^\dagger(k)\breve{\boldsymbol{x}}_n(k)+\boldsymbol{g}_n^\dagger(k)\tilde{\boldsymbol{x}}_n(k)\\&=(\boldsymbol{f}_n^\dagger(k)\boldsymbol{h}_n(k))x_n(k)+\xi_n(k)\end{aligned} \tag{6.103}$$

式中

$$\xi_n(k)=\boldsymbol{f}_n^\dagger(k)\boldsymbol{H}_n\begin{bmatrix}\tilde{\boldsymbol{x}}_n(1:k-1)\\0\\\tilde{\boldsymbol{x}}_n(k+1:K)\end{bmatrix}+\boldsymbol{f}_n^\dagger(k)\boldsymbol{n}_n+\boldsymbol{b}_n^\dagger(k)\breve{\boldsymbol{x}}_n(k)+\boldsymbol{g}_n^\dagger(k)\tilde{\boldsymbol{x}}_n(k)$$

注意式（6.103）等号右边第一项和第二项分别是均衡器输出的信号和剩余噪声部分。只要信道状态保持不变，系数 $\boldsymbol{f}_n(k)$、$\boldsymbol{b}_n(k)$ 和 $\boldsymbol{g}_n(k)$ 也是稳态的，式（6.103）的这些参数假设是稳定的。如果将式（6.103）视为 $\mu_n^t x_n+\xi_n(k)$，其中 $\mu_n^t=\boldsymbol{f}_n^\dagger(k)\boldsymbol{h}_n(k)$，$\delta_n^t=E(|\xi_n(k)|^2)$，我们可以通过时间平均估计 μ_n^t 和 δ_n^t[13, 14, 18]：

$$\mu_n^t=\frac{1}{K_d}\sum_{k=K_p+1}^{K_b}\frac{\hat{x}_n^t(k)}{Q(\hat{x}_n^t(k))} \tag{6.104}$$

$$\delta_n^t=\frac{1}{K_d}\sum_{k=K_p+1}^{K_b}|\hat{x}_n^t(k)-\mu_n^t Q(\hat{x}_n^t(k))|^2 \tag{6.105}$$

计算外信息对数似然比：

$$p(\hat{x}_{n,k}^t \mid x_{n,k} = \alpha_i) = \frac{1}{\pi \delta_n^t} \exp\left\{ -\frac{|\hat{x}_{n,k}^t - \mu_n^t \alpha_i|^2}{\delta_n^t} \right\} \tag{6.106}$$

式中，$K_d = K_b - K_p$ 是信息块的长度；$Q(\cdot)$ 代表判决操作。

6.3.4 DA-TEQ 仿真分析

本节对基于稀疏快速自优化 LMS 算法的 DA-TEQ 进行了仿真，其中，相关参数设置如表 6.5 所示。为了区分信噪比（SNR）和比特信噪比（E_b / N_0），给出其数学表达式，定义信号功率为 S（W，即 J/s），信号传信率为 R_b（bit/s），信号比特能量为 E_b（J/bit），噪声功率为 N（W），噪声功率谱密度为 N_0（W/Hz），带宽为 B（Hz）。那么，$S = E_b R_b$，$N = N_0 B$。

表 6.5　仿真参数设置

参数名称	参数值
前向滤波器长度	$K_f = 21$
反馈滤波器长度	$K_b = 42$
数据重用次数	3
迭代次数	3
数据块长度	5000
数据块个数	1
训练序列长度	500
调制方式	BPSK/QPSK/8PSK/16QAM
卷积码编码生成多项式	$[131，171]_{\text{oct}}$
码率	1/2

信噪比一般定义为信号（平均）功率与噪声（平均）功率之比，SNR 和 E_b / N_0 存在关系为 $\text{SNR} = S / N = (E_b R_b) / (N_0 B) = (E_b / N_0)(R_b / B)$。

1. 仿真信道

仿真采用的信道是随机生成的长度为 21 的信道，信道的幅频特性曲线和相频特性曲线如图 6.10 所示。

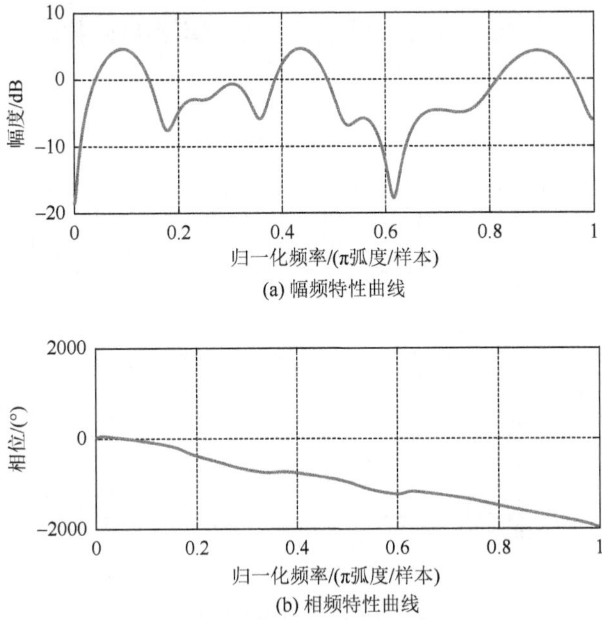

图 6.10　仿真信道的幅频特性曲线和相频特性曲线

2. EXIT 图分析

新息（EXIT）图能够很好地预测 DA-TEQ 算法的迭代行为。在 EXIT 图中，均衡器和译码器之间的互信息传输过程是可视的。给出先验互信息 I_{in}^{E} 、I_{in}^{D} 作为均衡器/译码器的输入，新的互信息 I_{out}^{E} 、I_{out}^{D} 可以通过均衡器/译码器的结构生成。新的互信息通过交织或者解交织输入均衡器/译码器中[20-23]。整个迭代过程可以由图 6.11 说明。

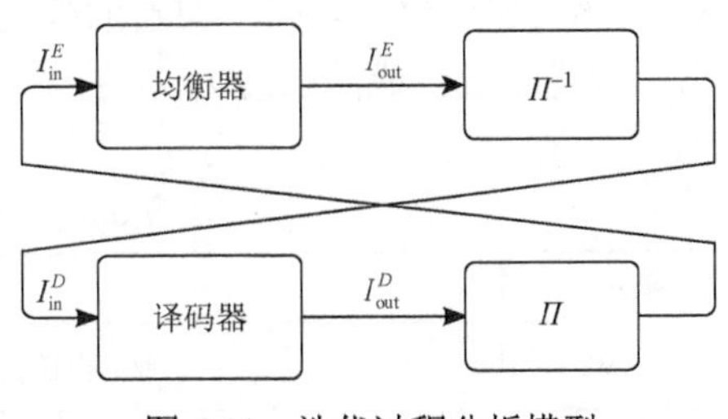

图 6.11　迭代过程分析模型

图 6.12 为 BCJR 译码器的 EXIT 图，并且译码器采用 1/2 码率，生成多项式为$[131，171]_{\text{oct}}$的递归系统卷积码（recursive systematic convolutional，RSC）。信息编码比特是随机生成的，对应的先验对数似然比的高斯分布是根据预先设定的 σ_i 给出的。互信息 I_{in}^{D} 可以通过下面的公式计算得到[22]：

$$I_{\text{in}}^{D}=\frac{1}{2}\sum_{x\in\pm1}\int_{-\infty}^{+\infty}f(u\,|\,x)\log_2\frac{2f(u\,|\,x)}{f(u\,|\,x=+1)+f(u\,|\,x=-1)}\mathrm{d}u \tag{6.107}$$

$$f(u\,|\,x)=\frac{\phi((u-x\sigma_i^2/2)/\sigma_i)}{\sigma_i} \tag{6.108}$$

式中，$\phi(x)=\mathrm{e}^{-x^2/2}/\sqrt{2\pi}$；$f(u\,|\,x)$ 是外信息的概率密度函数。

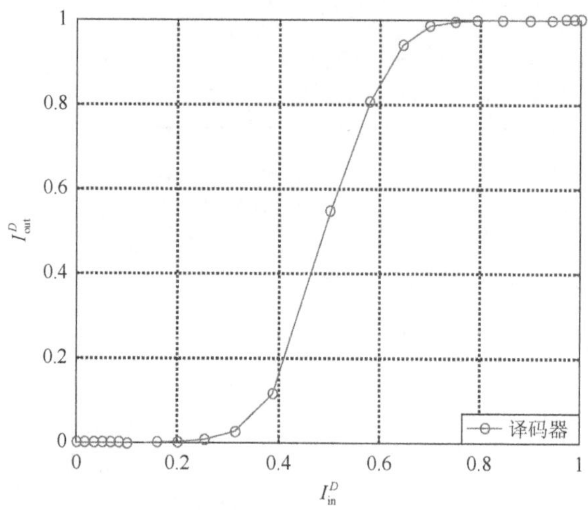

图 6.12　BCJR 译码器的 EXIT 图

对基于 LMS、l_0-LMS、FOLMS、l_0-FOLMS、IPFONLMS 和 l_0-IPFONLMS 的 2×4 MIMO 系统进行 EXIT 图的仿真，其中调制方法分别采用 BPSK、QPSK、8PSK 和 16QAM。前向滤波器的长度为 42，反馈滤波器的长度为 21。MIMO 信道模型是随机生成的长度为 21 的多途信道。其他算法参数设置如表 6.6 所示。

表 6.6　自适应算法参数设置

算法名称	参数值
LMS	前向步长 $\mu_{\text{ff}}=5\times10^{-4}$，反馈步长 $\mu_{\text{fb}}=0.75\mu_{\text{ff}}$
l_0-LMS	前向步长 $\mu_{\text{ff}}=5\times10^{-4}$，反馈步长 $\mu_{\text{fb}}=0.75\mu_{\text{ff}}$，$\kappa=1\times10^{-7}$，$\beta=5$
FOLMS	初始前向步长 $\mu_{\text{ff}}=5\times10^{-4}$，初始反馈步长 $\mu_{\text{fb}}=0.75\mu_{\text{ff}}$，$\alpha=1\times10^{-8}$
l_0-FOLMS	初始前向步长 $\mu_{\text{ff}}=5\times10^{-4}$，初始反馈步长 $\mu_{\text{fb}}=0.75\mu_{\text{ff}}$，$\kappa=1\times10^{-6}$，$\beta=10$，$\alpha=1\times10^{-8}$
IPFONLMS	初始前向步长 $\mu_{\text{ff}}=0.1$，初始反馈步长 $\mu_{\text{fb}}=0.001$，$\alpha=-0.5$，$\beta=1\times10^{-6}$
l_0-IPFONLMS	初始前向步长 $\mu_{\text{ff}}=0.2$，初始反馈步长 $\mu_{\text{fb}}=0.001$，$\alpha=-0.5$，$\gamma=1\times10^{-8}$，$\beta=10$，$\kappa=1\times10^{-6}$

图 6.13（a）表示的是 BPSK 调制下基于 LMS 和 l_0-LMS 算法的 2×4 MIMO 系统的外信息图。在 I_{in}^{E} 整个的输入区域，基于 l_0-LMS 算法的直接自适应均衡器与基于 LMS 算法的均衡器具有相似的斜度。例如，基于 l_0-LMS 算法的 Turbo 均衡器在

迭代两次之后 $I_{\text{out}}^{E}=0.8$，基于 LMS 的 Turbo 均衡器为 $I_{\text{out}}^{E}=0.72$。图 6.13（b）对比的是基于 FOLMS 和 l_0-FOLMS 算法的 MIMO 系统的外信息图，在 I_{in}^{E} 比较小的输入区域，基于 l_0-FOLMS 算法的直接自适应均衡器比基于 FOLMS 算法的均衡器拥有更广的“隧道”区域，这意味着 l_0-FOLMS 算法有更快的收敛速率。例如，基于 l_0-FOLMS 算法的 Turbo 均衡器在迭代两次之后 $I_{\text{out}}^{E}=0.88$，而基于 FOLMS 的 Turbo 均衡器为 $I_{\text{out}}^{E}=0.8$。图 6.13（c）对比的是基于 IPFONLMS 和 l_0-IPFONLMS 算法的 MIMO 系统的外信息图，两种算法的均衡器曲线有着相似的斜度，经过两次迭代之后，基于 IPFONLMSH 和 l_0-IPFONLMS 算法的 Turbo 均衡器均是 $I_{\text{out}}^{E}=0.89$。

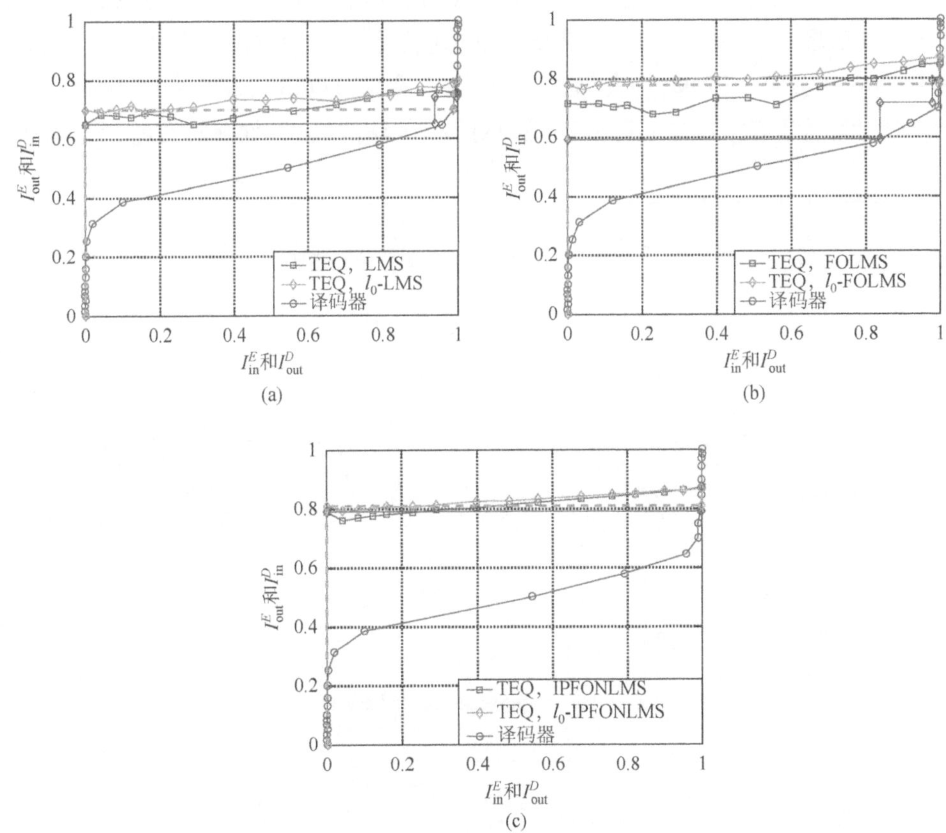

图 6.13　信噪比为−1dB 时，BPSK 调制下 2×4 MIMO 系统外信息图

根据图 6.13，可以得到每种算法的外信息图，有效地分析了每个算法的均衡效果，可以看出，经过两次迭代之后，IPFONLMS 和 l_0-IPFONLMS 算法的性能最好，其次是 FOLMS 和 l_0-FOLMS 算法，LMS 和 l_0-LMS 算法的均衡效果最差；但是在 FOLMS 算法和 LMS 算法基础上加入 l_0 范数因子，使得均衡器的性能在稀疏

信道中有所提高；而且可以知道在迭代三次之后均衡器的效果已经达到最优，所以在接下来的仿真中，均衡器的迭代次数均设为三次。

图 6.14 给出了 QPSK 调制下的 2×4 MIMO 系统的外信息图。图 6.14（a）表示的是基于 LMS 和 l_0-LMS 算法的 2×4 MIMO 系统的外信息图。在 I_{in}^E 比较小的输入区域，基于 l_0-FOLMS 算法的直接自适应均衡器比基于 FOLMS 算法的均衡器拥有更广的“隧道”区域，这意味着 l_0-FOLMS 算法有更快的收敛速率。例如，基于 l_0-LMS 算法的 Turbo 均衡器在迭代两次之后 $I_{\text{out}}^E = 0.87$，基于 LMS 的 Turbo 均衡器为 $I_{\text{out}}^E = 0.83$。图 6.14（b）和图 6.14（c）分别是基于 FOLMS 和 l_0-FOLMS 算法的 MIMO 系统的外信息图以及基于 IPFONLMS 和 l_0-IPFONLMS 算法的 MIMO 系统的外信息图。算法的均衡器曲线有着相似的斜度，经过两次迭代之后，基于 l_0-FOLMS 算法的 Turbo 均衡器 $I_{\text{out}}^E = 0.88$，基于 FOLMS 的 Turbo 均衡器为 $I_{\text{out}}^E = 0.88$；基于 IPFONLMSH 和 l_0-IPFONLMS 算法的 Turbo 均衡器均是 $I_{\text{out}}^E = 0.9$。

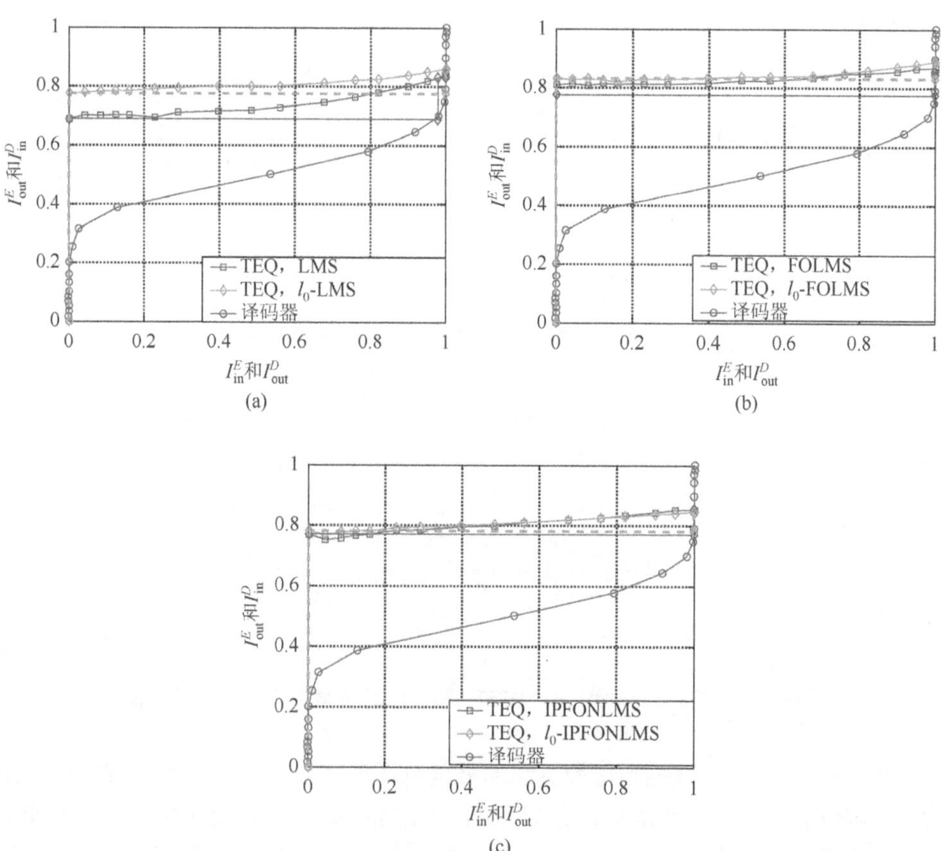

图 6.14　信噪比为 1dB 时，QPSK 调制下 2×4 MIMO 系统外信息图

根据图 6.14 的仿真情况，可以得出和图 6.13 相似的结论，均衡器经过两次迭代之后，IPFONLMS 和 l_0-IPFONLMS 算法的性能最好，其次是 FOLMS 和 l_0-FOLMS 算法，LMS 和 l_0-LMS 算法的均衡效果最差；但是在 IPFONLMS、LMS 和 FDLMS 算法基础上加入 l_0 范数因子，使得均衡器的性能在稀疏信道中有所提高。

图 6.15 给出了 8PSK 调制下的 2×4 MIMO 系统的外信息图。图 6.15（a）表示的是基于 LMS 和 l_0-LMS 算法的 2×4 MIMO 系统的外信息图。在 I_{in}^{E} 比较小的输入区域，基于 l_0-FOLMS 算法的直接自适应均衡器比基于 FOLMS 算法的均衡器拥有更广的“隧道”区域，这意味着 l_0-FOLMS 算法有更快的收敛速率。例如，基于 l_0-LMS 算法的 Turbo 均衡器在迭代两次之后 $I_{\text{out}}^{E}=0.8$，基于 LMS 的 Turbo 均衡器为 $I_{\text{out}}^{E}=0.78$。图 6.15(b)对比的是基于 FOLMS 和 l_0-FOLMS 算法的 MIMO 系统的外信息图，算法的均衡器曲线有着相似的斜度，基于 FOLMS 和 l_0-FOLMS 算法的 Turbo 均衡器在迭代两次之后均为 $I_{\text{out}}^{E}=0.8$。图 6.15(c)为基于 IPFONLMS 和 l_0-IPFONLMS 算法的 MIMO 系统的外信息图。算法的均衡器曲线有着相似的

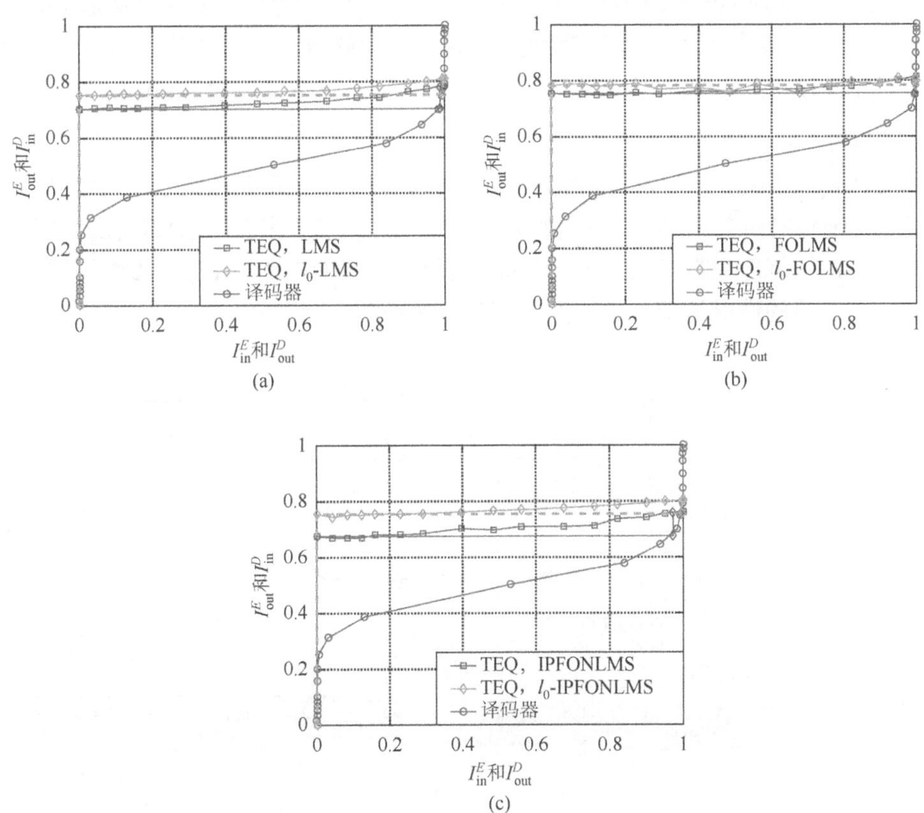

图 6.15　信噪比为 4dB 时，8PSK 调制下 2×4 MIMO 系统外信息图

斜度，经过两次迭代之后，基于 l_0-IPFONLMS 算法的 Turbo 均衡器 $I_{\text{out}}^{E}=0.8$，基于 IPFONLMS 的 Turbo 均衡器为 $I_{\text{out}}^{E}=0.78$。

根据整体仿真情况得到结论，均衡器经过两次迭代之后，IPFONLMS 和 l_0-IPFONLMS 算法的性能最好，其次是 FOLMS 和 l_0-FOLMS 算法，LMS 和 l_0-LMS 算法的均衡效果最差；但是在 IPFONLMS、FOLMS 和 LMS 算法基础上加入 l_0 范数因子，使得均衡器的性能在稀疏信道中有所提高。

图 6.16 给出了 16QAM 调制下的 2×4 MIMO 系统的外信息图。图 6.16（a）表示的是基于 LMS 和 l_0-LMS 算法的 2×4 MIMO 系统的外信息图。在 I_{in}^{E} 比较小的输入区域，基于 l_0-FOLMS 算法的直接自适应均衡器比基于 FOLMS 算法的均衡器拥有更广的“隧道”区域，这意味着 l_0-FOLMS 算法有更快的收敛速率。例如，基于 l_0-LMS 算法的 Turbo 均衡器在迭代两次之后 $I_{\text{out}}^{E}=0.78$，基于 LMS 的 Turbo 均衡器为 $I_{\text{out}}^{E}=0.68$。图 6.16（b）对比的是基于 FOLMS 和 l_0-FOLMS 算法的 MIMO 系统的外信息图，基于 FOLMS 算法的 Turbo 均衡器在迭代两次之后为 $I_{\text{out}}^{E}=0.78$。图 6.16(c)为基于 IPFONLMS 和 l_0-IPFONLMS 算法的 MIMO 系统的外信息图。算法的均衡器曲线有着相似的斜度，经过两次迭代之后，基于 l_0-IPFONLMS 算法的 Turbo 均衡器 $I_{\text{out}}^{E}=0.82$，基于 IPFONLMS 的 Turbo 均衡器为 $I_{\text{out}}^{E}=0.78$。

在 16QAM 调制下与其他阶数的调制相比，除了上面得到的结论，还可以得到结论：随着调制阶数的增加，对均衡器参数的估计精度要求有所增加，在此基础上需要更多的训练序列将算法收敛，因此随着调制阶数的增加，在相同参数设置的条件下，均衡器的性能下降，这使整个 MIMO 系统的性能下降。

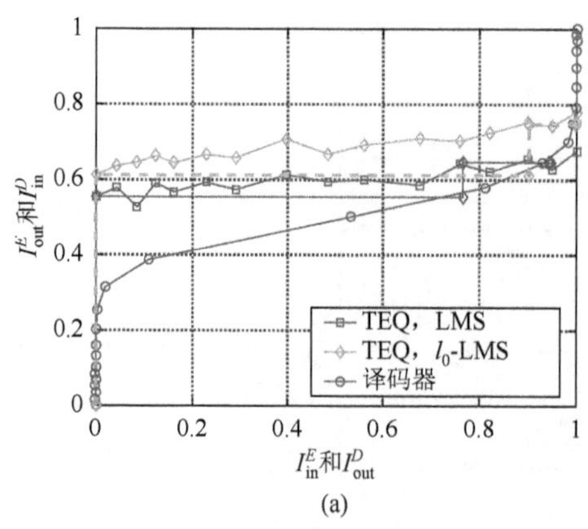

(a)

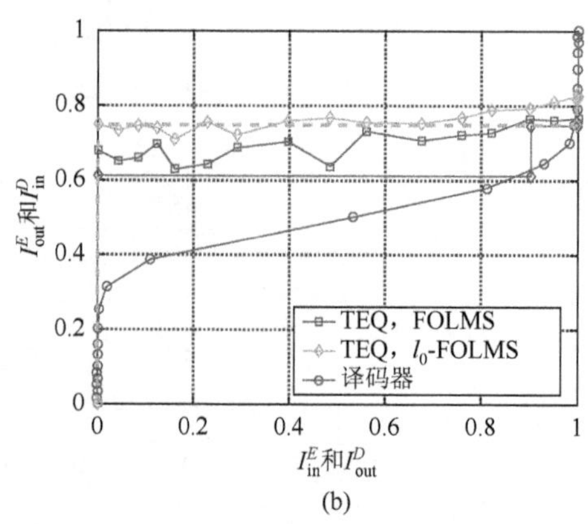

(b)

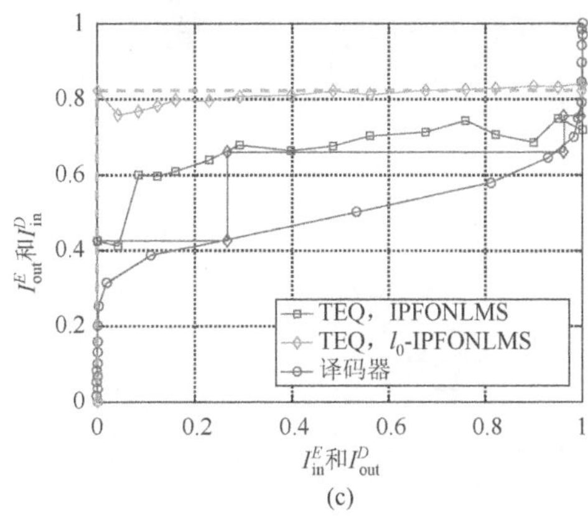

(c)

图 6.16　信噪比为 7dB 时，16QAM 调制下 2×4 MIMO 系统外信息图

3. 均衡器中是否采用软干扰消除对比分析

在 MIMO 系统中，由于多个发射信息的影响，需要进行 SIC 抵消信息之间的互相干扰。为了证明 SIC 的有效性，对基于 LMS 算法的采用 SIC 和未采用 SIC 的 MIMO 系统性能进行比较，采用 3×4 的 MIMO 通信结构进行仿真，其中 MIMO 信道模型是随机生成的长度为 21 的多途信道。算法的参数设置如表 6.7 所示。

表 6.7　LMS 算法参数设置

参数名称	参数值
前向步长	$\mu_{\text{ff}} = 5\times10^{-4}$
反馈步长	$\mu_{\text{fb}} = 0.75\mu_{\text{ff}}$

图 6.17 是基于 LMS 算法的 2×4 MIMO 系统模型下经过均衡器输出结果的 BER 曲线，调制方式分别为 BPSK 和 8PSK，其中进行了 5 次蒙特卡罗平均。如图 6.17 所示，随着 Turbo 迭代次数的增加，均衡效果变好。在 BPSK 和 8PSK 调制下的 MIMO 系统，采用 SIC 时系统性能比未采用 SIC 时的性能分别提高了 0.3dB 和 0.4dB。

4. 基于稀疏快速自优化 LMS 算法的 DA-TEQ 仿真分析

在 MIMO 系统中，传输系统框图如图 6.5 所示。信道编码器采用生成多项式为[131，171]$_{\text{oct}}$、码率为 1/2 递归系统卷积码。数据包含 5000bit 传输信息，其中在信息之前包含 500bit 的训练序列。数据重用的次数设为 3 次，均衡器的最大迭代次数设为 3 次。前向滤波器的长度为 42，反馈滤波器的长度为 21。MIMO 信道模型是随机生成的长度为 21 的多途信道。

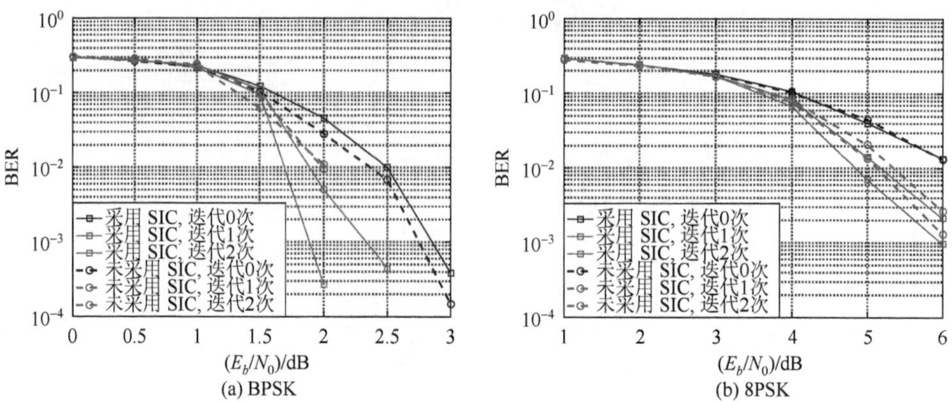

图 6.17　基于 LMS 算法的 2×4 MIMO 系统采用 SIC 与未采用 SIC 的对比图(彩图见封底二维码)

为了比较在不同 MIMO 系统中的稀疏快速自优化 LMS 算法的性能，这里分别采用 2×4 和 2×6 的 MIMO 通信结构进行仿真，其中的调制方法分别采用 BPSK、QPSK、8PSK 和 16QAM，仿真次数为 100 次。

1）2×4 的 MIMO 系统性能分析

仿真时各种算法的参数设置如表 6.8 所示。

表 6.8　算法仿真参数表（一）

算法名称	参数值
LMS	前向步长 $\mu_{\mathrm{ff}}=5\times10^{-4}$，反馈步长 $\mu_{\mathrm{fb}}=0.75\mu_{\mathrm{ff}}$
l_0-LMS	前向步长 $\mu_{\mathrm{ff}}=5\times10^{-4}$，反馈步长 $\mu_{\mathrm{fb}}=0.75\mu_{\mathrm{ff}}$， $\kappa=1\times10^{-7}$， $\beta=5$
FOLMS	初始前向步长 $\mu_{\mathrm{ff}}=5\times10^{-4}$，初始反馈步长 $\mu_{\mathrm{fb}}=0.75\mu_{\mathrm{ff}}$， $\alpha=1\times10^{-8}$
l_0-FOLMS	初始前向步长 $\mu_{\mathrm{ff}}=5\times10^{-4}$，初始反馈步长 $\mu_{\mathrm{fb}}=0.75\mu_{\mathrm{ff}}$， $\kappa=1\times10^{-6}$， $\beta=10$， $\alpha=1\times10^{-8}$
IPFONLMS	初始前向步长 $\mu_{\mathrm{ff}}=0.1$，初始反馈步长 $\mu_{\mathrm{fb}}=0.001$， $\alpha=-0.5$， $\beta=1\times10^{-6}$
l_0-IPFONLMS	初始前向步长 $\mu_{\mathrm{ff}}=0.2$，初始反馈步长 $\mu_{\mathrm{fb}}=0.001$，$\alpha=-0.5$，$\gamma=1\times10^{-8}$，$\beta=10$，$\kappa=1\times10^{-6}$

图 6.18 是基于稀疏自优化 LMS 算法的 2×4 MIMO 系统模型下经过均衡器输出结果的 BER 曲线，调制方式为 BPSK。如图 6.18 所示，随着 Turbo 迭代次数的增加，均衡效果变好。在系统中，自适应算法采用 LMS 算法时，当误码率降到 10^{-2} 以下时，均衡之后的性能比未均衡时提高了 0.25dB；同样地，当自适应算法采用 l_0-LMS 算法时，当误码率降到 10^{-3} 以下时，第二次均衡之后的性能比未均衡时提高了 0.5dB；而在采用其他算法时，系统的性能也有明显的提高，所以均衡能够有效地抵消码间干扰，提高系统的性能。

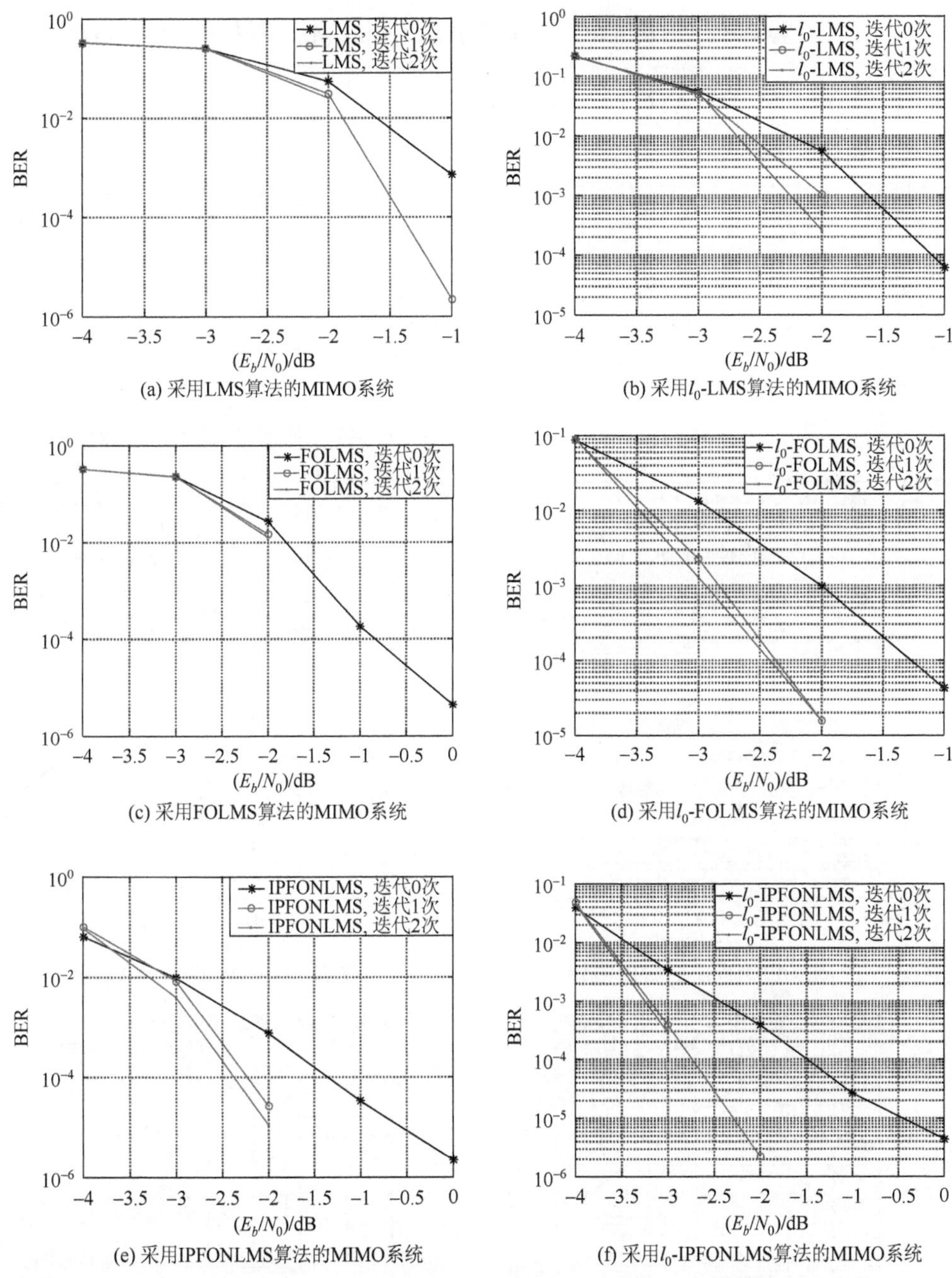

(a) 采用LMS算法的MIMO系统　(b) 采用l_0-LMS算法的MIMO系统

(c) 采用FOLMS算法的MIMO系统　(d) 采用l_0-FOLMS算法的MIMO系统

(e) 采用IPFONLMS算法的MIMO系统　(f) 采用l_0-IPFONLMS算法的MIMO系统

图 6.18　MIMO 系统 BPSK 调制下稀疏快速自优化算法信号均衡输出结果的 BER 曲线（一）

图 6.19 是基于稀疏自优化 LMS 算法的 2×4 MIMO 系统模型下经过均衡器输出结果的 BER 曲线，调制方式为 QPSK。如图 6.19 所示，随着 Turbo 迭代次数的

增加，均衡效果变好。在系统中，自适应算法采用 LMS 算法时，当误码率降到 10^{-4} 以下时，第二次均衡之后的性能比第一次均衡时提高了 0.2dB；同样地，当自适应算法采用 l_0-LMS 算法时，当误码率降到 10^{-4} 以下时，第二次均衡之后的性

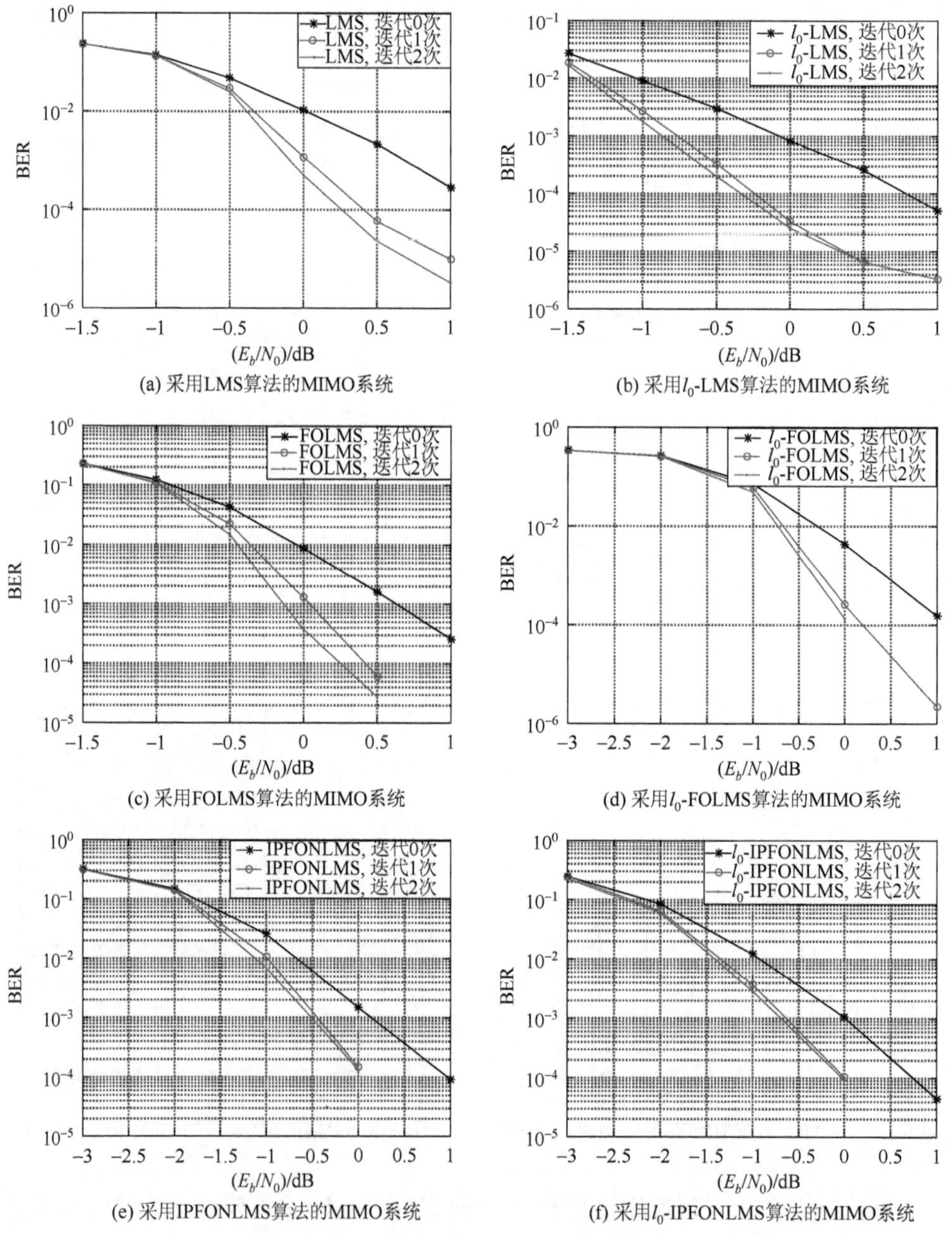

(a) 采用LMS算法的MIMO系统

(b) 采用l_0-LMS算法的MIMO系统

(c) 采用FOLMS算法的MIMO系统

(d) 采用l_0-FOLMS算法的MIMO系统

(e) 采用IPFONLMS算法的MIMO系统

(f) 采用l_0-IPFONLMS算法的MIMO系统

图 6.19　MIMO 系统 QPSK 调制下稀疏快速自优化算法信号均衡输出结果的 BER 曲线（一）

能比未均衡时提高了 1.1dB；而在采用其他算法时，系统的性能也有明显的提高，所以均衡能够有效地抵消码间干扰，提高系统的性能。

图 6.20 是基于稀疏自优化 LMS 算法的 2×4 MIMO 系统模型下经过均衡器输出结果的 BER 曲线，调制方式为 8PSK。如图 6.20 所示，但是随着 Turbo 迭代次数的增加，均衡效果变好。在系统中，自适应算法采用 LMS 算法时，当误码率降到 10^{-4} 以下时，第二次均衡之后的性能比第一次均衡时提高了 1dB；同样地，当自适应算法采用 l_0-LMS 算法时，当误码率降到 10^{-4} 以下时，第二次均衡之后的性能比未均衡时提高了 1.5dB；而在采用其他算法时，系统的性能也有明显的提高，所以均衡能够有效地抵消码间干扰，提高系统的性能。

图 6.21 是基于稀疏自优化 LMS 算法的 2×4 MIMO 系统模型下经过均衡器输出结果的 BER 曲线，调制方式为 16QAM。如图 6.21 所示，随着 Turbo 迭代次数的增加，均衡效果变好。在系统中，自适应算法采用 LMS 算法时，当误码率降到 10^{-4} 以下时，第二次均衡之后的性能比第一次均衡时提高了 1dB；同样地，自适应算法采用 l_0-LMS 算法时，当误码率降到 10^{-4} 以下时，第二次均衡之后的性能

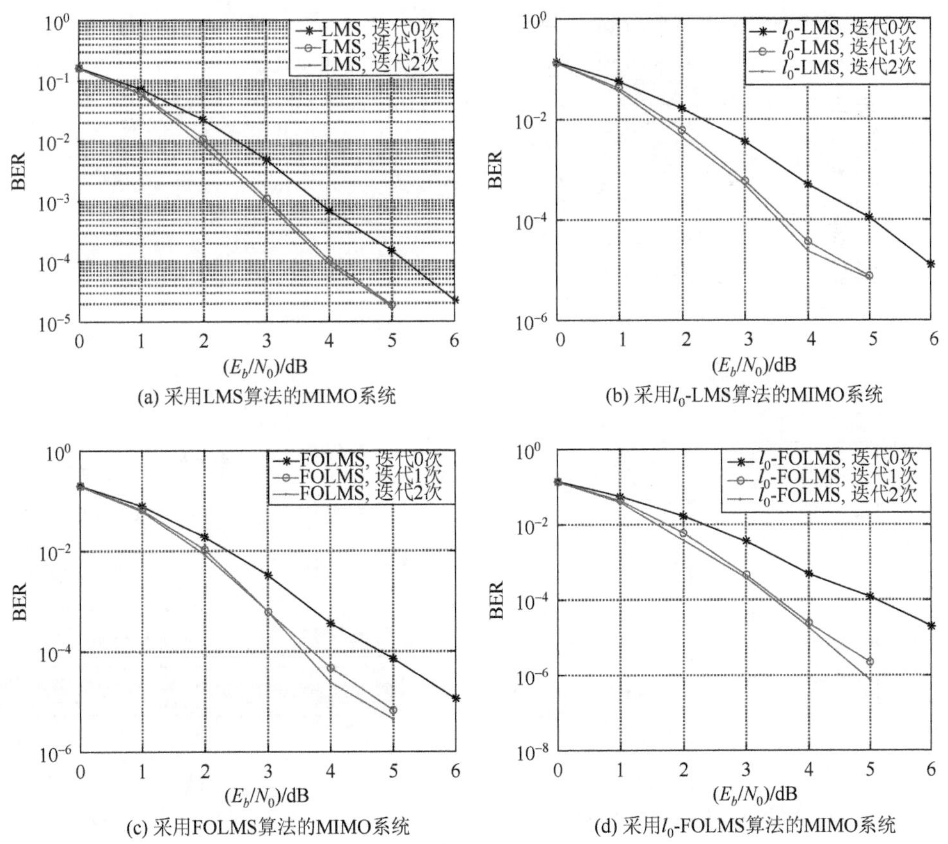

(a) 采用LMS算法的MIMO系统

(b) 采用 l_0-LMS算法的MIMO系统

(c) 采用FOLMS算法的MIMO系统

(d) 采用 l_0-FOLMS算法的MIMO系统

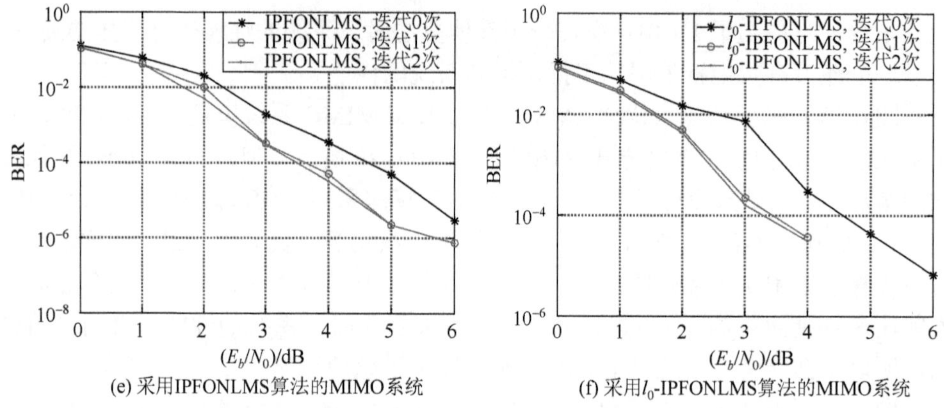

(e) 采用IPFONLMS算法的MIMO系统　　(f) 采用l_0-IPFONLMS算法的MIMO系统

图 6.20　MIMO 系统 8PSK 调制下稀疏快速自优化算法信号均衡输出结果的 BER 曲线（一）

比未均衡时提高了 1.5dB；而在采用其他算法时，系统的性能也有明显的提高，所以均衡能够有效地抵消码间干扰，提高系统的性能。

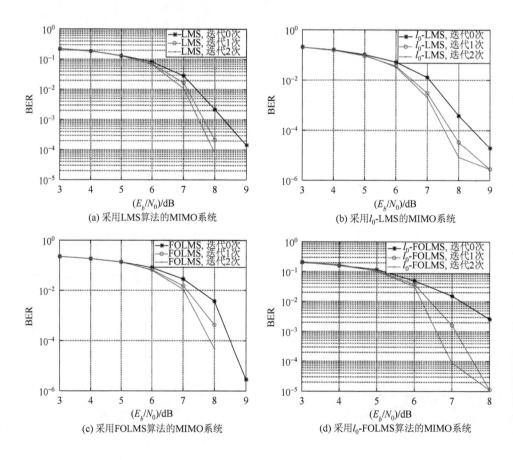

(a) 采用LMS算法的MIMO系统　　(b) 采用l_0-LMS的MIMO系统

(c) 采用FOLMS算法的MIMO系统　　(d) 采用l_0-FOLMS算法的MIMO系统

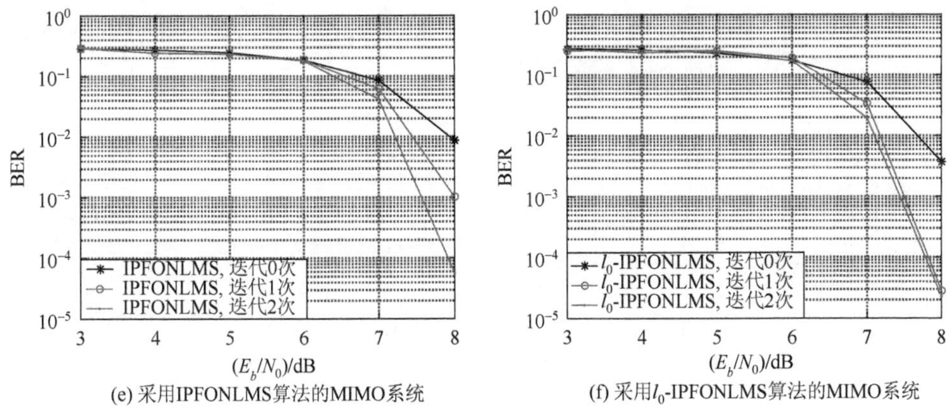

(e) 采用IPFONLMS算法的MIMO系统　(f) 采用l_0-IPFONLMS算法的MIMO系统

图 6.21　MIMO 系统 16QAM 调制下稀疏快速自优化算法信号均衡输出结果的 BER 曲线（一）

2）2×6 的 MIMO 系统性能分析

仿真时各种算法的参数设置如表 6.9 所示。

表 6.9　算法仿真参数表（二）

算法名称	参数值
LMS	前向步长 $\mu_{ff}=5\times10^{-4}$，反馈步长 $\mu_{fb}=0.45\mu_{ff}$
l_0-LMS	前向步长 $\mu_{ff}=5\times10^{-4}$，反馈步长 $\mu_{fb}=0.45\mu_{ff}$， $\kappa=1\times10^{-7}$， $\beta=10$
FOLMS	初始前向步长 $\mu_{ff}=5\times10^{-4}$，初始反馈步长 $\mu_{fb}=0.45\mu_{ff}$， $\alpha=1\times10^{-8}$
l_0-FOLMS	初始前向步长 $\mu_{ff}=5\times10^{-4}$，初始反馈步长 $\mu_{fb}=0.45\mu_{ff}$， $\kappa=1\times10^{-7}$， $\beta=10$， $\alpha=1\times10^{-8}$
IPFONLMS	初始前向步长 $\mu_{ff}=0.1$，初始反馈步长 $\mu_{fb}=0.001$， $\alpha=-0.5$， $\beta=1\times10^{-6}$
l_0-IPFONLMS	初始前向步长 $\mu_{ff}=0.2$，初始反馈步长 $\mu_{fb}=0.001$，$\alpha=-0.5$，$\gamma=1\times10^{-8}$，$\beta=10$，$\kappa=1\times10^{-6}$

图 6.22 是基于稀疏自优化 LMS 算法的 2×6 MIMO 系统模型下经过均衡器输出结果的 BER 曲线，调制方式为 BPSK。如图 6.22 所示，随着 Turbo 迭代次数的增加，均衡效果变好。在系统中，自适应算法采用 LMS 算法时，当误码率降到 10^{-3} 以下时，均衡之后的性能比未均衡时提高了 0.25dB；同样地，自适应算法采用 l_0-LMS 算法时，当误码率降到 10^{-2} 以下时，第二次均衡之后的性能比未均衡时提高了 0.5dB；而在采用其他算法时，系统的性能也有明显的提高，所以均衡能够有效地抵消码间干扰，提高系统的性能。

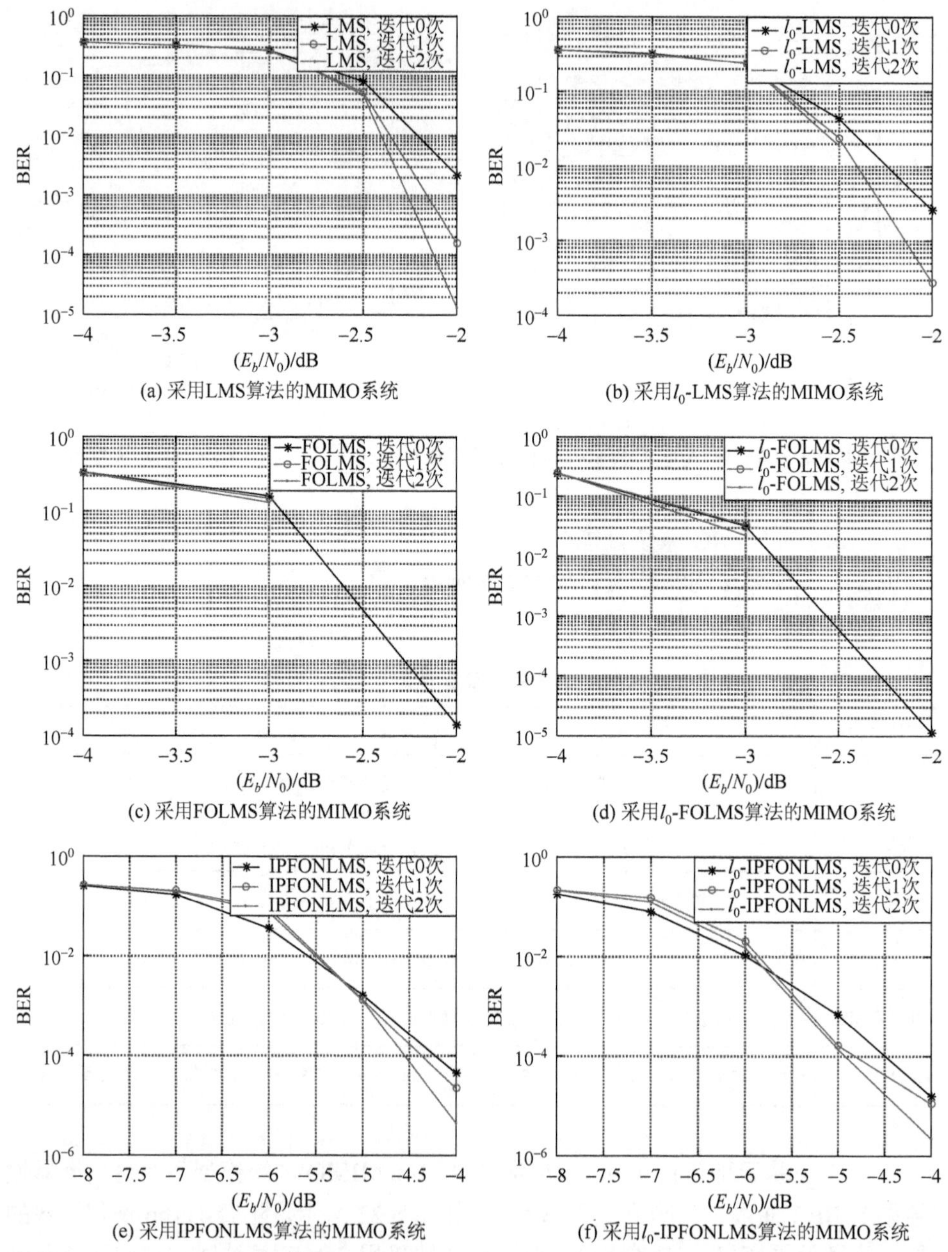

(a) 采用LMS算法的MIMO系统

(b) 采用l_0-LMS算法的MIMO系统

(c) 采用FOLMS算法的MIMO系统

(d) 采用l_0-FOLMS算法的MIMO系统

(e) 采用IPFONLMS算法的MIMO系统

(f) 采用l_0-IPFONLMS算法的MIMO系统

图 6.22 MIMO 系统 BPSK 调制下稀疏快速自优化算法信号均衡输出结果的 BER 曲线（二）

图 6.23 是基于稀疏自优化 LMS 算法的 2×6 MIMO 系统模型下经过均衡器输出结果的 BER 曲线，调制方式为 QPSK。如图 6.23 所示，随着 Turbo 迭代次数的增加，均衡效果变好。在系统中，自适应算法采用 LMS 算法时，当误码率降到 10^{-3} 以下时，均衡之后的性能比未均衡时提高了 0.15dB；同样地，自适应算法采

用 l_0-LMS 算法时，当误码率降到 10^{-3} 以下时，第二次均衡之后的性能比未均衡时提高了 0.5dB；而在采用其他算法时，系统的性能也有明显的提高，所以均衡能够有效地抵消码间干扰，提高系统的性能。

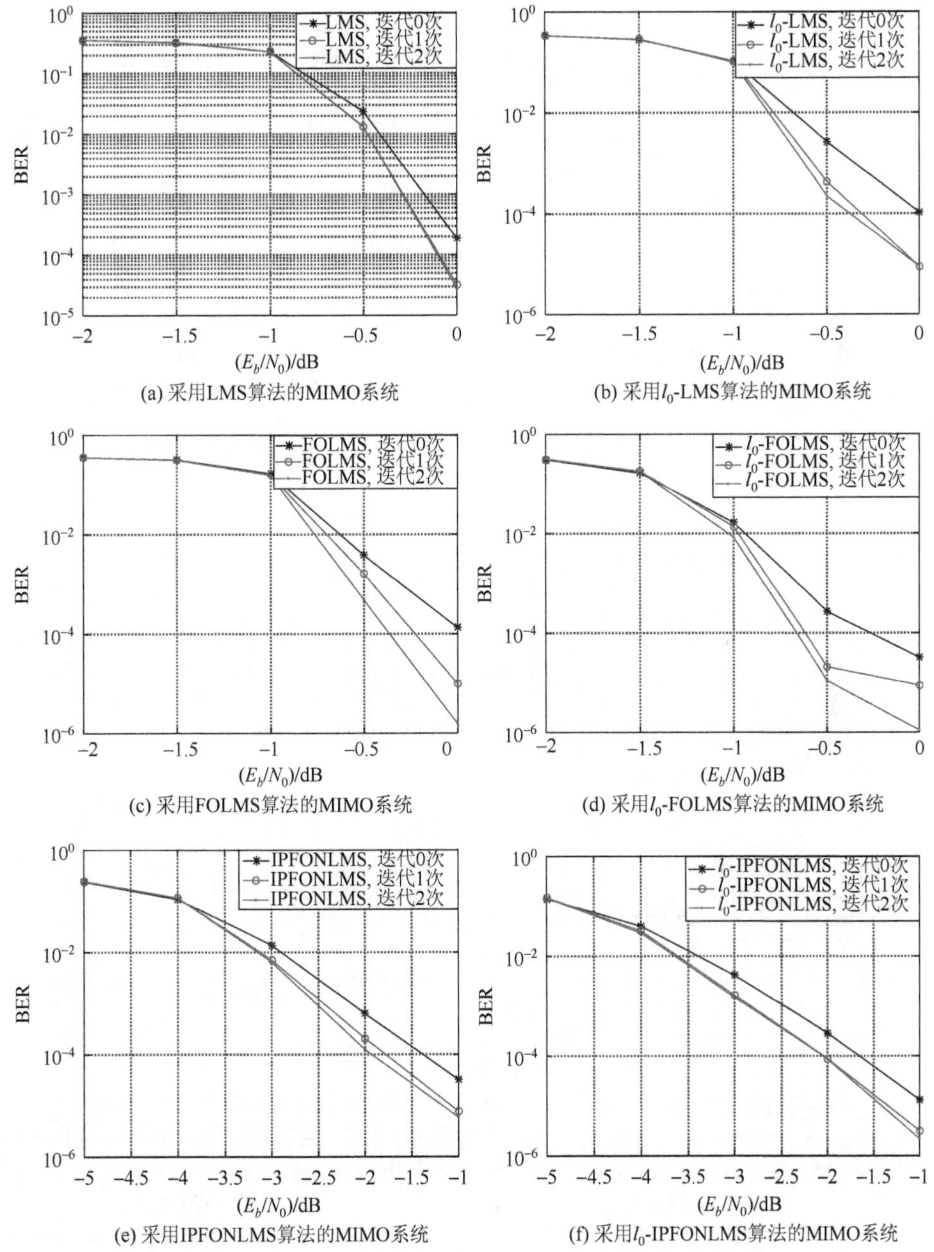

图 6.23　MIMO 系统 QPSK 调制下稀疏快速自优化算法信号均衡输出结果的 BER 曲线（二）

图 6.24 是基于稀疏自优化 LMS 算法的 2×6 MIMO 系统模型下经过均衡器输出结果的 BER 曲线，调制方式为 8PSK。如图 6.24 所示，随着 Turbo 迭代次数的增加，均衡效果变好。在系统中，自适应算法采用 LMS 算法时，当误码率降到

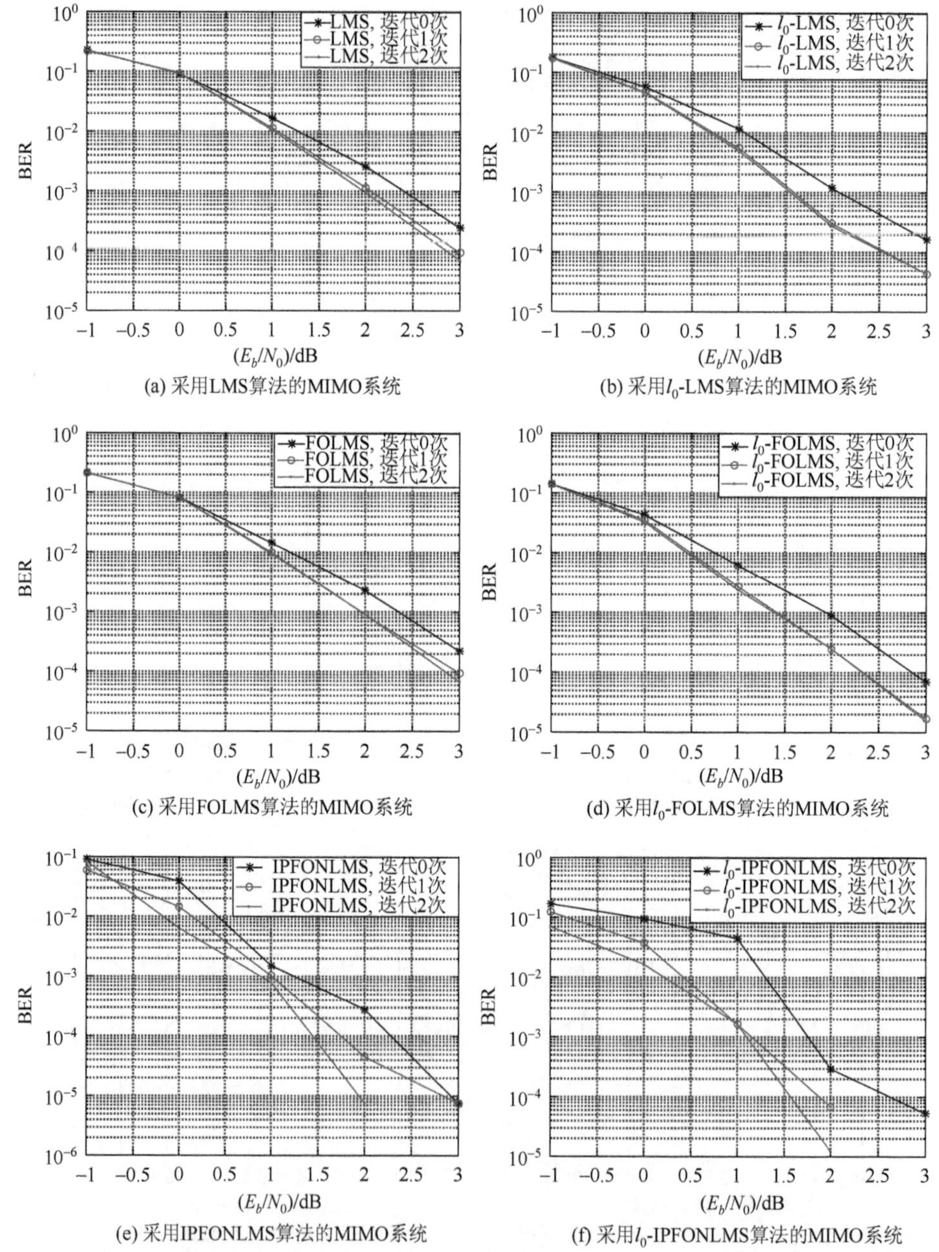

(a) 采用LMS算法的MIMO系统　(b) 采用l_0-LMS算法的MIMO系统

(c) 采用FOLMS算法的MIMO系统　(d) 采用l_0-FOLMS算法的MIMO系统

(e) 采用IPFONLMS算法的MIMO系统　(f) 采用l_0-IPFONLMS算法的MIMO系统

图 6.24　MIMO 系统 8PSK 调制下稀疏快速自优化算法信号均衡输出结果的 BER 曲线（二）

10^{-3} 以下时，均衡之后的性能比未均衡时提高了 0.5dB；同样地，自适应算法采用 l_0-LMS 算法时，当误码率降到 10^{-3} 以下时，第二次均衡之后的性能比未均衡时提高了 0.4dB；而在采用其他算法时，系统的性能也有明显的提高，所以均衡能够有效地抵消码间干扰，提高系统的性能。

图 6.25 是基于稀疏自优化 LMS 算法的 2×6 MIMO 系统模型下经过均衡器输出结果的 BER 曲线，调制方式为 16QAM。如图 6.25 所示，随着 Turbo 迭代次数的增加，均衡效果变好。在系统中，自适应算法采用 LMS 算法时，当误码率降到 10^{-3} 以下时，第二次均衡之后的性能比第一次均衡时提高了 0.5dB；同样地，自适应算法采用 l_0-LMS 算法时，当误码率降到 10^{-5} 以下时，第二次均衡之后的性能比未均衡时提高了 0.6dB；而在采用其他算法时，系统的性能也有明显的提高，所以均衡能够有效地抵消码间干扰，提高系统的性能。

5. 基于稀疏快速自优化 LMS 算法的 DA-TEQ 性能比较

在前面分析中，为了比较在不同 MIMO 系统中的稀疏快速自优化 LMS 算法的性能，分别采用 2×4 和 2×6 的 MIMO 通信结构进行仿真，其中的调制方式分

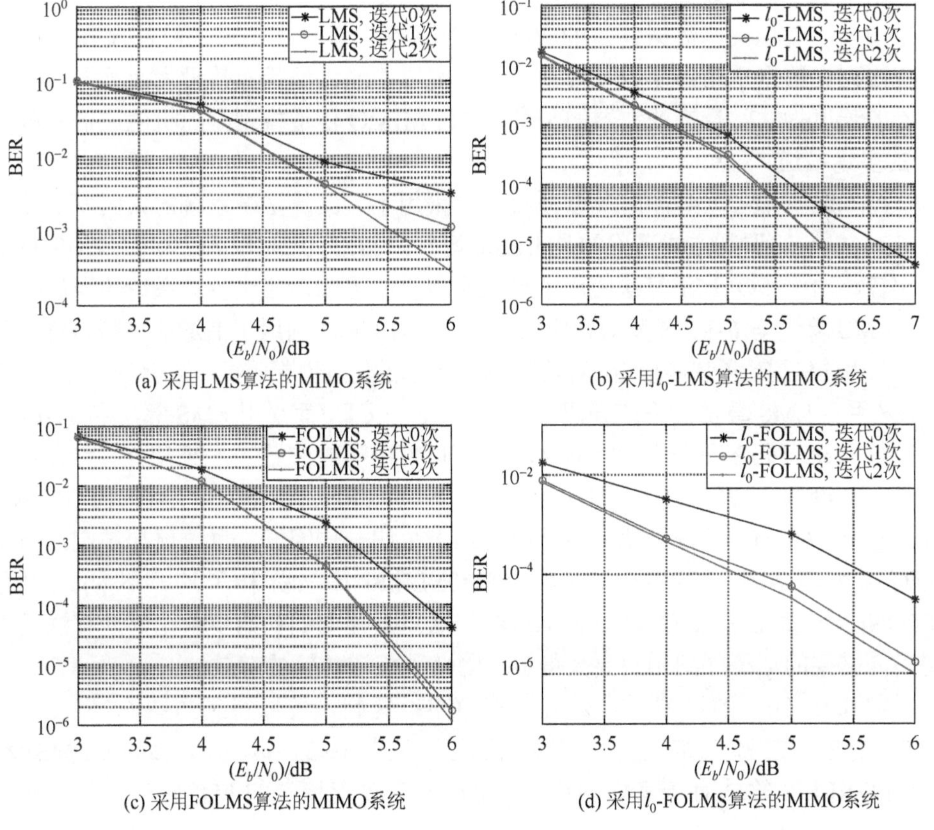

(a) 采用LMS算法的MIMO系统　(b) 采用l_0-LMS算法的MIMO系统

(c) 采用FOLMS算法的MIMO系统　(d) 采用l_0-FOLMS算法的MIMO系统

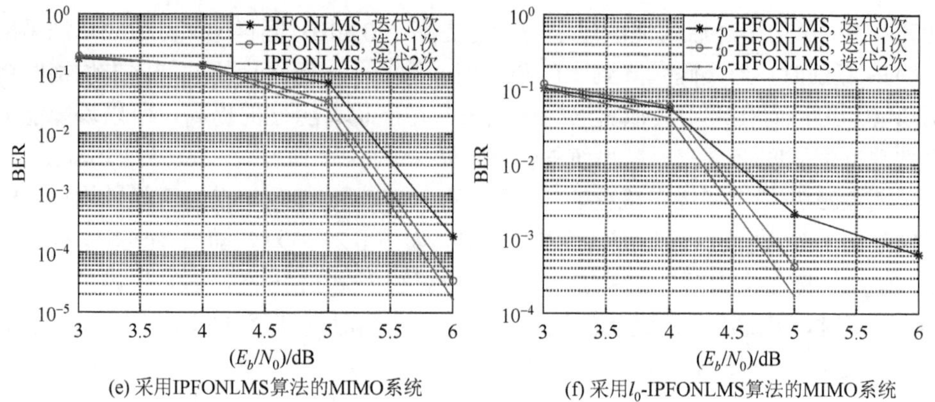

(e) 采用IPFONLMS算法的MIMO系统　　(f) 采用l_0-IPFONLMS算法的MIMO系统

图 6.25　MIMO 系统 16QAM 调制下稀疏快速自优化算法信号均衡输出结果的 BER 曲线（二）

别采用 BPSK、QPSK、8PSK 和 16QAM，仿真次数为 100 次。接下来比较在同一 MIMO 系统中，相同调制方式下，基于稀疏快速自优化 LMS 算法的性能，并且都以均衡迭代次数为 3 时进行性能对比。

整个系统的参数如下，信道编码器采用生成多项式为$[131, 171]_{\text{oct}}$、码率为 1/2 的递归系统卷积码。数据包含 5000bit 传输信息，其中在信息之前包含 500bit 的训练序列。数据重用的次数设为 3 次，均衡器的最大迭代次数设为 3 次。前向滤波器的长度为 42，反馈滤波器的长度为 21。MIMO 信道模型是随机生成的长度为 21 的多途信道。

图 6.26 是在 2×4 的 MIMO 系统中，采用不同的算法时系统的误码率曲线。图 6.26（a）的调制方式采用的是 BPSK 调制，常用的 LMS 算法与 FOLMS 算法相比较，由于 FOLMS 算法应用了自适应步长的思想，相比较其系统的误码率更低。LMS 算法与 l_0-LMS 算法相比，由于 l_0-LMS 算法利用了信道的稀疏特性，而仿真采用的信道也是稀疏信道，所以 l_0-LMS 算法的优越性更明显，当信噪比达到–2dB 时，采用 l_0-LMS 算法的系统误码率能降到 10^{-3} 以下，而采用 LMS 算法和 FOLMS 算法的系统误码率只能降到 10^{-1} 以下。而在相同的参数下，采用 l_0-FOLMS、IPFONLMS 和 l_0-IPFONLMS 算法的系统误码率能降到 10^{-4} 以下。其中，IPFONLMS 算法与 l_0-FOLMS 算法相比，由于前者加入了归一化因子，算法更加稳定，但是没有利用信道的稀疏特性。而 l_0-IPFONLMS 算法弥补了这一缺陷，但是 IPFONLMS 算法和 l_0-IPFONLMS 算法的缺点是需要的初始步长比其他算法要大得多，需要的训练序列相应要大得多，降低了信道传输的有效性。

图 6.26（b）的调制方式采用的是 QPSK 调制，可以得到与图 6.26（a）相似的结论。在稀疏信道中，利用稀疏信道特性的 l_0-LMS、l_0-FOLMS 和 l_0-IPFONLMS 算法有着良好的特性。而自适应改变步长的 FOLMS、l_0-FOLMS、

IPFONLMS 和 l_0-IPFONLMS 算法与 LMS 算法相比，对系统的性能也有很大的改善。当信噪比达到–0.5dB 时，采用 l_0-LMS、IPFONLMS 和 l_0-IPFONLMS 算法的系统误码率能降到 10^{-3} 以下，而采用 LMS 和 FOLMS 算法的系统误码率只能降到 10^{-1} 以下，采用 l_0-FOLMS 算法的系统误码率只能降到 10^{-2} 以下，但是当信噪比达到 0dB 时，采用 l_0-FOLMS 算法的系统误码率要比采用 l_0-LMS 算法的系统误码率低。

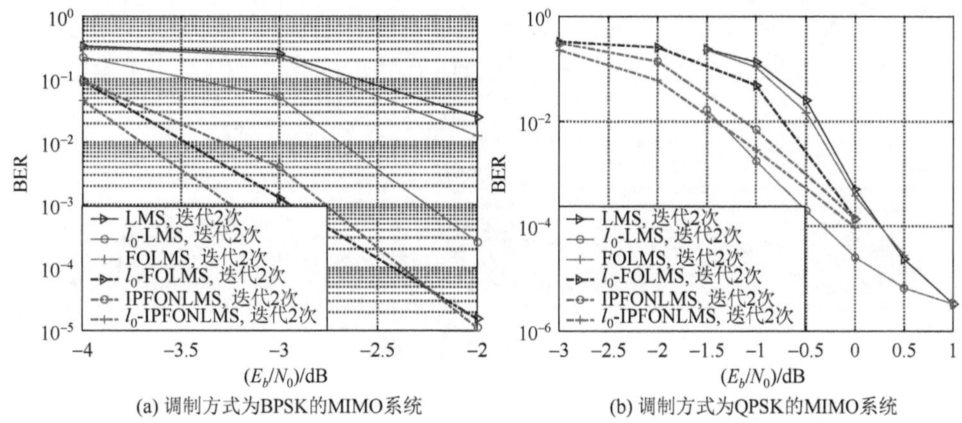

图 6.26　不同调制方式下，MIMO 系统中基于稀疏快速最优化 LMS 算法性能比较

6.4　试验数据处理及分析

通过仿真说明了基于稀疏快速自优化的 LMS 算法能够有效地估计滤波器的系数，并且改进的几种算法能利用水声信道的稀疏特性，自适应地估计滤波器的系数，使得均衡器能更好地消除码间干扰，接收机的性能得到了有效的提高。为了验证算法在实际应用中的性能，在本节中，基于稀疏快速自优化 LMS 算法的接收机将处理实际的试验数据。

6.4.1　试验布放图

试验在厦门东南海域进行。图 6.27 给出了试验中发射换能器与接收水听器的试验布放示意图。

试验地点的海深约为 23m。两个发射换能器固定在一艘小船上，分别距离水面约为 3m 和 4m。4 个接收水听器作为接收机，垂直布放，相邻接收水听器的间隔为 0.25m，第一个接收水听器距离海面约 8m，发射换能器与接收水听器之间的水平距离为 2.5km。

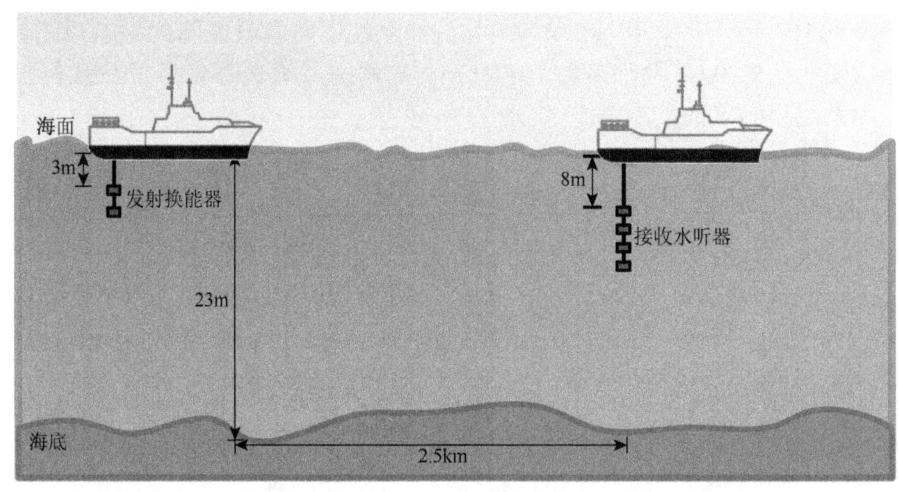

图 6.27　试验布放示意图

6.4.2　发射数据帧结构

对于 MIMO 传输端来说，数据流经过比特交织编码调制（bit-interleaved coded modulation，BICM）水平编码系统之后，两组并行的数据流通过两个发射换能器进行传输。编码器是码率 $R_c = 1/2$ 的卷积码编码器，其中生成多项式为 $[17,13]_{\text{oct}}$，输入信号经过该编码器进行编码。载波频率为 $f_c = 12\,\text{kHz}$ 并且符号率为 4k 符号/s。脉冲整型滤波器是滚降因子为 0.2 的平方根升余弦滤波器，因此占用的信道带宽为 4.8kHz。在接收端采样率为 96kHz。

两组数据流的数据结构和相关参数如图 6.28 所示。传输数据的数据头是线性调频信号（linear frequency modulation beginning，LFMB），结尾也是线性调频信号，称为 LFME（linear frequenuy modulation ending）。线性调频信号用于粗同步和信道结构的测量。为了降低同信道的干扰，从 m 序列的优选对中产生两组长度为 511 的正交序列，将序列加入数据负载的前后用于帧的粗同步和信道参数的初始估计。接下来的帧同步信号是由不同调制形式组成的一组数据包。由于 BPSK 调制的检测性能很好，所以只有 QPSK、8PSK 和 16QAM 调制的数据用于性能评估。传输信号与 m 序列、LFMB 和 LFME 用间隔分开，避免了块间干扰。每个数据负载的长度为 3000 个符号。SNR 可以用数据部分和接收信号的无数据传输部分进行估计，近似 SNR 的范围为 20～32dB。

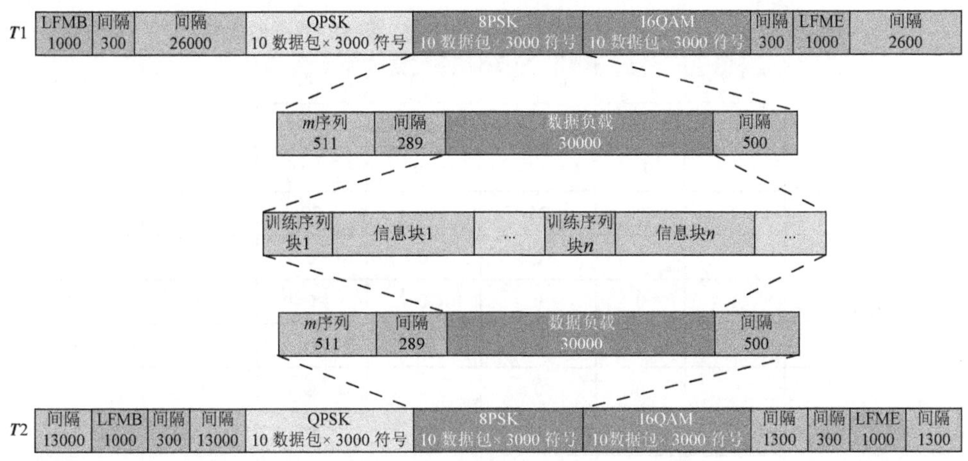

图 6.28　两个发射换能器的数据流结构和相关参数

6.4.3　试验数据处理及分析

1. 不同训练负荷性能分析

训练符号周期性地插入信号中用于估计滤波器的参数。整个负载被分为 10 个长度为 $N_s = 3000$ 符号的子块。每个子块利用 N_p 个符号作为训练序列，剩余的 $N_d = N_s - N_p$ 作为数据符号。由此产生的训练序列开销为 $\beta = N_p / (N_p + N_d)$，对应的数据率为 $(1-\beta)R_s qNR_c$ kbit/s。N_p 的选择取决于调制体系，见表 6.10。表 6.10 列出了两种配置，每种配置对应两种训练开销。为了确保比较的公平性，采用穷举法选择算法的参数使得 BER 达到最低。为了降低穷举搜索的维度，固定 MIMO 均衡器的一些参数，K_b 和 K_f 分别为 120 和 60。LMS 类算法的收敛速度慢，所以为了提高系统的性能，将数据重用技术运用于均衡器参数的估计算法中。检测性能基于数据包的数量实现的特定 BER 级别来判断。表 6.11 和表 6.12 分别总结了在系统为配置 1 和配置 2 下的结果。其中的算法包括 LMS、l_0-LMS、FOLMS、l_0-FOLMS、IPFONLMS 和 l_0-IPFONLMS。

表 6.10　分析不同配置接收机的收敛性能

配置	调制方式	包数	子块（N_s）	训练开销（β）	数据率/(kbit/s)
1	QPSK	30	1000	18%	6.56
	8PSK	30	1000	28%	8.64
	16QAM	30	1000	28%	11.52
2	QPSK	30	1000	20%	6.4
	8PSK	30	1000	30%	8.4
	16QAM	30	1000	30%	11.2

表 6.11　在配置 1 条件下达到指定 BER 等级的数据包的总数

	迭代次数	LMS	l_0-LMS	FOLMS	l_0-FOLMS	IPFONLMS	l_0-IPFONLMS
QPSK（BER = 0）	0	0	12	0	0	30	30
	1	17	17	20	29	30	30
	2	20	25	29	30	30	30
8PSK（BER ∈ $[0,10^{-4}]$）	0	0	0	0	0	30	30
	1	0	0	0	0	30	30
	2	0	0	0	0	30	30
16QAM（BER ∈ $[0,10^{-3}]$）	0	0	0	0	0	0	2
	1	0	0	0	0	0	8
	2	0	0	0	0	4	8

表 6.12　在配置 2 条件下达到指定 BER 等级的数据包的总数

	迭代次数	LMS	l_0-LMS	FOLMS	l_0-FOLMS	IPFONLMS	l_0-IPFONLMS
QPSK（BER = 0）	0	21	26	29	30	30	30
	1	28	29	30	30	30	30
	2	30	29	30	30	30	30
8PSK（BER ∈ $[0,10^{-4}]$）	0	0	0	0	0	30	30
	1	0	0	0	0	30	30
	2	0	0	0	1	30	30
16QAM（BER ∈ $[0,10^{-3}]$）	0	0	0	0	0	4	11
	1	0	0	0	0	9	19
	2	0	0	0	0	10	23

可以从表 6.11 中得出以下结论：①随着迭代次数的增加，所有系统的性能都有所提高，即使是在第一次迭代之后，基于零范数因子的 LMS 类算法的 DA-TEQ 要优于基于 LMS 算法的 DA-TEQ；而这种差异在 8PSK 和 16QAM 调制下现象更为明显，这是因为利用零范数的算法能更准确地估计滤波器的参数；②性能的提高在第一次和第二次迭代之后很显著；③基于 l_0-FOLMS、IPFONLMS 和 l_0-IPFONLMS 算法的 DA-TEQ 性能优于基于 LMS、l_0-LMS 和 FOLMS 算法的 DA-TEQ。

接下来，考虑训练开销对 DA-TEQ 检测性能的影响。首先，在配置 1 和配置 2 下的 DA-TEQ 有相似的趋势，但是在 6 种 DA-TEQ 系统中，随着训练开销的增加，系统性能都有提高。我们观察到基于 LMS 算法的 DA-TEQ 对训练开销尤其敏感。对于三种调制方式，在第一次迭代之后都有可观的性能增益。另外，由于算法收敛速度慢和快速时变信道的影响，LMS 类算法的性能在第三次迭代之后改善很小，因此采用了数据重用技术。例如，对于 QPSK 调制，在第二次迭代之后，最终误码率为 0 的包数为 20～30。从表 6.12 中可以得出结论，随着训练符号的增加，达到目标 BER 的数据包也有所增加。

图 6.29 详细描述了不同调制方式的结果。从图中可以看出，在 QPSK 调制下，基于 IPFONLMS 和 l_0-IPFONLMS 算法的 DA-TEQ 可以在 30 包数据中成功地恢复 30 包，表明我们提出的接收机能够以较低的误码率达到 6.56kbit/s 的数据速率。另外，对于 8PSK 调制来说，当训练开销为 35%时，基于 LMS 和 l_0-LMS 算法的接收机未能成功恢复发送数据；而基于 FOLMS 和 l_0-FOLMS 算法的接收机在迭代两次之后，30 包数据中只有 1 包数据达到目标的误码率（BER＜10^{-4}）；基于 IPFONLMS 和 l_0-IPFONLMS 算法的接收机在 30 包数据中所有数据都能达到目标的误码率 BER＜10^{-4}。在增大训练开销之后，由 35%增加到 40%时，基于 IPFONLMS 和 l_0-IPFONLMS 算法的接收机仍然具有良好的性能；基于 LMS 和 l_0-LMS 算法的接收机在迭代两次之后，30 包数据中分别有 11、12 包数据能达到

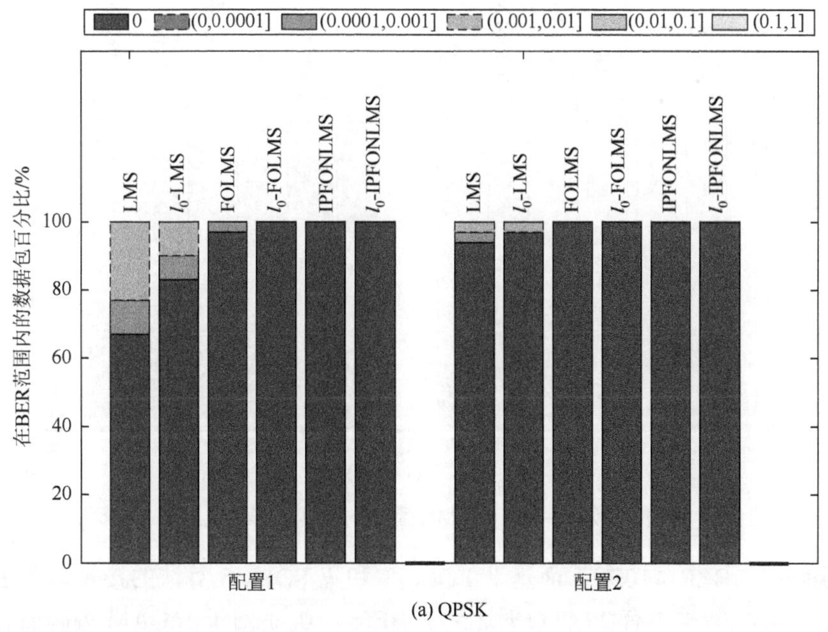

(a) QPSK

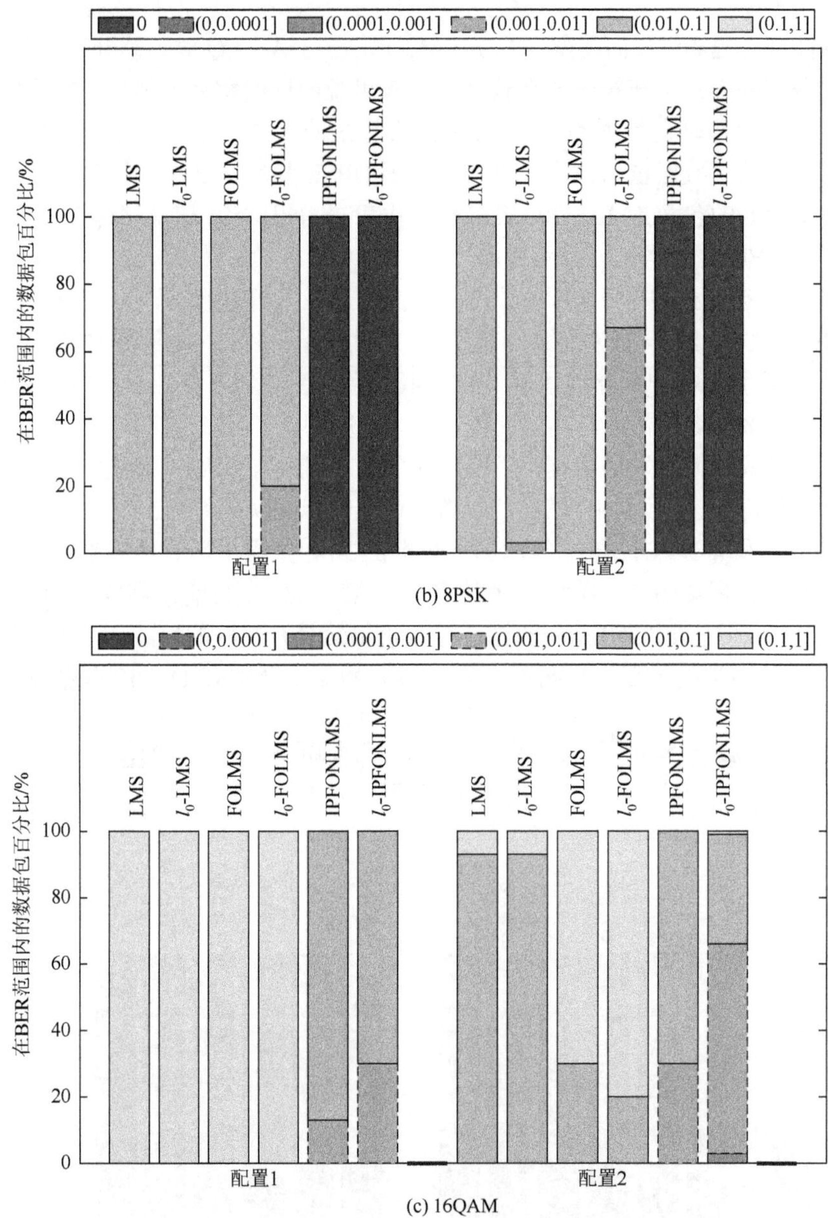

(b) 8PSK

(c) 16QAM

图 6.29　迭代 2 次之后 2×4MIMO 系统的性能（彩图见封底二维码）

目标误码率（BER＜10^{-4}）；而基于 FOLMS 和 l_0-FOLMS 算法的接收机在迭代两次之后，30 包数据中有 29 包数据达到了 BER＜10^{-4}。对于 16QAM 调制而言，对于 30 包数据来说，大部分的性能增益都在 BER＜10^{-2} 的范围内。

2. 不同 MIMO 配置大小性能分析

表 6.13 给出了三种 MIMO 系统的配置用来描述 MIMO 尺寸对接收机性能的影响。2×4 的 MIMO 系统通过改变接收水听器的数量被分为几种更小尺寸的 MIMO 系统，分别为 2×2、2×3 和 2×4 的 MIMO 配置。

表 6.13　分析不同配置接收机的收敛性能

MIMO（$N\times M$）	调制方式	包数	子块（N_s）	训练开销（β）	数据率/(kbit/s)
2×2	QPSK	30	1000	20%	6.4
	8PSK	30	1000	30%	8.4
	16QAM	30	1000	30%	11.2
2×3	QPSK	30	1000	20%	6.4
	8PSK	30	1000	30%	8.4
	16QAM	30	1000	30%	11.2
2×4	QPSK	30	1000	20%	6.4
	8PSK	30	1000	30%	8.4
	16QAM	30	1000	30%	11.2

从图 6.30 中可以看到在 QPSK 调制下，迭代 2 次之后，2×3 和 2×4 的所有 MIMO 接收机可以完美恢复数据。在 2×2 的 MIMO 系统中，基于 FOLMS、l_0-FOLMS、IPFONLMS 和 l_0-IPFONLMS 算法的接收机可以完美恢复传输信息，而基于 LMS 和 l_0-LMS 算法的接收机在恢复传输信息时会有微小的误差。

对于 8PSK 调制，基于 LMS、l_0-LMS、FOLMS 和 l_0-FOLMS 算法的 MIMO 接收机的性能随着接收水听器个数的增加而变好，但是不能达到零误码率。主要的原因是越高的调制阶数需要对滤波器参数更准确的估计，但是 LMS、l_0-LMS、FOLMS 和 l_0-FOLMS 算法不能达到需要的高精度。然而，零误码率检测在 2×3 和 2×4 配置下，基于 IPFONLMS 和 l_0-IPFONLMS 算法的 MIMO 接收机上实现。

图 6.30（c）中给出了 16QAM 调制下的检测结果。同常理一样，所有接收机的性能都随着接收水听器个数的增加而有所提高。对于 2×3 的 MIMO 配置，基于 LMS、l_0-LMS、FOLMS、l_0-FOLMS、IPFONLMS 和 l_0-IPFONLMS 算法的接收机在 30 个数据包中分别有 6、6、11、11、10、12 个包没有错误地恢复出数据。而且这 30 个数据包中分别有 29、30、30、30、30、30 个包的数据的误码率在 BER $<10^{-2}$ 范围。对于 2×4 的 MIMO 配置，在 30 包数据中，每种算法下的 MIMO 接收机分别有 30、30、30、30、30、30 个包的数据的误码率在 BER$<10^{-2}$ 范围。

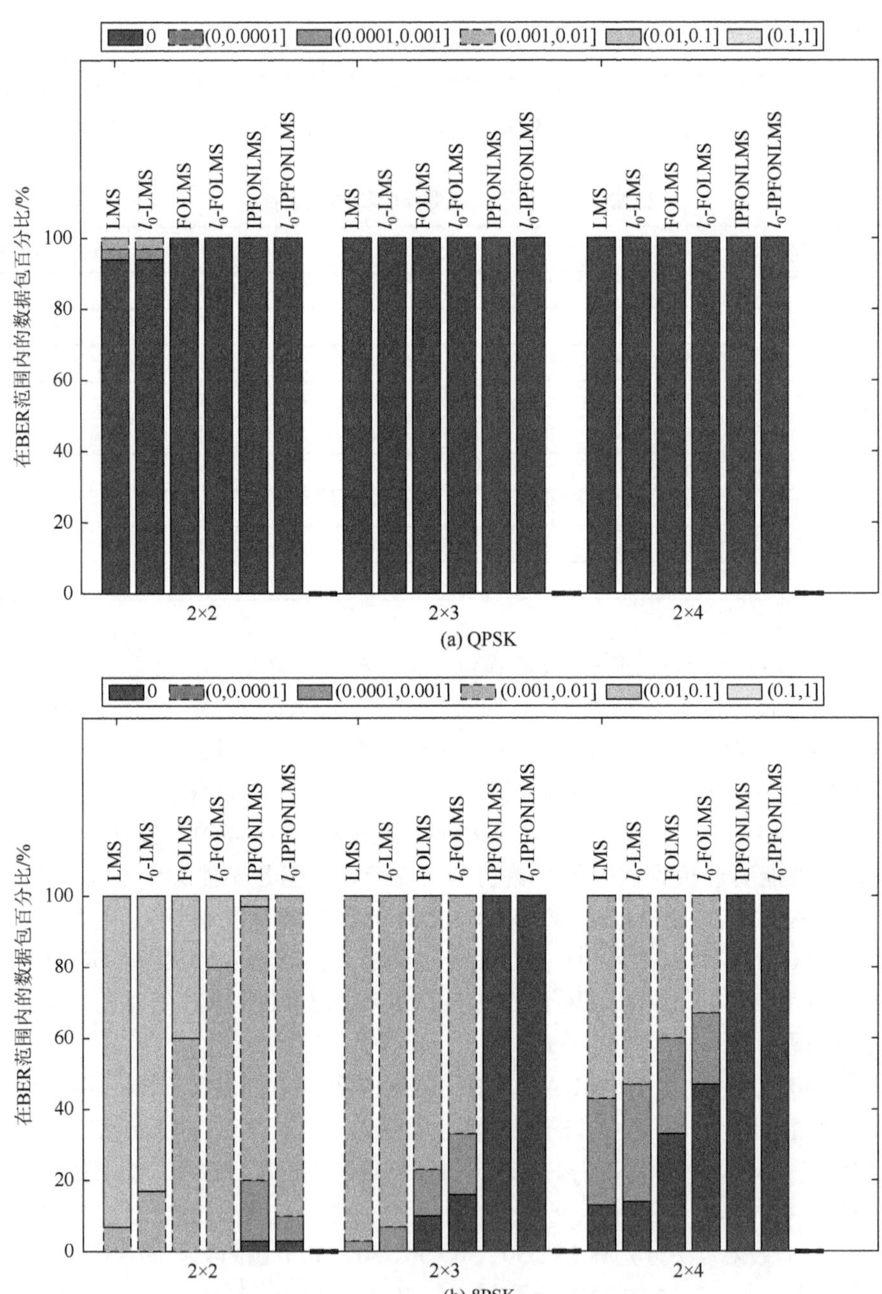
0
(0,0.0001]
(0.0001,0.001]
(0.001,0.01]
(0.01,0.1]
(0.1,1]
在BER范围内的数据包百分比/%
LMS
l_0-LMS
FOLMS
l_0-FOLMS
IPFONLMS
l_0-IPFONLMS
2×2
2×3
2×4
(a) QPSK

(b) 8PSK

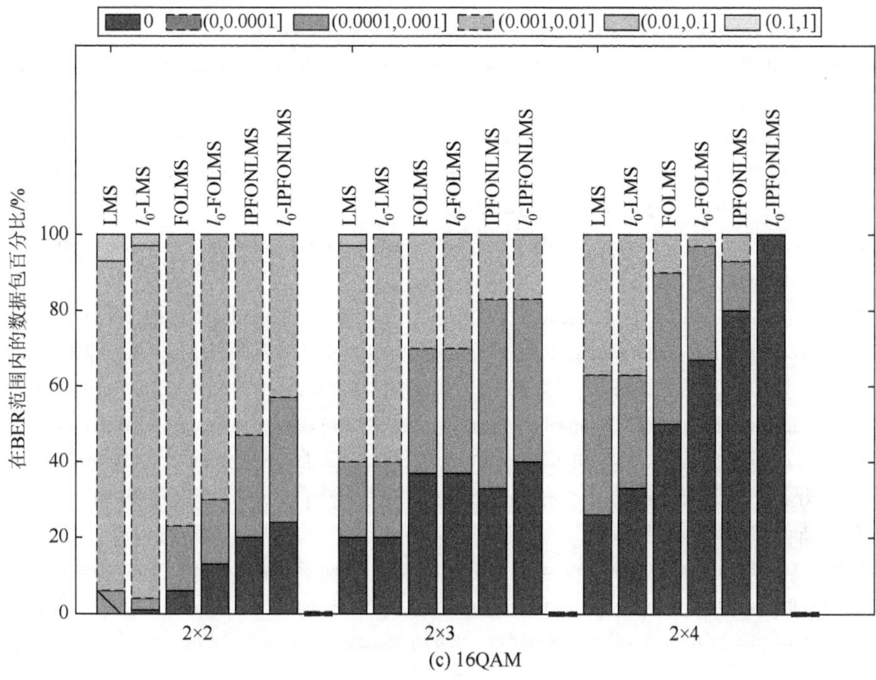

图 6.30　迭代 2 次之后 2×2、2×3 和 2×4 的 MIMO 系统性能（彩图见封底二维码）

参 考 文 献

[1] Proakis J G，Salehi M. 数字通信.5 版. 张力军，等，译. 北京：电子工业出版社，2012：1-10.

[2] Haykin S. 自适应滤波器原理. 郑宝玉，等，译. 北京：电子工业出版社，2010.

[3] Gu Y，Jin J，Mei S. l_0-norm constraint LMS algorithm for sparse system identification，IEEE Signal Processing Letter，2009，16（9）：774-777.

[4] Su G，Jin J，Gu Y，et al. Performance analysis of l_0-norm constraint least mean square algorithm. IEEE Transactions Signal Processing，2012，60（5）：2223-2235.

[5] Zhang Y，Xiao S，Huang D，et al. l_0-norm penalised shrinkage linear and widely linear LMS algorithms for sparse system identification. IET Signal Processing，2017，11（1）：86-94.

[6] Bragard P，Jourdain G. A fast self-optimized LMS algorithm for non-stationary identification：Application to underwater equalization. Proceedings IEEE International Conference Acoustics，Speech，Signal Processing（ICASSP），Albuquerque，1990：1425-1428.

[7] Bragard P，Jourdain G. Adaptive equalization for underwater data transmission. International Conference on Acoustics，Speech，and Signal Processing，Glasgow，1989：1171-1174.

[8] Benallal A，Gilloire A. Improvement of the convergence speed and tracking capability of the numerically stable FLS algorithm for adaptive filtering. International Conference on Acoustics，Speech，and Signal Processing，Glasgow，1989：1031-1034.

[9] Capellano V，Loubet G，Jourdain G. Adaptive multichannel equalizer for underwater communications. Oceans '96

MTS/IEEE Prospects for the 21st Century，Fort Lauderdale，1996：994-999.

[10] Capellano V，Jourdain G. Comparison of adaptive algorithms for multichannel adaptive equalizers application to underwater acoustic communications. Oceans '98 Conference Proceedings，Nice，1998：1178-1182.

[11] Benesty J，Gay S L. An improved PNLMS algorithm. IEEE ICASSP-02，Orlando，2002：1881-1884.

[12] Jiang S，Gu Y. Block-sparsity-induced adaptive filter for multi-clustering system identification. IEEE Transactions on Signal Processing，2015，63（20）：5318-5330.

[13] Choi J W，Riedl T J，Kim K，et al. Adaptive linear turbo equalization over doubly selective channels. IEEE Journal of oceanic Engineering，2011，36（4）：473-489.

[14] Choi J，Drost R，Singer A C，et al. Iterative multi-channel equalization and decoding for high frequency underwater acoustic communications. Proceedings 2008 IEEE Sensor Array Multichannel Signal Processing，2008：127-130.

[15] Laot C，Beuzeulin N，Bourre A. Experimental results on MMSE turbo equalization in underwater acoustic communication using high order modulation. Proceedings MTS/IEEE Oceans Conference，Seattle，2010：1-6.

[16] Laot C，Bidan R L. Adaptive MMSE turbo equalization with high order modulations and spatial diversity applied to underwater acoustic communications. Proceedings 11th European Wireless Conference Sustainal Wireless Technology，Vienna，2011：1-6.

[17] Daly E L，Singer A C，Choi J W，et al. Linear turbo equalization with precoding for underwater acoustic communications. 44th Asilomar Conference Signals Systems Computing，Pacific Grove，2010：1319-1323.

[18] Tüchler M，Singer A C，Koetter R. Minimum mean square error equalization using a priori information. IEEE Transactions. Signal Processing，2002，50（3）：673-683.

[19] Tao J，Wu J，Zheng Y R，et al. Enhanced MIMO LMMSE turbo equalization：Algorithm simulations and undersea experimental results. IEEE Transactions Signal Processing，2011，59（8）：3813-3823.

[20] Otnes R，Tüchler M. Iterative channel estimation for turbo equalization of time-varying frequency-selective channels. IEEE Transactions Wireless Communcatim，2004，3（6）：1918-1923.

[21] Cannelli L，Leus G，Dol H，et al. Adaptive turbo equalization for underwater acoustic communication. Proceedings MTS/IEEE OCEANS Conference，Bergen，2013：1-9.

[22] Lou H，Xiao C. Soft decision feedback turbo equalization for multilevel modulations. IEEE Transactions Signal Processing，2011，59：186-195.

[23] 梁天一. 水声 MMO 自适应 Turbo 接收机技术研究. 哈尔滨：哈尔滨工程大学硕士学位论文，2019.

第 7 章　水声 MIMO-OFDM 通信系统迭代接收机技术

7.1　引　　言

水声信道是空-时-频域三选的复杂信道，其有效的通信带宽严重依赖于通信距离[1-11]。在给定带宽及发射功率恒定的情况下，采用 MIMO 技术可以极大地增加通信系统的信道容量，因此 MIMO 技术是实现高速水声通信的有效手段之一[12]。MIMO 技术既可以应用于单载波调制系统也可以应用于多载波调制系统；一方面，在单载波调制系统中，联合 MIMO 技术与时域 Turbo 均衡技术可以极大地提高通信系统的性能[13-16]，虽然 MIMO 时域 Turbo 均衡技术可以获得很好的接收性能，但是时域均衡技术复杂度很高，因此限制了其应用[17]；另一方面，多载波 OFDM 调制体制简单的调制、解调以及低复杂度频域均衡过程使得其在现代无线通信中获得了广泛的应用[18]。本章主要研究基于 MIMO-OFDM 通信体制的迭代接收机技术。

本章的内容安排如下：7.2 节介绍本章的 MIMO-OFDM 系统的发射与接收端基本模型；7.3 节介绍基本的线性检测和非线性检测技术；7.4 节介绍本章的迭代接收机结构；7.5 节介绍基于自适应算法的自适应 MIMO 信道估计技术；7.6 节仿真分析 MIMO-OFDM 系统的信道估计以及迭代接收机性能；7.7 节通过厦门海试验证本章研究内容的有效性。

本章常用符号说明：矩阵和向量分别用加粗的大写和小写字母来表示。$\boldsymbol{x}\in\mathbb{C}^{N\times1}$ 表示复值 $(N\times1)$ 向量，运算符 $\boldsymbol{x}^*$ 、 $\boldsymbol{x}^{\mathrm{T}}$ 、 $\boldsymbol{x}^{\dagger}$ 、$|\boldsymbol{x}|$、$\|\boldsymbol{x}\|_{\mathrm{F}}$ 分别表示向量 $\boldsymbol{x}$ 的复共轭、转置、共轭转置、求行列式及弗罗贝尼乌斯范数。l_{p} 向量范数定义为$\|\boldsymbol{x}\|_p=\left(\sum_i|x_i|^p\right)^{1/p}$ ，其中 x_i 是 $\boldsymbol{x}$ 中的第 i 个元素。

7.2　MIMO-OFDM 系统发射与接收端基本模型

如图 7.1 所示，考虑一个 $M\times N$ 的 MIMO-OFDM 系统，其中 M 和 N 分别为发射换能器与接收水听器的个数。首先二进制信息比特流 $\boldsymbol{a}$ 经过一个码率为 R_c 的信道编码产生编码比特流 $\boldsymbol{b}$ ，采用随机交织器对编码比特流 $\boldsymbol{b}$ 进行交织得到交织

比特流 $\boldsymbol{c}$，然后将 $\boldsymbol{c}$ 中每 Q 比特按位分组，各个分组映射到 2^Q 元的 PSK 或 QAM 符号星座集合中的某一个符号，最终得到符号向量 $\boldsymbol{s}$，将符号 $\boldsymbol{s}$ 经过串并转换得到 N 路并行符号流 $\{\boldsymbol{x}_n\}_{n=1}^N$，每一路包含 J 个 OFDM 符号（构成一个 OFDM 符号帧），每个 OFDM 符号的子载波数为 K。令第 n 个发射换能器发射的第 j 个 OFDM 符号的第 k 个子载波上的数据符号表示为 $x_{n,k}^j$。然后将 $\boldsymbol{x}_n=[x_0,x_1,\cdots,x_k,\cdots,x_{K-1}]^{\mathrm{T}}$ 插入块状导频后进行 IDFT 得到时域基带调制信号 $\{d_n(t)\}_{n=1}^N$，最后在加入长度为 N_{CP} 的循环前缀后，每一路经过并串转换后得到时域波形信号，最后调制后得到并行发射的 N 个发射波形 $\{s_n(t)\}_{n=1}^N$。

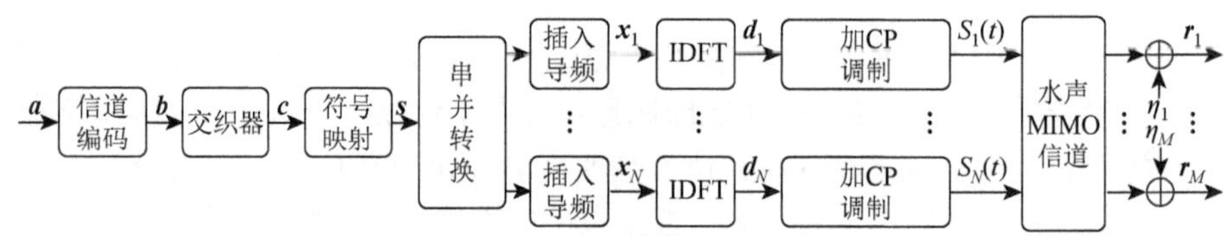

图 7.1　发射机结构框图

如图 7.1 所示，令第 n 个发射换能器与第 m 个接收水听器在第 j 个 OFDM 符号持续时间内的信道冲激响应表示为 $\boldsymbol{h}_{m,n}^j=[h_{m,n}^j(0),h_{m,n}^j(1),\cdots,h_{m,n}^j(L-1)]^{\mathrm{T}}$，$L$ 为信道的最大冲激响应长度，为后续的描述方便，将去掉上标 j。

假设 MIMO 水声信道在一个 OFDM 符号内是时不变的，那么接收端经过完美帧同步、载波同步以及解调等操作后得到的等价频域基带信号可表示为[19-22]

$$\boldsymbol{Y}=\bar{\boldsymbol{H}}\boldsymbol{X}+\bar{\boldsymbol{W}} \tag{7.1}$$

式中，$\boldsymbol{Y}=[\boldsymbol{y}_1,\boldsymbol{y}_2,\cdots,\boldsymbol{y}_m,\cdots,\boldsymbol{y}_M]^{\mathrm{T}}$ 为 M 个接收水听器接收到的 OFDM 符号数据矩阵；$\bar{\boldsymbol{H}}$ 为时域 MIMO 信道 $\boldsymbol{H}$ 对应的频域响应矩阵；$\boldsymbol{y}_m=[y_m^0,y_m^1,\cdots,y_m^{K-1}]^{\mathrm{T}}$ 为第 m 个接收水听器接收到的 OFDM 符号；$\boldsymbol{X}=[\boldsymbol{x}_1,\boldsymbol{x}_2,\cdots,\boldsymbol{x}_n,\cdots,\boldsymbol{x}_N]^{\mathrm{T}}$ 为发射符号矩阵；$\bar{\boldsymbol{W}}=[\bar{\boldsymbol{\eta}}_1,\bar{\boldsymbol{\eta}}_2,\cdots,\bar{\boldsymbol{\eta}}_m,\cdots,\bar{\boldsymbol{\eta}}_M]^{\mathrm{T}}$ 为噪声的频域矩阵，其中，$\bar{\boldsymbol{\eta}}_m$ 为第 m 个接收水听器接收噪声向量 $\boldsymbol{\eta}_m$ 的傅里叶变换，$\boldsymbol{\eta}_m$ 为均值为 0、方差为 σ_η^2 的复值循环对称高斯白噪声。

7.3　MIMO-OFDM 系统信号检测技术

接收端检测算法的性能是决定一个无线系统质量好坏的关键。衡量一个检测算法优劣的标准主要从检测算法的检测性能与计算复杂度这两个方面进行分析，实际应用中采用何种检测算法需要根据应用场合的具体技术指标要求进行折中选择；检测器类型根据检测性能可以分为最优检测器和次优检测器，由于最优检测器复杂度极高，本章仅仅考虑复杂度相对较低的次优检测器，目前针对 MIMO 系统的检测器主要分为两大类：线性检测器和非线性检测器[22-27]。为方便对本节相关检测算法的介绍，本节对推导中涉及的 MIMO 信道矩阵 $\bar{\boldsymbol{H}}$ 及噪声统计特性均假设已知。

7.3.1　线性检测器

1. 迫零检测器

迫零（zero forcing，ZF）检测是一种简单的线性检测技术，ZF 检测器主要是根据 LS 准则通过使以下的代价函数最小化[22-27]：

$$J(\boldsymbol{X})=\|\boldsymbol{Y}-\bar{\boldsymbol{H}}\boldsymbol{X}\|_{\mathrm{F}}^{2}=(\boldsymbol{Y}-\bar{\boldsymbol{H}}\boldsymbol{X})^{\dagger}(\boldsymbol{Y}-\bar{\boldsymbol{H}}\boldsymbol{X}) \tag{7.2}$$

进而求得发射符号矩阵 $\boldsymbol{X}$ 的估计值 $\hat{\boldsymbol{X}}$。

使代价函数 $J(\boldsymbol{X})$ 最小即令代价函数 $J(\boldsymbol{X})$ 对待估矩阵 $\boldsymbol{X}$ 的梯度为 $\mathbf{0}$，即[23-25]

$$\begin{aligned}\frac{\partial(J(\boldsymbol{X}))}{\partial\boldsymbol{X}}&=\frac{\partial(\|\boldsymbol{Y}-\bar{\boldsymbol{H}}\boldsymbol{X}\|_{\mathrm{F}}^{2}=(\boldsymbol{Y}-\bar{\boldsymbol{H}}\boldsymbol{X})^{\dagger}(\boldsymbol{Y}-\bar{\boldsymbol{H}}\boldsymbol{X}))}{\partial\boldsymbol{X}}\\&=-2\boldsymbol{Y}^{\dagger}\bar{\boldsymbol{H}}+2\boldsymbol{X}^{\dagger}\bar{\boldsymbol{H}}^{\dagger}\bar{\boldsymbol{H}}\\&=\mathbf{0}\end{aligned} \tag{7.3}$$

因此式（7.3）等价于

$$\bar{\boldsymbol{H}}^{\dagger}\bar{\boldsymbol{H}}\boldsymbol{X}=\bar{\boldsymbol{H}}^{\dagger}\boldsymbol{Y} \tag{7.4}$$

当矩阵 $\bar{\boldsymbol{H}}^{\dagger}\bar{\boldsymbol{H}}$ 非奇异时，即可得到 $\boldsymbol{X}$ 的 ZF 估计，即[23-25]

$$\begin{aligned}\boldsymbol{X}_{\mathrm{ZF}}&=(\bar{\boldsymbol{H}}^{\dagger}\bar{\boldsymbol{H}})^{-1}\bar{\boldsymbol{H}}^{\dagger}\mathbf{y}\\&=(\bar{\boldsymbol{H}}^{\dagger}\bar{\boldsymbol{H}})^{-1}\bar{\boldsymbol{H}}^{\dagger}(\bar{\boldsymbol{H}}\boldsymbol{X}+\boldsymbol{W})\\&=\boldsymbol{X}+(\bar{\boldsymbol{H}}^{\dagger}\bar{\boldsymbol{H}})^{-1}\bar{\boldsymbol{H}}^{\dagger}\boldsymbol{W}\end{aligned} \tag{7.5}$$

特别地，当 $\bar{\boldsymbol{H}}$ 为满秩（$\bar{\boldsymbol{H}}$ 为方块矩阵且 $\bar{\boldsymbol{H}}$ 可逆）时，式（7.5）即可转化为

$$\boldsymbol{X}_{\mathrm{ZF}}=(\bar{\boldsymbol{H}}^{\dagger}\bar{\boldsymbol{H}})^{-1}\bar{\boldsymbol{H}}^{\dagger}\boldsymbol{Y} \tag{7.6}$$

2. MMSE 检测器

ZF 检测算法在消除了 ISI 的同时，也放大了干扰噪声，降低了检测性能。MMSE 算法在消除发送信号的各个分量间干扰的同时抑制了噪声干扰，从而在整体上提高了检测性能。MMSE 算法的基本原理是找到一个发送符号矩阵 $\boldsymbol{X}$ 的估计 $\hat{\boldsymbol{X}}$，使得估计信号 $\hat{\boldsymbol{X}}$ 和原发送信号 $\boldsymbol{X}$ 的均方误差最小，即[23-25]

$$J(\boldsymbol{X})=\min_{\boldsymbol{X}}\|\hat{\boldsymbol{X}}-\boldsymbol{X}\|^2 \tag{7.7}$$

根据线性零化原理，令

$$\hat{\boldsymbol{X}}=\boldsymbol{G}\boldsymbol{Y} \tag{7.8}$$

式中，$\boldsymbol{G}$ 为线性零化矩阵。因此式（7.7）中针对 $\boldsymbol{X}$ 的最小化问题可以转化为针对零化矩阵 $\boldsymbol{G}$ 的最小化问题，即[23-25]

$$J(\boldsymbol{G})=\underset{\boldsymbol{G}}{\operatorname{argmin}}\left\|\boldsymbol{G}\boldsymbol{Y}-\boldsymbol{X}\right\|^2 \tag{7.9}$$

要使式（7.9）达到最小，即使式（7.9）对 $\boldsymbol{G}$ 的梯度为 $\mathbf{0}$[23-25]，即

$$\begin{aligned}\frac{\partial(J(\boldsymbol{G}))}{\partial\boldsymbol{G}}&=\frac{\partial(E\{(\boldsymbol{G}\boldsymbol{Y}-\boldsymbol{X})(\boldsymbol{G}\boldsymbol{Y}-\boldsymbol{X})^{\dagger}\})}{\partial\boldsymbol{G}}\\&=2E\{\boldsymbol{Y}\boldsymbol{Y}^{\dagger}\boldsymbol{G}^{\dagger}\}-2E\{\boldsymbol{Y}\boldsymbol{X}^{\dagger}\}\\&=\mathbf{0}\end{aligned}$$

由上式即可得到

$$E\{\boldsymbol{Y}\boldsymbol{Y}^{\dagger}\boldsymbol{G}^{\dagger}\}=E\{\boldsymbol{Y}\boldsymbol{X}^{\dagger}\} \tag{7.10}$$

又因为

$$\boldsymbol{Y}=\bar{\boldsymbol{H}}\boldsymbol{X}+\bar{\boldsymbol{W}} \tag{7.11}$$

则有

$$E\{(\bar{\boldsymbol{H}}\boldsymbol{X}+\bar{\boldsymbol{W}})(\bar{\boldsymbol{H}}\boldsymbol{X}+\bar{\boldsymbol{W}})^{\dagger}\boldsymbol{G}^{\dagger}\}=E\{(\bar{\boldsymbol{H}}\boldsymbol{X}+\bar{\boldsymbol{W}})\boldsymbol{X}^{\dagger}\} \tag{7.12}$$

如果发射符号统计独立，则有 $E\{\boldsymbol{X}\boldsymbol{X}^{\dagger}\}=\frac{P}{N}\boldsymbol{I}_N$，其中，$P$ 为总发射功率，$\boldsymbol{I}_N$ 为 N 阶单位矩阵，另外噪声的协方差矩阵为[23-25]

$$E\{\bar{\boldsymbol{W}}\bar{\boldsymbol{W}}^{\dagger}\}=\sigma_\eta^2\boldsymbol{I}_N \tag{7.13}$$

同时发送符号 $\boldsymbol{X}$ 与噪声无关，故

$$E\{\boldsymbol{X}\bar{\boldsymbol{W}}^{\dagger}\}=\mathbf{0}_{N\times N} \tag{7.14}$$

综合以上公式即可求得 MMSE 零化矩阵为[23-25]

$$\boldsymbol{G}_{\mathrm{MMSE}}=\bar{\boldsymbol{H}}^{\dagger}\left(\bar{\boldsymbol{H}}^{\dagger}\bar{\boldsymbol{H}}+\frac{\sigma_\eta^2 N}{P}\boldsymbol{I}_N\right)^{-1} \tag{7.15}$$

式（7.15）可利用矩阵的求逆引理可转化为

$$\boldsymbol{G}_{\mathrm{MMSE}}=\left(\bar{\boldsymbol{H}}^{\dagger}\bar{\boldsymbol{H}}+\frac{\sigma_\eta^2 N}{P}\boldsymbol{I}_N\right)^{-1}\bar{\boldsymbol{H}}^{\dagger} \tag{7.16}$$

则发送符号矩阵 $\boldsymbol{X}$ 的估计可表示为

$$\boldsymbol{X}_{\text{MMSE}} = \boldsymbol{G}_{\text{MMSE}}\boldsymbol{Y} = \left(\bar{\boldsymbol{H}}^{\dagger}\bar{\boldsymbol{H}} + \frac{\sigma_{\eta}^{2}N}{P}\boldsymbol{I}_N\right)^{-1}\bar{\boldsymbol{H}}^{\dagger}\boldsymbol{Y} \tag{7.17}$$

7.3.2　非线性检测器

干扰抵消是 MIMO 系统非线性检测的核心思想，主要用于抵消各个发射换能器之间信号的相互干扰，进而提高检测算法的检测性能[23-25]。与线性检测器不同的是非线性检测器增加了判决反馈环节，即将当前被检测并执行判决后的信号分量从待检测信号向量中抵消掉，进而减少了待检测信号中的干扰信号，最终提高了待检测信号的检测性能，与此同时增加了分集增益。

1. 串行干扰抵消器

串行干扰抵消器（successive interference cancellation，SIC）是一种最基本的干扰抵消方式[23-25]，SIC 的基本思想是：①接收端在收到信号 $\boldsymbol{Y}$ 之后，采用线性的 ZF 或 MMSE 检测算法对发送信号 $\boldsymbol{X}$ 的第一个分量 $\boldsymbol{x}_1$ 进行检测并判决（依据不同的抵消思想，该判决可以是硬判决或是软判决），得到判决值 $\hat{\boldsymbol{x}}_1$；②得到判决后的 $\hat{\boldsymbol{x}}_1$ 之后，利用已知信道和 $\hat{\boldsymbol{x}}_1$ 重构干扰信号 $\hat{\boldsymbol{y}}_1$ 并将 $\hat{\boldsymbol{y}}_1$ 产生的干扰从接收信号 $\boldsymbol{Y}$ 中减去，得到消除第一个发射分量 $\boldsymbol{x}_1$ 的干扰接收信号 $\hat{\boldsymbol{Y}}^{(1)}$；③基于信号 $\hat{\boldsymbol{Y}}^{(1)}$，利用 ZF 算法或 MMSE 检测算法对第二个分量 $\boldsymbol{x}_2$ 进行检测与判决，得到判决值 $\hat{\boldsymbol{x}}_2$；④得到判决后的 $\hat{\boldsymbol{x}}_2$ 之后，利用已知信道和 $\hat{\boldsymbol{x}}_2$ 重构干扰信号 $\hat{\boldsymbol{y}}_2$ 并将 $\hat{\boldsymbol{y}}_2$ 产生的干扰从 $\hat{\boldsymbol{Y}}^{(1)}$ 减去，进而得到消除了第一个和第二个发射分量的干扰的接收信号 $\hat{\boldsymbol{Y}}^{(2)}$；⑤以此类推，重复以上的操作直至所有其余发射符号向量均被检测出来。

2. 排序串行干扰抵消器

SIC 检测技术中后面每一级的检测性能严重依赖于前面一级或多级的检测性能，前级检测的不准确会对后面各级的检测产生累积的影响[23-25]；因此想要提高整个干扰抵消器的检测性能，就要考虑让前一级检测的结果尽可能准确；排序 SIC（ordered SIC，OSIC）就是在进行干扰抵消前需要对接收信号按可靠性进行排序，对信号可靠性的衡量来说一般都选择对其信噪比进行衡量，信噪比最大的也就是最可靠的应该放在第一级进行检测并执行干扰抵消[23-25]。OSIC 算法是 SIC 算法的一种改进，它在传统的 SIC 检测算法的基础之上，增加了对符号的排序操作，这样就可以有效地降低 SIC 检测造成误码传播的可能性[23-25]。OSIC 检测流程如图 7.2 所示。

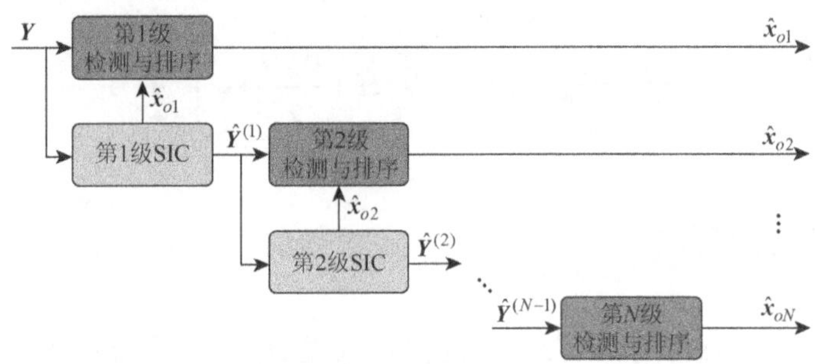

图 7.2　OSIC 检测流程

OSIC 检测主要由以下三个主要步骤组成[23-25]：①利用 ZF 准则或者 MMSE 准则估计所有发送符号的零化向量，对零化向量模最小的发送符号进行线性检测，然后进行干扰抵消得到干扰抵消后的接收信号 $\hat{\boldsymbol{Y}}^{(1)}$，系统就变成了 $(N-1)\times N_M$；②基于 $\hat{\boldsymbol{Y}}^{(1)}$ 对其余的发送符号重新求解其零化向量，然后基于零化向量的模值进行排序并选择零化向量模值最小的发送符号进行检测和干扰抵消，得到干扰抵消后的接收信号 $\hat{\boldsymbol{Y}}^{(2)}$；③基于 $\hat{\boldsymbol{Y}}^{(2)}$ 重复步骤②的操作直至得到所有发送符号的估值。

3. 并行干扰抵消器

并行干扰抵消器（parallel interference cancellation，PIC）采用的消除抵消的方式是并行的，其主要工作流程如图 7.3 所示[23-25]，其基本检测流程：①采用基于 ZF 准则或 MMSE 准则对发射符号矩阵 $\boldsymbol{X}$ 进行估计并得发射符号的初始估计值 $\hat{\boldsymbol{X}}^{(0)}$；

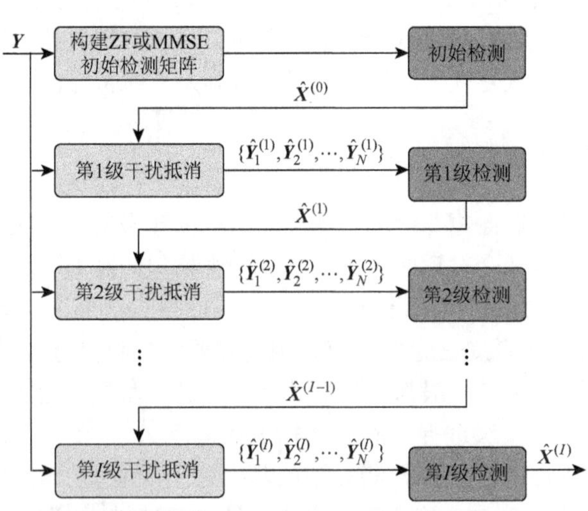

图 7.3　PIC 检测流程

②基于初始估计 $\hat{\boldsymbol{X}}^{(0)}$，针对每个发送符号向量 $\boldsymbol{x}_n(n=1,2,\cdots,N)$ 将除了这个符号外的其他信号都当作干扰信号进行干扰抵消后，得到各自干扰抵消后的接收信号 $\{\hat{\boldsymbol{Y}}_1^{(1)},\hat{\boldsymbol{Y}}_2^{(1)},\cdots,\hat{\boldsymbol{Y}}_N^{(1)}\}$，这时的 MIMO 系统就变成了 N 个独立的、等价的、无干扰的 $1\times M$ 的系统，进而基于独立 $1\times M$ 的系统对相应的发射符号进行检测，最终得到 $\hat{\boldsymbol{X}}^{(1)}$；③为了改善 PIC 的检测性能，一般 PIC 过程需要进行 I 级迭代，最终输出检测 $\hat{\boldsymbol{X}}^{(I)}$。

7.4　MIMO-OFDM 系统迭代接收机技术

7.4.1　MIMO-OFDM 迭代接收机模型

图 7.4 给出了多流 MIMO-OFDM 发射系统相对应的接收机结构，单流发射系统的接收机结构只是多流发射系统的一个特例，本节主要对更一般化的多流发射系统的接收机进行介绍。MIMO-OFDM 接收机主要由以下几个部分组成：软输入软输出 MIMO 检测器、迭代 MIMO 信道估计、SISO 映射器、SISO 解映射器、Π^{-1}、Π 以及 SISO 译码器。首先，迭代信道估计器根据接收数据 $\boldsymbol{Y}$ 以及训练导频或是训练序列进行迭代信道估计，估计到的信道参数 $\hat{\boldsymbol{H}}$ 和 $\hat{\sigma}_\eta^2$ 输出给软输入软输出 MIMO 检测器；其次，软输入软输出 MIMO 检测器基于接收数据 $\boldsymbol{Y}$ 和信道参数进行发射符号 $\boldsymbol{X}$ 的检测，检测算法可以采用前面分析提到的线性检测器和非线性检测器，在迭代框架下，检测算法的输入和输出符号参数可以采用硬判决 $\hat{\boldsymbol{X}}$ 或是相应的软判决 $\tilde{\boldsymbol{X}}$；然后，MIMO 检测器的输出经过 SISO 解映射器转化为发射比特的新息对数似然比 $\{L_e^E\{\boldsymbol{c}_n\}\}_{n=1}^N$，随后经过解交织器后转换成先验的对数似然比信息 $\{L_a^D\{\boldsymbol{b}_n\}\}_{n=1}^N$；之后，发射比特的先验对数似然比被送入各自的 SISO 译码器进行信道译码，译码器输出发射比特的新息对数似然比或是直接判决输出发射比特的估计值 $\{\hat{\boldsymbol{a}}_n\}_{n=1}^N$；如果需要继续迭代，那么译码器输出的发射比特的新息对数似然比 $\{L_e^D\{\boldsymbol{b}_n\}\}_{n=1}^N$ 将经过交织器输出发射比特的先验对数似然比 $\{L_a^E\{\boldsymbol{c}_n\}\}_{n=1}^N$，该对数似然比将送入各自的 SISO 映射器最终转化为发射符号的软估计 $\bar{\boldsymbol{X}}$（先验软判决）或是 $\tilde{\boldsymbol{X}}$（后验软判决）；最后，可靠的 $\bar{\boldsymbol{X}}$ 或是 $\tilde{\boldsymbol{X}}$ 被送入迭代信道估计器得到更加可靠的信道参数的估计，更新后的信道参数将输出给 MIMO 检测器；同时，MIMO 信道检测器基于新的信道参数以及新的发送符号的估计值（硬判决或是软判决符号）重新进行发射符号的检测；以上操作等价于完成了一次 Turbo 迭代检测；随着迭代次数的增加，MIMO-OFDM 系统的性能会逐步改善，达到一定迭代次数后，MIMO 系统输出最终的发射比特估计值 $\{\hat{\boldsymbol{a}}_n\}_{n=1}^N$。

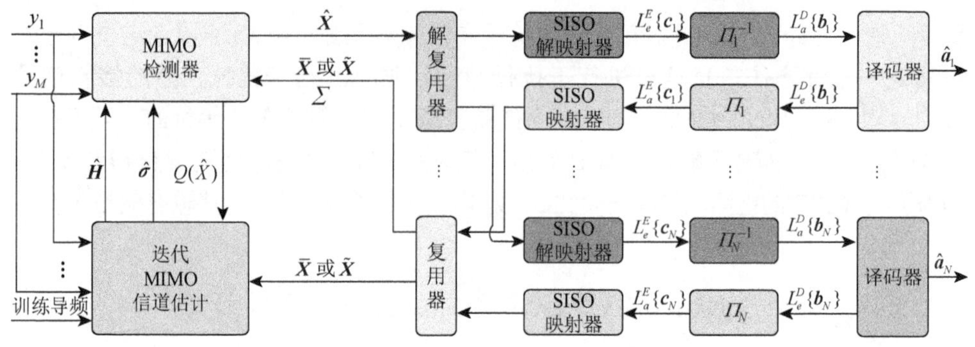

图 7.4　多流 MIMO-OFDM 迭代接收机框图

7.4.2　MIMO-OFDM 迭代检测技术

迭代接收机中的 MIMO 检测器通常可以分为线性检测器和非线性检测器两种[23-25]，其中性能最优的线性检测器包括最大似然（maximum likelihood，ML）和 MAP 检测技术，但是其算法实现复杂度极高因此较少被采用；一般在迭代 MIMO 检测中较常采用的是前面介绍的线性 ZF 和 MMSE 检测技术以及基于 ZF 和 MMSE 检测技术的非线性检测技术，如 SIC、OSIC 以及 PIC 等非线性检测技术。

本章研究主要集中在基于 MMSE 检测器的 SIC、OSIC 以及 PIC 等非线性检测器在水声信道下的性能评估；在迭代框架下，借助信道译码器强大的纠错能力，研究者提出了多种基于软信息的软干扰抵消技术，文献[26]提出一种基于先验软判决的软干扰抵消（soft interference cancellation，SOIC）技术，由于信道译码器的强大纠错能力，先验软判决相较于硬判决而言更加可靠，因此，通常情况下基于先验软判决的软干扰抵消技术的性能一般优于常规的硬判决的干扰抵消技术；文献[27]提出一种混合的软干扰抵消技术（hybrid SOIC，HSOIC），与 SOIC 不同的是其采用了比先验软判决更为可靠的后验反馈，同时，该文献也提出了一种基于可靠检测的排序方案，因此 HSOIC 可以获得比 SOIC 更好的检测性能；以上两种软干扰抵消方法属于 SIC 范畴，其基于软判决的抵消思想也可以应用到 PIC 上，进而可以得到性能更优的软 PIC（soft PIC，SPIC）方案。

7.5　自适应 MIMO 信道估计技术

7.3 节与 7.4 节的检测器介绍中均假设 MIMO 信道是已知的，在实际应用中，MIMO 水声信道是未知的，因此需要采用信道估计算法对 MIMO 信道进行估计，本章水声 MIMO-OFDM 系统的信道估计算法模型采用了 5.4 节的时域自适应 MIMO 信道估计模型，获得时域 MIMO 信道估计后，将其变换到时域即可实现 MIMO-OFDM 系统的均衡；本章的信道估计算法均可以应用到其他章节信道估计或是自适应均衡中。

7.5.1　自适应信道估计算法

自适应算法对系统信道冲激响应估计的基本思路是利用训练序列作为滤波器的输入信号[28]，经信道传输后将接收端接收的训练序列作为理论预测结果，然后根据这个理论预测值与实际滤波器输出结果的方差大小自动调节滤波器参数，最终使得到的实际输出结果与理论预测值间的均方差收敛到一个稳定值，滤波器抽头系数的结构与信道冲激响应可以视为相似的。根据 MMSE 准则，本章主要对 RLS 算法及其改进算法进行研究。

1. RLS 算法

RLS 算法具有较快的收敛速率，尤其是对于高度相关的输入信号，然而其性能的优越是以计算复杂度的增加为代价的。RLS 算法在收敛速率、追踪能力、失调以及算法稳定性方面的性能依赖于遗忘因子 λ。RLS 算法的递归更新公式为[28]

$$e(n)=d(n)-\hat{\boldsymbol{h}}^{\dagger}(n-1)\boldsymbol{x}(n) \tag{7.18}$$

$$\boldsymbol{k}(n)=\frac{\boldsymbol{P}(n-1)\boldsymbol{x}(n)}{\lambda+\boldsymbol{x}^{\dagger}(n)\boldsymbol{P}(n-1)\boldsymbol{x}(n)} \tag{7.19}$$

$$\hat{\boldsymbol{h}}(n)=\hat{\boldsymbol{h}}(n-1)+\boldsymbol{k}(n)e^{*}(n) \tag{7.20}$$

$$\boldsymbol{P}(n)=\frac{1}{\lambda}(\boldsymbol{P}(n-1)-\boldsymbol{k}(n)\boldsymbol{x}^{\dagger}(n)\boldsymbol{P}(n-1)) \tag{7.21}$$

式中，λ 为遗忘因子；$\boldsymbol{k}(n)$ 为卡尔曼增益向量；$\boldsymbol{P}(n)$ 为输入自相关矩阵 $\boldsymbol{\varPhi}(n)$ 的逆，$\boldsymbol{\varPhi}(n)=\sum_{i=1}^{n}\lambda^{n-i}\boldsymbol{x}(i)\boldsymbol{x}^{\dagger}(i)$；冲激响应 $\boldsymbol{h}=[h_0,h_1,\cdots,h_{L-1}]^{\mathrm{T}}$，其估计值 $\hat{\boldsymbol{h}}=[\hat{h}_0,\hat{h}_1,\cdots,\hat{h}_{L-1}]^{\mathrm{T}}$，其中 L 为多途信道长度；$d(n)=y(n)+v(n)=\boldsymbol{h}^{\dagger}\boldsymbol{x}(n)+v(n)$，其中，$y(n)=\boldsymbol{h}^{\dagger}\boldsymbol{x}(n)$ 为系统输出，$\boldsymbol{x}(n)=[x(n),x(n-1),\cdots,x(n-L+1)]^{\mathrm{T}}$ 为输入信号向量，$v(n)$ 为系统噪声。

RLS 算法中正规方程 $\boldsymbol{\varPhi}(n)\hat{\boldsymbol{h}}(n)=\boldsymbol{\theta}(n)$，其中 $\boldsymbol{\varPhi}(n)=\sum_{i=1}^{n}\lambda^{n-i}\boldsymbol{x}(i)\boldsymbol{x}^{\dagger}(i)$ 和 $\boldsymbol{\theta}(n)=\sum_{i=1}^{n}\lambda^{n-i}\boldsymbol{x}(i)d(i)$，根据上述公式，正规方程变为[28]

$$\sum_{i=1}^{n}\lambda^{n-i}\boldsymbol{x}(i)\boldsymbol{x}^{\dagger}(i)\hat{\boldsymbol{h}}(n)=\sum_{i=1}^{n}\lambda^{n-i}\boldsymbol{x}(i)y(i)+\sum_{i=1}^{n}\lambda^{n-i}\boldsymbol{x}(i)v(i) \tag{7.22}$$

当λ的值非常接近 1 以及n的值足够大时，假定[28]

$$\frac{1}{n}\sum_{i=1}^{n}\lambda^{n-i}\boldsymbol{x}(i)v(i)\approx E\{\boldsymbol{x}(n)v(n)\}=0 \tag{7.23}$$

式中，$E\{\cdot\}$为求数学期望。因此得到[28]

$$\sum_{i=1}^{n}\lambda^{n-i}\boldsymbol{x}(i)\boldsymbol{x}^{\dagger}(i)\hat{\boldsymbol{h}}(n)\approx\sum_{i=1}^{n}\lambda^{n-i}\boldsymbol{x}(i)y(i)=\sum_{i=1}^{n}\lambda^{n-i}\boldsymbol{x}(i)\boldsymbol{x}^{\dagger}(i)\boldsymbol{h} \tag{7.24}$$

从而$\hat{\boldsymbol{h}}(n)\approx\boldsymbol{h}$，$e(n)\approx v(n)$。当$\lambda$的值很小时，系统输出为$\hat{y}(n)\approx y(n)+v(n)$；当$\lambda\approx 1$时，$\hat{y}(n)\approx y(n)$。

传统的 RLS 算法采用一个恒定的遗忘因子$(0<\lambda\leqslant 1)$，需要在收敛速率、追踪能力、失调和稳定性方面进行折中。我们期望的是λ的值非常接近 1，在这种情况下，算法获得低的失调、好的稳定性和快速收敛，但却降低了追踪能力。为得到快速追踪，又期望λ的值小一些，但另一方面λ的值小也增加了失调、影响了算法稳定性以及降低了收敛速率[28]。

2. 自适应记忆的 RLS 算法

这里考虑能自适应调节遗忘因子λ的 RLS 算法。目的是寻找λ的一个特殊值，以优化代价函数[28]：

$$J'(n)=\frac{1}{2}E\left\{|\xi(n)|^{2}\right\} \tag{7.25}$$

式中

$$\xi(n)=d(n)-\hat{\boldsymbol{h}}^{\dagger}(n-1)\boldsymbol{x}(n) \tag{7.26}$$

$\xi(n)$是先验估计误差。求代价函数$J'(n)$关于λ的导数，得到[28]

$$\nabla_{\lambda}(n)=\frac{\partial J(n)}{\partial\lambda}=\frac{1}{2}E\left\{\frac{\partial\xi(n)}{\partial\lambda}\xi^{*}(n)+\frac{\partial\xi^{*}(n)}{\partial\lambda}\xi(n)\right\} \tag{7.27}$$

定义

$$\boldsymbol{\psi}(n)=\frac{\partial\boldsymbol{h}(n)}{\partial\lambda} \tag{7.28}$$

利用式（7.28），将标量梯度重新定义为[28]

$$\nabla_{\lambda}(n)=-\frac{1}{2}E\left\{\boldsymbol{\psi}^{\dagger}(n-1)\boldsymbol{x}(n)\xi^{*}(n)+\boldsymbol{x}^{\dagger}(n)\boldsymbol{\psi}(n-1)\xi(n)\right\} \tag{7.29}$$

RLS 算法中信道估计$\boldsymbol{h}(n)$的更新，涉及增益向量$\boldsymbol{k}(n)=\boldsymbol{P}(n)\boldsymbol{x}(n)$，即[28]

$$\boldsymbol{h}(n)=\boldsymbol{h}(n-1)+\boldsymbol{P}(n)\boldsymbol{x}(n)\xi^{*}(n) \tag{7.30}$$

令

$$\boldsymbol{S}(n)=\frac{\partial \boldsymbol{P}(n)}{\partial \lambda} \tag{7.31}$$

表示逆相关矩阵 $\boldsymbol{P}(n)$ 关于 λ 的偏导数。推导得到 $\boldsymbol{\psi}(n)$ [28]为

$$\boldsymbol{\psi}(n)=(\boldsymbol{I}-\boldsymbol{k}(n)\boldsymbol{x}^{\dagger}(n))\boldsymbol{\psi}(n-1)+\boldsymbol{S}(n)\boldsymbol{x}(n)\xi^{*}(n) \tag{7.32}$$

为了递归地计算 $\boldsymbol{S}(n)$，首先写出[28]

$$\boldsymbol{P}(n)=\lambda^{-1}\boldsymbol{P}(n-1)-\frac{\lambda^{-2}\boldsymbol{P}(n-1)\boldsymbol{x}(n)\boldsymbol{x}^{\dagger}(n)\boldsymbol{P}(n-1)}{1+\lambda^{-1}\boldsymbol{x}^{\dagger}(n)\boldsymbol{P}(n-1)\boldsymbol{x}(n)} \tag{7.33}$$

求 $\boldsymbol{\psi}(n)$ 关于 λ 的导数并合并相关项，得到

$$\begin{aligned}\boldsymbol{S}(n)=&\lambda^{-1}(n)(\boldsymbol{I}-\boldsymbol{k}(n)\boldsymbol{x}^{\dagger}(n))\boldsymbol{S}(n-1)(\boldsymbol{I}-\boldsymbol{x}(n)\boldsymbol{k}(n))\\&+\lambda^{-1}(n)\boldsymbol{k}(n)\boldsymbol{k}^{\dagger}(n)-\lambda^{-1}(n)\boldsymbol{P}(n)\end{aligned} \tag{7.34}$$

构造带有自适应记忆功能的 RLS 算法。令 $\lambda(n)$、$\hat{\boldsymbol{h}}(n)$ 和 $\hat{\boldsymbol{\psi}}(n)$ 表示算法在第 n 次迭代求出的遗忘因子、信道估计 $\boldsymbol{h}(n)$ 和梯度 $\boldsymbol{\psi}(n)$ 的实际值。在标量梯度 $\nabla_{\lambda}(n)=-\frac{1}{2}E\left\{\boldsymbol{\psi}^{\dagger}(n-1)\boldsymbol{x}(n)\xi^{*}(n)+\boldsymbol{x}^{\dagger}(n)\boldsymbol{\psi}(n-1)\xi(n)\right\}$ 的基础上利用其瞬时估计值 $-R\{\hat{\boldsymbol{\psi}}^{\dagger}(n-1)\boldsymbol{x}(n)e^{*}(n)\}$，可写出遗忘因子的自适应递归关系式[28]为

$$\lambda(n)=\lambda(n-1)-\alpha\hat{\nabla}_{\lambda}(n)=\lambda(n-1)+\alpha R\{\hat{\boldsymbol{\psi}}^{\dagger}(n-1)\boldsymbol{x}(n)e^{*}(n)\} \tag{7.35}$$

式中，α 是一个数值很小的正参数。将这个递归公式并入标准 RLS 算法，带有自适应记忆功能的 RLS（adaptive memory RLS，AM-RLS）算法总结如表 7.1 所示。

表 7.1　自适应记忆 RLS 算法

初始值：$\hat{\boldsymbol{h}}(0)$、$\boldsymbol{P}(0)$、$\boldsymbol{S}(0)$、$\lambda(0)$ 和 $\hat{\boldsymbol{\psi}}(0)$
循环：$\boldsymbol{k}(n)=\dfrac{\lambda^{-1}(n-1)\boldsymbol{P}(n-1)\boldsymbol{x}(n)}{1+\lambda^{-1}(n-1)\boldsymbol{x}^{\dagger}(n)\boldsymbol{P}(n-1)\boldsymbol{x}(n)}$
$e(n)=d(n)-\hat{\boldsymbol{h}}^{\dagger}(n-1)\boldsymbol{x}(n)$
$\hat{\boldsymbol{h}}(n)=\hat{\boldsymbol{h}}(n-1)+\boldsymbol{k}(n)e^{*}(n)$
$\boldsymbol{P}(n)=\lambda^{-1}(n)(\boldsymbol{P}(n-1)-\boldsymbol{k}(n)\boldsymbol{x}^{\dagger}(n)\boldsymbol{P}(n-1))$
$\lambda(n)=(\lambda(n-1)+\alpha R\{\hat{\boldsymbol{\psi}}^{\dagger}(n-1)\boldsymbol{x}(n)e^{*}(n)\})_{\lambda_{\min}}^{\lambda_{\max}}$
$\boldsymbol{S}(n)=\lambda^{-1}(n)(\boldsymbol{I}-\boldsymbol{k}(n)\boldsymbol{x}^{\dagger}(n))\boldsymbol{S}(n-1)(\boldsymbol{I}-\boldsymbol{x}(n)\boldsymbol{k}(n))+\lambda^{-1}(n)\boldsymbol{k}(n)\boldsymbol{k}^{\dagger}(n)-\lambda^{-1}(n)\boldsymbol{P}(n)$
$\hat{\boldsymbol{\psi}}(n)=(\boldsymbol{I}-\boldsymbol{k}(n)\boldsymbol{x}^{\dagger}(n))\hat{\boldsymbol{\psi}}(n-1)+\boldsymbol{S}(n)\boldsymbol{x}(n)e^{*}(n)$

表 7.1 中括号外的角标 $\lambda_{\max}$ 和 $\lambda_{\min}$ 代表上下限截取。将上限 $\lambda_{\max}$ 定义为一个接近（但小于）1 的数，下限 $\lambda_{\min}$ 取值由用户通过实验来确定。除了利用时变的遗忘因子 $\lambda(n-1)$ 取代固定值的遗忘因子 λ 外，带有自适应记忆的 RLS 算法其余

部分与传统 RLS 算法完全一样。算法最后 3 行特别说明了遗忘因子从一个迭代到下一个迭代时的自适应变化。

3. VFF-RLS 算法

对于变遗忘因子 RLS（variable-forgetting-factor RLS，VFF-RLS）算法来说，参数 $e(n)$ 是一个先验误差，是 $n-1$ 时刻的 $\hat{\boldsymbol{h}}$ 计算的，后验误差定义为[28, 29]

$$\varepsilon(n)=d(n)-\hat{\boldsymbol{h}}^{\dagger}(n)\boldsymbol{x}(n) \tag{7.36}$$

由推导得到[28, 29]

$$\varepsilon(n)=e(n)(1-\boldsymbol{x}^{\dagger}(n)\boldsymbol{k}(n)) \tag{7.37}$$

令 $E\{\varepsilon^2(n)\}=\sigma_v^2$、$E\{v^2(n)\}=\sigma_v^2$ 为系统噪声能量，得到[29]

$$E\{\varepsilon^2(n)\}=E\{e^2(n)(1-\boldsymbol{x}^{\dagger}(n)\boldsymbol{k}(n))^2\}=\sigma_v \tag{7.38}$$

$$E\{(1-\boldsymbol{x}^{\dagger}(n)\boldsymbol{k}(n))^2\}=\frac{\sigma_v^2}{\sigma_e^2(n)} \tag{7.39}$$

$$E\left\{\left(1-\frac{q(n)}{\lambda(n)+q(n)}\right)^2\right\}=\frac{\sigma_v^2}{\sigma_e^2(n)} \tag{7.40}$$

式中，$q(n)=\boldsymbol{x}^{\dagger}(n)\boldsymbol{P}(n-1)\boldsymbol{x}(n)$；$E\{e^2(n)\}=\sigma_e^2(n)$ 是先验误差信号的能量。假设输入信号和误差信号不相关并且遗忘因子是确定的时间独立的，通过解二次方程得到变遗忘因子[29]为

$$\lambda(n)=\frac{\sigma_q(n)\sigma_v}{\sigma_e(n)-\sigma_v} \tag{7.41}$$

定义 $E\{q^2(n)\}=\sigma_q^2(n)$。能量估计计算方式如下[29]：

$$\hat{\sigma}_e^2(n)=\alpha\hat{\sigma}_e^2(n-1)+(1-\alpha)e^2(n) \tag{7.42}$$

$$\hat{\sigma}_q^2(n)=\alpha\hat{\sigma}_q^2(n-1)+(1-\alpha)q^2(n) \tag{7.43}$$

式中，$\alpha=1-1/(K_\alpha L)$ 是加权系数，$K_\alpha\geqslant 2$。噪声的能量用一个更长的指数窗从 $e(n)$ 中估计[29]：

$$\hat{\sigma}_v^2(n)=\beta\hat{\sigma}_v^2(n-1)+(1-\beta)e^2(n) \tag{7.44}$$

式中，$\beta=1-1/(K_\beta L)$，$K_\alpha\geqslant K_\beta$。

理论上，$\sigma_e(n)\geqslant\sigma_v$。相比 LMS 算法，RLS 算法由 $\lambda(n)\approx 1$ 导致 $\sigma_e(n)\approx\sigma_v$。显然，当 $\hat{\sigma}_e(n)\leqslant\hat{\sigma}_v(n)$ 时，$\lambda(n)=\lambda_{\max}$，其中 λ 非常接近或等于 1。在算法处于稳定状态时，$\hat{\sigma}_e(n)$ 在 $\hat{\sigma}_v(n)$ 附近变化。更合理的方案为当 $\hat{\sigma}_e(n)\leqslant\gamma\hat{\sigma}_v(n), 1<\gamma\leqslant 2$ 时，$\lambda(n)=\lambda_{\max}$。否则，VFF-RLS 算法的遗忘因子为[29]

$$\lambda(n)=\min\left\{\frac{\hat{\sigma}_q(n)\hat{\sigma}_v(n)}{\xi+|\hat{\sigma}_e(n)-\hat{\sigma}_v(n)|},\lambda_{\max}\right\} \tag{7.45}$$

式中，ξ 为一个小的常量。在算法收敛前或者系统有突然变化时，$\hat{\sigma}_e(n)\gg\hat{\sigma}_v(n)$，$\lambda(n)$ 变为一个较小的值，提供快速收敛和追踪能力。当算法收敛到稳定状态即 $\hat{\sigma}_e(n)\approx\hat{\sigma}_v(n)$（满足 $\hat{\sigma}_e(n)\leqslant\gamma\hat{\sigma}_v(n)$）时，$\lambda(n)$ 变为 $\lambda_{\max}$。综上，将 VFF-RLS 算法整理如表 7.2 所示。

表 7.2　VFF-RLS 算法

输入：γ、K_α、K_β、ξ、$\lambda_{\max}$、δ
初始化：$\hat{\boldsymbol{h}}(0)=\boldsymbol{0}$，$\sigma_q^2(0)=0$，$\sigma_e^2(0)=0$，$\sigma_v^2(0)=0$，$\boldsymbol{P}(0)=\delta^{-1}\boldsymbol{I}_L$
循环：$q(n)=\boldsymbol{x}^\dagger(n)\boldsymbol{P}(n-1)\boldsymbol{x}(n)$
$\hat{\sigma}_q^2(n)=\alpha\hat{\sigma}_q^2(n-1)+(1-\alpha)q^2(n)\to\hat{\sigma}_q(n)$
$e(n)=d(n)-\hat{\boldsymbol{h}}^\dagger(n-1)\boldsymbol{x}(n)$
$\hat{\sigma}_e^2(n)=\alpha\hat{\sigma}_e^2(n-1)+(1-\alpha)e^2(n)\to\hat{\sigma}_e(n)$
$\hat{\sigma}_v^2(n)=\beta\hat{\sigma}_v^2(n-1)+(1-\beta)e^2(n)\to\hat{\sigma}_v(n)$
$\lambda(n)=\begin{cases}\lambda_{\max}, & \hat{\sigma}_e(n)\leqslant\gamma\hat{\sigma}_v(n)\\ \min\left\{\dfrac{\hat{\sigma}_q(n)\hat{\sigma}_v(n)}{\xi+\lvert\hat{\sigma}_e(n)-\hat{\sigma}_v(n)\rvert},\lambda_{\max}\right\}, & \text{其他}\end{cases}$
$\boldsymbol{k}(n)=\dfrac{\boldsymbol{P}(n-1)\boldsymbol{x}(n)}{\lambda(n)+\boldsymbol{x}^\dagger(n)\boldsymbol{P}(n-1)\boldsymbol{x}(n)}$
$\hat{\boldsymbol{h}}(n)=\hat{\boldsymbol{h}}(n-1)+\boldsymbol{k}(n)e^*(n)$
$\boldsymbol{P}(n)=\dfrac{1}{\lambda(n)}(\boldsymbol{P}(n-1)-\boldsymbol{k}(n)\boldsymbol{x}^\dagger(n)\boldsymbol{P}(n-1))$

VFF-RLS 算法的复杂度相比 RLS 算法有略微的增加，主要是由于变遗忘因子计算公式 $\lambda(n)=\min\left\{\dfrac{\hat{\sigma}_q(n)\hat{\sigma}_v(n)}{\xi+|\hat{\sigma}_e(n)-\hat{\sigma}_v(n)|},\lambda_{\max}\right\}$ 中的比较运算以及能量估计值（$\hat{\sigma}_e^2(n)$、$\hat{\sigma}_q^2(n)$、$\hat{\sigma}_v^2(n)$）的计算导致的。因此，VFF-RLS 算法相比 RLS 算法多出了 2 个比较、12 个乘法、5 个加法、1 个除法和 3 个平方根运算。VFF-RLS 算法在平稳输入信号和非平稳输入信号下都有较好的性能，另外，只要满足 $\hat{\sigma}_e(n)\leqslant\gamma\hat{\sigma}_v(n)$，VFF-RLS 算法在对抗不同类型系统噪声变化时具有鲁棒性。

4. 改进的 VFF-RLS 算法

与 VFF-RLS 算法中推导同理，改进的 VFF-RLS（improved VFF-RLS，IVFF-RLS）算法中遗忘因子利用一个不同的公式[30]：

$$\lambda(n)=\frac{\overline{q}(n)\sigma_v^2}{\sigma_e^2(n)-\sigma_v^2} \tag{7.46}$$

$$\lambda(n)=\min\left\{\frac{\overline{q}(n)\hat{\sigma}_v^2(n)}{\xi+|\hat{\sigma}_e^2(n)-\hat{\sigma}_v^2(n)|},\lambda_{\max}\right\} \tag{7.47}$$

式中

$$\overline{q}(n)=\alpha_0\overline{q}(n-1)+(1-\alpha_0)q(n) \tag{7.48}$$

将 IVFF-RLS 算法整理如表 7.3 所示，IVFF-RLS 算法的复杂度相比 RLS 算法有略微的增加，主要是由于变遗忘因子计算公式 $\lambda(n)=\min\left\{\frac{\overline{q}(n)\hat{\sigma}_v^2(n)}{\xi+|\hat{\sigma}_e^2(n)-\hat{\sigma}_v^2(n)|},\lambda_{\max}\right\}$ 中的比较运算以及能量估计值（$\hat{\sigma}_e^2(n)$、$\hat{\sigma}_q^2(n)$、$\hat{\sigma}_v^2(n)$）的计算导致的。从表 7.3 中可以看到，IVFF-RLS 算法比 VFF-RLS 算法少 3 个平方根和 2 个乘法运算，因此，复杂度低于 VFF-RLS 算法。IVFF-RLS 算法在平稳输入信号和非平稳输入信号下都有较好的性能，复杂度低于 RLS 算法和 VFF-RLS 算法，并且有更好的追踪性能。

表 7.3　IVFF-RLS 算法

输入：α_0、γ、K_α、K_β、ξ、$\lambda_{\max}$、δ
初始化：$\hat{\boldsymbol{h}}(0)=\boldsymbol{0}$，$\overline{q}(0)=10$，$\sigma_e^2(0)=0$，$\sigma_v^2(0)=0$，$\boldsymbol{P}(0)=\delta^{-1}\boldsymbol{I}_L$
循环：$q(n)=\boldsymbol{x}^\dagger(n)\boldsymbol{P}(n-1)\boldsymbol{x}(n)$
$\overline{q}(n)=\alpha_0\overline{q}(n-1)+(1-\alpha_0)q(n)$
$e(n)=d(n)-\hat{\boldsymbol{h}}^\dagger(n-1)\boldsymbol{x}(n)$
$\hat{\sigma}_e^2(n)=\alpha\hat{\sigma}_e^2(n-1)+(1-\alpha)e^2(n)$
$\hat{\sigma}_v^2(n)=\beta\hat{\sigma}_v^2(n-1)+(1-\beta)e^2(n)$
$\lambda(n)=\begin{cases}\lambda_{\max}, & \hat{\sigma}_e(n)\leqslant\gamma\hat{\sigma}_v(n)\\ \min\left\{\frac{\overline{q}(n)\hat{\sigma}_v^2(n)}{\xi+\|\hat{\sigma}_e^2(n)-\hat{\sigma}_v^2(n)\|},\lambda_{\max}\right\}, & \text{其他}\end{cases}$
$\boldsymbol{k}(n)=\frac{\boldsymbol{P}(n-1)\boldsymbol{x}(n)}{\lambda(n)+\boldsymbol{x}^\dagger(n)\boldsymbol{P}(n-1)\boldsymbol{x}(n)}$
$\hat{\boldsymbol{h}}(n)=\hat{\boldsymbol{h}}(n-1)+\boldsymbol{k}(n)e^*(n)$
$\boldsymbol{P}(n)=\frac{1}{\lambda(n)}(\boldsymbol{P}(n-1)-\boldsymbol{k}(n)\boldsymbol{x}^\dagger(n)\boldsymbol{P}(n-1))$

5. RLS-DCD 算法

RLS 算法能够快速收敛到一个较低的稳定值，但在算法迭代更新时必须进行矩阵的求逆，因此显著地增加了算法的运算量，计算复杂度高，并且会出现误差传递累积导致一定迭代次数后数值不稳定。采用变遗忘因子的 RLS 算法，在收敛速度上相比常规 RLS 算法更快，同时估计误差值较低，但计算复杂不易求解。引入二分坐标下降（dichotomous coordinate descent，DCD）算法，在解决线性方程时不仅保证了收敛速度快，而且实现了复杂度低。RLS-DCD 算法是为了解决 RLS 算法中矩阵求逆问题，通过将求逆转变为以乘加的方式迭代，在保证收敛速度的前提下极大地降低了计算复杂度[31]。

DCD 算法选取 2 的指数次方步长，参数更新方向选取欧氏坐标，算法中不存在乘法和除法计算，每次迭代仅用到 $O(N)$ 次加法，计算复杂度低。具体的 DCD 算法如表 7.4 所示。在表 7.4 中，设定初始步长为 H，迭代中步长更新次数为 M_b，N_u 为最大成功循环迭代次数，避免不确定错误的产生[31]。

表 7.4　实数 DCD 算法

初始化：$\Delta\hat{\boldsymbol{h}}=0$，$\boldsymbol{r}=\beta_0$，$\alpha=H$，$q=0$	
for $m=1,2,\cdots,M_b$	
1	$\alpha=\alpha/2$
2	$\text{flag}=0$
	for $n=0,1,\cdots,N$
3	若 $\lvert \boldsymbol{r}_n\rvert>(\alpha/2)R_{n,n}$，则执行
4	$\Delta\hat{h}_n=\Delta\hat{h}_n+\text{sgn}(r_n)\alpha$
5	$\boldsymbol{r}=\boldsymbol{r}-\text{sgn}(r_n)\alpha\boldsymbol{R}^{(n)}$
6	$q=q+1,\text{flag}=1$
7	若 $q>N_u$，则算法停止
8	若 $\text{flag}=1$，则重复步骤 2

将 DCD 算法与 RLS 算法相结合，极大地降低了算法的计算复杂度，同时保证了较快的收敛速度。RLS-DCD 算法的核心内容是解决一系列最优化问题，即[31]

$$\min_{\boldsymbol{h}(n)} J_{\text{LS}}(\boldsymbol{h}(n)),\quad n>0 \tag{7.49}$$

式（7.49）对最优化问题的求解时将每一时刻进行独立求解进而得到每一时刻对信道估计的结果，但与此同时会极大地增加算法运算复杂度。因此在 n 时刻对式（7.49）进行求解时利用到前一时刻即第 $n-1$ 时刻的结果，这样可以降低算法运算复杂度。在 n 时刻利用近似估计公式 $\boldsymbol{R}(n)\boldsymbol{h}(n)=\boldsymbol{b}(n)$ 得到近似结果 $\hat{\boldsymbol{h}}(n)$。令残差向量 $\boldsymbol{c}(n\,|\,m)$ 表示为[31]

$$\boldsymbol{c}(n\,|\,m)=\boldsymbol{b}(n)-\boldsymbol{R}(n)\hat{\boldsymbol{h}}(m) \tag{7.50}$$

式中，$\hat{\boldsymbol{h}}(m)$ 表示在 m 时刻对信道估计的结果。更为具体，需要如下残差向量[31]：

$$\boldsymbol{c}(n\,|\,n-1)=\boldsymbol{b}(n)-\boldsymbol{R}(n)\hat{\boldsymbol{h}}(n-1) \tag{7.51}$$

根据

$$\begin{cases}\Delta \boldsymbol{R}(n) = \boldsymbol{R}(n) - \boldsymbol{R}(n-1) \\ \Delta \boldsymbol{b}(n) = \boldsymbol{b}(n) - \boldsymbol{b}(n-1) \\ \Delta \boldsymbol{h}(n) = \boldsymbol{h}(n) - \boldsymbol{h}(n-1)\end{cases} \tag{7.52}$$

得到[31]

$$\begin{aligned}\boldsymbol{c}(n \mid n-1) &= (\boldsymbol{b}(n-1) + \Delta \boldsymbol{b}(n)) - (\boldsymbol{R}(n-1) + \Delta \boldsymbol{R}(n))\hat{\boldsymbol{h}}(n-1) \\ &= \boldsymbol{c}\left(n-1 \mid n-1\right) + \Delta \boldsymbol{b}(n) - \Delta \boldsymbol{R}(n)\hat{\boldsymbol{h}}(n-1)\end{aligned} \tag{7.53}$$

式（7.53）的最后一个等式表明在 n 时刻利用已有的结果 $\hat{\boldsymbol{h}}(n-1)$ 来求解 $\boldsymbol{h}(n)$，可以通过求解 $\Delta \boldsymbol{h}(n)$ 实现最终目的，为降低式（7.53）的计算复杂度，需要对 $\Delta \boldsymbol{h}(n)$ 进行最优化求解，即[31]

$$\min_{\Delta \boldsymbol{h}(n)} J_{\Delta}(\Delta \boldsymbol{h}(n)), \quad n > 0 \tag{7.54}$$

为了对 $\Delta \boldsymbol{h}(n)$ 的代价函数进行求解，将关于 $\boldsymbol{h}(n)$ 的代价函数展开得到[31]

$$\begin{aligned}J_{\mathrm{LS}}(\boldsymbol{h}(n)) &= J_{\mathrm{LS}}(\hat{\boldsymbol{h}}(n-1) + \Delta \boldsymbol{h}(n)) \\ &= \frac{1}{2}(\hat{\boldsymbol{h}}(n-1) + \Delta \boldsymbol{h}(n))^{\dagger} \boldsymbol{R}(n)(\hat{\boldsymbol{h}}(n-1) + \Delta \boldsymbol{h}(n)) \\ &\quad - R\{(\hat{\boldsymbol{h}}(n-1) + \Delta \boldsymbol{h}(n))^{\dagger} \boldsymbol{\eta}(n)\} \\ &= \underbrace{\left(\frac{1}{2}\hat{\boldsymbol{h}}^{\dagger}(n-1)\boldsymbol{R}(n)\hat{\boldsymbol{h}}(n-1) - \mathcal{R}\{\hat{\boldsymbol{h}}^{\dagger}(n-1)\boldsymbol{\eta}(n)\}\right)}_{\text{第一部分}} \\ &\quad + \underbrace{\left(\frac{1}{2}\Delta \boldsymbol{h}^{\dagger}(n)\boldsymbol{R}(n)\Delta \boldsymbol{h}(n) - R\{\Delta \boldsymbol{h}^{\dagger}(n)(\boldsymbol{\eta}(n) - \boldsymbol{R}(n)\hat{\boldsymbol{h}}(n-1))\}\right)}_{\text{第二部分}}\end{aligned} \tag{7.55}$$

只考虑 $\Delta \boldsymbol{h}(n)$ 对关于 $\boldsymbol{h}(n)$ 的代价函数产生的影响，式（7.55）中的第二部分即为关于 $\Delta \boldsymbol{h}(n)$ 的代价函数 $J_{\Delta}(\Delta \boldsymbol{h}(n))$，根据式（7.54）最终得到代价函数 $J_{\Delta}(\Delta \boldsymbol{h}(n))$ [31]为

$$J_{\Delta}(\Delta \boldsymbol{h}(n)) = \frac{1}{2}\Delta \boldsymbol{h}^{\dagger}(n)\boldsymbol{R}(n)\Delta \boldsymbol{h}(n) - R\{\Delta \boldsymbol{h}^{\dagger}(n)\boldsymbol{c}(n \mid n-1)\} \tag{7.56}$$

根据式（7.55）可知残差向量 $\boldsymbol{c}(n \mid n-1)$ 的取值将直接影响到代价函数 $J_{\Delta}(\Delta \boldsymbol{h}(n))$。下面对残差向量 $\boldsymbol{c}(n \mid n-1)$ 进行求解，根据指数窗的条件下递归更新矩阵 $\boldsymbol{R}(n)$ 和向量 $\boldsymbol{b}(n)$ 存在的关系，即[31, 32]

$$\boldsymbol{R}(n) = \lambda \boldsymbol{R}(n-1) + \boldsymbol{x}(n)\boldsymbol{x}^{\dagger}(n) \tag{7.57}$$

$$\boldsymbol{b}(n) = \lambda \boldsymbol{b}(n-1) + d^{*}(n)\boldsymbol{x}(n) \tag{7.58}$$

得到

$$\Delta \boldsymbol{R}(n) = (\lambda - 1)\boldsymbol{R}(n-1) + \boldsymbol{x}(n)\boldsymbol{x}^{\dagger}(n) \tag{7.59}$$

$$\Delta \boldsymbol{b}(n) = (\lambda - 1)\boldsymbol{b}(n-1) + d^*(n)\boldsymbol{x}(n) \tag{7.60}$$

从而得到

$$\Delta \boldsymbol{R}(n)\hat{\boldsymbol{h}}(n-1) = (\lambda - 1)(\boldsymbol{b}(n-1) - \boldsymbol{c}(n \mid n-1)) + \boldsymbol{x}(n)y^*(n) \tag{7.61}$$

式中，$y(n) = \hat{\boldsymbol{h}}^{\dagger}(n-1)\boldsymbol{x}(n)$。最终得到[31, 32]

$$\boldsymbol{c}(n \mid n-1) = \lambda \boldsymbol{c}(n-1 \mid n-1) + e^*(n)\boldsymbol{x}(n) \tag{7.62}$$

式中，$e(n) = d(n) - \hat{\boldsymbol{h}}^{\dagger}(n-1)\boldsymbol{x}(n)$。

对代价函数 $J_{\Delta}(\Delta \boldsymbol{h}(n))$ 进行求解过程中利用 DCD 算法通过加法运算取代乘法运算降低算法运算复杂度。当代价函数满足以下条件时对 $\Delta \boldsymbol{h}$ 进行更新，即[31]

$$\Delta J = J_{\Delta}(\Delta \boldsymbol{h} + \alpha \boldsymbol{e}_p) - J_{\Delta}(\Delta \boldsymbol{h}) < 0 \tag{7.63}$$

式中，$\boldsymbol{e}_p$ 向量为 $\boldsymbol{I}_L$ 的第 p 列。将式（7.56）中的代价函数 $J_{\Delta}(\Delta \boldsymbol{h}(n))$ 代入式（7.63）推导后得到 ΔJ 的表达式[31]为

$$\Delta J = \frac{1}{2}|\alpha|^2 \boldsymbol{R}_{p,p} - R\{\alpha^* c_p\} \tag{7.64}$$

式中，$\boldsymbol{R}_{p,p}$ 表示 $\boldsymbol{R}$ 中的第 p 个对角线元素；c_p 表示 $\boldsymbol{c}$ 中的第 p 个元素。DCD 循环迭代过程的计算精度为 M_b，求解的幅值 H 不是固定的，$H \geqslant \max_q \{|R\{h_q\}|,|E\{h_q\}|\}$，但必须为 2 的幂数。利用 DCD 算法求解代价函数的最小值时，设定初始迭代步长 $\delta = H$，$\delta > 0$，迭代后下一次步长变为 $\delta = \delta / 2$。令复数域为 $\boldsymbol{\alpha} = [\delta - \delta \ \ \delta \mathrm{j} - \delta \mathrm{j}]$，$j = \sqrt{-1}$。要确定循环迭代中的 $\boldsymbol{\alpha}$、$\boldsymbol{R}_{p,p}$ 和 c_p 等参数的值，首先要确定这些需要更新元素所在的位置，然后判断是更新参量的实部还是虚部。第一步先求解最小化 ΔJ 时 s 和 q 的值[31, 32]：

$$[p,m] = \arg\min_{s,q} \left\{ \frac{1}{2}\delta^2 R_{s,s} - R\{\alpha_q^* c_s\} \right\} \tag{7.65}$$

式中，$s = 1,2,\cdots,L$；$q = 1,2,\cdots,4$。则 ΔJ 的最小值即为[31, 32]

$$\min(\Delta J) = \frac{1}{2}|\alpha|^2 R_{p,p} - R\{\alpha_m{}^* c_p\} \tag{7.66}$$

如果 $\min(\Delta J) < 0$，则认为成功实现了一次循环迭代，代价函数得以减小，接下来对 $\boldsymbol{h}$ 和 $\boldsymbol{c}$ 进行更新，即[31, 32]

$$\boldsymbol{h} = \boldsymbol{h} + \alpha_k \boldsymbol{e}_p \tag{7.67}$$

$$\boldsymbol{c} = \boldsymbol{c} + \alpha_k \boldsymbol{R}_p \tag{7.68}$$

式中，$\boldsymbol{R}_p$ 为 $\boldsymbol{R}$ 的第 p 列；α_k 为 $\boldsymbol{\alpha}$ 中的第 k 个元素，得到 $\boldsymbol{h}(n)$ 和 $\boldsymbol{c}(n \mid n)$。如果 $\min(\Delta J) \geqslant 0$，则认为此迭代循环失败，就要将步长减小为 $\delta / 2 \to \delta$，$\boldsymbol{\alpha} / 2 \to \boldsymbol{\alpha}$ 再重新判断执行条件，直到达到所要求精度 M_b 停止迭代。算法的具体步骤如表 7.5 和表 7.6 所示[31, 32]。

表 7.5　RLS-DCD 算法

初始化：$\hat{\boldsymbol{h}}(0)=\boldsymbol{0}_N$， $\boldsymbol{c}(0|0)=\boldsymbol{0}_N$， $\boldsymbol{R}(0)=\eta\boldsymbol{I}_N$

for　$n=1,2,\cdots$

1　　$\boldsymbol{R}(n)=\lambda\boldsymbol{R}(n-1)+\boldsymbol{x}(n)\boldsymbol{x}^{\dagger}(n)$

2　　$y(n)=\hat{\boldsymbol{h}}^{\dagger}(n-1)\boldsymbol{x}(n)$

3　　$e(n)=d(n)-y(n)$

4　　$\boldsymbol{c}(n|n-1)=\lambda\boldsymbol{c}(n-1|n-1)+e^{*}(n)\boldsymbol{x}(n)$

5　　DCD 算法求解最小化代价函数：

　　$\min_{\Delta\boldsymbol{h}} J_{\Delta}(\Delta\boldsymbol{h})\to\Delta\hat{\boldsymbol{h}},\boldsymbol{c}(n|n)$

　　更新 $\hat{\boldsymbol{h}}(n)=\hat{\boldsymbol{h}}(n-1)+\Delta\hat{\boldsymbol{h}}$

表 7.6　复数 DCD 迭代过程

输入：　$\boldsymbol{c}=\boldsymbol{c}(n|n-1)$， $\boldsymbol{R}=\boldsymbol{R}(n)$， $\boldsymbol{h}=\hat{\boldsymbol{h}}(n-1)$， H， M_b， N_u

初始化：$\delta=H$， $\boldsymbol{\alpha}=\delta[1,-1,j,-j]$， $m=0$， $u=0$

1　　当 $m<M_b$ 且 $u<N_u$ 时，重复如下步骤：

2　　找到 $[p,k]=\arg\min\limits_{s,q}((\delta^2/2)R_{s,s}-R\{\alpha_q^{*}c_s\})$，其中

$$s=1,2,\cdots,N, \quad q=1,2,\cdots,4$$

3　　$\min(\Delta J)=(\delta^2/2)R_{p,p}-R\{\alpha_k^{*}c_p\}$

4　　若 $\min(\Delta J)<0$

5　　　$h_p\leftarrow h_p+\alpha_k,\boldsymbol{c}\leftarrow\boldsymbol{c}-\alpha_k\boldsymbol{R}_p,u\leftarrow u+1$

　　否则

6　　　$\delta\leftarrow\delta/2,\alpha\leftarrow\alpha/2,m=m+1$

输出：　$\hat{\boldsymbol{h}}(n)=\boldsymbol{h}$， $\boldsymbol{c}(n|n)=\boldsymbol{c}$

注：$H\geqslant\max\limits_{q}\{|R\{h_q\}|,|E\{h_q\}|\}$

本小节通过对比 RLS 算法与 RLS-DCD 算法中所涉及的复数域乘法以及加法的数量分析两种算法的计算复杂度。RLS 算法各步骤的计算复杂度如表 7.7 所示，RLS-DCD 算法各步骤的计算复杂度如表 7.8 所示。

表 7.7　RLS 算法计算复杂度

步骤	RLS 算法	×	+
	初始化：$\boldsymbol{P}(0)=\boldsymbol{I}_L$， $\hat{\boldsymbol{h}}(0)=\boldsymbol{0}_L$		
1	$\boldsymbol{u}(n)=\boldsymbol{P}(n-1)\boldsymbol{x}(n)$	L^2	L^2-L
2	$\boldsymbol{k}(n)=\dfrac{1}{\lambda+\boldsymbol{x}^{\dagger}(n)\boldsymbol{u}(n)}\boldsymbol{u}(n)$	$2L+1$	L
3	$y(n)=\hat{\boldsymbol{h}}^{\dagger}(n-1)\boldsymbol{x}(n)$	L	$L-1$

续表

步骤	RLS 算法 初始化：$\boldsymbol{P}(0)=\boldsymbol{I}_L$，$\hat{\boldsymbol{h}}(0)=\boldsymbol{0}_L$	×	+
4	$e(n)=d(n)-y(n)$		1
5	$\hat{\boldsymbol{h}}(n)=\hat{\boldsymbol{h}}(n-1)+\boldsymbol{k}(n)e^*(n)$	L	L
6	$\boldsymbol{P}(n)=\dfrac{1}{\lambda}(\boldsymbol{P}(n-1)-\boldsymbol{k}(n)\boldsymbol{x}^\dagger(n)\boldsymbol{P}(n-1))$	$3L^2$	L^2

表 7.8　RLS-DCD 算法计算复杂度

步骤	RLS-DCD 算法 初始化：$\boldsymbol{R}(0)=\boldsymbol{I}_L$，$\boldsymbol{h}(0)=\boldsymbol{0}_L$，$\boldsymbol{c}(0\,|\,0)=\boldsymbol{0}_L$	×	+
1	$\boldsymbol{R}(n)=\lambda\boldsymbol{R}(n-1)+\boldsymbol{x}(n)\boldsymbol{x}^\dagger(n)$	$2L^2$	L^2
2	$y(n)=\hat{\boldsymbol{h}}^\dagger(n-1)\boldsymbol{x}(n)$	L	$L-1$
3	$e(n)=d(n)-y(n)$		1
4	$\boldsymbol{c}(n\,|\,n-1)=\lambda\boldsymbol{c}(n-1\,|\,n-1)+e^*(n)\boldsymbol{x}(n)$	$2L$	L
5	DCD： 初始化：$\delta=H$，$\alpha=\delta[1,-1,j,-j]$，$m=0$，$u=0$		
5-1	当 $m<M_b$ 且 $u<N_u$ 时，重复如下步骤：		
5-2	$[p,k]=\arg\min\limits_{s,q}\left\{\dfrac{1}{2}\delta^2R_{s,s}-R\{\alpha_q^*c_s\}\right\}$，其中 $s=1,2,\cdots,L,\ q=1,2,\cdots,4$ $\min(\Delta J)=\dfrac{1}{2}\lvert\alpha\rvert^2R_{p,p}-R\{\alpha_k{}^*c_p\}$		$L-1$ 1
5-3	若 $\min(\Delta J)<0$，则 $h_p=h_p+\alpha_k$，$\boldsymbol{c}=\boldsymbol{c}-\alpha_k\boldsymbol{R}_p$，$u=u+1$ 否则 $\delta/2\to\delta$，$\boldsymbol{\alpha}/2\to\boldsymbol{\alpha}$，$m=m+1$		$L+1$

在 RLS-DCD 算法中，影响计算复杂度的步骤为 5-2 和 5-3 中搜索（ΔJ）的最小值以及当符合条件时更新残差向量的过程。为了搜索符合 $\min(\Delta J)<0$ 的条件，只用比较 c_s 与 $(\delta^2/2)R_{s,s}$ 的实部与虚部即可，只进行了 1 次复数域加法运算；每次迭代只对残差向量 $\boldsymbol{c}$ 与信道向量 $\hat{\boldsymbol{h}}$ 中的一个元素进行更新产生了 L+1 次加法运算。RLS 算法的运算复杂度为 $O(L^2)$，其进行的乘法次数为 $4L^2+4L+1$，进行加法的次数为 $2L^2+2L$；而 RLS-DCD 算法进行的乘法运算为 $5L$ 次，最多所需进

行的加法次数为$(2L+1)N_u+3L$。RLS-DCD 算法的计算复杂度相比 RLS 算法有很大程度的降低，而且信道估计的性能也极为相似[31, 32]。

图 7.5 比较了 RLS 算法与 RLS-DCD 算法进行的乘法运算数量，明显可以发现，随着信道长度的增大两种算法进行乘法运算的数量也随之增加，但 RLS-DCD 算法进行的乘法运算数量要远低于 RLS 算法。这充分表明了 DCD 迭代循环可以有效地降低算法运算复杂度。

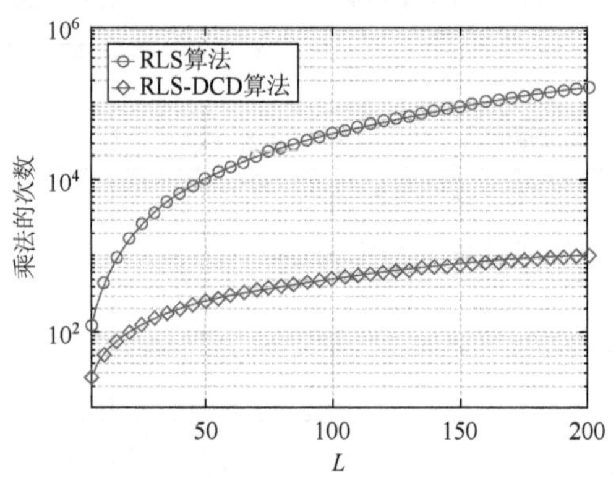

图 7.5　RLS 算法和 RLS-DCD 算法的计算复杂度比较

7.5.2　自适应稀疏信道估计算法

1. l_1-范数 RLS 算法

在实际水声通信下，水声信道是具有稀疏性质的，本节研究 l_1-范数 RLS 算法对于稀疏信道的估计。虽然 l_0-范数可以完整地度量信道的稀疏能力，但由于无法求解最优化问题，我们只能将 l_0-拟范数最优化问题转化为凸松弛的 l_1-范数最优化问题来解决[33-36]。利用水声信道的稀疏特征来推导正则化 RLS 算法，利用正则化函数重新表示 RLS 算法的代价函数 $J(\boldsymbol{h}(n))$ [34-37]：

$$J(\boldsymbol{h}(n))=\frac{1}{2}\varepsilon(n)+\gamma(n)f(\boldsymbol{h}(n)) \tag{7.69}$$

式中，$\gamma(n)$ 为基于对信道瞬时估计结果的正则化参数。因此信道估计问题可以转化为对式（7.69）的最优化求解问题。根据 l_1-范数可以将式（7.69）中新增加的代价函数 $f(\boldsymbol{h}(n))$ 表示为[34-37]

$$f(\boldsymbol{h}(n))=\|\boldsymbol{h}\|_1=\sum_{k=0}^{N-1}|h_k| \tag{7.70}$$

最终求解使正则化代价函数最小的最优解 $\boldsymbol{h}(n)$。若凸函数上任意一点 v 不可导，则求解不可导点处的次梯度值。将 $f(\boldsymbol{h}(n))$ 的次梯度表示为 $\nabla^s f(\boldsymbol{h}(n))$，则 $J(\boldsymbol{h}(n))$ 的次梯度可以表示为[34-37]

$$\nabla^s J(\boldsymbol{h}(n)) = \frac{1}{2}\nabla\varepsilon(n) + \gamma(n)\nabla^s f(\boldsymbol{h}(n)) \tag{7.71}$$

令 $\nabla^s J(\boldsymbol{h}(n)) = 0$，求解使 $J(\hat{\boldsymbol{h}}(n))$ 达到最小值的最优 $\hat{\boldsymbol{h}}(n)$，经推导得到

$$\boldsymbol{\Phi}(n)\hat{\boldsymbol{h}}(n) = \boldsymbol{r}(n) - \gamma(n)\nabla^s f(\hat{\boldsymbol{h}}(n)) \tag{7.72}$$

式中，$N \times N$ 的矩阵 $\boldsymbol{\Phi}(n)$ 为 $\boldsymbol{x}(n)$ 的自相关矩阵，$\boldsymbol{\Phi}(n)$ 的迭代表达式为[35]

$$\boldsymbol{\Phi}(n) = \sum_{m=0}^{n} \lambda^{n-m}\boldsymbol{x}(m)\boldsymbol{x}^\dagger(m) = \lambda\boldsymbol{\Phi}(n-1) + \boldsymbol{x}(n)\boldsymbol{x}^\dagger(n) \tag{7.73}$$

$N \times 1$ 的向量 $\boldsymbol{r}(n)$ 为输入信号向量 $\boldsymbol{x}(n)$ 与接收信号 $y(n)$ 的互相关向量，$\boldsymbol{r}(n)$ 的迭代表达式为[35]

$$\boldsymbol{r}(n) = \sum_{m=0}^{n} \lambda^{n-m} y(m)\boldsymbol{x}(n) = \lambda\boldsymbol{r}(n-1) + y(n)\boldsymbol{x}(n) \tag{7.74}$$

令式（7.72）等号右侧表达式为 $\boldsymbol{\theta}(n)$，即[35]

$$\boldsymbol{\theta}(n) = \boldsymbol{r}(n) - \gamma(n)\nabla^s f(\hat{\boldsymbol{h}}(n)) \tag{7.75}$$

可以根据式（7.73）与式（7.74）迭代更新 $\boldsymbol{\theta}(n)$ 的值。假设 $\gamma(n-1)$ 与 $\nabla^s f(\hat{\boldsymbol{h}}(n-1))$ 在一个步长的时间间隔内保持不变，那么对 $\boldsymbol{\theta}(n)$ 进行近似得到[35]

$$\boldsymbol{\theta}(n) \approx \lambda\boldsymbol{\theta}(n-1) + y(n)\boldsymbol{x}(n) - \gamma(n-1)(1-\lambda)\nabla^s f(\hat{\boldsymbol{h}}(n-1)) \tag{7.76}$$

将式（7.72）重新写为[35]

$$\boldsymbol{h}(n) = \boldsymbol{P}(n)\boldsymbol{\theta}(n) \tag{7.77}$$

进而推导出 $\hat{\boldsymbol{h}}(n)$ 的迭代表达式为[35]

$$\hat{\boldsymbol{h}}(n) = \hat{\boldsymbol{h}}(n-1) + \boldsymbol{k}(n)\zeta(n) - \gamma(n-1)(1-\lambda)\boldsymbol{P}(n)\nabla^2 f(\hat{\boldsymbol{h}}(n-1)) \tag{7.78}$$

式中，$\zeta(n) = y(n) - \hat{\boldsymbol{h}}^\dagger(n-1)\boldsymbol{x}(n)$ 为先验估计误差。对比式（7.78）与常规 RLS 算法中的 $\hat{\boldsymbol{h}}(n) = \hat{\boldsymbol{h}}(n-1) + \boldsymbol{k}(n)e^*(n)$，二者的区别就在于 $\gamma(n-1)(1-\lambda)\boldsymbol{P}(n)\nabla^2 f(\hat{\boldsymbol{h}}(n-1))$ 一项，反映出信道的稀疏性信息。其中，l_1-范数的次梯度表示为[34-37]

$$\nabla^2(\|\boldsymbol{h}\|) = \mathrm{sgn}(\boldsymbol{h}) \tag{7.79}$$

对于正则化参数的选取，定义非正则化求解的估计值为 $\tilde{\boldsymbol{h}}(n)$，其满足 $\boldsymbol{\Phi}(n)\tilde{\boldsymbol{h}}(n) = \boldsymbol{r}(n)$ 或 $\tilde{\boldsymbol{h}}(n) = \boldsymbol{P}(n)\boldsymbol{r}(n)$，根据式（7.72）求得[34-37]

$$\hat{\boldsymbol{\varepsilon}}(n) = \tilde{\boldsymbol{\varepsilon}}(n) - \gamma(n)\boldsymbol{P}(n)\nabla^s f(\hat{\boldsymbol{h}}(n)) \tag{7.80}$$

式中，$\hat{\boldsymbol{\varepsilon}}(n) = \hat{\boldsymbol{h}}(n) - \boldsymbol{h}(n)$；$\tilde{\boldsymbol{\varepsilon}}(n) = \tilde{\boldsymbol{h}}(n) - \boldsymbol{h}(n)$。则求解 $\hat{\boldsymbol{\varepsilon}}(n)$ 的瞬时方差 $\hat{D}(n)$ 得到[34-37]

$$\begin{aligned}\hat{D}(n)&=\hat{\boldsymbol{\varepsilon}}^{\dagger}(n)\hat{\boldsymbol{\varepsilon}}(n)=\|\hat{\boldsymbol{\varepsilon}}(n)\|_2^2\\&=\tilde{D}(n)-2\gamma(n)\nabla^s f(\hat{\boldsymbol{h}}(n))\boldsymbol{P}(n)\tilde{\boldsymbol{\varepsilon}}(n)\\&\quad+\gamma^2(n)\|\boldsymbol{P}(n)\nabla^s f(\hat{\boldsymbol{h}}(n))\|_2^2\end{aligned}\tag{7.81}$$

根据相关定理可知，如果 $\hat{D}(n)\leqslant\tilde{D}(n)$，那么 $\gamma(n)\in[0,\max(\hat{\gamma}(n),0)]$，其中[34-37]

$$\hat{\gamma}(n)=\frac{2\nabla^s f(\hat{\boldsymbol{h}}(n))^{\dagger}\boldsymbol{P}(n)\tilde{\boldsymbol{\varepsilon}}(n)}{\|\boldsymbol{P}(n)\nabla^s f(\hat{\boldsymbol{h}}(n))\|_2^2}\tag{7.82}$$

由于 $\tilde{\boldsymbol{\varepsilon}}(n)=\tilde{\boldsymbol{h}}(n)-\boldsymbol{h}(n)$ 中的 $\boldsymbol{h}(n)$ 未知，对式（7.82）近似求解得到[34-37]

$$\hat{\gamma}(n)\geqslant 2\gamma'(n)\frac{\operatorname{tr}(\boldsymbol{P}(n))(f(\hat{\boldsymbol{h}}(n))-\rho)+\nabla^s f(\hat{\boldsymbol{h}}(n))^{\dagger}\boldsymbol{P}(n)\boldsymbol{\varepsilon}'(n)}{N\|\boldsymbol{P}(n)\nabla^s f(\hat{\boldsymbol{h}}(n))\|_2^2}\tag{7.83}$$

式中，ρ 为上界常数，即 $f(\boldsymbol{h})<\rho$；$\boldsymbol{\varepsilon}'(n)=\tilde{\boldsymbol{h}}(n)-\hat{\boldsymbol{h}}(n)$。则根据式（7.83）可知 $\gamma(n)$ 通过 $\gamma(n)\in[0,\max(\hat{\gamma}(n),0)]$ 的原则选取。

2. l_1-范数 RLS-DCD 算法

进行稀疏信道估计时，在代价函数中引入 l_1-范数惩罚函数，即[31-33]

$$J(\boldsymbol{h}(n))=J_{\mathrm{LS}}(\boldsymbol{h}(n))+f_P(\boldsymbol{h}(n))\tag{7.84}$$

式中，$J_{\mathrm{LS}}(\boldsymbol{h}(n))$ 在 7.5.1 节中已进行阐述，接下来只需要对 l_1-范数惩罚函数 $f_P(\boldsymbol{h}(n))$ 进行处理。将式（7.56）中的代价函数 $J_\Delta(\Delta\boldsymbol{h}(n))$ 改写为[31-33]

$$\begin{aligned}J_\Delta(\Delta\boldsymbol{h}(n))&=\frac{1}{2}\Delta\boldsymbol{h}^{\dagger}(n)\boldsymbol{R}(n)\Delta\boldsymbol{h}(n)-R\{\Delta\boldsymbol{h}^{\dagger}(n)\boldsymbol{c}(n\,|\,n-1)\}\\&\quad+f_P(\hat{\boldsymbol{h}}(n-1)+\Delta\boldsymbol{h}(n))\end{aligned}\tag{7.85}$$

将代价函数 $J_\Delta(\Delta\boldsymbol{h}(n))$ 代入 DCD 迭代中经过推导求得 ΔJ 的表达式为[31-33]

$$\Delta J=\frac{1}{2}|\alpha|^2 R_{p,p}-R\{\alpha^{*}c_p\}+f_P(\boldsymbol{h}+\Delta\boldsymbol{h})-f_P(\boldsymbol{h})\tag{7.86}$$

当 $\Delta J<0$ 时，更新 $\boldsymbol{h}$，更新方式同 7.5.1 节中的 RLS-DCD 算法。l_1-范数惩罚函数 $f_P(\boldsymbol{h})$ 表示为[31-33]

$$\begin{aligned}f_p(\boldsymbol{h})&=\sum_{k=1}^{N}f(h_k)\\&=\tau(\|R\{\boldsymbol{h}\}\|_1+\|E\{\boldsymbol{h}\}\|_1)\\&=\tau\sum_{k=1}^{N}w_k(|R\{h_k\}|+|E\{h_k\}|)\end{aligned}\tag{7.87}$$

式中，$\tau=\mu_\tau\max\limits_{s=1,2,\cdots,N}|b_s|$，$\mu_\tau>0$，$b_s$ 为 $\boldsymbol{b}(n)$ 的元素。权值向量 $\boldsymbol{w}$ 的递归表达式为[31-33]

$$w(n) = (1-\mu_w)w(n-1) + \mu_w g(n) \tag{7.88}$$

式中，$\mu_w \in [0,1]$ 为微调参数；初始化 $w(0) = I_N$。

7.5.3　自适应 MIMO 信道估计算法性能仿真分析

1. 仿真参数说明

本节仿真主要针对 2×2 MIMO 系统，发射数据块的长度为 1000 个 QPSK 符号，最大多途信道长度为 40 个符号，随机产生两种类型的 MIMO 信道：①随机产生的高斯 MIMO 信道；②随机产生的稀疏 MIMO 信道。其中，每个子通道的非零抽头个数为 8。加入噪声为循环对称的零均值复高斯白噪声。

2. 变遗忘因子对算法的影响

仿真考察 2×2 MIMO 系统中常规 RLS 算法、VFF-RLS 算法以及 IVFF-RLS 算法在 MIMO 信道估计中的性能。性能评估采用归一化均方偏差（normalized mean squared deviation，NMSD）进行评价，它们的计算公式分别如下：

$$\text{NMSD} = 10\log_{10}(\| \boldsymbol{h}_{m,n} - \hat{\boldsymbol{h}}_{m,n} \|_2^2 / \| \boldsymbol{h}_{m,n} \|_2^2) \tag{7.89}$$

式中，$\|\cdot\|_2$ 表示 l_2-范数；$\boldsymbol{h}_{m,n}$ 表示 MIMO 系统中第 n 个发射换能器与第 m 个接收水听器间的信道冲激响应。

仿真中的参数配置如下：仿真信噪比 SNR 为 10dB，蒙特卡罗仿真次数为 1000 次，常规 RLS 算法的遗忘因子为 $\lambda = 0.997$ 或 $\lambda = 0.97$，VFF-RLS 算法中的 $\alpha = 2\times10^{-5}$，$\lambda_{\min} = 0.96$，$\lambda_{\max} = 0.999999$；IVFF-RLS 算法中的 $K_\alpha = 2$，$K_\beta = 5K_\alpha$，常量 $\xi = 10^{-8}$，$\alpha_0 = 7/8$，$\gamma = 1.5$。

图 7.6 为随机高斯信道下的三种 RLS 类自适应算法的估计性能。由图可知，常规自适应 RLS 算法的性能对遗忘因子的设置比较敏感，由于仿真采用的是时不变信道，大的遗忘因子可以获得更低的 NMSD；VFF-RLS 算法和 IVFF-RLS 算法可以自适应地调整遗忘因子，因此可以很快地适应信道条件进而获得更快的收敛速度以及更低的 NMSD；而对于变步长的 RLS 类算法来说，IVFF-RLS 算法的性能优于 VFF-RLS 算法。

图 7.7 为随机稀疏 MIMO 信道下的三种 RLS 类自适应算法的估计性能。在随机稀疏信道下，各种算法的性能与随机高斯信道下的性能类似。

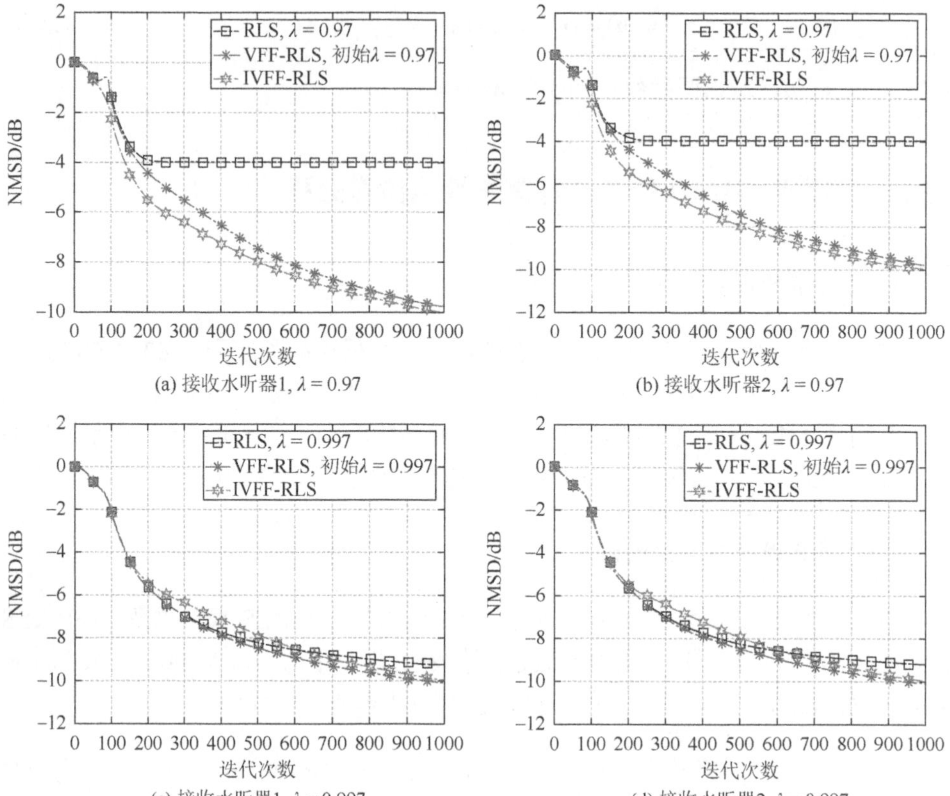

(a) 接收水听器1, $\lambda = 0.97$　(b) 接收水听器2, $\lambda = 0.97$

(c) 接收水听器1, $\lambda = 0.997$　(d) 接收水听器2, $\lambda = 0.997$

图 7.6　随机高斯信道下的三种 RLS 类自适应算法的 NMSD 曲线

3. RLS-DCD 算法性能分析

本节对比研究低复杂度 RLS-DCD 算法相比于常规 RLS 算法的性能差异以及 RLS-DCD 算法对相关参数（如 N_u 、 M_b 等）的敏感性。

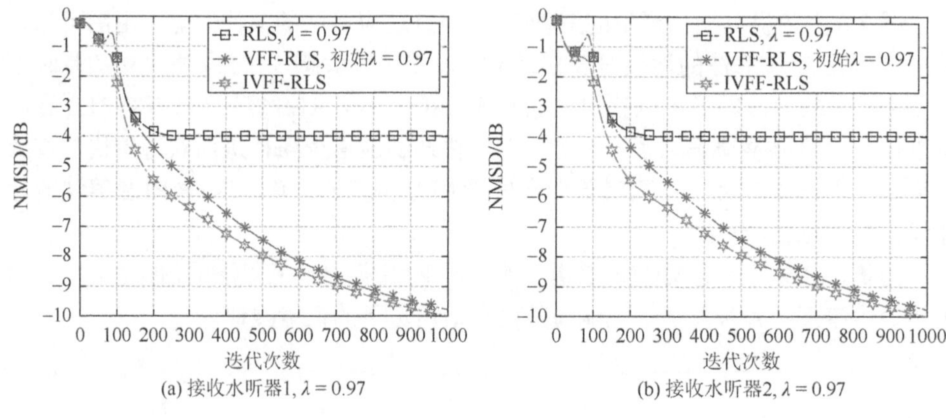

(a) 接收水听器1, $\lambda = 0.97$　(b) 接收水听器2, $\lambda = 0.97$

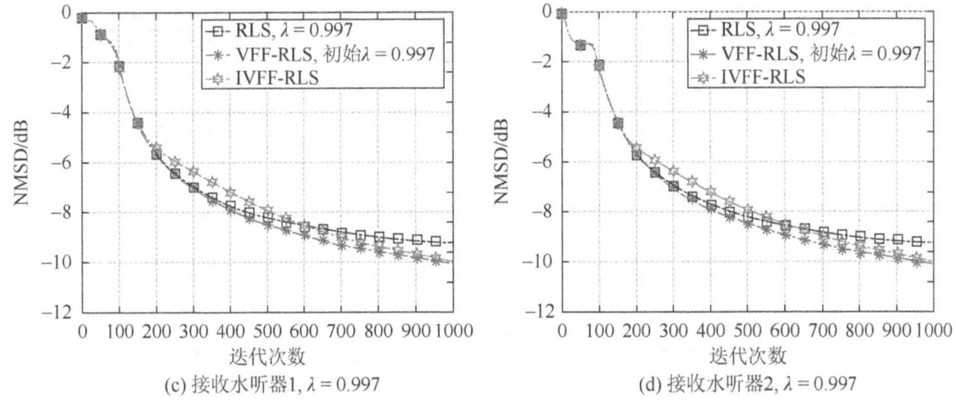

(c) 接收水听器1, $\lambda = 0.997$　　(d) 接收水听器2, $\lambda = 0.997$

图 7.7　随机稀疏信道下的三种 RLS 类自适应算法的 NMSD 曲线

图 7.8 和图 7.9 为信噪比 SNR 为 10dB 时，RLS-DCD 算法对参数 N_u 的敏感性。仿真采用的信道为随机高斯信道和随机稀疏信道；在评估 RLS-DCD 算法时我们采用了固定的 $M_b = 10$，而最大的迭代次数 N_u 分别为 2、4、8、16 和 32。

图 7.8 给出了随机高斯信道下的 RLS-DCD 自适应信道估计算法的 NMSD 性能。由图可以看到，在 $\lambda = 0.97$ 的条件下，当 N_u 大于 16 且迭代次数大于 120 时，RLS-DCD 算法的 NMSD 与 RLS 算法的 NMSD 几乎一样；在 $\lambda = 0.997$ 的条件下，当 N_u 大于 16 且迭代次数大于 100 时，RLS-DCD 算法的 NMSD 与 RLS 算法的 NMSD 几乎一样。

图 7.9 给出了随机稀疏信道下的 RLS-DCD 自适应信道估计算法的 NMSD 性能。由图可知，RLS-DCD 的性能与常规 RLS 性能差异分析基本上与随机高斯信道下的分析结论类似。

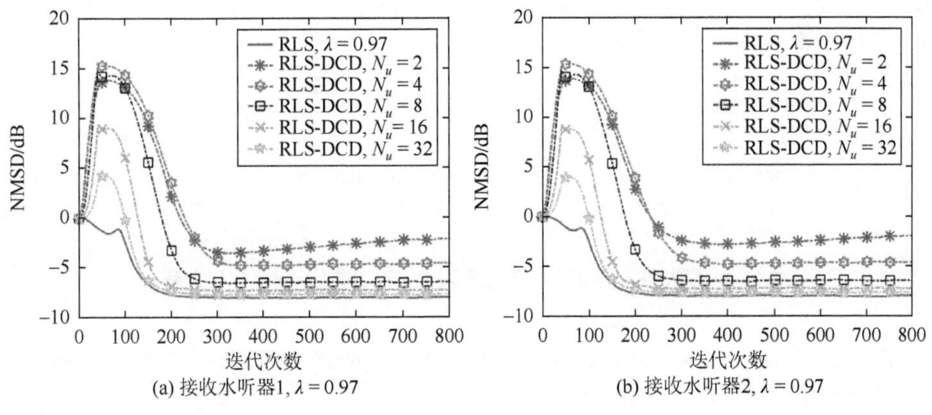

(a) 接收水听器1, $\lambda = 0.97$　　(b) 接收水听器2, $\lambda = 0.97$

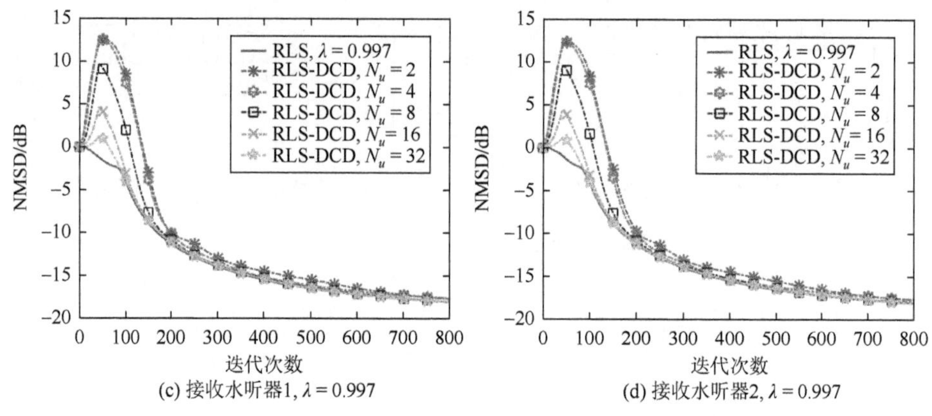

(c) 接收水听器1, $\lambda = 0.997$　　(d) 接收水听器2, $\lambda = 0.997$

图 7.8　随机高斯 MIMO 信道不同 N_u 下信道估计 NMSD 曲线

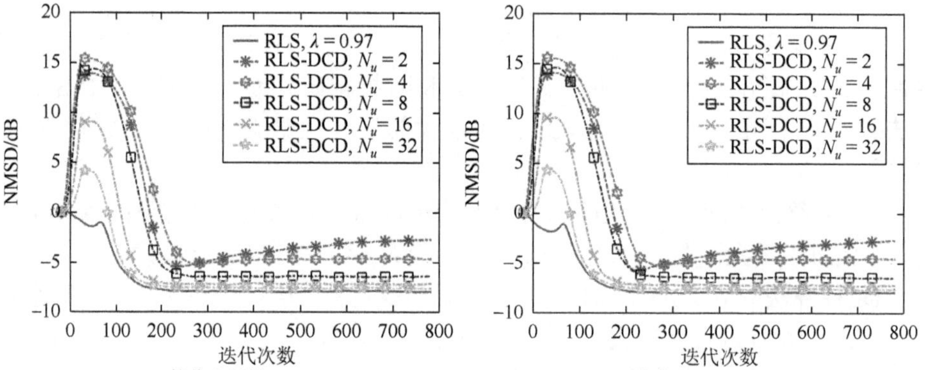

(a) 接收水听器1, $\lambda = 0.97$　　(b) 接收水听器2, $\lambda = 0.97$

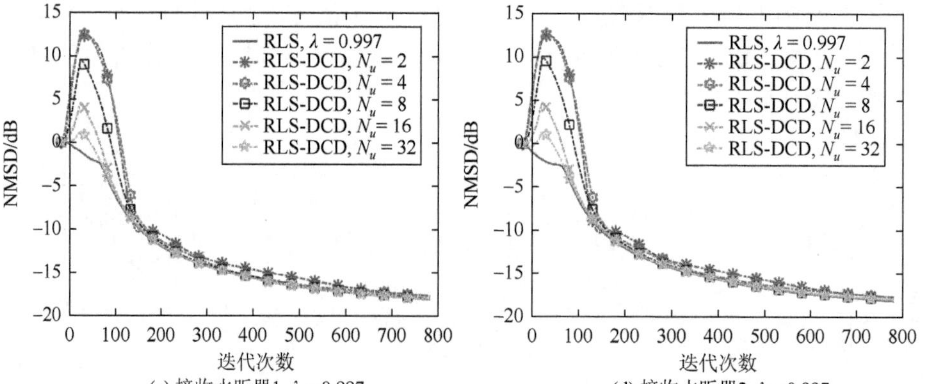

(c) 接收水听器1, $\lambda = 0.997$　　(d) 接收水听器2, $\lambda = 0.997$

图 7.9　随机稀疏 MIMO 信道不同 N_u 下信道估计 NMSD 曲线

图 7.10 为随机高斯 MIMO 信道下不同 M_b 对 RLS-DCD 算法性能的影响，仿真中我们固定 $N_u = 32$，仿真 SNR 为 20dB。由图可知，量化精度 M_b 对 RLS-DCD

算法的性能影响较大，当 $M_b = 2$ 时，RLS-DCD 的稳态 NMSD 与常规 RLS 算法的稳态 NMSD 相差 17dB；当 $M_b = 4$ 时，RLS-DCD 的稳态 NMSD 与常规 RLS 算法的稳态 NMSD 相差 7dB；当 $M_b = 10$ 时，RLS-DCD 的稳态 NMSD 与常规 RLS 算法的稳态 NMSD 几乎没有差别。可见 $N_u = 32$ 且 $M_b = 10$ 时，RLS-DCD 算法可以达到常规 RLS 算法的性能且具有线性的复杂度（相应于信道的长度）。

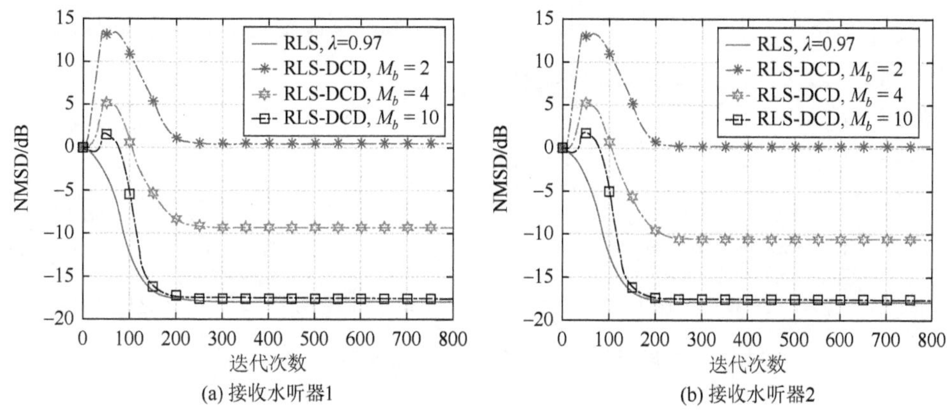

图 7.10　随机高斯 MIMO 信道下不同 M_b 输出信号的 NMSD 曲线

图 7.11 为 RLS-DCD 算法在不同信噪比下，其 NMSD 与常规 RLS 算法的差异性比较，仿真时的量化精度 $M_b = 10$，最大迭代次数 $N_u = 32$；仿真评估的信噪比分别为 5dB、10dB、15dB 及 20dB。图 7.11 给出了信道估计的 NMSD 曲线。图 7.11 的仿真结果表明，无论在高信噪比还是低信噪比下，RLS-DCD 算法均与 RLS 算法具有相同的收敛性能。

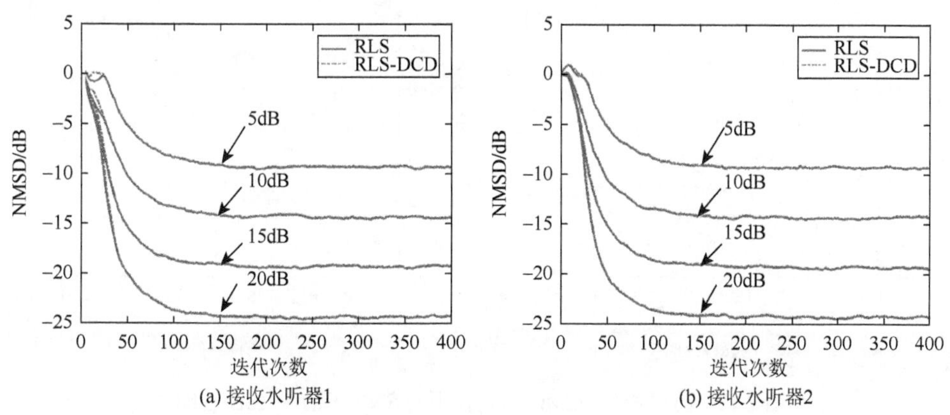

图 7.11　随机稀疏 MIMO 信道下不同 SNR 时的 NMSD 曲线

图 7.12 给出当 SNR 为 10dB 时，采用 RLS-DCD 算法对等价的随机稀疏 MISO 信道估计的结果，仿真时的量化精度 $M_b = 10$ 且最大的迭代次数 $N_u = 32$ 。由图可知，RLS-DCD 算法对主要的信道抽头均可以进行有效估计。

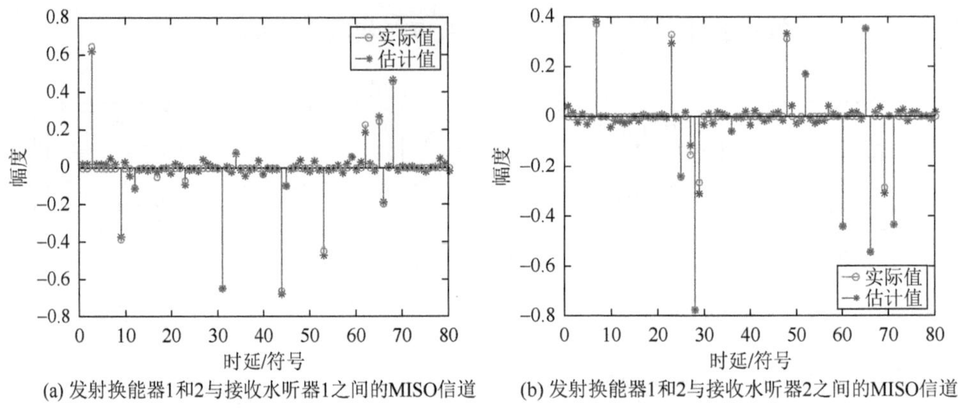

(a) 发射换能器1和2与接收水听器1之间的MISO信道　(b) 发射换能器1和2与接收水听器2之间的MISO信道

图 7.12　随机稀疏 MIMO 信道的 RLS-DCD 估计结果

4. 稀疏信道估计性能分析

本节考察低复杂度的稀疏自适应算法 l_1-RLS-DCD 在随机稀疏 MIMO 信道下的信道估计性能，MIMO 子信道的最大信道冲激响应长度为 $L = 40$ ，子信道的非零抽头数为 8，采用 QPSK 调制信号，遗忘因子分别为 $\lambda = 0.97$ 和 $\lambda = 0.997$ ，图 7.13 考察了 SNR 为 5dB、10dB、15dB 以及 20dB 时的 NMSD 性能。

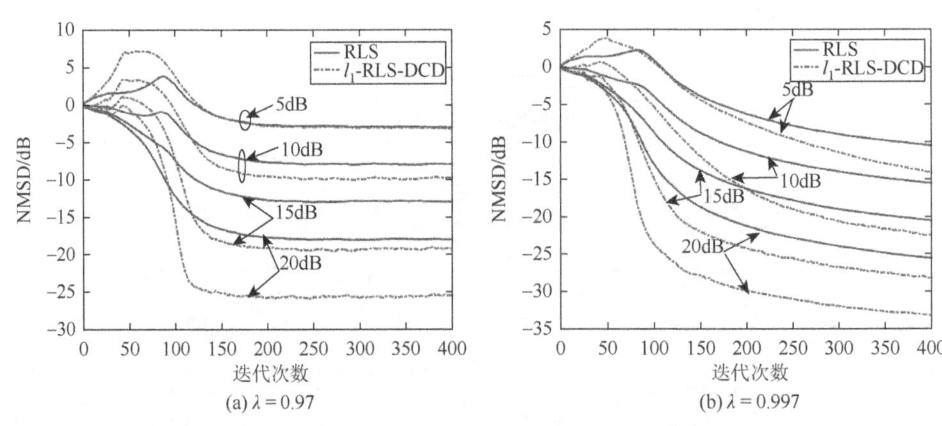

(a) $\lambda = 0.97$　(b) $\lambda = 0.997$

图 7.13　随机稀疏 MIMO 信道在不同 SNR 下的 NMSD 性能

图 7.13（a）为 $\lambda = 0.97$ 时的 NMSD 性能曲线，当迭代次数大于 120 时，

l_1-RLS-DCD 算法的 NMSD 性能开始接近或优于常规的 RLS 算法的 NMSD；当 SNR 为 5dB 时，l_1-RLS-DCD 算法与常规 RLS 算法的 NMSD 几乎没有差别；当 SNR 为 10dB 时，l_1-RLS-DCD 算法的 NMSD 比常规 RLS 算法的 NMSD 低 2.5dB；当 SNR 为 15dB 时，l_1-RLS-DCD 算法的 NMSD 比常规 RLS 算法的 NMSD 低 6dB；当 SNR 为 20dB 时，l_1-RLS-DCD 算法的 NMSD 比常规 RLS 算法的 NMSD 低 7.5dB。

图 7.13（b）为 $\lambda = 0.997$ 时的 NMSD 性能曲线，当迭代次数大于 100 时，l_1-RLS-DCD 算法的 NMSD 性能开始接近或优于常规的 RLS 算法的 NMSD；当 SNR 为 5dB 且 400 次迭代时，l_1-RLS-DCD 算法的 NMSD 比常规 RLS 算法的 NMSD 低 4dB；当 SNR 为 10dB 且 400 次迭代时，l_1-RLS-DCD 算法的 NMSD 比常规 RLS 算法的 NMSD 低 7.5dB；当 SNR 为 15dB 和 20dB 时的情况类似，即 l_1-RLS-DCD 算法的 NMSD 比常规 RLS 算法的 NMSD 低 7.5dB。

由图 7.13 可知，在稀疏信道下低复杂度的 l_1-RLS-DCD 算法相比于常规的 RLS 算法，无论在性能和复杂度上均具有较大的优势。

7.6　水声 MIMO-OFDM 通信系统性能仿真分析

基于前面介绍的理论分析结果，本节将对部分理论在仿真的水声 MIMO 信道下进行验证评估工作。

7.6.1　基本仿真参数说明

MIMO-OFDM 系统的组合形式有很多，为了简化分析的复杂性，本节 MIMO-OFDM 系统的仿真主要集中在 4×4 的单流 MIMO 系统；采用编码率 R_c 为 1/2 的系统卷积码对 16384/20480/24576 个二进制信息比特流 $\boldsymbol{a}$ 进行信道编码，其中生成多项式为八进制的$[133,171]_{\text{oct}}$，得到长度为 32768/40960/49152 的编码比特流 $\boldsymbol{b}$；采用随机交织器对编码比特流 $\boldsymbol{b}$ 进行交织得到长度为 32768 的交织比特流 $\boldsymbol{c}$；然后将 $\boldsymbol{c}$ 中每 Q（可以为 4、5 或 6）个比特按位分组，各个分组映射到 16QAM/32QAM/64QAM 符号星座集合中的某一个符号，得到 8192 个 16QAM/ 32QAM/64QAM 符号；经过串并转换将 8192 个 16QAM/32QAM/64QAM 符号平均分配到 4 个并行的发射通道，那么每个发射通道上就有 2048 个 16QAM/32QAM/64QAM 符号，2048 个 16QAM/32QAM/64QAM 符号随后被分配到一个 OFDM 符号中的 2048 个子载波上；经过 $K = 2048$ 点的离散傅里叶逆变换后，OFDM 符号由频域变换到了时域，加上 $N_{\text{CP}} = 512$ 点的循环前缀后得到时域发射的基带 OFDM 符号波形。

仿真中的 MIMO 信道采用随机产生的稀疏 MIMO 信道，信道的最大冲激响应长度为 60 个符号间隔，每个子通道的非零抽头个数为 8，噪声是均值为 0、方差为 σ_η^2 的循环对称复高斯白噪声。

7.6.2 编码系统下的检测算法性能仿真分析

1. 16QAM 调制下的性能分析

图 7.14 给出了发射信号相关系数 ϕ_{tx} 为 0 与接收信号相关系数 ϕ_{rx} 为 0 时的干扰抵消算法的性能。由图可知，在迭代框架下先验软 PIC、后验软 PIC、加强软 PIC 以及混合排序软 SIC 的干扰抵消性能均可以随着迭代次数的增加而得到增强，在 9 次迭代后均可达到匹配滤波器界（matched filter bound，MFB）；但是不同的干扰抵消算法其逼近 MFB 时的 E_b/N_0 有所不同，即先验软 PIC、后验软 PIC、加强软 PIC 以及混合排序软 SIC 逼近 MFB 的 E_b/N_0 分别为 6dB、5.5dB、5dB 以及 5.3dB。

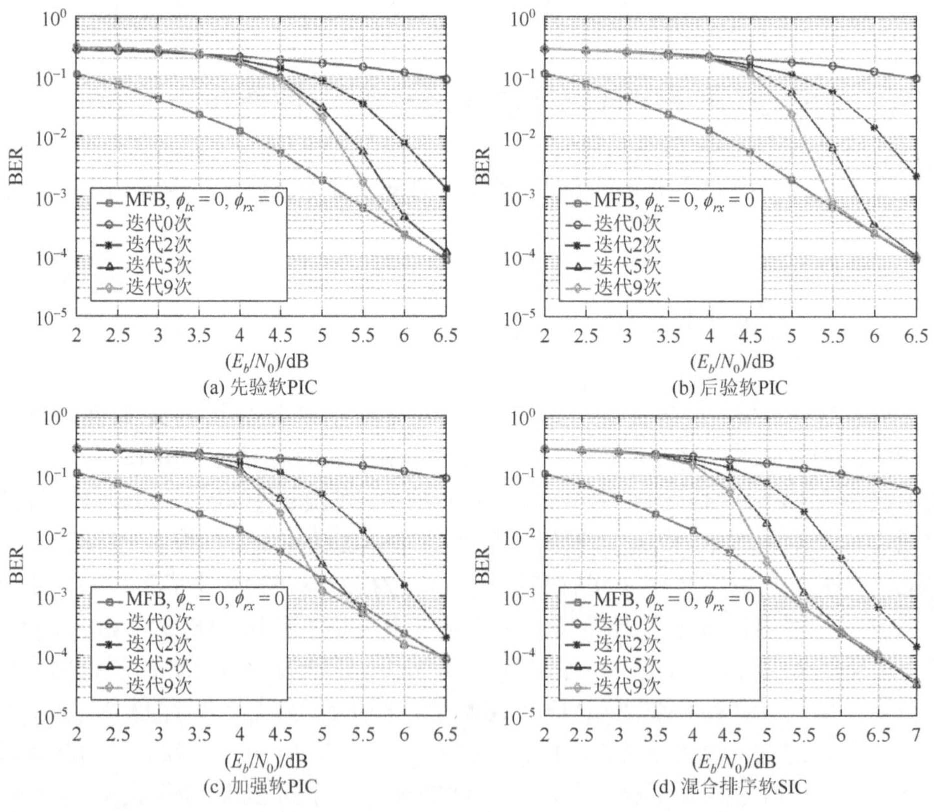

图 7.14 $\phi_{tx}=0$ 与 $\phi_{rx}=0$ 时干扰抵消性能（16QAM 调制）

图 7.15 给出了发射信号相关系数 ϕ_{tx} 为 0.4 与接收信号相关系数 ϕ_{rx} 为 0.4 时的

干扰抵消算法的性能。与图 7.14 的结果类似，在迭代框架下先验软 PIC、后验软 PIC、加强软 PIC 以及混合排序软 SIC 的干扰抵消性能均可以随着迭代次数的增加而得到增强，在 9 次迭代后先验软 PIC、后验软 PIC、加强软 PIC 以及混合排序软 SIC 逼近 MFB 的 E_b/N_0 分别为 6dB、6dB、5dB 以及 5.5dB；但是发射换能器之间的相干性以及接收水听器之间的相干性导致 MFB 性能恶化，因此导致相应的干扰抵消算法可达的 BER 性能变差。

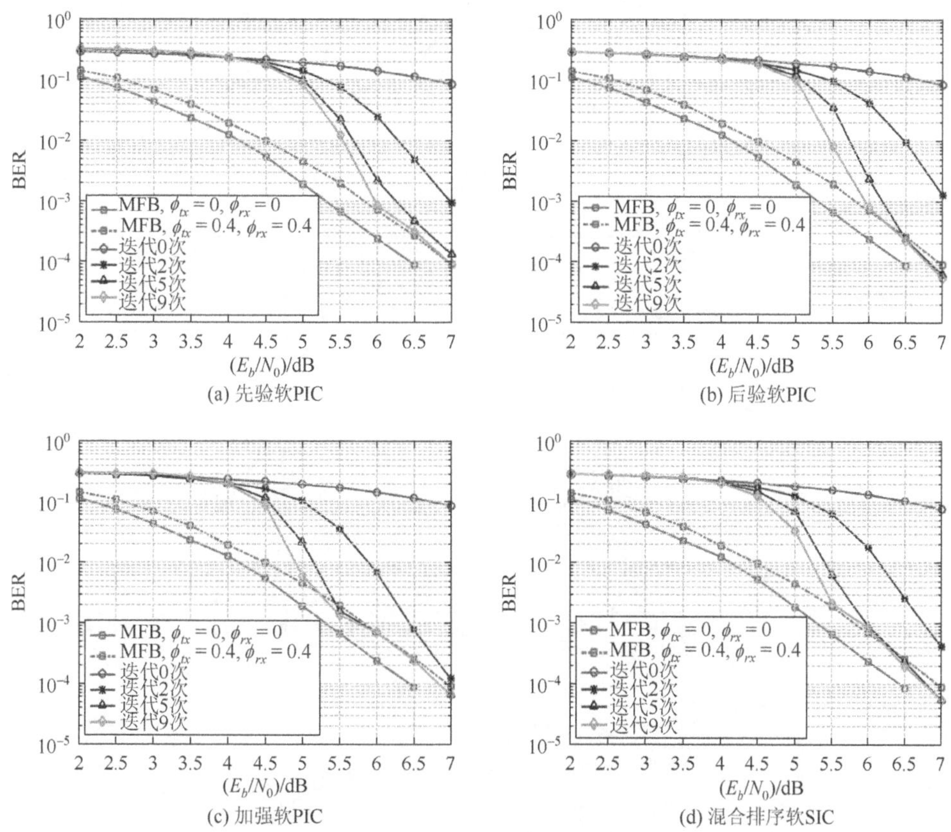

图 7.15　$\phi_{tx}=0.4$ 与 $\phi_{rx}=0.4$ 时干扰抵消性能（16QAM 调制）

图 7.16 给出了发射信号相关系数 ϕ_{tx} 为 0.8 与接收信号相关系数 ϕ_{rx} 为 0.8 时的干扰抵消算法的性能。在迭代框架下先验软 PIC、后验软 PIC、加强软 PIC 以及混合排序软 SIC 的干扰抵消性能均可以随着迭代次数的增加而得到增强；但是与图 7.14 和图 7.15 的结果不同的是：在发射换能器发射信号和接收水听器接收信号高度相关的条件下，先验软 PIC、后验软 PIC、加强软 PIC 以及混合排序软 SIC 的性能均不能逼近 MFB，在 BER 为 10^{-3} 时的先验软 PIC、后验软 PIC、加强软 PIC 以及混合排序软 SIC 算法的性能与 MFB 的差距分别为 1.8dB、1.4dB、1dB 以及 0.8dB。

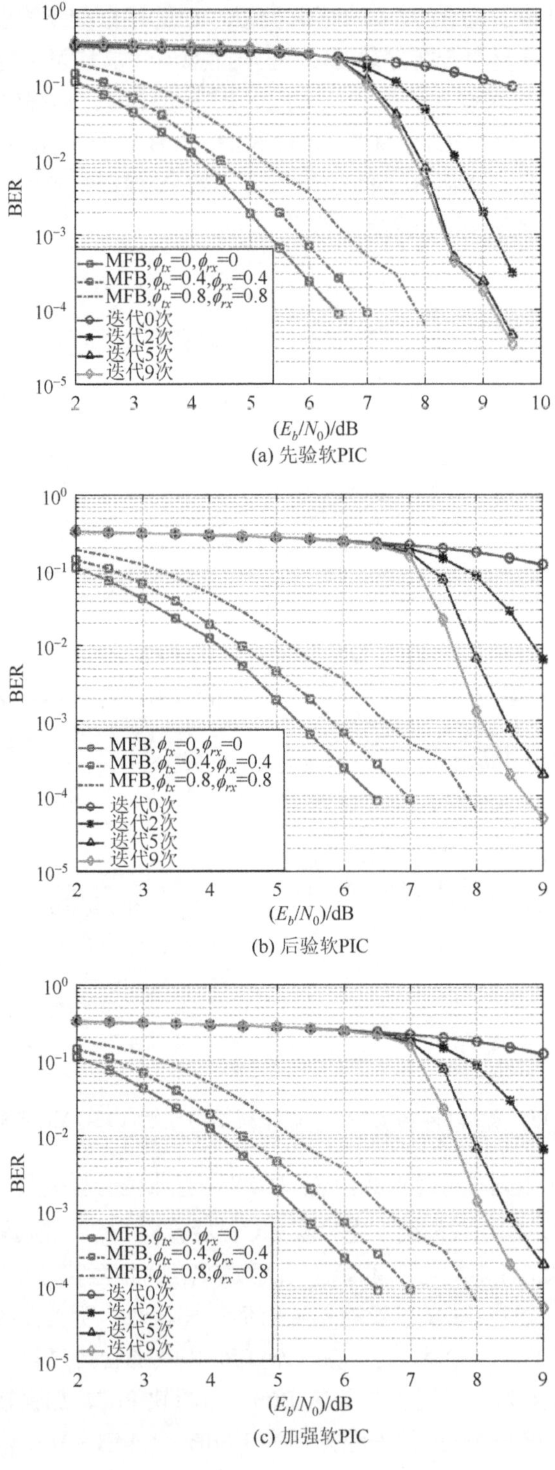

(a) 先验软PIC

(b) 后验软PIC

(c) 加强软PIC

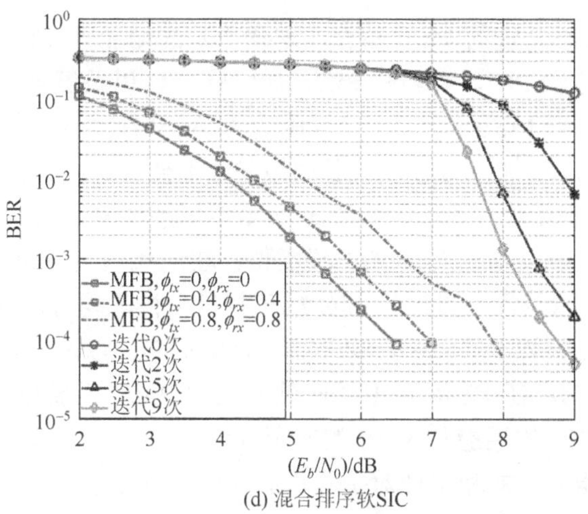

(d) 混合排序软SIC

图 7.16　$\phi_{tx} = 0.8$ 与 $\phi_{rx} = 0.8$ 时干扰抵消性能（16QAM 调制）

图 7.17 给出了发射信号相关系数 ϕ_{tx} 为 0 与接收信号相关系数 ϕ_{rx} 为 0.8 时的干扰抵消算法的性能。由图可知，当发射换能器发射信号相关性为 0，接收水听

(a) 先验软PIC

(b) 后验软PIC

(c) 加强软PIC

(d) 混合排序软SIC

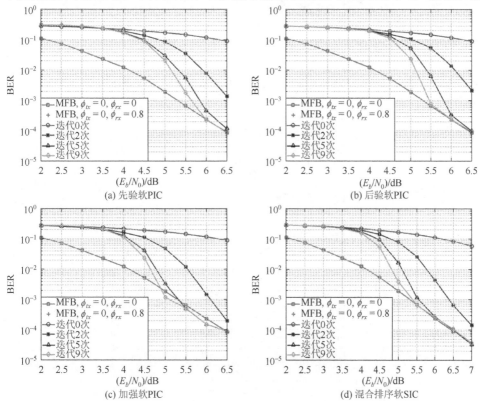

图 7.17　$\phi_{tx} = 0$ 与 $\phi_{rx} = 0.8$ 时干扰抵消性能（16QAM 调制）

器相关系数为 0.8 时二者的 MFB 重合，迭代次数的增加可以提高接收机的性能，在 9 次迭代后先验软 PIC、后验软 PIC、加强软 PIC 以及混合排序软 SIC 的干扰抵消性能均可以逼近 MFB，且逼近 MFB 的 E_b/N_0 分别为 6dB、5.5dB、5dB 以及 5.4dB；对比图 7.14 可知，接收水听器的相干性不会影响接收机的性能。

图 7.18 给出了发射信号相关系数 ϕ_{tx} 为 0.8 与接收信号相关系数 ϕ_{rx} 为 0 时的干扰抵消算法的性能。与图 7.16 的结果类似，在迭代框架下先验软 PIC、后验软 PIC、加强软 PIC 以及混合排序软 SIC 的干扰抵消性能均可以随着迭代次数的增加而得到增强；先验软 PIC、后验软 PIC、加强软 PIC 以及混合排序软 SIC 的性能均不能逼近 MFB，在 BER 为 10^{-3} 时的先验软 PIC、后验软 PIC、加强软 PIC 以及混合排序软 SIC 的性能与 MFB 的差距分别为 1.7dB、1.3dB、1dB 以及 0.8dB；因此，接收水听器之间的相干性对接收机的性能影响较小。

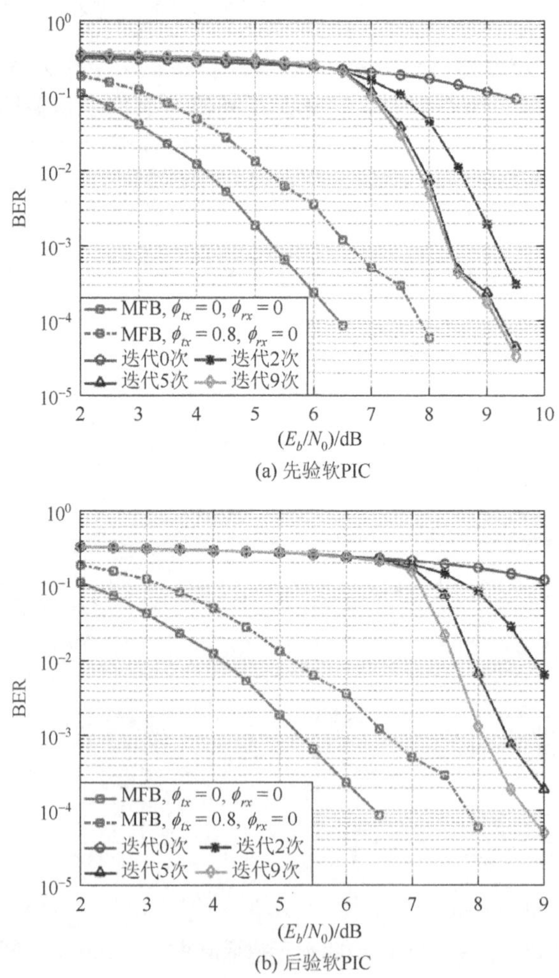

(a) 先验软PIC

(b) 后验软PIC

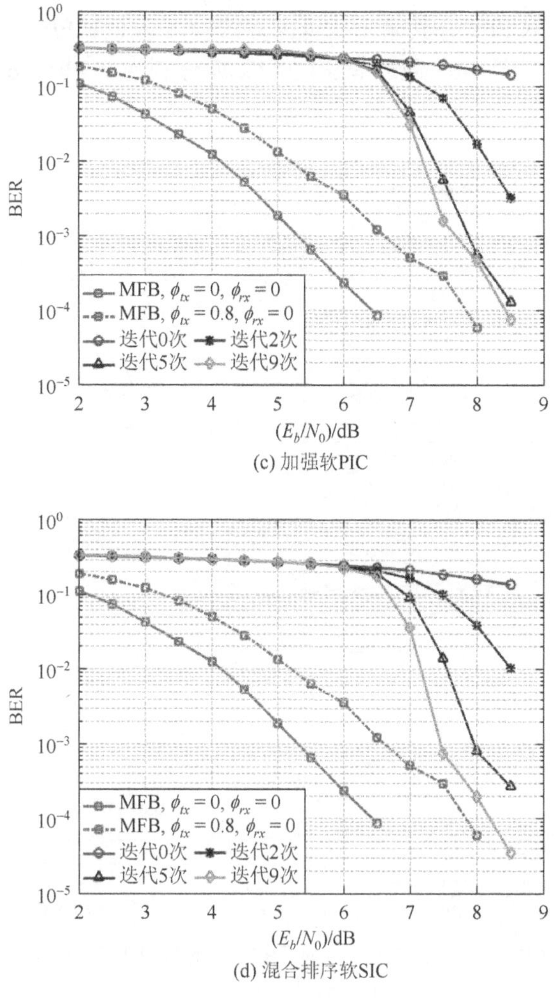

(c) 加强软PIC

(d) 混合排序软SIC

图 7.18　$\phi_{tx}=0.8$ 与 $\phi_{rx}=0$ 时干扰抵消性能（16QAM 调制）

综上仿真分析可知，发射换能器的相干性对 MIMO-OFDM 系统的性能影响较大，因此，在构建实际的 MIMO-OFDM 水声通信系统时应该尽量增大发射换能器之间的距离以便减小发射信号之间的相干性，进而提高 MIMO-OFDM 系统的空间分集能力。

2. 32QAM 调制下的性能分析

图 7.19 给出了发射信号相关系数 ϕ_{tx} 为 0 与接收信号相关系数 ϕ_{rx} 为 0 时的干扰抵消算法的性能。由图可知，在迭代框架下，先验软 PIC、后验软 PIC、加强软 PIC 以及混合排序软 SIC 的干扰抵消性能均可以随着迭代次数的增加而得到增强，在

9 次迭代后除先验软 PIC 外其余干扰抵消算法均可达到 MFB；后验软 PIC、加强软 PIC 以及混合排序软 SIC 逼近 MFB 的 E_b/N_0 分别为 7.5dB、6.5dB 以及 7dB。

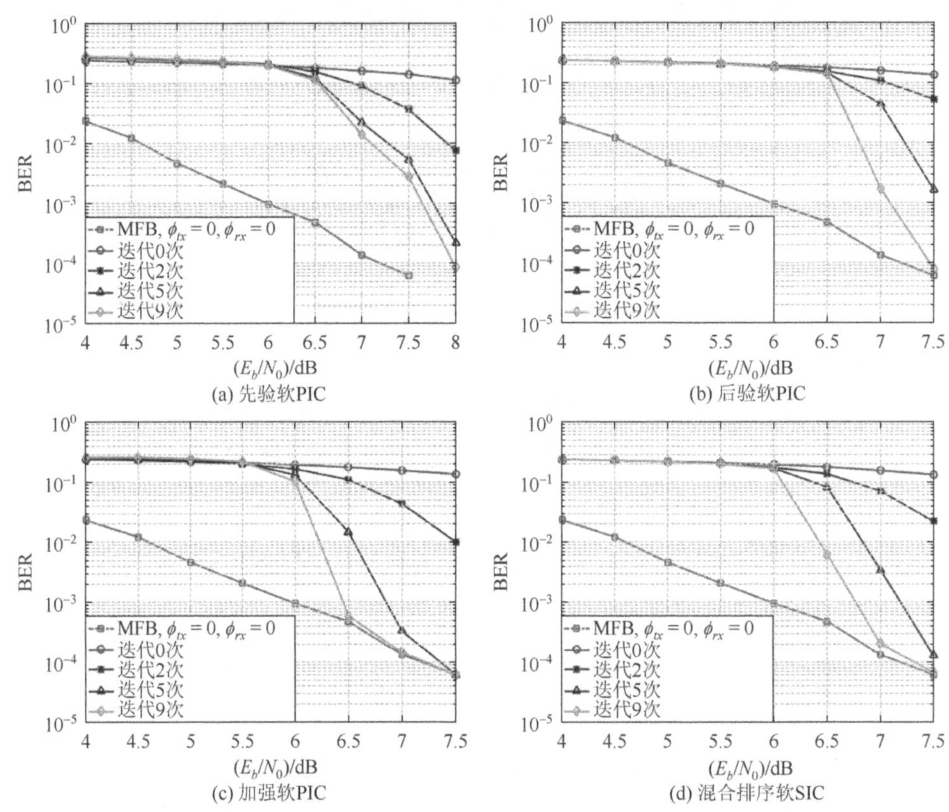

图 7.19 $\phi_{tx}=0$ 与 $\phi_{rx}=0$ 时干扰抵消性能（32QAM 调制）

图 7.20 给出了发射信号相关系数 ϕ_{tx} 为 0.4 与接收信号相关系数 ϕ_{rx} 为 0.4 时的干扰抵消算法的性能。由图可知，在迭代框架下，先验软 PIC、后验软 PIC、加强软 PIC 以及混合排序软 SIC 的干扰抵消性能均可以随着迭代次数的增加而得到增强，在 9 次迭代后除先验软 PIC 和后验软 PIC 外其余干扰抵消算法均可达到 MFB；加强软 PIC 以及混合排序软 SIC 逼近 MFB 的 E_b/N_0 为 7.5dB。

图 7.21 给出了发射信号相关系数 ϕ_{tx} 为 0.8 与接收信号相关系数 ϕ_{rx} 为 0 时的干扰抵消算法的性能。在迭代框架下，先验软 PIC、后验软 PIC、加强软 PIC 以及混合排序软 SIC 的干扰抵消性能均可以随着迭代次数的增加而得到增强；但是由于发射信号相干性增大的原因，所有的自干扰抵消算法均不能逼近 MFB，在 BER 为 10^{-3} 时的先验软 PIC、后验软 PIC、加强软 PIC 以及混合排序软 SIC 算法的性能与 MFB 的差距分别为 3.5dB、3.3dB、2.4dB 以及 2.6dB。

(a) 先验软PIC　　(b) 后验软PIC

(c) 加强软PIC　　(d) 混合排序软SIC

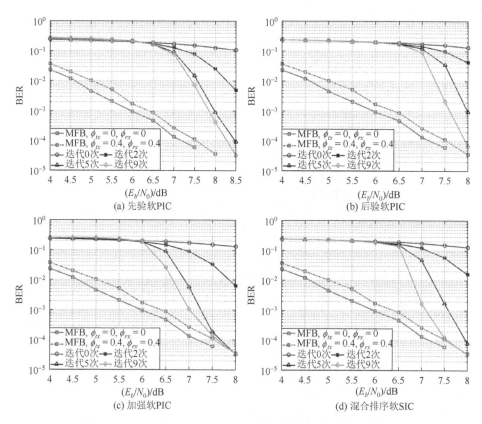

图 7.20　$\phi_{tx}=0.4$ 与 $\phi_{rx}=0.4$ 时干扰抵消性能（32QAM 调制）

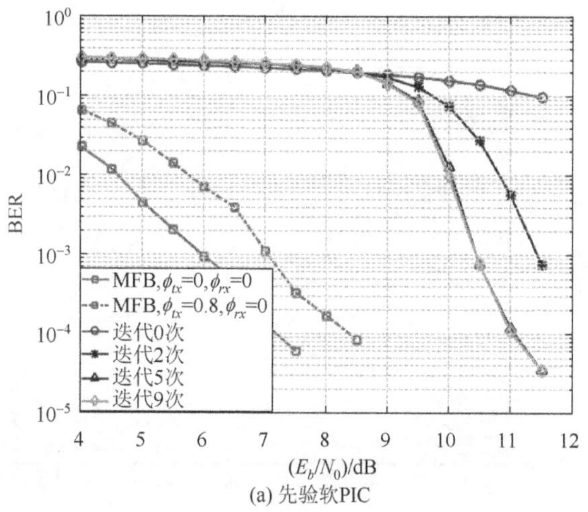

(a) 先验软PIC

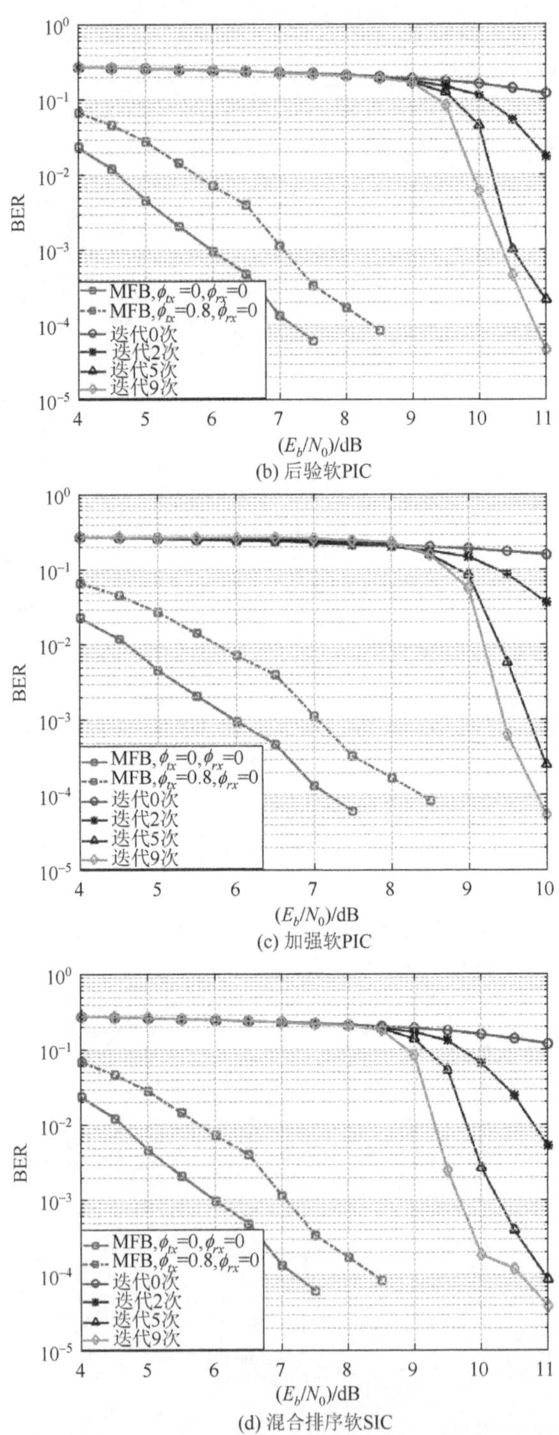

(b) 后验软PIC

(c) 加强软PIC

(d) 混合排序软SIC

图 7.21　$\phi_{tx}=0.8$ 与 $\phi_{rx}=0$ 时干扰抵消性能（32QAM 调制）

3. 64QAM 调制下的性能分析

图 7.22 给出了发射信号相关系数 ϕ_{tx} 为 0 与接收信号相关系数 ϕ_{rx} 为 0 时的干扰抵消算法的性能。由图可知，在迭代框架下，先验软 PIC、后验软 PIC、加强软 PIC 以及混合排序软 SIC 的干扰抵消性能均可以随着迭代次数的增加而得到增强，在 9 次迭代后所有干扰抵消算法均不能达到 MFB；在 BER 为 10^{-3} 时以上算法与 MFB 的差距分别为 1.5dB、1.2dB、1.1dB 以及 1.1dB。

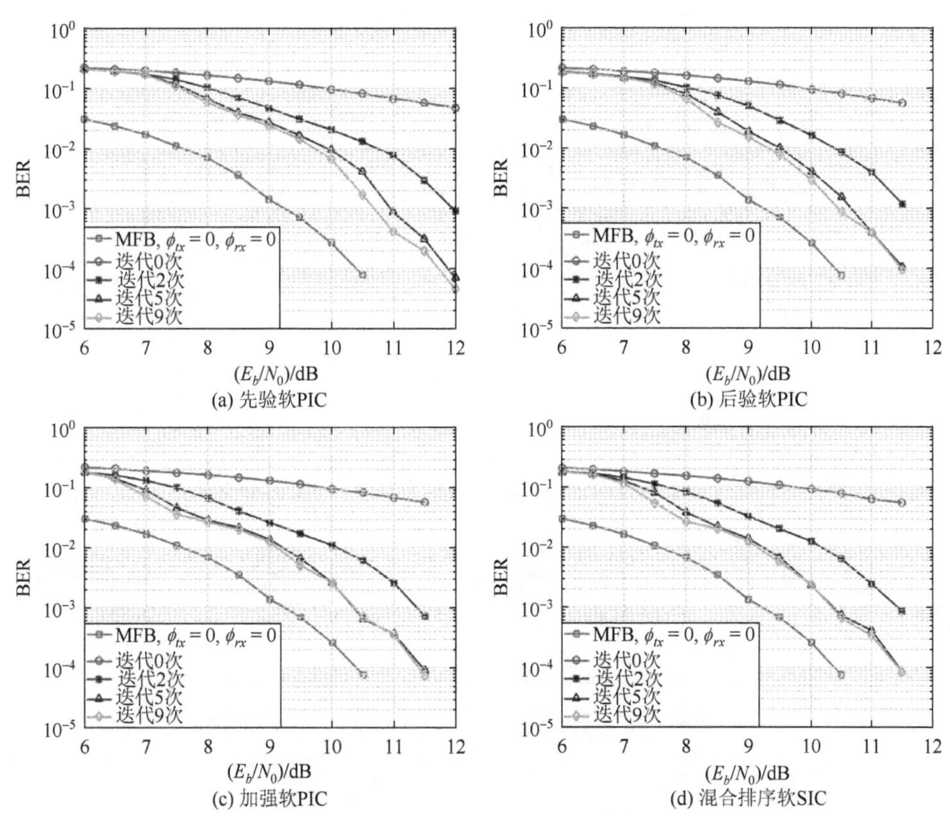

图 7.22　$\phi_{tx}=0$ 与 $\phi_{rx}=0$ 时干扰抵消性能（64QAM 调制）

图 7.23 给出了发射信号相关系数 ϕ_{tx} 为 0.4 与接收信号相关系数 ϕ_{rx} 为 0 时的干扰抵消算法的性能。由图可知，在迭代框架下，先验软 PIC、后验软 PIC、加强软 PIC 以及混合排序软 SIC 的干扰抵消性能均可以随着迭代次数的增加而得到增强，在 9 次迭代后所有干扰抵消算法均不能达到 MFB；在 BER 为 10^{-3} 时以上算法与 MFB 的差距分别为 1.7dB、1.3dB、1.1dB 以及 1.1dB。

(a) 先验软PIC　　(b) 后验软PIC

(c) 加强软PIC　　(d) 混合排序软SIC

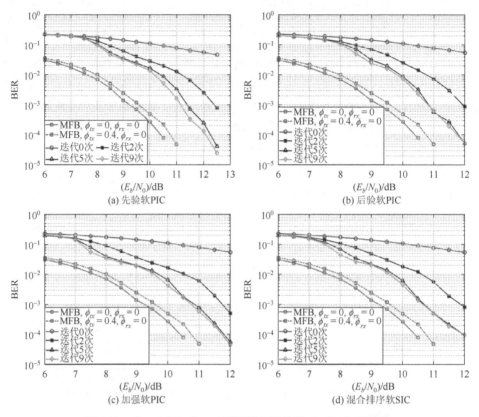

图 7.23　$\phi_{tx}=0.4$ 与 $\phi_{rx}=0$ 时干扰抵消性能（64QAM 调制）

图 7.24 给出了发射信号相关系数 ϕ_{tx} 为 0.8 与接收信号相关系数 ϕ_{rx} 为 0 时的干扰抵消算法的性能。在迭代框架下，先验软 PIC、后验软 PIC、加强软 PIC 以

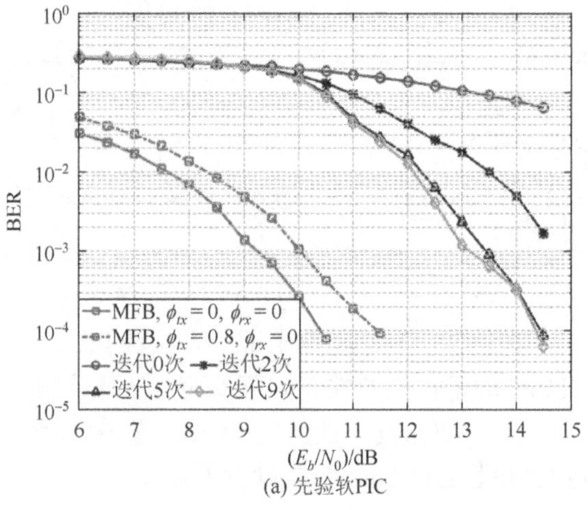

(a) 先验软PIC

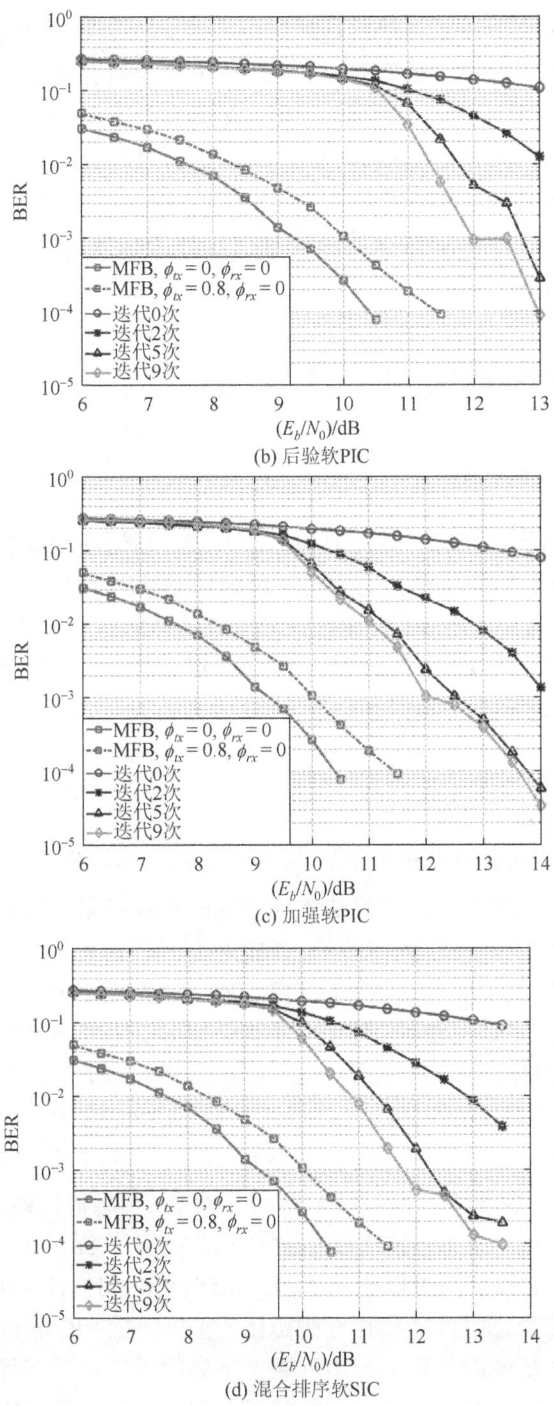

(b) 后验软PIC

(c) 加强软PIC

(d) 混合排序软SIC

图 7.24　$\phi_{tx}=0.8$ 与 $\phi_{rx}=0$ 时干扰抵消性能（64QAM 调制）

及混合排序软的 SIC 的干扰抵消性能均可以随着迭代次数的增加而得到增强；但是由于发射信号相干性增大的原因，所有的自干扰抵消算法均不能逼近 MFB，在 BER 为 10^{-3} 时的先验软 PIC、后验软 PIC、加强软 PIC 以及混合排序软 SIC 算法的性能与 MFB 的差距分别为 3dB、2dB、2dB 以及 1.8dB。

综上仿真分析可知，随着调制阶数的增加，MIMO-OFDM 系统的干扰抵消性能也逐渐恶化，在 64QAM 时，即使发射信号的相关系数为 0，所有干扰抵消算法的性能仍不能接近 MFB。

7.6.3 联合信道估计与检测性能仿真分析

1. 基本仿真参数说明

仿真中的大部分参数与 7.6.1 节描述的一致，自适应信道估计算法工作在时域，4 个发射换能器的训练序列均为相互正交的 Gold 序列，其长度为 511；由于信道为块时不变信道，对于 RLS、RLS-DCD、IVFF-RLS 以及 l_1-RLS-DCD 算法来说其遗忘因子或初始遗忘因子 λ 设置为 0.997；随机稀疏信道冲激响应的最大长度为 60，非零抽头个数为 8；噪声是均值为 0、方差为 σ_η^2 的循环对称复高斯白噪声。

2. 16QAM 调制下的性能分析

图 7.25 给出了发射信号相关系数 ϕ_{tx} 为 0 与接收信号相关系数 ϕ_{rx} 为 0 时采用不同的信道估计算法对干扰抵消算法性能影响的仿真结果。由图可知：①已知信道条件下和估计信道条件下的 MFB 在 BER 为 10^{-3} 的条件下相差较大，其中基于 RLS、RLS-DCD 以及 IVFF-RLS 算法的 MFB 性能差距不太明显，基本上在 3dB 左右；基于 l_1-RLS-DCD 算法的 MFB 性能与已知信道下的 MFB 性能差距为 1dB；②对于非稀疏类的算法（即 RLS、RLS-DCD 以及 IVFF-RLS 算法）来说，5 次迭代后，加强 PIC 的性能最优且在 E_b/N_0 为 8.5dB 时可以逼近估计信道条件下 MFB，后验软 PIC 性能次之且在 E_b/N_0 为 9.5dB 时可达到 MFB，先验软 PIC 和混合排序软 SIC 均不可以达到估计信道条件下的 MFB；③对于稀疏的信道估计算法 l_1-RLS-DCD 来说，加强 PIC 的性能基本上与估计信道条件下的 MFB 性能一致，此外，先验 PIC 和混合排序软 SIC 的性能均可以在 E_b/N_0 为 7dB 时可达到估计信道条件下的 MFB，后验软 PIC 在高信噪比时性能稍稍有些恶化；④先验软 PIC 和混合排序软 SIC 算法在信道估计不太精确的条件下会出现误差平底的现象，即在稀疏信道条件下，非稀疏的信道估计算法会有噪声加强的问题，因此导致高信噪比时的误差平底，这种现象在图 7.25（b）和图 7.25（c）表现得更为明显。

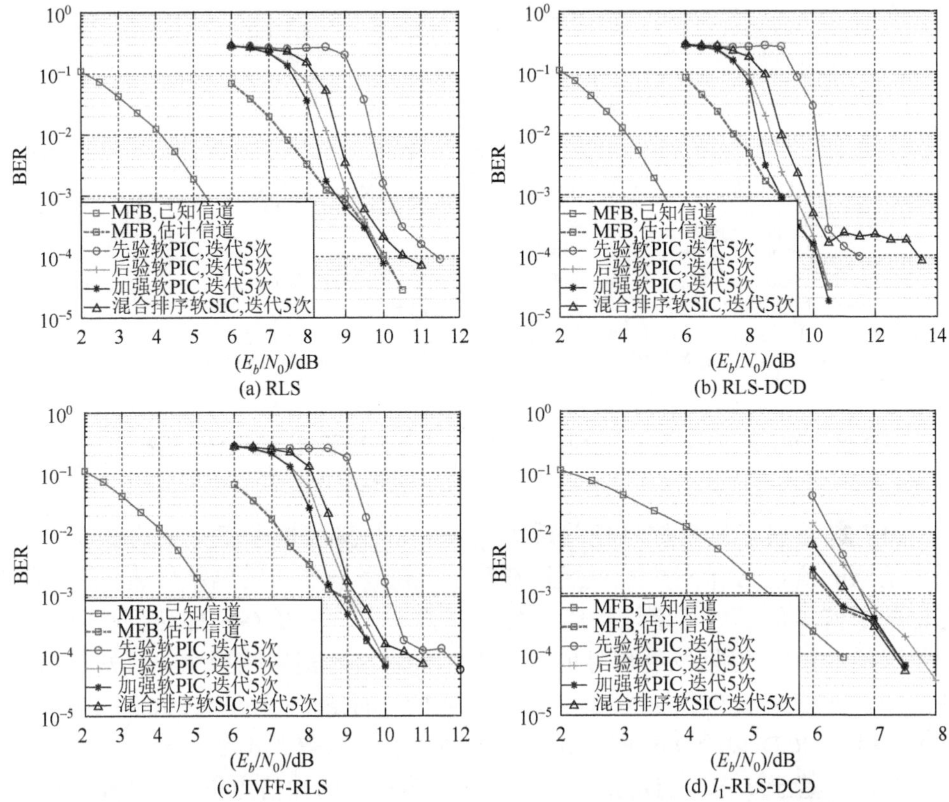

(a) RLS　　(b) RLS-DCD

(c) IVFF-RLS　　(d) l_1-RLS-DCD

图 7.25　$\phi_{tx}=0$ 与 $\phi_{rx}=0$ 时干扰抵消性能（采用不同的信道估计算法）

图 7.26 给出了发射信号相关系数 ϕ_{tx} 为 0.4 与接收信号相关系数 ϕ_{rx} 为 0 时采用不同的信道估计算法对干扰抵消算法性能影响的仿真结果。由图可知，其性能基本与图 7.25 中分析结论类似，不过值得注意的是，基于 l_1-RLS-DCD 算法的干扰抵消的 MFB 性能稍有提高。

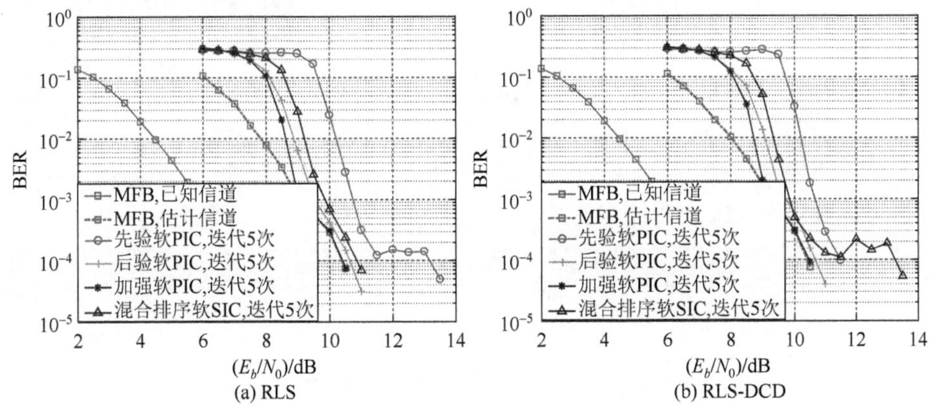

(a) RLS　　(b) RLS-DCD

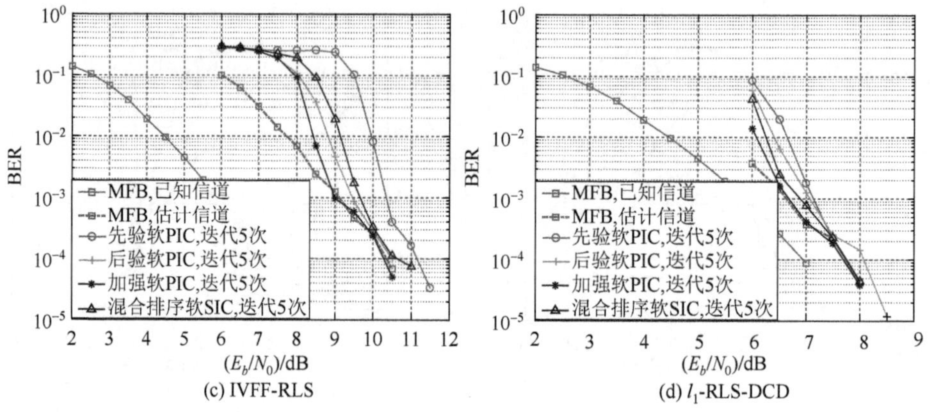

(c) IVFF-RLS

(d) l_1-RLS-DCD

图 7.26　$\phi_{tx}=0.4$ 与 $\phi_{rx}=0$ 时干扰抵消性能（采用不同的信道估计算法）

图 7.27 给出了发射信号相关系数 ϕ_{tx} 为 0.8 与接收信号相关系数 ϕ_{rx} 为 0 时采用不同的信道估计算法对干扰抵消算法性能影响的仿真结果。由图可知，无论基于何种信道估计算法的干扰抵消技术，其性能始终不能达到估计信道条件下的 MFB，可见发射信号的相干性对接收机性能影响很大；已知信道条件下和估计信道条件下的 MFB 在 BER 为 10^{-3} 的条件下相差较大，其中基于 RLS、RLS-DCD 以及 IVFF-RLS 算法的 MFB 性能差距不太明显，基本上在 3dB 左右；基于 l_1-RLS-DCD 算法的 MFB 性能与已知信道下的 MFB 性能差距为 1dB，基本与图 7.25 和图 7.26 中分析结论类似；不过值得注意的是，基于 l_1-RLS-DCD 算法的干扰抵消技术在高的发射信号相干性的条件下未出现误差平底现象。

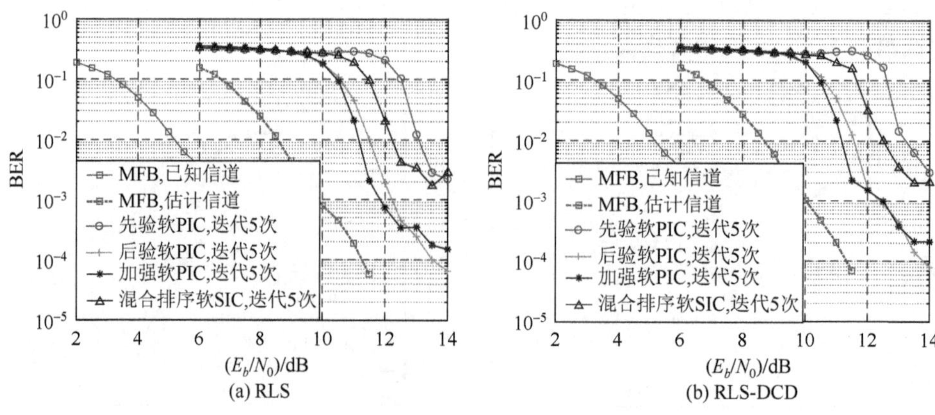

(a) RLS

(b) RLS-DCD

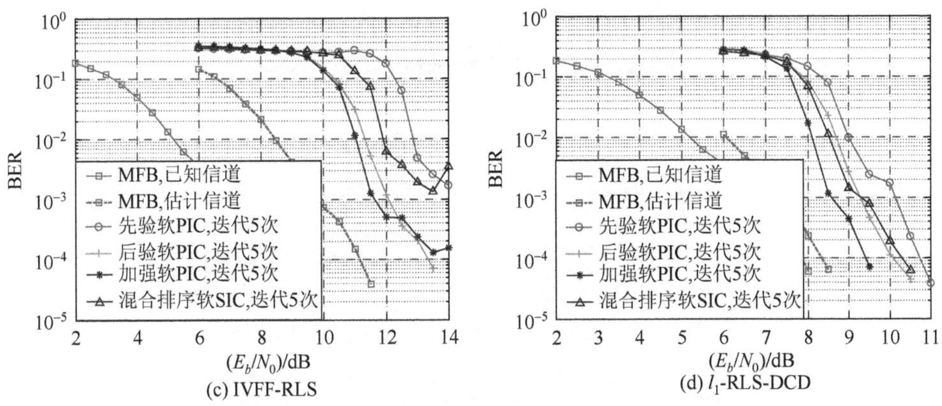

图 7.27　$\phi_{tx}=0.8$ 与 $\phi_{rx}=0$ 时干扰抵消性能（采用不同的信道估计算法）

综上仿真分析可知，与已知信道条件下的干扰性能抵消技术的仿真性能分析结论类似，当发射信号之间的相干性增加的时候，MIMO-OFDM 系统的性能会随之恶化；另外，在稀疏信道条件下，采用稀疏信道估计有利于系统的干扰性能的提升，可以有效地避免由不精确的信道估计带来的误差传递现象。

3. 32QAM 调制下的性能分析

图 7.28 给出了发射信号相关系数 ϕ_{tx} 为 0 与接收信号相关系数 ϕ_{rx} 为 0 时采用不同的信道估计算法对干扰抵消算法性能影响的仿真结果。由图可知：①已知信道条件下和估计信道条件下的 MFB 在 BER 为 10^{-3} 的条件下相差较大，其中基于 RLS、RLS-DCD 以及 IVFF-RLS 算法的 MFB 性能差距不太明显，基本上在 3.3dB 左右；基于 l_1-RLS-DCD 算法的 MFB 性能与已知信道下的 MFB 性能差距为 1dB；②基于 RLS、RLS-DCD、IVFF-RLS 以及 l_1-RLS-DCD 信道估计算法的干扰抵消技术中加强 PIC 算法的性能可以逼近信道估计条件下的 MFB，基于 RLS、RLS-DCD 以及 IVFF-RLS 信道估计算法的混合排序软 SIC 抵消算法出现了误差平底现象，而基于 l_1-RLS-DCD 信道估计算法的混合排序软 SIC 抵消算法未出现误差平底现象；③对于基于稀疏的信道估计算法 l_1-RLS-DCD 的干扰抵消技术来说，其性能均优于基于非稀疏的 RLS、RLS-DCD 以及 IVFF-RLS 算法的干扰抵消的性能。

图 7.29 给出了发射信号的相关系数 ϕ_{tx} 为 0.4 与接收信号相关系数 ϕ_{rx} 为 0 时采用不同的信道估计算法对干扰抵消算法性能影响的仿真结果。由图可知，其性能基本与图 7.28 中分析结论类似，不过值得注意的是，发射相关系数的增加恶化了系统的性能。

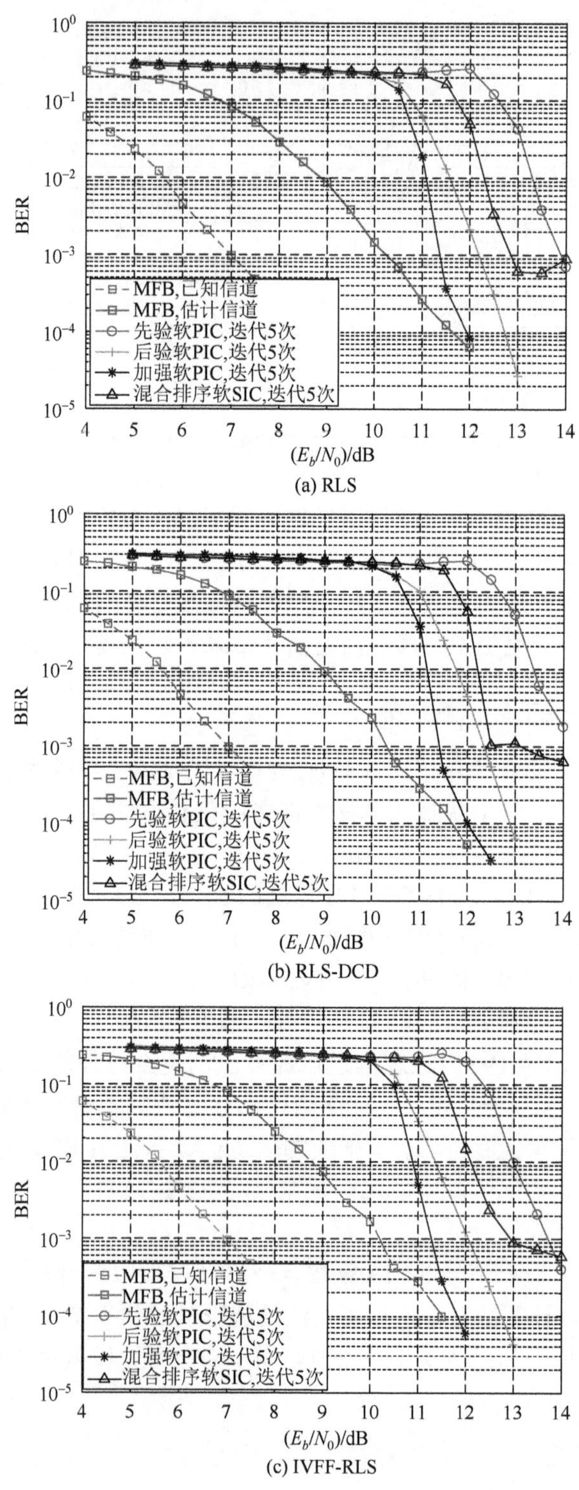

(a) RLS

(b) RLS-DCD

(c) IVFF-RLS

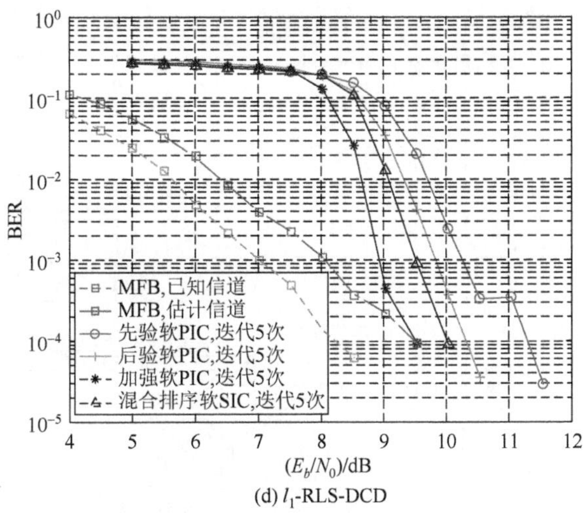

(d) l_1-RLS-DCD

图 7.28　32QAM 调制下，$\phi_{tx}=0$ 与 $\phi_{rx}=0$ 时干扰抵消性能（采用不同的信道估计算法）

图 7.30 给出了发射信号相关系数 ϕ_{tx} 为 0.8 与接收信号相关系数 ϕ_{rx} 为 0 时采用不同的信道估计算法对干扰抵消算法性能影响的仿真结果。由图可知，无论基于何种信道估计算法的干扰抵消技术，其性能始终不能达到基于估计信道条件下的 MFB。对比发射相关系数为 0 和 0.4 的图 7.28 与图 7.29 可知，当发射相关系数为 0.8 时，接收机性能恶化非常明显；另外，基于 l_1-RLS-DCD 算法的干扰抵消接收机性能相比于基于非稀疏信道估计的干扰抵消的接收机性能要好很多。

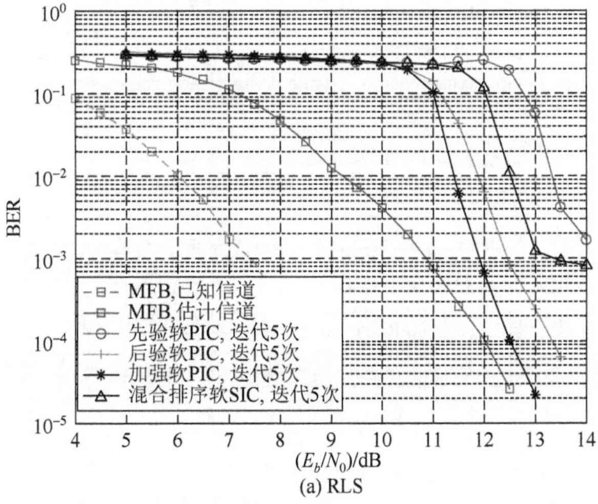

(a) RLS

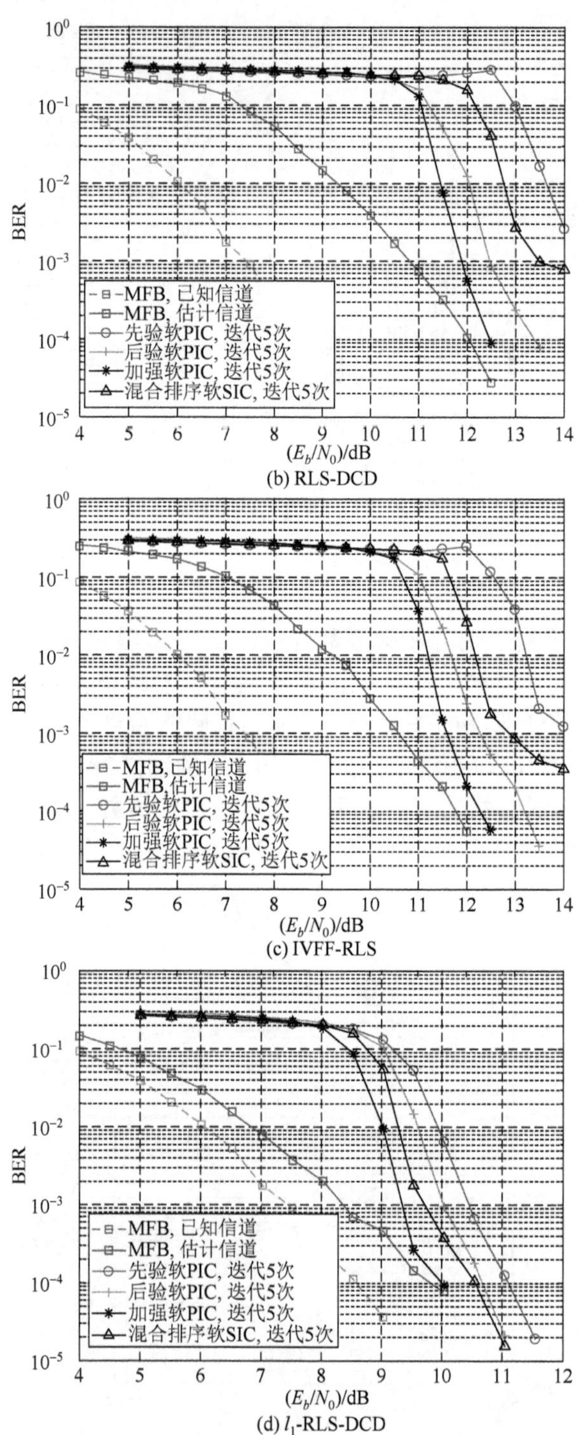

图 7.29　32QAM 调制下，$\phi_{tx} = 0.4$ 与 $\phi_{rx} = 0$ 时干扰抵消性能（采用不同的信道估计算法）

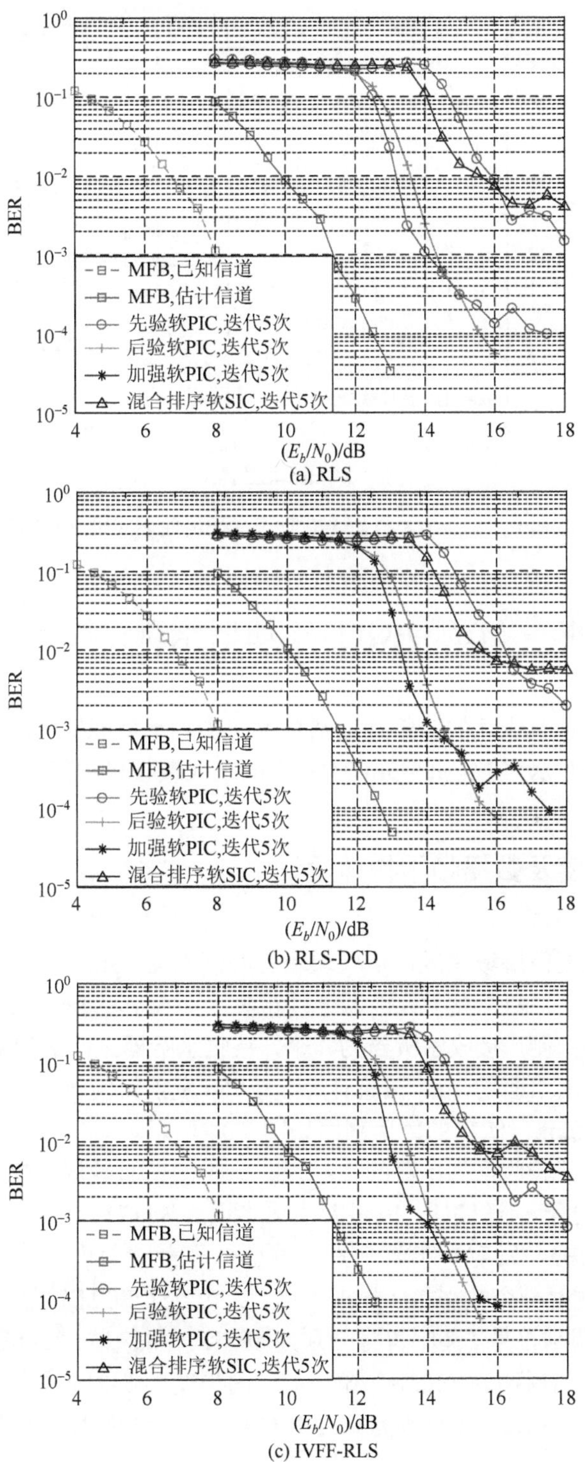

(a) RLS

(b) RLS-DCD

(c) IVFF-RLS

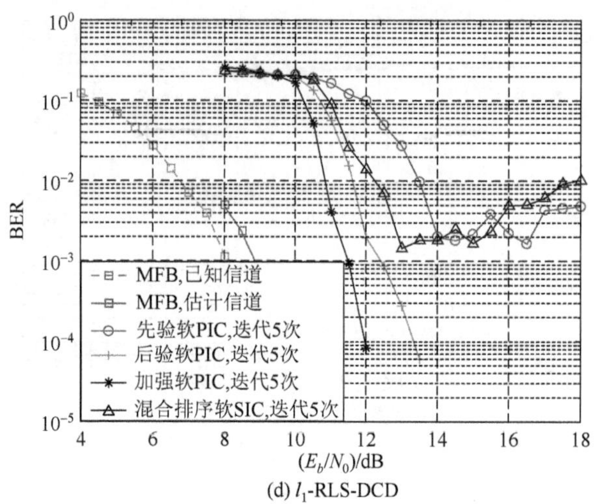

(d) l_1-RLS-DCD

图 7.30 32QAM 调制下，$\phi_{tx}=0.8$ 与 $\phi_{rx}=0$ 时干扰抵消性能（采用不同的信道估计算法）

7.7 水声 MIMO-OFDM 通信系统性能试验分析

为了验证几种非线性的软干扰抵消技术在实际水声环境下的性能，本节通过实际的海试数据对水声 MIMO-OFDM 系统的迭代接收机进行了试验评估。

7.7.1 试验环境及数据帧结构描述

本次试验在厦门海域完成，试验现场的海深为 24.3m。两个发射换能器固定在一条小船的舷侧，两个发射换能器分别距离水面 5m 和 6m；接收水听器悬挂于另一条实验船的一侧，接收水听器为 4 个，接收水听器之间的间隔为 0.5m，第一个接收水听器距离水面约 7m；试验时海况较好，发射换能器与接收水听器之间的水平距离约为 2.5km，实测的声速剖面如图 7.31 所示。

本次处理的试验数据为单流的 2×2 和 2×4 的试验数据。输入比特流用码率为 1/2 的卷积码进行信道编码，八进制生成多项式为$[171，133]_{\text{otc}}$；发射信号的载波频率 f_c 为 12kHz，发射换能器带宽为 8kHz，子载波数为 2048，子载波间隔为 3.906Hz，每次发射一个数据包（packet）包括 10 个 OFDM 符号，每个 OFDM 符号携带 2048 个调制符号（调制符号分别为 8PSK、16QAM、32QAM 和 64QAM），1 个 OFDM 符号的周期为 320ms，循环前缀的长度为 512 个子载波长度，接收信号的采样频率为 48kHz，当调制方式为 16QAM 时，纯数据率为 25.6kbit/s。

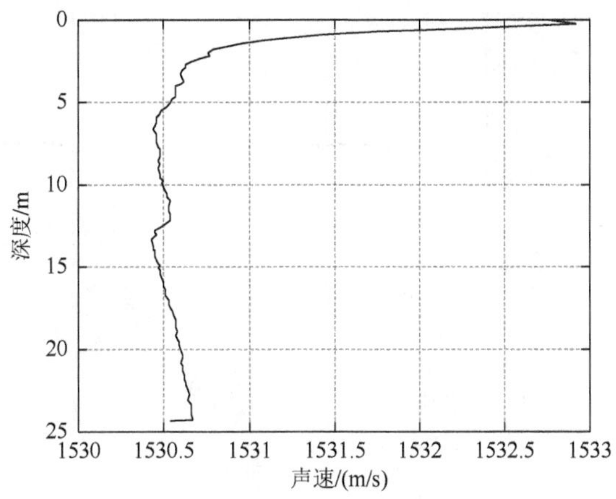

图 7.31　厦门海试声速剖面

两路数据流的数据结构及相关参数如图 7.32 所示。为了实现帧同步和平均多普勒频移的估计，在数据块的前面与后面分别加入了多普勒不敏感的前导 Up-Chirp 和后导 Down-Chirp 信号。同时，为了降低共道干扰，两路长度为 511 的多普勒敏感 Gold 序列分别插入两路数据流的前面，Gold 序列可以通过优选的小 *m* 序列产生，Gold 序列可以用于信道初始化参数的估计。紧接着帧同步信号之后的是 OFDM 调制数据包。为了避免块间干扰，小 *m* 序列与数据包之间的保护间隔为 100ms。试验的时候每隔 5s 发送一个 Packet，实际接收信噪比可以通过接收信号部分以及噪声部分进行估计，试验期间估计到的信噪比范围为 18～26dB。

7.7.2　试验数据处理分析

1. MIMO 信道特性分析

图 7.33 所示为 MIMO 发射信号波形。图 7.34 和图 7.35 给出了通过前导线性调频信号进行匹配滤波后得到的 2×4 MIMO-OFDM 水声通信系统的信道冲激响应。图 7.34 给出的是第 1 个发射换能器和 4 个接收水听器之间的信道冲激响应，最大信道冲激响应长度为 50 个符号（训练符号的间隔为 0.125ms），信道的多途结构较为复杂。

图 7.35 给出的是第 2 个发射换能器和 4 个接收水听器之间的信道冲激响应，最大信道冲激响应长度为 30 个符号。相比于图 7.34 中的第 1 个发射换能器与 4 个接收水听器之间的信道结构而言，图 7.35 中的信道冲激响应长度要小很多，这主要是由于第 1 个接收水听器靠近水面，水面的反射增加了信道冲激响应的复杂性；另外，值得注意的是，2×4 MIMO-OFDM 系统的 8 个子信道差异性比较明显，因此从信道的相干性观点来看，信道的相干性较弱，因此有利于提高系统的分集增益。

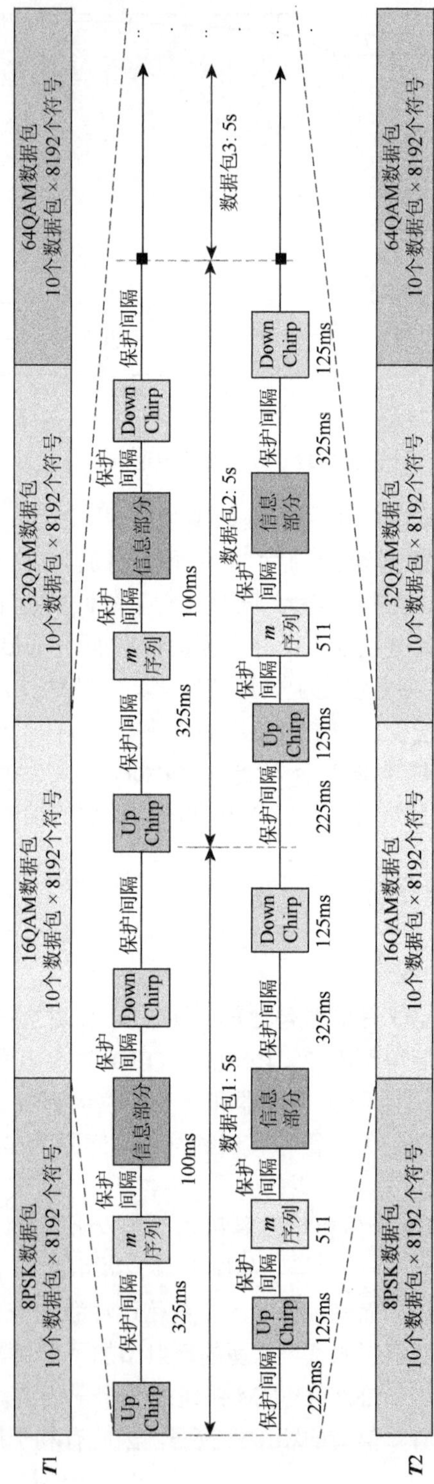

图 7.32　两个发射换能器的数据流结构

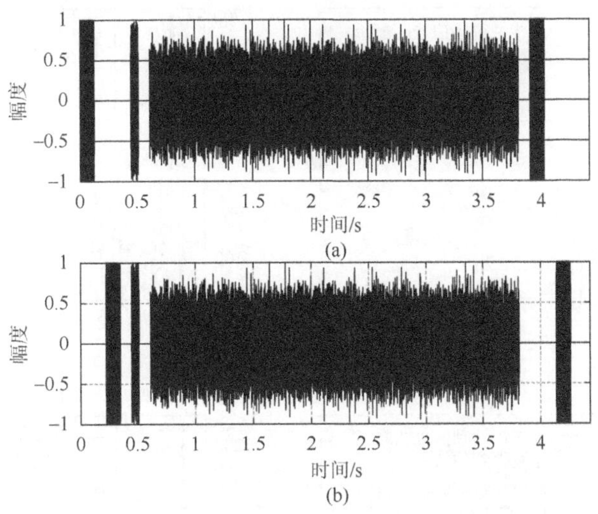

图 7.33　MIMO 发射信号波形

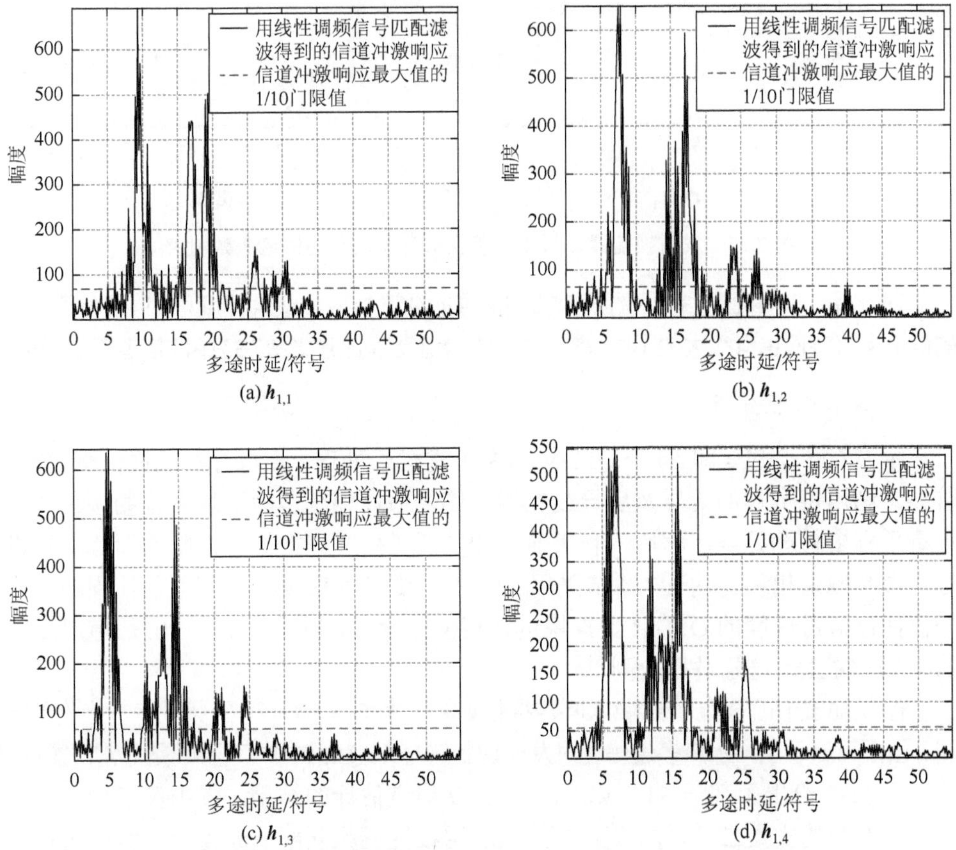

用线性调频信号匹配滤波得到的信道冲激响应
信道冲激响应最大值的1/10门限值
幅度
多途时延/符号

(a) $\boldsymbol{h}_{1,1}$　(b) $\boldsymbol{h}_{1,2}$

(c) $\boldsymbol{h}_{1,3}$　(d) $\boldsymbol{h}_{1,4}$

图 7.34　发射换能器 1 与 4 个接收水听器之间的信道冲激响应

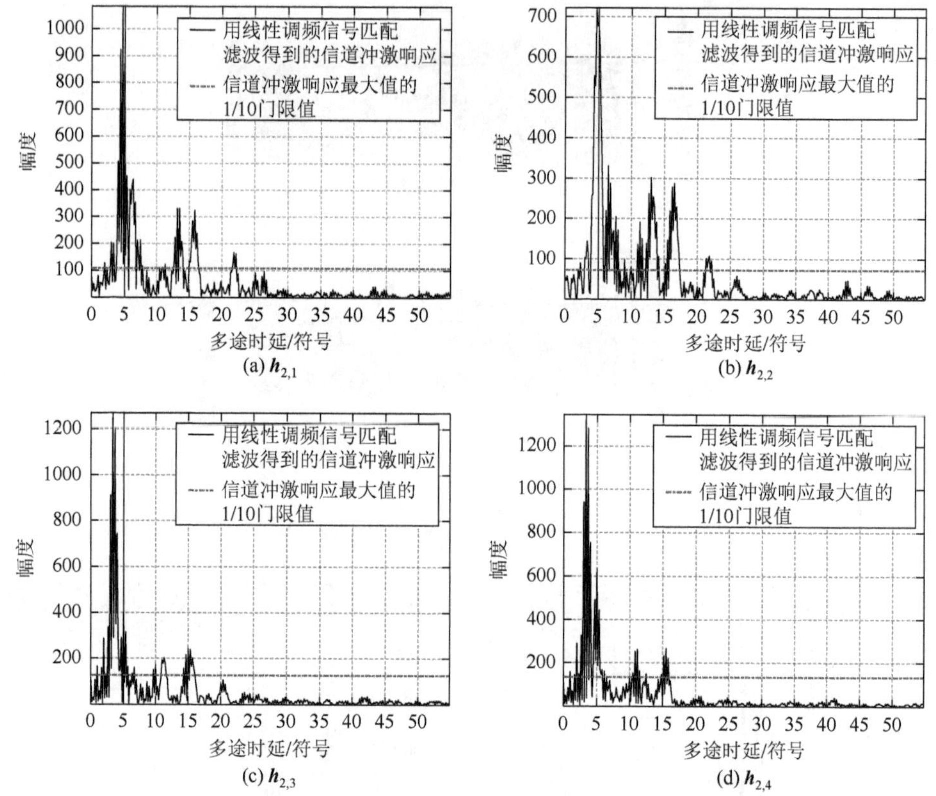

图 7.35　发射换能器 2 与 4 个接收水听器之间的信道冲激响应

对比图 7.34 和图 7.35 中的线性调频信号的冲激响应的最大幅度可知，8 个子信道的信道衰落特性也有很大的不同，图7.34 中的信道衰落普遍比图7.35 中的信道衰落严重。

2. 通信性能分析

本节对 5 个包（即 50 个 OFDM 符号）进行了处理，在进行非线性检测之前，首先，利用每个包的前导及后导线性调频信号估计整个包的平均多普勒频移并进行重采样多普勒补偿；随后，利用前导线性调频信号和数据包之间的训练序列进行信道和残余相移的估计（本节采用二阶数字锁相环）；然后，利用估计到的平均相位估计值对后续的 OFDM 数据块进行相位补偿；最后，基于估计的信道对后续的 10 个 OFDM 符号进行检测。

图 7.36 给出了第 1 个接收水听器接收到的 1 帧 OFDM 信号的频域基带接收星座图。由图可以看出，水声多途信道对发射调制符号 16QAM 的失真影响是非常严重的。

图 7.37 给出了基于 RLS 算法的 MIMO 信道估计的结果，图中仅仅给出了信道抽头系数的实数部分，把该图与图 7.35 用线性调频匹配滤波得到的信道进行比较，两种信道估计方式的信道多途结构基本吻合。

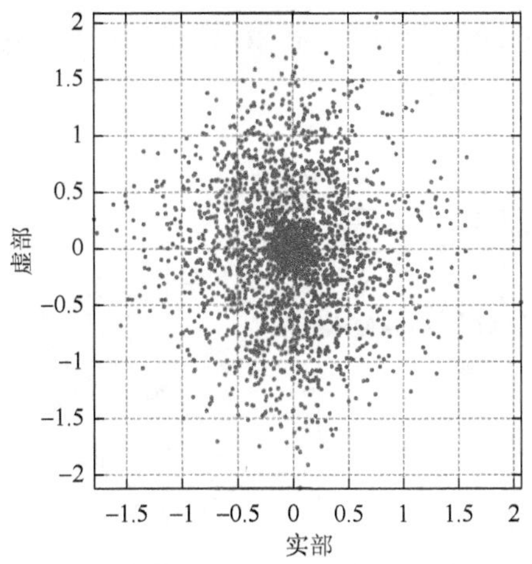

图 7.36　频域接收信号星座图

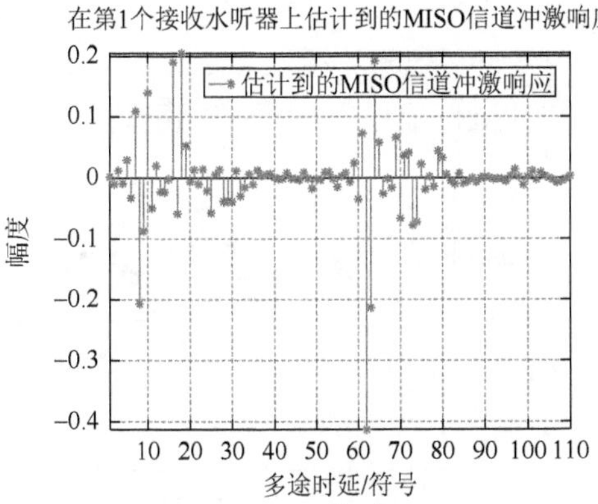

在第1个接收水听器上估计到的MISO信道冲激响应

估计到的MISO信道冲激响应

幅度

多途时延/符号

(a) $[\boldsymbol{h}_{1,1}^{\mathrm{T}}, \boldsymbol{h}_{2,1}^{\mathrm{T}}]$

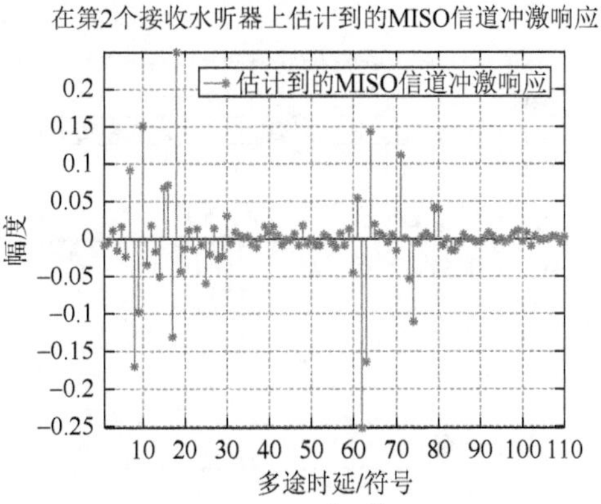

在第2个接收水听器上估计到的MISO信道冲激响应

估计到的MISO信道冲激响应

幅度

多途时延/符号

(b) $[\boldsymbol{h}_{1,2}^{\mathrm{T}}, \boldsymbol{h}_{2,2}^{\mathrm{T}}]$

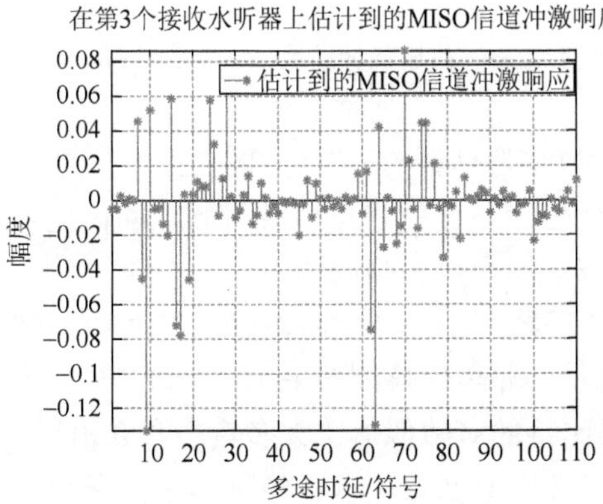

在第3个接收水听器上估计到的MISO信道冲激响应

估计到的MISO信道冲激响应

幅度

多途时延/符号

(c) $[\boldsymbol{h}_{1,3}^{\mathrm{T}}, \boldsymbol{h}_{2,3}^{\mathrm{T}}]$

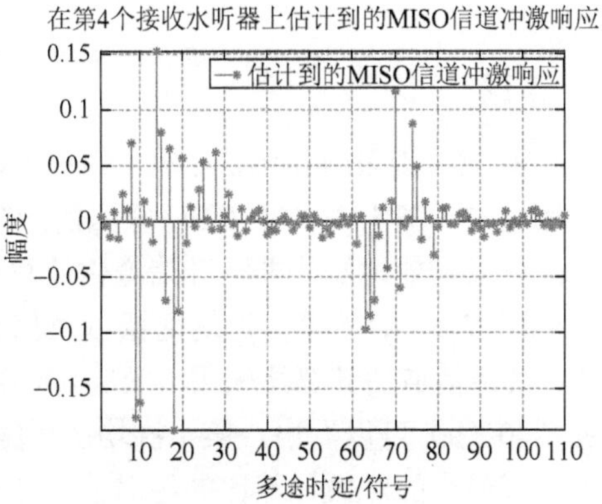

在第4个接收水听器上估计到的MISO信道冲激响应

估计到的MISO信道冲激响应

幅度

多途时延/符号

(d) $[\boldsymbol{h}_{1,4}^{\mathrm{T}}, \boldsymbol{h}_{2,4}^{\mathrm{T}}]$

图 7.37　基于 RLS 算法的 MIMO 信道估计结果

图 7.38 为采用 RLS-DCD 算法的 MIMO 信道估计的结果，其估计结果与图 7.37 中的基于 RLS 算法的估计结果吻合。

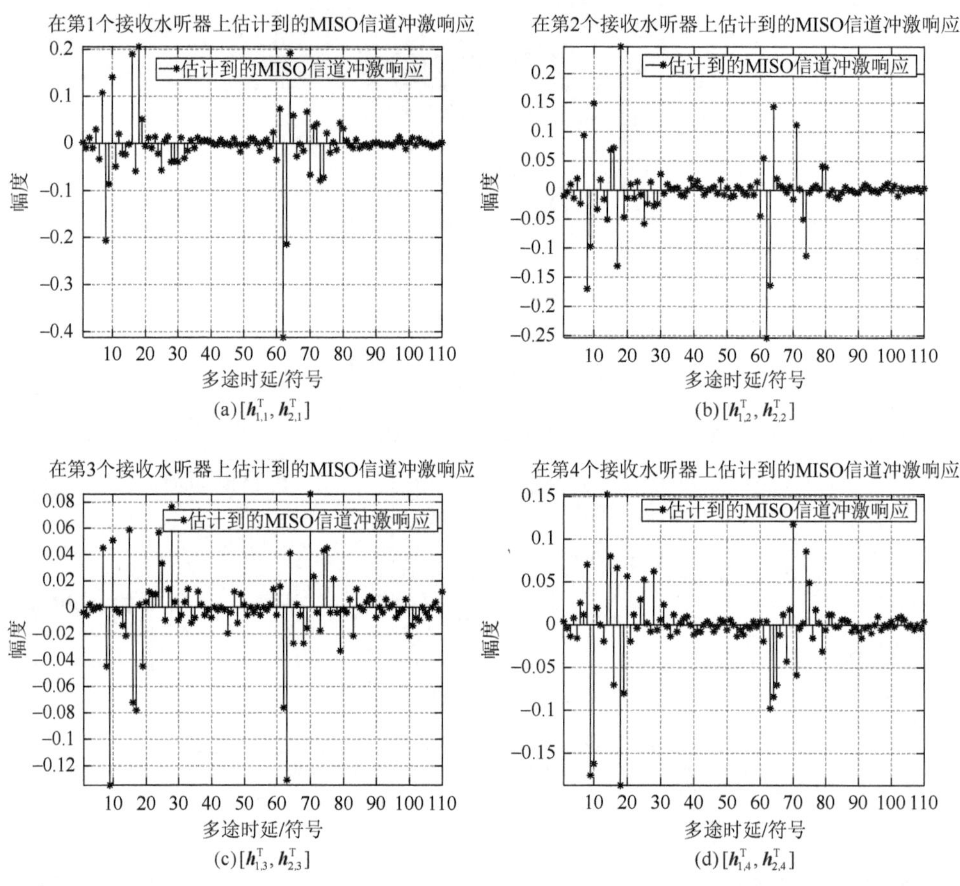

(a) $[\boldsymbol{h}_{1,1}^{\mathrm{T}}, \boldsymbol{h}_{2,1}^{\mathrm{T}}]$　(b) $[\boldsymbol{h}_{1,2}^{\mathrm{T}}, \boldsymbol{h}_{2,2}^{\mathrm{T}}]$

(c) $[\boldsymbol{h}_{1,3}^{\mathrm{T}}, \boldsymbol{h}_{2,3}^{\mathrm{T}}]$　(d) $[\boldsymbol{h}_{1,4}^{\mathrm{T}}, \boldsymbol{h}_{2,4}^{\mathrm{T}}]$

图 7.38　基于 RLS-DCD 算法的 MIMO 信道估计结果

图 7.39 为采用 l_1-RLS-DCD 算法的 MIMO 信道估计的结果。与图 7.37 和图 7.38 对比可知，基于 l_1-RLS-DCD 算法的 MIMO 信道估计技术可以获得稀疏的信道估计，可以有效地解决非稀疏信道估计算法带来的噪声加强问题。

图 7.40 给出了信道均衡器以及信道译码器在不同迭代阶段输出的对数似然比，其中信道估计算法采用 l_1-RLS-DCD 算法，非线性检测器采用先验软 PIC；由图 7.40（a）可以看出，第 1 次均衡后编码比特的对数似然比大多集中在 0 附近，最大或最小的对数似然比的绝对值不会超过 300 且数量不多；经过第 1 次译码之后的输出对数似然比如图 7.40（b）所示，绝大部分编码比特的对数似然比开始远离 0；在第 2 次均衡和译码之后[图 7.40（c）和图 7.40（d）]，编码比特的对数似

然比的绝对值开始进一步增大，这说明编码比特的置信度在进一步增加；在第 3 次迭代均衡后[图 7.40（e）]，编码比特的对数似然比的绝对值基本上大于 500（图中对于对数似然比的绝对值大于 500 强制设置为 500 或–500），在第 3 次迭代译码后[图 7.40（f）]，编码比特的对数似然比的绝对值基本上大于 2000（图中对于对数似然比的绝对值大于 2000 强制设置为 2000 或–2000），因此经过 3 次迭代均衡与译码后接收机的误码率为 0。

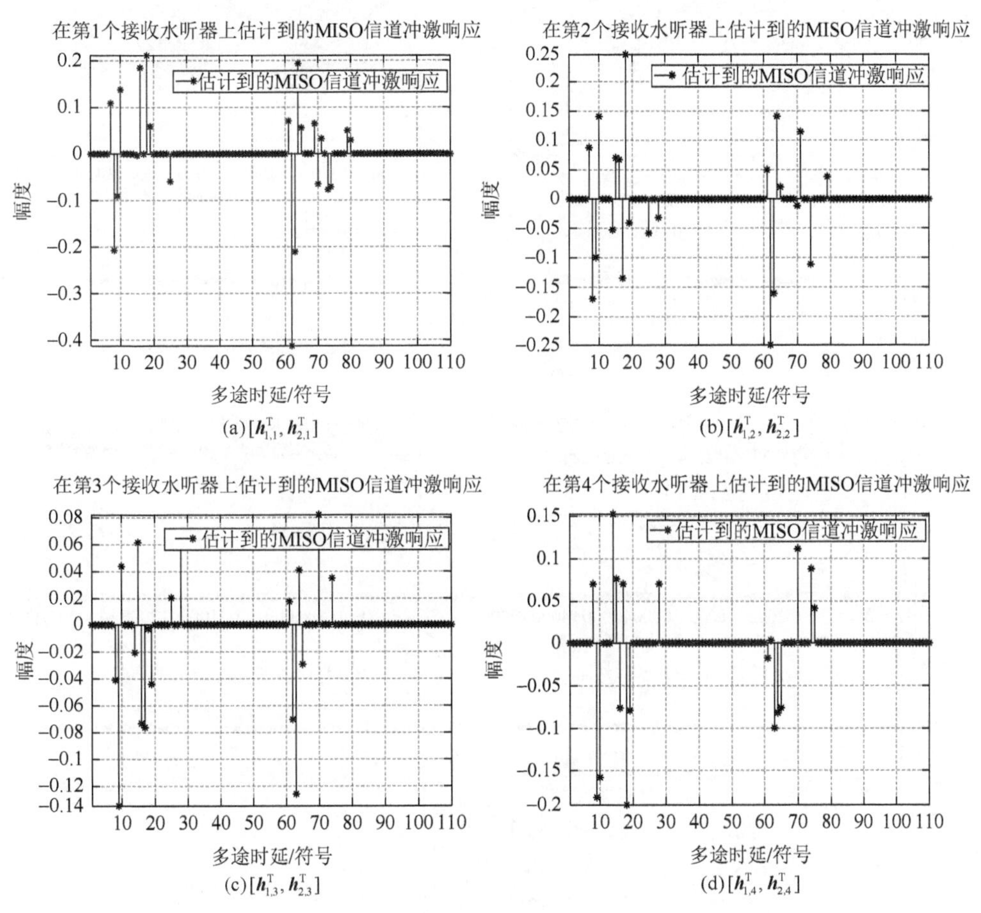

图 7.39　基于 l_1-RLS-DCD 算法的 MIMO 信道估计结果

图 7.41 给出了 16QAM 调制的 2×2 MIMO-OFDM 系统的检测结果，为了验证算法的性能，我们选取了靠近海面的 2 个接收水听器的接收数据进行处理。由图 7.41 可知，随着迭代次数的增加，接收机的 BER 随之降低，在迭代 5 次后，大部分检测方案均可以达到 10^{-4} 的误码率。基于低复杂度的 RLS-DCD 信道估计

的检测方案与基于常规 RLS 信道估计的检测方案性能基本类似；另外，由于信道的慢变特性，IVFF-RLS 算法的性能基本上与常规 RLS 算法的性能相当。

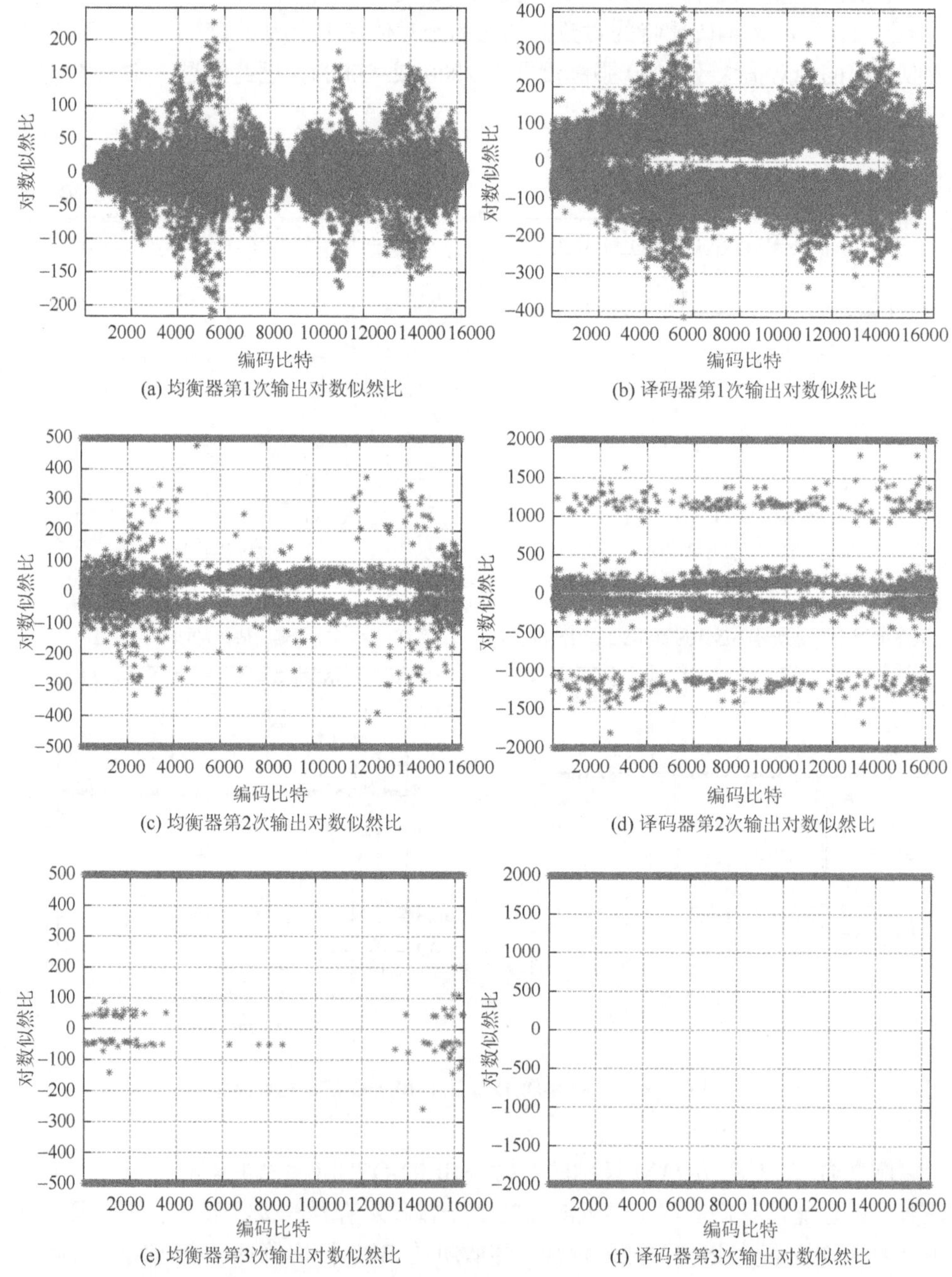

图 7.40　均衡器与译码器输出对数似然比（采用 l_1-RLS-DCD 信道估计）

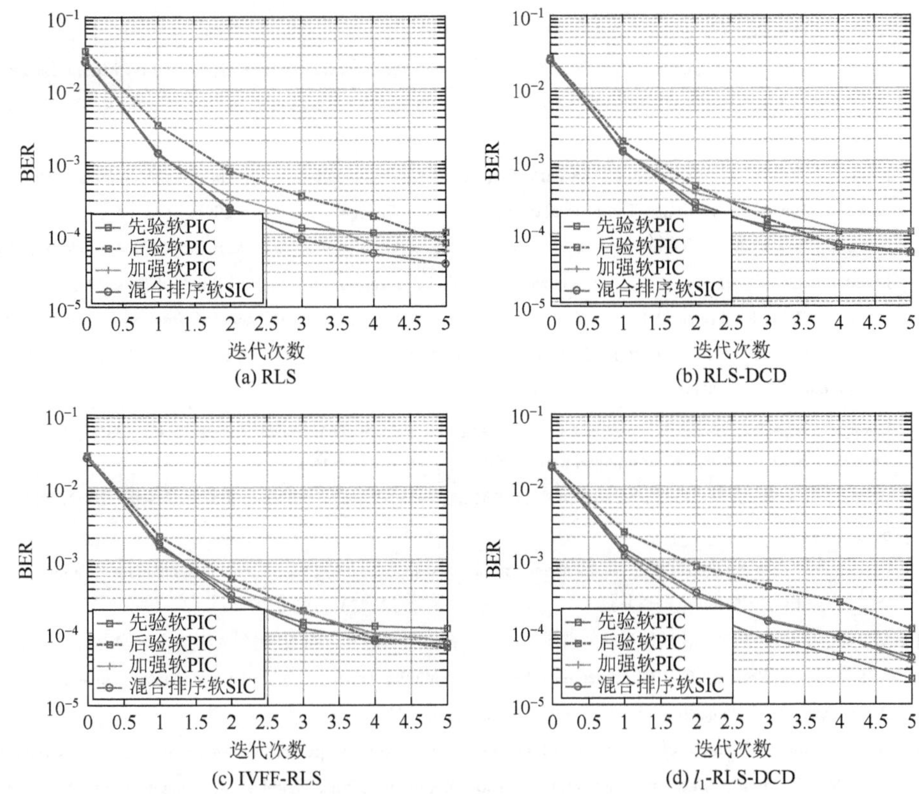

(a) RLS　(b) RLS-DCD　(c) IVFF-RLS　(d) l_1-RLS-DCD

图 7.41　16QAM 调制的 2×2 MIMO-OFDM 系统检测性能分析

从图 7.41 同时可以看出，由于试验信道的稀疏特性，基于 l_1-RLS-DCD 稀疏信道估计算法的检测方案相比于基于非稀疏信道估计的检测方案的性能在不同的迭代阶段均有较大的提升。

当采用 2×4 的配置时，16QAM 调制的 2×4 MIMO-OFDM 系统中的各类检测算法的表现基本与图 7.41 中的性能表现类似；另外，由于增加了两个接收水听器，相当于提高了接收信噪比，所有相关检测方案在 4 次迭代后均可以获得 0 误码率。

参 考 文 献

[1] Coatelan S，Glavieux A. Design and test of a multicarrier transmission system on the shallow water acoustic channel. Proceedings of Oceans'94，Brest，1994：472-477.

[2] Coatelan S，Glavieux A. Design and test of a coding OFDM system on the shallow water acoustic channel. Oceans '95. MTS/IEEE. Challenges of Our Changing Global Environmental Conference Proceedings，San Diego，1995：2065-2070.

[3] Wan L，Zhou H，Xu X，et al. Field tests of adaptive modulation and coding for underwater acoustic OFDM. IEEE

Journal of Oceanic Engineering，2015，40（2）：327-336.

[4] Mason S，Berger C，Zhou S，et al. Detection，synchronization，and Doppler scale estimation with multicarrier waveforms in underwater acoustic communication. IEEE Journal on Selected Areas in Communications，2008，26（9）：1638-1649.

[5] Preisig J，Blair B，Li W. Channel estimation for underwater acoustic communications：Sparse channels，soft input data，and Bayesian techniques. The Journal of the Acoustical Society of America，2008，123（5）：3892-3896.

[6] Kang T，Iltis R A. Matching pursuits channel estimation for an underwater acoustic OFDM modem. IEEE International Conference on Acoustics，Speech and Signal Processing，Las Vegas，2008：5296-5299.

[7] Wang Z，Zhou S，Preisig J C，et al. Per-cluster-prediction based sparse channel estimation for multicarrier underwater acoustic communications. IEEE International Conference on Signal Processing，Communications and Computing，Xi'an，2011：1-6.

[8] Huang J，Zhou S，Willett P. Nonbinary LDPC coding for multicarrier underwater acoustic communication. IEEE Journal on Selected Areas in Communications，2008，26（9）：1684-1696.

[9] 桑恩方，徐小卡，乔钢，等. Turbo 码在水声 OFDM 通信中的应用研究. 哈尔滨工程大学学报，2009，30（1）：60-66.

[10] Li B，Zhou S，Stojanovic M，et al. Multicarrier communication over underwater acoustic channels with nonuniform Doppler shifts. IEEE Journal of Oceanic Engineering，2008，33（2）：198-209.

[11] 马文翰. 移动水声 OFDM 通信系统多普勒效应估计补偿算法研究. 厦门：厦门大学博士学位论文，2013.

[12] Kilfoyle D B，Preisig J C，Baggeroer A B. Spatial modulation experiments in the underwater acoustic channel. IEEE Journal of Oceanic Engineering，2005，30（2）：406-415.

[13] Wang L，Tao J，Xiao C，et al. Low-complexity turbo detection for single-carrier low-density parity-check-coded multiple-input multiple-output underwater acoustic communications. Wireless Communications & Mobile Computing，2013，13（4）：439-450.

[14] Kilfoyle D B，Preisig J C，Baggeroer A B. Spatial modulation over partially coherent multiple-input/multiple-output channels. IEEE Transactions on Signal Processing，2003，51（3）：794-804.

[15] Song A，Badiey M，Mcdonald V K，et al. Time reversal receivers for high data rate acoustic multiple-input–multiple-output communication. IEEE Journal of Oceanic Engineering，2011，36（4）：525-538.

[16] Song H C. An overview of underwater time-reversal communication. IEEE Journal of Oceanic Engineering，2016，41（3）：644-655.

[17] Zhang Y，Zakharov Y V，Li J. Soft-decision-driven sparse channel estimation and turbo equalization for MIMO underwater acoustic communications. IEEE Access，2018，6：4955-4973.

[18] Li B，Huang J，Zhou S，et al. MIMO-OFDM for high-rate underwater acoustic communications. IEEE Journal of Oceanic Engineering，2009，34（4）：634-644.

[19] Minn H，Al-Dhahir N，Li Y. Optimal training signals for MIMO OFDM channel estimation in the presence of frequency offset and phase noise. IEEE Transactions on Communications，2006，54（10）：1754-1759.

[20] Roman T，Enescu M，Koivunen V. Joint time-domain tracking of channel and frequency offsets for MIMO OFDM systems. Wireless Personal Communications，2004，31（3/4）：181-200.

[21] Kim K J，Tsiftsis T A，Schober R. Semiblind iterative receiver for coded MIMO-OFDM systems. IEEE Transactions on Vehicular Technology，2011，60（7）：3156-3168.

[22] Wang X，Poor H V. Iterative（turbo）soft interference cancellation and decoding for coded CDMA. IEEE Transactions Communication，1999，47（7）：1046-1061.

[23] 黄新友. MIMO-OFDM 通信系统中信号检测算法的研究. 广州：华南理工大学硕士学位论文，2012.

[24] 张丽玲. 快时变环境中 MIMO-OFDM 系统信道估计与信号检测研究. 重庆：重庆大学硕士学位论文，2015.

[25] 张兰. MIMO-OFDM 水声通信系统中迭代信号处理技术研究. 厦门：厦门大学博士学位论文，2016.

[26] Tao J，Wu J，Zheng Y R， et al. Enhanced MIMO LMMSE turbo equalization：Algorithm，simulations，and undersea experimental results. IEEE Transactions Signal Processing，2011，59（8）：3813-3823.

[27] Tao J，Wu J，Zheng Y R. Reliability-based turbo detection. IEEE Transactions on Wireless Communication，2011，10（7）：2352-2361.

[28] Haykin S. Adaptive Filter Theory. 4th ed.New Jersey：Prentice Hall，2002.

[29] Paleologu C，Benesty J，Ciochina S. A robust variable forgetting factor recursive least-squares algorithm for system identification. IEEE Signal Processing Letters，2008，15：597-600.

[30] Albu F. Improved variable forgetting factor recursive least square algorithm. 12th International Conference on Control Automation，Robotics & Vision，Guangzhou，2012：1789-1793.

[31] Zakharov Y V，White G P，Liu J. Low-complexity RLS algorithms using dichotomous coordinate descent iterations. IEEE Transactions on Signal Processing，2008，56（7）：3150-3161.

[32] Zakharov Y V，Tozer T C. Multiplication-free iterative algorithm for LS problem. Electronics Letters，2004，40（9）：567-569.

[33] Zakharov Y V，Nascimento V H. DCD-RLS adaptive filters with penalties for sparse identification. IEEE Transactions on Signal Processing，2013，61（12）：3198-3213.

[34] Angelosante D，Bazerque J A，Giannakis G B. Online adaptive estimation of sparse signals：Where RLS meets the l_0-norm. IEEE Transactions on Signal Processing，2010，58（7）：3436-3447.

[35] Eksioglu E M，Tanc A K. RLS algorithm with convex regularization. IEEE Transactions on Signal Processing，2011，18（8）：470-473.

[36] Babadi B，Kalouptsidis N，Tarokh V. SPARLS：The sparse RLS algorithm. IEEE Transactions on Signal Processing，2010，58（8）：4013-4025.

[37] 刘志鹏. 水声 MIMO-OFDM 通信中的迭代信道估计技术研究. 哈尔滨：哈尔滨工程大学硕士学位论文，2019.